21世纪高等教育环境工程系列规划教材

环境生态学

主　编　赵晓光　石　辉

参　编　张建强　袁建立　贾锐鱼

　　　　刘萍萍　吕俊杰

主　审　王　刚

机械工业出版社

本书较全面、系统地阐述了环境生态学及相应生态技术。全书共 12 章，主要内容包括：绪论、生物与环境、生物圈中的生命系统、生态系统生态学、生态系统的干扰与恢复、水土污染与环境生态学、生态系统的服务功能、生态监测、生态工程设计、城市生态环境保护工程、生态系统管理、生态设计工程案例剖析。书中列举了较多典型的实例和相关的技术措施，有助于读者了解、学习、掌握有关环境生态学原理及有关环境生态工程的技术与手段，并能够在实际中加以应用。

本书可作为高等学校环境科学、环境工程、生态学、农学、林业与园林专业的本科生及研究生的教材，也可以作为从事生态、环保、农林方面的科技工作者、技术人员和管理干部的参考书。

图书在版编目（CIP）数据

环境生态学/赵晓光，石辉主编．—北京：机械工业出版社，2007.8（2025.7 重印）

（21 世纪高等教育环境工程系列规划教材）

ISBN 978-7-111-21827-2

Ⅰ.环…　Ⅱ.①赵…　②石…　Ⅲ.环境生态学—高等学校—教材　Ⅳ.X171

中国版本图书馆 CIP 数据核字（2007）第 100718 号

机械工业出版社（北京市百万庄大街 22 号　邮政编码 100037）
责任编辑：马军平　版式设计：霍永明　责任校对：陈立辉
封面设计：王伟光　责任印制：张　博
北京建宏印刷有限公司印刷
2025 年 7 月第 1 版第 9 次印刷
184mm×260mm · 16 印张 · 393 千字
标准书号：ISBN 978-7-111-21827-2
定价：49.00 元

电话服务
客服电话：010-88361066
010-88379833
010-68326294

网络服务
机　工　官　网：www.cmpbook.com
机　工　官　博：weibo.com/cmp1952
金　　书　　网：www.golden-book.com
机工教育服务网：www.cmpedu.com

前　言

环境生态学是运用生态学原理，保护和合理利用自然资源，治理受污染和破坏的生态环境，恢复和重建受损的生态系统，使环境保护和经济发展相协调，满足人类生存发展需要的科学。环境生态学是一门新兴的渗透性很强的边缘学科，既是环境科学的分支又是生态学的分支。随着当前环境问题的越来越突出，环境生态学成为热点学科之一。

环境生态学是高等学校环境科学与工程专业的一门重要专业基础课，同时也是城乡规划和矿山工程等专业的选修课，目前越来越多的工科专业也将其列入选修课之列。编者在多年教学研究的基础上，通过总结教学过程中先进成果，采纳国内外各种环境生态学教材之长，结合非生态学专业强调应用的特点，编写了本书，在教材中体现了系统性、先进性和实用性。

本书较全面、系统地阐述了环境生态学及相应生态技术。全书共分12章。第1～4章是生态学基础，第1章介绍了环境生态学原理、发展史、人类与环境的关系，第2章介绍了生物与环境的关系，第3章介绍了生物圈中的生命系统，第4章介绍生态系统理论和主要的生态系统类型；第5～8章以应用生态学为主，第5章介绍了生态系统的干扰与恢复，第6章介绍了水土环境污染与污染生态学基本理论，第7章介绍了生态系统的服务功能，第8章介绍了生态监测；第9～11章为生态工程和生态管理。第9章介绍了生态工程的基本理论和几种主要的生态工程，第10章重点论述城市生态环境保护工程。第11章介绍了生态系统管理的基本理论与方法；第12章为生态工程设计案例。

本书的第1章由西安科技大学赵晓光教授编写；第2章由西安交通大学刘萍萍博士编写；第3章由兰州大学袁建立副教授编写；第4、5章由西安科技大学贾锐鱼副教授编写；第6章由中国科学院南京土壤研究所吕俊杰博士编写；第7章由西安建筑科技大学石辉教授编写；第8章由西安科技大学赵晓光教授、贾锐鱼副教授编写；第9、10章由西南交通大学张建强教授编写；第11章由西安建筑科技大学石辉教授编写；第12章的生态工程设计案例剖析由西安科技大学赵晓光教授、西安建筑科技大学石辉教授共同收集编写。全书由赵晓光教授和石辉教授统稿。

本书力求体现既具有一定的理论深度又具有较强的实用性，可作为高等学校环境科学、环境工程、城乡规划、矿山环境保护等专业本科生及研究生教材，也可以作为从事生态保护、水土保持、环境保护、农林方面的科技工作者、技术人员和管理干部学习参考。

承蒙兰州大学王刚教授对编写大纲进行了审定和把握，并对本书初稿编写进行了认真的指导和修改，在此深表感谢。对于书中采用的文献资料的作者和单位，表示诚挚的谢意。

尽管本书在编写时注重系统性、先进性和实用性，力求做到体系新、内容性、观念新，强调理论与实际相结合，但由于编者水平所限，未必达到了预期的结果，衷心希望读者批评指正。

编　者

目　　录

第1章

绪　　论

1.1　环境问题及其由来

伴随着历史的进程，人类进入了新的世纪，新世纪迎接人类的见面礼是粮食、能源、资源和环境等问题更加严峻；“温室效应”引起的全球气候变暖可能在下个世纪初使海平面升高0.2～1.65m，这足以使居住在沿海的几亿人口受到威胁；南极上空臭氧空洞在逐年加大，北极的臭氧层也在迅速被破坏，这将使对人类健康和生物构成危害的紫外线直射地球表面的强度增加；20世纪80年代严重干旱蹂躏着非洲大地，100多万人被饿死，3500万人在饥饿中挣扎；1988年，持续的高温折磨着美国，飓风席卷了加勒比海地区，无情的洪水使孟加拉国损失严重，亚美尼亚大地震造成了数万人丧生。虽然自然灾害自古有之，但科学家研究表明，上述涉及到人类生存的重大问题有许多正是人类自己造成的恶果。自然灾害暂且不说，对人类生存将构成极大威胁的全球性重大环境问题，无疑都与人类自身活动有关。

所谓环境问题，是指人类为其自身生存和发展，在利用和改造自然界的过程中，对自然环境破坏和污染所产生的危害人类生存的各种负反馈效应。究其原因，它可分为两大类，是不合理地开发和利用资源而对自然环境的破坏以及由此所产生的各种生态效应，即通常所说的生态破坏问题；二是因工农业发展和人类生活所造成的污染，即环境污染问题。在有的地区，环境问题可能以某一类为主，但在更多的地区却是两类问题同时存在。这正是当今环境问题难以解决的原因之一。

1.1.1　环境问题的产生及发展过程

环境质量的恶化是渐变的。毫无疑问，自有人类以来就产生和存在着环境问题。在靠采集和狩猎为主要谋生手段的时期，人类的过度采集和狩猎就曾对许多物种的数量和生存造成一定破坏。当然，那时的环境问题还是局部的、暂时的，大多数破坏并没有影响自然生态系统的恢复能力和正常功能。

新石器时期产生了原始农、牧业，使人类摆脱了靠采集、狩猎和迁徙维持生存的局面，人类社会进入了“刀耕火种”的时代。这无疑是人类改造大自然取得的一个伟大胜利，对于人类的发展起到了重要作用。但也正是从这时开始，人类大面积地砍伐森林，开垦土地和草原。落后的生产技术使人类不得不采取刀耕火种——弃耕的耕作方式。随着人口数量的增加，由这种耕作方式引发的生态环境问题开始出现，有的至今尚可见到。被称之为中华民族摇篮的黄河流域，到近代已变得千沟万壑，到处为荒山秃岭就是一个典型的例子。

18 世纪后半叶开始，以蒸汽机广泛应用及由此而推动的炼铁业、机器制造业和采矿业迅速发展为标志，人类进入了蒸汽机时代，或称之为第一次产业革命。这是人类发展历程上的一次重要转折，许多国家在这个时期由农业社会过渡到了工业社会，生产力得到空前的发展。纺织、化工、铸造等行业迅速兴起，林立的烟囱成为工业发达和经济繁荣的象征，煤炭成为工业和交通的主要能源。据统计，1870 年全世界的煤产量为 2.5 亿 t，到 1915 年增加为 13.4 亿 t，45 年间增长了 5 倍之多。煤的大量燃烧使大气遭到了严重污染。蒸汽机故乡的伦敦市，在 1873 年到 1892 年间，先后多次发生严重的煤烟污染事件，夺去了上千人的生命。与工业化过程伴生的“城市化”对水源的污染也相当惊人，“把一切水都变成了臭气冲天的污水”。矿山的开采把大地挖得满目疮痍。工业社会环境污染和生物资源利用所出现的问题，已经达到了与从前根本不同的新水平。这个时期环境问题主要表现是工业污染。但由于经济发展的不平衡，从全球角度看，危害还是局部的或区域性的，加之有些污染和生态破坏的危害在时间上具有时滞效应，当时的环境问题还没有引起大多数人的高度注意和重视。

19 世纪 30 年代以后，电动机的产生，电能的利用以及汽车和飞机的相继问世，形成了第二次产业革命，人类进入了电气时代。尤其是 20 世纪两次世界大战的爆发，刺激了工业和科学技术的发展。电力、石油、化学工业、汽车、造船和飞机制造等工业开始在世界经济中占据主导地位。这些产业结构的特点是，生产过程需要消耗大量的矿物质。而产品的消耗和使用又需消耗大量的能源，从而使这次产业革命对自然资源的利用和开发达到了空前的程度。20 世纪 60 年代后，化学工业，尤其是有机化学工业又迅速崛起，合成了大量的化学物质以替代某些天然物质，使现代社会与自然环境间发生的大规模的物质交换及其所带来的各种不良的后效应，成为这个时期主要环境问题的根源。一方面，大规模的开发严重破坏了生态系统乃至生物圈的结构和功能，降低了其缓冲能力和自净能力。另一方面大量的人工合成的各类化合物，包括各种有毒物质和废弃物源源不断地进入环境。这不仅使原有的工业污染范围扩展，而且过去潜在的污染危害与新的污染共同酿成了社会性公害的发生。从 20 世纪 30 年代比利时马斯河谷事件开始，震惊全世界的污染公害相继发生。在工业发达国家里，大气、水体、土壤以及农药、噪声和核辐射等污染，在这个时期都达到了十分严重的程度，对人民生活和经济发展构成了严重的威胁。人类第一次感觉到自身的生存安全受到了挑战。

20 世纪 60 年代后，首先是西方工业发达国家的人民群众发出了“保护环境、防治污染”的强烈呼声，各界人士纷纷走向街头，要求本国政府采取有效措施治理日益严重的环境污染，掀起了声势浩大的“环境运动”。“环境运动”的兴起在人类发展史上具有深刻的意义。正如 M.K. 托尔巴博士所说：“决定我们这个星球上的生命能否维持其完整性并得到保护的是公众的舆论这种集体力量，即世界大家庭对环境问题的共同呼声。大众对环境问题的关注已形成一股强大的动力，促使‘联合国人类环境会议’的召开和联合国环境规划署的成立。”在这股强大动力的影响下，联合国制定了保护人类生存环境的一系列计划，并逐步付诸实施，各国政府环境保护机构相继成立。“地球的危机就是人类自身的危机”，“保护全球生态环境是全人类的共同责任”，这已成为世界各国人民的共识。“在不危害后代人满足其需要的前提下，寻求满足我们当代人需要和愿望”的“持续发展”（sustained development）的新观念已被普遍接受。正是基于这种变化，有人认为，1988 年是地球环境和公众环境意识发生划时代变化的一年，它预告一个环境时代的来临。

1.1.2 全球性主要环境问题

全球环境问题的相互联系和相互制约，使人类所面临的各种环境问题构成了一个复杂的环境问题群（groups of environmental problems），臭氧层破坏、温室效应和酸雨这三个环境问题在整个环境问题群中占有极其重要的位置（图 1-1），因而被认为是三大全球性环境问题，剖析这三大环境问题的形成、发展和危害，不仅有助于认识人类所面临的各种环境问题的严重性，增强保护环境和解决环境问题的紧迫感和责任感，而且有助于对环境生态学研究内容和学科任务的了解。

当前人类面临的主要问题有：人口问题、资源问题、环境污染问题和生态破坏问题。这些问题相互联系、相互影响，成为当今世界环境科学及其学科关注的热点。

(1) 人口问题　人口的急剧增加是当前环境问题的首要问题。随着人口的增加、生产规模需要扩大，所需的生产、生活资料就要急剧增加，排放的废物也就相应增加，环境污染随之加重。人口增加，人类活动空间扩大，对自然系统的影响就要增强。人口急剧增加超过环境的合理承载能力，环境污染和生态破坏就会加剧。

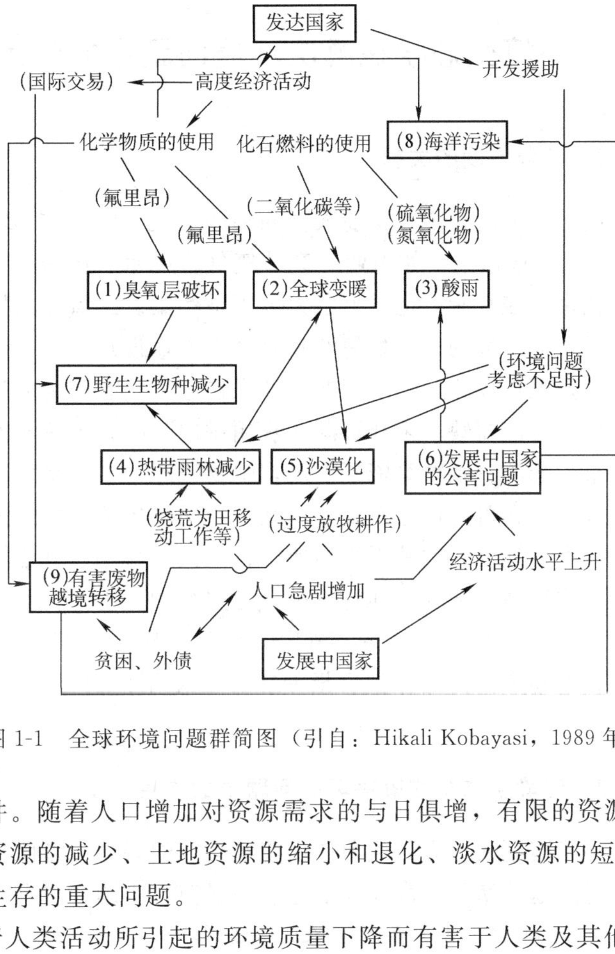

图 1-1　全球环境问题群简图（引自：Hikali Kobayasi，1989 年）

(2) 资源问题　自然资源是人类生存和发展不可缺少的物质条件。随着人口增加对资源需求的与日俱增，有限的资源已使人类面临资源匮乏的危机。森林资源的减少、土地资源的缩小和退化、淡水资源的短缺，已经成为许多国家经济发展和人类生存的重大问题。

(3) 环境污染　环境污染是由于人类活动所引起的环境质量下降而有害于人类及其他生物的生存和发展的现象，是由于资源的不合理利用而使有用的资源过多地变为废物进入环境而造成危害。温室气体过量排放引起的气候变暖、酸雨、臭氧层破坏和有毒化学品的污染已经成为全球性的重要环境问题。在过去的 100 年中，全球平均气温上升了 0.3～0.6℃，随着温室气体含量的进一步增加，这种趋势还将继续，并对全球环境产生严重影响。酸雨和环境酸化问题一直处于扩展状态，影响地域由局部发展到跨国范围，发生区域已从工业发达国家扩大到发展中国家。我国的西南地区已成为与欧洲、北美并列的三大酸雨区之一。

(4) 生态破坏　生态破坏是由于对自然资源的不合理开发和利用引起的。目前，以森林生态功能降低、生物多样性减少、耕地资源的损失和破坏为代表的生态破坏形势十分严峻。以土地荒漠化、水土流失、盐碱化、潜育化为主的土地退化规模不断扩大，耕地的丧失和破坏使人地矛盾愈加突出。森林生态功能衰退，引起了干旱、洪涝灾害不断加剧。

以上情况说明，当前人类所面临的全球性重大环境问题无一不与人类的活动密切相关。环境问题的实质是由于人类活动超过了环境的承受能力，对其所依赖的自然生态系统的结构和功能产生了破坏作用，导致与生存环境的不协调。因此，对人类所依赖以生存的自然生态系统结构与功能的充分了解，以及对人与自然生态系统之间的物质和能量交换的分析，是认识和解决环境问题的关键。可见，环境生态学是随着环境问题的产生和人类对环境问题的关注及寻求调节人类与环境之间协调发展的途径而产生的。

1.2 环境生态学在解决环境问题中的作用

1.2.1 环境问题的关键

诸多环境问题中，当前人类面临的三大难题均与环境直接或间接存在关系。

(1) 环境污染 如工业三废“废气、废水、废渣”，农药和放射性物质污染，从登上月球后拍摄的照片看，地球上已无处不被污染。二氧化碳排放，温室效应使气温升高，海平面升高。人类环境的前途如何？真是令人不堪设想。

(2) 人口爆炸 马尔萨斯的“人口论”具有一定的现实性。

(3) 资源短缺 土地资源、农用耕地日减，水资源尤其是淡水资源日趋紧张，污染和浪费严重，能源、森林等资源不足，生物资源种量日减。在地球35亿年的生命里曾出现过海量物种，现在可能仅存在千分之几。与两亿年前二叠纪末相比，海洋生物种数减少了90%。

人类出现后，物种灭绝加速，目前人类影响已达自然灭绝速率的1000倍以上。目前地球上的物种估计500～3000万种，已定名的有140～170万种；已定名种中，鸟兽、爬行类、两栖类和鱼类的80%，高等植物的85%，昆虫的5%～50%（300～3000万种）面临灭绝。物种灭绝和多样性减少的后果使物种的使用价值、间接价值、潜在价值和存在价值丧失殆尽。

1.2.2 环境生态学在解决环境问题中的作用

环境问题的历史回顾和“环境运动”的兴起，可使我们得到许多启示，对于寻求解决当今环境问题的途径，恢复和重建生态平衡，协调人与自然的关系等均有益处。

1. 环境是人类生存所依赖的资源库

自从环境科学兴起后，对于环境的定义众说纷纭。从其功能和作用的角度看，所谓环境就是人类或生物生存所需要的条件和各种物质资源的总和，即相对于某一中心体的全部客体及其相互关系。所以，E. 奥德姆认为，环境的能力并不是无限的“供应仓库和生存空间”(supply depot and living space)。这样定义的环境，无论对环境生态问题实质的理论认识，还是对环境生态问题的实际解决都是有益的。

从生态学的角度看，人类诞生以来作为中心体与自然界客体及其相互关系之间发生了各种联系，但首先是表现为对食物的需要，而食物就是环境的组成成分。采集和狩猎是人类索取资源（食物）的方式，是主、客体之间发生关系的具体形式。到了农业社会，生活相对稳定下来，人类衣食住行所需要的也是环境的组成成分。即使近代，随着工业革命的兴起和发展，人类也没有摆脱对环境的这种依赖关系。实际上，近代和现代意义上的工业，就是以机器体系作为劳动手段采挖自然物质资源和对这些原料及农产品等原料进行加工的社会生产部门。人类社会通过一系列的劳动加工，把周围环境里的自然资源最终转化为生产资料或生活资料，以满足人类社会生存和发展的需要。没有环境资源这个物质基础，哪一种工业的再生产都将无法进行。只是由于形式的变化，一些人往往忽视了这一点。例如，合成纤维的生产在一定程度上替代了棉织品，但化纤生产所需要的一切原料也是环境的组成。自然生态系统的许多产品至今在人类的生活中仍占有很大的比例。人们所喜食的各种食物，医药上所需要的一些原料都是取自生态系统。森林不仅为人类提供所需要的大量木材，而且通过光合作用吸收了大量的CO_2，释放人类和动物所需的氧气，调节气候，并为动物提供适宜的生境和维护着生物圈的正常功能。现在，人类感到自身的生存受到威胁，其中的原因之一就是，认识到了有些资源在枯竭，物质基础受到了破坏。其他生物也是如此，植物要生长，与其客体及相互关系即植物与环境的关系，也是对资源的需求关系，它要从土壤中得到水分和养分，从太阳辐射获得能量。

2. 环境问题的产生是人类社会发展的产物

人类或生物与其环境的关系，实际上是一种依赖和相互制约的关系。人类要生存发展，生物要保证种族延续，所需要的条件和物质都只能从各自的环境中获得。人口种群的增长需要更多的粮食，而粮食的增长只能是在提高现有耕地单位产量的同时相应地扩大可耕面积，这必然要砍伐森林或开垦草原，而这将意味着破坏许多动物的生境，消灭许多植物种群，减少生态多样性并引起生态系统一系列生态关系的改变。再如，电力工业或其他工业的发展，即使采取一些环保措施，也不可避免地要加重一些区域内的大气污染。可见，人类现在所面临的各种环境问题的产生并非人类的本意，它是伴随着人口的增长和生产力的发展而产生的。人类今后在开发和利用自然资源或改变一些生态关系前，要进行充分的科学论证。当前，抛弃“人是自然界的主宰者”的旧观念，树立“人也是自然界一员”的新观念是很重要的。环境是资源库，但其中的资源并非都是“取之不尽，用之不竭”的，适度开发和永续利用才是科学和明智的。

3. 人类面临的环境问题是相互联系相互制约的

同生命系统一样，环境系统也是一个相互联系、相互制约的统一体，整个生物圈就是一个生命巨人。大气的严重污染引起温室效应、臭氧层破坏和酸雨的形成，而后三者对生命系统的损伤降低了生物圈的自净功能，使大气污染的程度更加严重，形成恶性循环。全球生态环境的恶化，正是局部生态环境破坏效应叠加的结果，是量变引起的质变；同理，局部生态环境的改善将是全球生态环境质量好转的基础。因此，保护生态环境是全人类的义务和责任。尤其对全球生态环境造成很大影响的工业发达国家，更应主动地在这方面多承担些义务。

环境系统的统一和相互制约关系，还表现在客体对主体需求的提供并不是无偿的。主体的“索取”应该与对客体的“偿还”实现等价，否则就是生态平衡失调，就随之产生相应的生态环境问题。人类对地下水的利用应该与地下水的补充量相等，不然就会造成地下水位的下降，甚至形成“漏斗”。植物生长从土壤中“索取”营养物质，应该以残体或其他形式归还给土壤。否则就会造成土壤生态系统中有机质含量下降、结构破坏并导致土壤的贫瘠。

人类所面临的各种环境问题也是相互联系的，它们交织在一起增加了问题解决的难度。

从环境问题的历史回顾可看到，人类对环境的破坏首先是始于对生物资源的利用和开发，其结果是局部生态环境恶化，生物圈中生命成分急剧减少。现代工业的兴起和发展造成的污染，使各类生态系统的结构受损、功能衰退，从而加重了其他环境问题的危害作用程度。森林的砍伐加重了水土流失和沙漠化；种群适宜空间的缩小，加速了物种灭绝的速度；对水体的污染危害着鱼类的繁殖和生长；为获得农业丰产不得不向土壤中施用大量的化肥和农药，从而导致了土壤的污染。然而，土壤的污染和结构的破坏反过来又在限制着粮食产量的提高。所以，生态环境的恶化成为各种环境问题的焦点，生物圈中生命成分既是环境污染危害的对象，同时它们又是环境污染危害程度的调节者。人类要保护环境，恢复生态平衡，首先就应该保护生物资源，重视生命成分在维持生物圈正常运行中的地位和作用。从增强生态系统自净能力和稳定性为出发点和着眼点来考虑各种措施和途径。

4. 环境问题发展和变化的关键是人类

人口问题过去是，今后仍是制约各类环境问题发展趋势的关键。人类要生存和发展，就得需要粮食、能源、资源，就得发展工业、农业和其他经济活动。但人类又不完全等同于其他生物，人类具有自我控制能力，掌握着发达的科学技术，能够主动调节与自然界的关系并使之和谐。因此，对人类当前所面临的各种环境问题，采取盲目乐观的态度不行，采取悲观失望的态度也不对。当前世界各国都积极采取措施保护生态环境，国际间的环境保护工作也已展开。自然保护区的建立、濒危物种的抢救、大面积的植树造林、保护臭氧层的国际公约以及生态工程的兴起都是鼓舞人心的有效对策。可以肯定，只要全人类重视现实，积极采取措施，全球环境问题的逐渐改善和解决是大有希望的。人类破坏了自身生存的环境，也同样有能力恢复和重建它。

由此可见，环境生态学在解决环境问题中担当了不可或缺的角色，其作用的发挥正是环境生态学研究解决的问题。

1.3 环境生态学的定义、研究内容和任务

1.3.1 生态学

环境生态学的基本理论来自于生态学（ecology），生态学是研究生物与其环境之间相互关系的科学。“ecology”来自希腊文“oikos”（住所，栖息地）和“logos”（学问，研究），亦即生态学在创建之初就表达为研究生物有机体与其栖息场所之间相互关系的科学。上述生态学的定义是德国生物学家赫克尔（Haeckel，1866 年）首先提出的。这是生态学至今最为全面的定义。但是首先使用“Ecology”一词学者是亨利索瑞（Henry Thoreau，1858 年）。随着生态学的发展，一些生态学家认为上述定义过于广泛而提出了自己的看法。英国生态学家埃尔顿（Charles Elton，1927 年）认为生态学是科学的自然史；前苏联的克什卡洛夫（Кашкаров，1945 年）认为生态学是研究生物的形态、生理和行为上的适应性的科学；澳大利亚的安德列沃斯（Andrewartha，1954 年）认为生态学是研究有机体的分布和多度的科学；加拿大生态学家克雷伯斯（Krebs，1972 年，1978 年，1985 年）认为生态学是研究决定有机体的分布与多度的相互作用的科学。著名的现代生态学家，美国的奥德姆（Odum，E）在生态学经典著作《生态学基础》（Fundamentals of Ecology，1971 年）中指出，生态

学是研究生态系统的结构与功能的科学。我国生态学家认为生态学是研究生命系统和环境系统相互关系的科学。

传统的生态学要在有机体（organism）、种群（population）、群落（community）和生态系统（ecosystem）水平上探索生命系统的奥秘。因此，生态学是以生物个体、种群、群落和生态系统甚至是生物圈（biosphere）作为它的研究对象。种群是在一定空间中同种个体的集合；种群具有空间、数量和遗传三个基本特征。种群是物种存在的基本单位。群落是在一定区域或一定生境里各个生物种群相互松散结合的一种结构单位，即群落是指同一生境中彼此影响着的多种生物种群的集合体。生物群落与其环境之间由于不断地进行物质循环和能量流动过程而形成的统一整体就是生态系统。生物圈则是指地球表面有生命的部分，包括三个组成部分，即大气、水域和陆地。

目前，生态学按其研究的生命体的水平可分为个体生态学（autecology）或生理生态学，主要研究生物的个体发育与环境的相互关系；种群生态学（population ecology），主要研究同种个体组成的种群与环境的相互关系；群落生态学（community ecology）主要研究群落的结构与功能、形成和发展方面与环境间的相互关系；生态系统学（ecosystem ecology）主要研究由群落与其周围理化环境构成的生态系统的结构与功能、系统的平衡与调控机制。

1.3.2 环境生态学的定义

环境生态学（environmental ecology）是指以生态学的基本原理为理论基础，结合系统科学、物理学、化学、仪器分析、环境科学等学科的研究成果，研究生物与受人干预的环境相互之间的关系及其规律性的一门科学。环境生态学是环境科学与生态学之间的交叉学科，是生态学的重要应用学科之一。环境生态学是研究人为干扰下，生态系统内在的变化机理、规律和对人类的反效应，寻求受损生态系统的恢复、重建和保护对策的科学，即运用生态学理论，阐明人与环境间的相互作用及解决环境问题的生态途径。所以，环境生态学不同于以研究生物与其生存环境之间相互关系为主的经典生态学；也不同于只研究污染物在生态系统中的行为规律和危害的污染生态学和研究社会生态系统结构、功能、演化机制以及人的个体和组织与周围自然、社会环境相互作用的社会生态学。它解决的是环境污染和生态破坏这两类环境问题的学科。从学科发展上看，环境生态学的理论基础是生态学，它由生态学分支而来，但同时又不同于生态学。

1.3.3 环境生态学的形成与发展

在科学发展史中，一门科学的诞生往往源自人类为了解决某一类实际问题的需要。环境生态学也不例外，它是在人类面临越来越严峻的当代环境问题，人类以及地球上生物的生存受到越来越严重威胁的历史背景下产生的。

人类是环境的产物，又是环境的改造者。人类在同自然界的斗争中，运用自己的智慧，不断地改造自然，创造新的生存条件。然而，由于人类认识自然的能力和科学技术水平的限制，在改造环境的过程中，往往会产生意想不到的后果，造成环境的污染和破坏。从 18 世纪后半叶开始的第一次工业革命，到 19 世纪电的发明使人类进入第二次工业革命的电气化时代，特别是第二次世界大战以后社会生产力突飞猛进。20 世纪 60 年代后化学工业的迅速发展，合成并投入使用大量自然界中不存在的化学物质（如各种农药等），进一步加剧了环境质量的恶化。人口大幅度增长、森林过度砍伐、水土流失加剧、荒漠化面积扩大、土地盐碱化等都向人类生存和经济发展提出了严峻的挑战。人类首次感觉到环境问题已成为关系到自身生存的重大问题。

从 20 世纪 60 年代开始，西方发达国家公众的环境意识日益强烈，展开了声势浩大的环境运动，要求政府采取有效手段治理日益严重的环境污染。罗马俱乐部发表了著名的《增长的极限》研究报告。1972 年，联合国在瑞典首都斯德哥尔摩召开人类环境会议，通过了《联合国人类环境会议宣言》。1980 年 3 月 5 日，国际自然及自然资源保护联合会公布了《世界自然资源保护大纲》。这些会议和活动表明环境问题已成为当代世界上一个重大的社会、经济、技术问题。特别是随着社会、经济的发展，环境污染正以一种新的形态在发展，联合国人类环境会议后，世界上发生的重大而有代表性的公害事件有三大类共十件，有人称其为新的十大公害事件。生态破坏的规模和范围也在进一步扩大。环境污染和生态破坏所造成的影响，已从局部的向区域的乃至全球范围扩展。

环境生态学成为一门独立的科学始于 20 世纪 50～60 年代，随着全球性环境问题日益严重，如全球性气候变化、酸雨、臭氧层破坏、荒漠化扩展、生物多样性减少等带来的环境不断破坏、资源日益衰竭的严重生态危机，使全球环境和生态系统失衡。这些生态危机都是人类活动造成的。人类曾一度自诩为主宰地球的力量，但无数事实说明，如果不按生态规律办事，就不能逃脱作为其生存环境的地球的种种变化对人类本身前途的影响。从无数的教训中，人们开始认识到地球的环境是脆弱的，各种资源也不是取之不尽的；环境被破坏、资源被过度运用以后是很难恢复的。人们也逐渐认识到，必须依赖于生态学原理和方法才能使维护人类赖以生存的环境和持续利用各种资源成为可能。这就是环境生态学产生的基础。

20 世纪 60 年代初，美国海洋生物学家 R. Carsom 的《寂静的春天》的出版对环境生态学的发展起到了极大的推动作用。该书描述了使用农药造成的严重污染，阐明了污染物在环境中的迁移转化，初步揭示了污染对生态系统的影响，以及人类生产活动与春天“寂静”间的内在机制；阐述了人类同大气、海洋、河流、土壤及生物之间的密切关系。这些论述有力的促进了生态系统与现代环境科学的结合。这一时期，人类活动对环境影响的认识也更加深入，如 R. Arvill（1967 年）《人类与环境》（Man and Environment），T. R. Detwuler（1971 年）《人类对环境的影响》（Man's Impact on Environment）等论述有关人类活动对环境影响的专著的出版，使人们认识到人类活动是如何影响地球表面大气圈、水圈、土壤 - 岩石圈和生物圈的自然过程的。

20 世纪 70～80 年代是环境生态学的迅速发展时期。W. Barbara 等在 1972 年出版的《只有一个地球》中，从整个地球的发展前景出发，从社会、经济和政治的不同角度，论述了经济发展和环境污染对不同国家产生的影响，指出人类所面临的环境问题，呼吁各国重视维护人类赖以生存的地球。该书的出版对环境生态学的发展起到了重要的作用。这一时期，国际上出版了一系列有影响的环境生态学方面的专著，如《环境生态学：生物圈、生态系统和人》（Anderson，1980 年）、《人口、资源、环境——人类生态学的课题》（Ehrlich，1972 年）、《生态科学：人口、资源和环境》（1977 年）、《环境、资源、污染和社会》（Muurdock，1975 年）、《我们生态危机的历史根源》（White）、《人口炸弹》（Ehrilich）、《应用生态学原理》（Remade，1974 年，1978 年）等。同时，环境生态学方面的刊物也开始出现。

20 世纪 70 年代后期，研究者们在受干扰和受害生态系统（damaged ecosystem）的恢复和重建的理论和实际应用方面做了大量工作。1975 年在美国召开了题为“受害生态系统的恢复”的国际会议，专家们第一次讨论了受害生态系统的恢复和重建等许多重要的环境生态学问题。Carins 等在 1980 年出版了《受害生态系统的恢复过程》（The Recovery Process in Damaged Ecosystem ）一书，广泛探讨了受害生态系统恢复过程中的重要生态学理论和应用问题。1983 年美、法两国专家召开了题为“干扰与生态系统”（Disruibance and Ecosystem）的学术研讨会，系统地探讨了人类的干扰对生物圈、自然景观、生态系统、种群和生物个体的生理学特性的影响。1996 年召开了第一届世界恢复生态学大会。自 20 世纪 70 年代之后，我国在区域生态环境破坏的历史分析，区域生态环境质量的评价，生态系统稳定性的维护，受害生态系统的恢复、重建等领域也开展了大量的工作，并取得了非常可喜的成果。尤其是我国著名的生态学专家马世骏教授于 1979 年提出的“生态工程”的理论，对于我国乃至整个生态学的发展均有着重要的指导作用。1989 年在北京召开了“生态工程”国际学术讨论会，研讨了受害生态系统的重建问题。这些工作对于推动环境生态学的发展起到了积极的促进作用。

1.3.4 环境生态学研究对象与研究内容

环境生态学的研究重点是环境污染的生态学原理和规律、环境污染的综合治理、自然资源的保护和利用、废弃物的能源化和资源化技术，研究目的是改善不断恶化的生态环境，达到资源的永续利用，促进经济、环境和人类社会的可持续发展。环境生态学的研究对象是污染的环境对整个生态系统（以生物为主）的影响。它是研究生态系统中的生物与污染的环境两者之间作用与反作用、对立与统一、相互依赖与相互制约、物质的循环与代谢等一系列相互作用的规律，以及支配这些规律的内在机理。生命系统与人为干预的环境系统两者之间的相互作用，可以表现为各级水平，所以，环境生态学的研究对象既包括从宏观上研究环境中污染物和人为干预的环境对生物的个体．种群、群落和生态系统产生影响的基本规律，也包括从微观上研究污染物和人为干预的环境对生物的分子、细胞和组织器官产生的毒害作用及其机理。

环境生态学是一门新兴的边缘学科，其内容和体系尚在不断地发展之中，其研究内容主要包括以下几个方面：①自然资源的合理利用与保护；②环境污染的生物效应；③环境污染的综合治理；④环境污染的监测与评价；⑤环境污染对生态系统的结构与功能的影响。

思 考 题

1-1 什么是生态学？什么是环境生态学？简述环境生态学的发展过程。

1-2 环境生态学的主要研究内容和学科任务是什么？

1-3 你认为环境生态学与哪些学科关系最为紧密？

1-4 当前的环境问题主要有哪些？环境生态学在解决这些环境问题中有什么作用？

推荐阅读文献

[1] 金岚．环境生态学[M]. 北京：高等教育出版社，1992.

[2] 王如松，等．现代生态学的热点问题研究[M]. 北京：中国科学技术出版社，1996.

[3] 李博．生态学[M]. 北京：高等教育出版社，2002.
[4] McIntosh，Robert P. 生态学概念和理论的发展[M]. 徐嵩龄，译．北京：中国科学技术出版社，1992.
[5] 国家自然科学基金委员会．生态学—自然科学学科发展战略调研报告[M]. 北京：科学出版社，1997.
[6] 钱易，唐孝炎．环境保护与可持续发展[M]. 北京：高等教育出版社，2000.
[7] 刘湘溶．生态文明论[M]. 长沙：湖南教育出版社，1999.
[8] 唐奈勒·H·梅多斯. 超越极限——正视全球性崩溃展望可持续发展的未来[M]. 赵旭，等译. 上海：上海译文出版社，2001.
[9] 加勒特·哈丁. 生活在极限之内——生态学经济学和人口禁忌[M]. 张真，等译．上海：上海译文出版社，2001.
[10] 尚玉昌．人类生态学：陆地和水资源利用[J]. 生态学杂志，1984.
[11] 陈百明．中国土地资源生产能力及人口承载量研究[M]. 北京：中国人民大学出版社，1990.
[12] Beeby A. Applying Ecology[M]. London：Chapman & Hall，1993.
[13] Bramwell A. Ecology in the 20th Century：A History[M]. New Haven：Yale University Press，1989.
[14] Clark JS，Carpenter SR，Barber M，et al. Ecological forecasts：An emerging imperative. Science，2001.
[15] Mackenzie，A，Ball A S，Virde S R. Ecology[M]. Oxford：Bios Scientific Publishers Limited，1999.
[16] 盛连喜，冯江，王娓．环境生态学导论[M]. 北京：高等教育出版社，2002.

第 2 章

2

生物与环境

生物是随着地球环境的演化而发生、发展的，是地球环境演化的产物。一方面，生物从环境中获取各种生活所必需的物质和能量，并且受各种环境因素的影响和制约；另一方面，生物在长期进化过程中，对其生存的环境产生一定的适应性，并对环境的发展演化产生影响。因此，生物与环境是密不可分、相互依存、协同进化的。

2.1 地球上的生物

约在 35 亿年前，地球上出现了最原始的生物——细菌。在自然选择和本身的遗传变异共同控制下，地球上的生物不断地发生分化与发展，沿着由低级到高级、由简单到复杂、由少到多、由水生到主要为陆生的演化发展而形成为今天繁荣的生物界。通常，生物一般分布于地表面以上和海面以下各 10km 的范围内。在这个范围内，地球表面全部生物及其生活领域的总称即是生物圈。它是由地壳表面（土层和岩石层）、水层、大气层和生活于其中的一切生物（包括人类）所组成。

2.1.1 生物的多样性

生物多样性（biodiversity）是生命系统的基本特征，包括难以计数的植物、动物、微生物，这些生物所拥有基因，以及生物与其生存环境形成的复杂的生态系统、生态过程等。生命系统包括多个层次或水平——基因、细胞、组织、器官、种群、群落、生态系统和景观等，每一层次都具有丰富的变化，即都存在多样性。目前研究比较多的主要有遗传多样性、物种多样性、生态系统多样性和景观多样性四个层次。

（1）遗传多样性　遗传多样性是指同一物种内不同种群之间和同一种群内不同个体之间的遗传变异的总和。它主要包括染色体水平的多样性和基因水平的变异性，是物种多样性和生态系统多样性的基础。一个物种遗传变异越丰富，对环境适应能力越强，进化的潜力越大。

（2）物种多样性　物种多样性是指一定区域内物种的多样化及其变化，包括一定区域内生物区系的状况、形成、演化、分布格局及其维持机制等。物种被认为是生物多样性的中心，物种多样性是生物多样性研究的基础和核心内容。目前，全世界科学家对物种数量还没有精确的估计，其变化幅度为（500～5000）万种，甚至多达 1 亿种。然而，现在已定名或描述的物种仅有（140～170）万种，其中昆虫约 69000 种，植物约 28 万种，哺乳动物约

4200种，鸟类约9000种，爬行类约6300种，两栖类约4000种、鱼类21400种。据统计，我国的物种数量约占世界物种总数的10%左右，居世界第八位，北半球第一位。我国有高等植物约30000种，哺乳动物约500种，鱼类约2800种（表2-1）。

表2-1 世界和我国物种估计数和已知种数

类群名称	我国已知种	世界已知种	百分比（%）	世界估计种数
哺乳动物	499	4181	11.9	5000
鸟类	1186	8974	13.2	11000
爬行动物	376	6300	5.9	11000
两栖类	279	4010	7.4	11000
鱼类	2804	21400	13.1	28000
昆虫	34000	69000	49.3	1500000
高等植物	30000	285750	10.5	300000
真菌	8000	69000	11.6	1500000
细菌	500	3000	16.7	30000
病毒	400	5000	8.0	130000
蕨类	5000	40000	12.5	60000

（引自陈灵芝，中国的生物多样性现状及其保护对策，1993年）

（3）生态系统多样性　生态系统多样性是指生物圈内生境、生物群落和生态过程的多样化以及生态系统内生境、生物群落和生态过程变化的多样性。生境（habitat）是指生物体或生物种群自然分布的区域，其多样性主要指地形、地貌、气候等的多样性。生物群落的多样性主要指群落的组成、结构和动态片面的多样化或变异性。生态过程主要是指生态系统的组成、结构和功能在时间、空间上的变化，主要表现在系统的能量流动、物质循环和信息传递等方面。

（4）景观多样性　景观多样性是指由不同类型的景观（landscape）要素或生态系统构成的景观在空间结构、功能和时间动态方面的多样化或变异性。景观要素分为斑块（patch）、廊道（corridor）和基质（matrix）三类。斑块是景观尺度上最小的均质单元，廊道是呈线状或带状的联系斑块的纽带，基质是景观中面积大、连续性高的部分。

2.1.2 生物的统一性

具有生命这一特性，可以明确区分生物与非生物，所有生物共同具有下述一系列基本特征：

（1）有序性　构成生物体的元素组成都是非生物界存在的，但生物分子却是一些以碳链为骨架的高度复杂的有机大分子，如核酸、蛋白质、脂类和糖类。生物大分子在体内不是随机堆砌在一起，而是组成一定的结构，或形成细胞这样一个有序的系统，才能表现出生命。整个生物界是一个多层次的有序结构，细胞、组织、器官、系统、个体、种群、群落和生态系统等。每一层次中的结构单元都具有各自特定的结构和功能，它们的有序结构和协调活动构成了复杂的生命系统。

（2）新陈代谢　生物有机体是一个开放系统，它不断地与外界进行着物质与能量的交换。一些物质被生物体吸收后，发生一系列的分解反应和合成反应，合成一些自身的物质，并且排出不需要的代谢物质，这些过程称为代谢或新陈代谢。分解代谢是将有机大分子分解成较小的分子并从中获取化学能；合成代谢则是利用小分子和能量逐步合成各种生物大分子，用于建立新的结构和更新旧结构等。

（3）生长和发育 生物都能通过新陈代谢过程生长发育。生物有机体由小到大，单细胞生物不断增加细胞的体积和重量，多细胞生物则通过细胞数目的增加、分化及组织、器官的形成而生长变大。另一方面，生物体的结构和功能从简单到复杂的内在质变过程，称为发育过程。生长发育是一个由遗传决定，按照一定的尺度范围、一定的模式和一定的程序进行的稳定的过程。

（4）应激性 生物体对刺激发生反应的特性称为应激性，包括感受刺激、传导刺激等。任何环境因素的变化都可以是刺激，如方向的改变、光照的加强、温度的升高、化学药物的变化、环境湿度的加大等。低等动物整个身体表面均可感受刺激。大多数高等动物由一些特化的细胞群接受特殊刺激。例如，视觉细胞感觉光线的刺激，内耳细胞感觉声音的刺激等。通常由刺激引起的兴奋需要神经细胞或化学物质的传递才能到达反应部位。一般而言，受神经调控的活动往往是迅速的，持续时间短，并且有局限性。受化学物质（激素）调控的活动常常是比较缓慢的，持续时间长，而且十分广泛。

（5）运动 运动是生物的另一个特征，也是生物应激性的一种表现形式。一些单细胞生物利用鞭毛和纤毛的摆动进行运动。植物的运动不明显，实际上，茎尖的向光生长，根的向地性生长都是植物的运动形式。动物的捕食、逃生行为都是运动的。另外，高等动物和人心脏的自主运动常常被当作动物和人类生命存在的标志特征。

（6）适应 适应是生物界普遍存在的现象。生物必须适应生活环境才能生存和繁衍。在一定的环境变化范围内，各种生物以其独特的方式适应特定的环境，产生一定性状和结构的变异。适应可分为生存竞争中的自然选择适应和生理适应。昆虫的保护色、鸟翅结构、鱼类的体形和鳃等都是自然选择适应的表现形式；猫的眼睛随光线强弱而变化、蝴蝶的口器适应吸取花朵中蜜腺分泌的花蜜等是一种生理适应。

（7）生殖 生物通过繁殖方式延续种群。繁殖是指生物复制出新的一代，通过产生与它们自身相似的后代个体而代代相传。单细胞生物通过细胞分裂进行繁殖，多细胞生物则以无性生殖和有性生殖方式产生后代个体。遗传是生物在繁殖过程中，把它们的特性传给后代，使后代与亲代相似的现象。正是遗传的保守性使生物物种保持相对的稳定性和生物类型间的区别。

（8）进化 生物进化是自然界中的一种特殊现象，是生物在适应生存环境的过程中，通过遗传过程中发生的一系列不可逆变化实现的。生物进化的结果导致生物总体对其生存环境的相对适应。生物进化包括了复杂性和有序性增长的趋势，适应生存环境的趋势，是一种有趋势的变化。变异是生物进化的原材料，是绝对的和前进的，为生物产生出新的性状，导致物种的变化和发展。遗传、变异和进化构成了生物发展史。

2.1.3 生物的分类

浩繁的生物种类是一项极为宝贵的物质财富。为了识别、研究、利用和保护，人类需要对种类繁多的生物加以分类。通过大量的实践研究，人类建立起一个能够反映生物界由低等到高等、由简单到复杂的有规律的分类系统，使各种生物均有所属。

1. 分类等级

自达尔文进化论确立后，人们认识到可按照物种间的亲缘关系和进化水平来进行生物的分类。综合比较解剖学、比较胚胎学、古生物学、遗传学、免疫学、生物化学、分子生物学和生物数学，依据生物形态结构、生理生化、染色体形态数目、抗原抗体反应（血清反应）、生物大分子结构与功能的差异等对生物进行分类，力求反映物种在进化上的亲缘关系接近于自然状态。根据生物之间相同、相异的程度及亲缘关系的远近，分类学家将生物划分为自高而低的七个最基本的等级。必要时，还可在某一等级之前增加一个“超级”或在其之后增加一个“亚级”。我们以人为例来说明：

人：界（kingdom） 动物界 animalia
门（phylum） 脊索动物门 phylum chordata
脊椎动物亚门 subphylum vertebrata
纲（class） 哺乳纲 class mammalia
真兽亚纲 subclass eutheria
目（order） 灵长目 order primates
类人猿亚目 suborder anthropoidea
科（family） 人科 family homonidea
属（genus） 人属 *genus homo*
种（species） 人种 *species sapiens*

2. 生物的分界

随着研究技术的改进和认识的不断深入，人们曾先后提出过多种生物分类系统。1735年林奈以生物能否自主运动为划分标准，将生物划分为植物界（plantae）和动物界（animalia）。随着显微镜的应用，生物学家观察到许多单细胞生物，同时具有植物和动物特征，E. H. Haeckel（1866年）等人把原核生物（细菌、蓝藻）和单细胞真核生物单独划分为一界，称为原生生物界（protista），提出原生生物界、植物界和动物界的三界系统。在采用电镜技术揭示了原核细胞与真核细胞的结构差异后，生物学家进一步认识到细菌、蓝细菌等原核单细胞生物与真核单细胞生物差别很大，H. F. Copeland（1938年）提出将原核生物（细菌、蓝藻）单独划分为原核生物界（monera），提出原核生物界、原生生物界、植物界动物界的四界系统。1969年R. H. Whittaker主张把异养的真菌从植物界分离出去，单独划为真菌界（fungi），并结合前人对生物界的划分，提出了五界系统（5ve-kingdom system），即原核生物界、原生生物界、植物界、真菌界和动物界。五界系统基本反映了生物从原核生物到真核生物、从单细胞生物到多细胞生物的进化历程，是目前应用较广泛的分类系统。

2.2 环境的概念及其类型

2.2.1 环境的概念

环境（environment）是指某一特定生物个体或生物群体以外的空间，以及直接或间接影响该生物体或生物群体生存的一切事物的总和。环境总是针对某一特定主体或中心而言的，是一个相对的概念。对于不同的学科，环境的具体含义是不同的。在生物学中，环境是指生物的栖息地，以及直接或间接影响生物生存和发展的各种因素。在现代生态学中，环境既包括自然环境（未经破坏的天然环境），也包括人类作用于自然界后所发生变化了的环境（半自然环境），以及社会环境（如聚落环境、生产环境、交通环境及文化环境等）。在环境科学中，人类是主体，环境是指围绕着人群的空间以及其中可以直接或间接影响人类生活和发展的各种因素的总体。此外，还有一类为适应某些工作方面的需要而给环境下的定义，通常出现在世界各国颁布的环境保护法规中。例如，《中华人民共和国环境保护法》中明确规定："本法所称环境，是指影响人类生存和发展的各种天然的和经过人工改造的自然因素的总体，包括大气、水、海洋、土地、矿藏、森林、草原、野生生物、自然遗迹、人文遗迹、自然保护区、风景名胜区、城市和乡村等"。这是一种把环境中应当保护的要素或对象界定为环境的工作定义，目的在于明确法律适用的对象和范围，保证法律的准确实施。

由于环境是相对于特定主体而言的，因此，环境有大小之别，大到整个宇宙，小至基本粒子。例如，对于太阳系中的地球而言，整个太阳系就是地球生存和运动的环境；对栖息于地球表面的动植物而言，整个地球表面就是它们生存和发展的环境；对某个具体生物群落来讲，环境是指所在地段上影响该群落发生、发展的全部无机因素（光、热、水、土壤、大气、地形等）和有机因素（动物、植物、微生物及人类）的总和。所以，环境这个概念既是具体的，又是相对的，离开了主体的环境是没有内容的，同时也是毫无意义的。

2.2.2 环境的类型

环境是一个非常复杂的体系，至今尚未形成统一的分类系统。通常按环境的主体、环境的性质、环境的要素、环境的范围、人类对环境的利用或环境的功能等进行分类。

（1）按环境的主体来分　此种分类目前有两种体系，一种是以人或人类作为主体，其他的生命物质和非生命物质都被视为环境要素，即环境是指人类生存的环境，或称为人类环境。在环境科学中，多数学者都采用这种分类方法。另一种是以生物体作为环境的主体，生物体以外的所有自然条件称为环境，生态学中一般采用这种分类方法。

（2）按环境的性质来分　此种分类方法比较复杂，一般可将环境分成自然环境、半自然环境（被人类破坏后的自然环境）和社会环境三类。自然环境是指环绕人群空间可以直接、间接影响人类生活、生产的一切自然形成的物质、能量的总体。在自然环境中，按其主要的组成要素可再分为大气环境、水环境（海洋环境，湖泊环境，河流环境等）、土壤环境、地质环境、生物环境（森林环境、草原环境等）等。社会环境是人类通过长期有意识的社会劳动创造出来并随着人类文明的演进而不断得以丰富和发展的，它由政治、经济、文化等要素组成。一般根据人类对环境的利用方式或环境的功能再进行下一级的分类，分为聚落环境（院落环境、村落环境、城市环境等）、生产环境（工厂环境、矿山环境、农场环境、林场环境、果园环境等）、交通环境（机场环境、港口环境、车站环境、道路环境等）、文化环境（学校及文化教育区、文物古迹保护区、风景游览区和自然保护区等）等。

（3）按环境的范围大小来分　环境分为宇宙环境（或称星际环境）、地球环境、区域环境、微环境和内环境。

1）宇宙环境（space environment），指大气层以外的宇宙空间，也称为空间环境。宇宙环境由广阔的空间和存在于其中的各种天体及弥漫物质组成，它对地球环境产生了深刻的影响。太阳辐射是地球的主要光源和热源，推动了生物圈这个庞大生态系统的正常运转。太阳辐射能是地球上一切能量的源泉，它的变化显著影响着地球环境。

2）地球环境（global environment），指大气圈（主要是对流层）、水圈、土壤圈、岩石圈和生物圈，又称为全球环境或地理环境（geoenvironment）。地球环境与人类及生物的关系最为密切，其中生物圈中的生物把地球上各个圈层的关系密切地联系在一起，进行着物质循环、能量转换以及信息的传递。

3）区域环境（regional environment），指占有某一特定地域空间的自然环境，它是由地球表面不同地区的五个自然圈层相互配合形成的。不同地区具有不同的区域环境特点，分布着不同的生物群落。

4）微环境（micro-environment），指区域环境中由于某一个（或几个）圈层的细微变化而产生的环境差异所形成的小环境。例如，生物群落的镶嵌性就是微环境作用的结果。

5）内环境（inner environment），指生物体内组织或细胞间的环境。它对生物体的生长和繁育具有直接的影响。

2.2.3 环境的基本特征

环境的特征可以从不同的角度来认识和表述，其基本特征表现为：

（1）整体性　环境的整体性是环境最基本的特征。环境的整体性体现在环境系统的结构和功能方面。环境是一个整体，自然环境的各要素间通过物质和能量流动存在着紧密的相互联系、相互制约的关系。任何一种环境要素的变化都有可能导致环境整体质量的下降，并最终影响到人类的生存和发展。例如，局部地区的污染可带来全球的危害，河流上游的污染就威胁着下游居民的安全。瑞典酸雨中就有邻国大气污染的贡献。

（2）区域性　环境具有明显的区域特征。由于纬度的差异，地球接受的太阳辐射能不同，热量从赤道向两极递减，形成了不同的气候带。即使是同一纬度，因地形高度的不同，也会出现垂直地带性差异。一般情况，地形每升高 100 m，气温下降 0.5～0.6 ℃。由于地球内在因素造成环境的经度地带性特征，如受海、陆分布格局和大气环流特点的影响，我国就形成了自东南沿海的湿润地区向西北内陆的半湿润地区、半干旱和干旱地区的有规律的变化。

（3）变动性和稳定性　环境的变动性是指在自然的、人为的或两者共同作用下，环境要素的状态和功能始终处于不断变化之中。从大的尺度看，今天人类的生存环境与早期人类的生存环境就有很大差别。从小的尺度看，区域环境的变化更是显而易见。但是，在一定的时空尺度下，环境又具有相对稳定性，即环境系统对超出一定强度的干扰具有自我调节功能，使环境在结构或功能上基本无变化或变化后得以恢复。例如，生态系统的恢复、水体的自净作用等。环境的稳定性和变动性是相辅相成的，变动是绝对的，稳定是相对的。没有变动性，生物的进化和生物的多样性就不会存在，环境系统的功能就无法实现；没有稳定性，环境的结构和功能就不会存在，环境的整体功能就无法实现。

（4）资源性和价值性　环境提供了人类生存和发展的空间，同时也提供了人类必需的物质和能量，这是环境的资源性。环境中的自然资源可分为非再生资源和再生资源两大类。不可再生资源随着人类的利用而不断减少，如矿产资源、土地资源等。可再生资源包括生物资源、森林资源等。但是，在具体的时空范围内，环境资源并不是无限的。水是可以循环的，属于可再生资源，但由于可直接利用的部分很少，大部分的循环更替周期太长，以及区域分布不均匀和季节降水差异性大，所以淡水资源也会出现危机。

环境具有资源性，也就具有价值性。人类在长期利用自然的过程中，形成了环境没有价值，环境资源是取之不尽、用之不完的观念。随着社会的发展进步，人类对环境的干扰程度、范围、方式等都远远超过了过去任何时候，对环境造成了巨大的压力。环境污染的产生，危害了人群健康；环境资源的短缺，阻碍了社会经济的可持续发展。人们开始认识到环境的价值。人类的生存和发展，社会的进步都离不开环境，所以环境具有不可估量的价值。

(5) 危害作用的时滞性　自然环境一旦被破坏或被污染，许多影响的后果是潜在的、深刻的和长期的。例如，一片森林被砍伐后，对区域气候的明显影响能被人们立即和直接感受到，而对于由此而引发的其他许多影响不能很快反应出来，如水土流失将会加剧、生物多样性的改变等。环境污染的危害也是如此，日本汞污染引发的水俣病，是污染排放后20年才显现出来的。污染危害的这种时滞性，一是由于污染物在生态系统各类生物中的吸收、转化、迁移和积累需要时间；二是与污染物的化学性质有关，如半衰期的长短、化学物质的寿命等。

2.3　主要环境因子的生态作用

2.3.1　环境因子的分类

环境因子具有综合性和可调剂性，它包括生物有机体以外所有的环境要素。美国生态学家R. F. Daubenmire (1947年) 以环境因子特点为标准进行分类将环境因子分为三大类七个项目：气候类、土壤类和生物类；土壤、水分、温度、光照、大气、火和生物因子。

Dajoz (1972年) 依据生物有机体对环境的反应和适应性进行分类，将环境因子分为第一性周期因子、次生性周期因子及非周期性因子。

Gill (1975年) 将非生物的环境因子分为三个层次。第一层，植物生长所必需的环境因子（如温度、光、水等）；第二层，不以植被是否存在而发生的对植物有影响的环境因子（如风暴、火山爆发、洪涝等）；第三层，存在与发生受植被影响，反过来又直接或间接影响植被的环境因子（如放牧、火烧等）。

2.3.2　光因子的生态作用

光主要是由波长范围在150～4000nm的电磁波组成的，其中波长在380～760nm之间为可见光，小于380nm的是紫外光，大于760nm的是红外光，红外光和紫外光都是不可见光。在全部太阳辐射中，红外光约占50%～60%，紫外光约占1%，其余的是可见光。根据波长的不同，可见光又可分为红、橙、黄、绿、青、蓝、紫七种颜色的光。由于波长越长，增热效应越大，所以地表热量基本上由红外光能所产生的。紫外光对生物和人有杀伤和致癌作用。在穿过大气层时，波长小于290nm的紫外光部分会被臭氧层中的臭氧吸收，只有波长在290～380nm之间的紫外光才能到达地球表面。

光是地球上所有生物得以生存和繁衍的最基本的能量源泉。地球上生物生活所必需的全部能量，都直接或间接地源于太阳光。绿色植物通过光合作用将太阳能转化为化学能，是太阳能进入生态系统的惟一通路，也是食物链的起点。同时，光本身是一个十分复杂的环境因子，太阳辐射强度、光质及光的周期性变化都深刻地影响着生物的生长发育和地理分布，而生物本身对这些光因子的变化也有着极其多样的反应。

1. 光照强度的生态作用及生物的适应

光照强度随纬度的增加而逐渐减弱，在赤道地区最大。例如，在低纬度的热带荒漠地区，年光照强度为 $8.37\times10^5 J/cm^2$ 以上；而在高纬度的北极地区，年光照强度不会超过 $2.93\times10^5 J/cm^2$。光照强度随海拔高度的增加而增强，例如，在海拔 1000m 可获得全部入射日光能的 70%，而在零海拔的海平面却只能获得 50%。此外，山的坡向和坡度对光照强度也有很大影响。在北半球的温带地区，山的南坡所接受的光照比平地多，而平地所接受的光照又比北坡多。在一年中，夏季光照强度最大，冬季最小。在一天中，中午的光照强度最大，早晚的光照强度最小。光照强度在一个生态系统内部也有变化。由于冠层吸收了大量日光能，光照强度在生态系统内将会自上而下逐渐减弱，使下层植物对日光能的利用受到了限制，所以一个生态系统的垂直分层现象既决定于群落本身，也决定于所接受的日光能总量。

（1）光照强度与生物的生长发育　光照强度与植物细胞的增长和分化、体积的增长和重量的增加关系密切。而且，光还能促进组织和器官的分化，制约着器官的生长发育速度，使植物各器官和组织保持发育上的正常比例。黄化现象（eithiolation phenomenon）是光与形态的各种关系中最典型的例子。由于植物叶肉细胞中的叶绿体必须在一定的光强条件下才能形成，所以黄化是植物对黑暗环境的特殊适应。动物的生长发育也与光照强度有密切关系。蛙卵、鲑鱼卵在有光情况下孵化快，发育也快；而贻贝（mytilus）和生活在海洋深处的浮游生物则在黑暗情况下长得较快。通过对长管蚜属（macrosiphum）试验表明，在连续有光和连续无光的条件下，多产生无翅个体；在光暗交替条件下，多产生有翅个体。

（2）光照强度与水生植物　光照强度在水中的分布情况与陆地环境不同。因为水能反射和吸收光线，入射光的 10%～70%被反射掉，水又能大量吸收长波光，短波光（紫外线）在表层被吸收。光线还被水中的溶解物质、悬浮土粒、碎屑颗料及浮游生物所吸收和散射，因此水中的植物仅能在可见光到达的深度内生活。天气晴朗时，仅仅只有 1%的可见光到达 5～10m 深处。

光的穿透性限制着植物在海洋中的分布，只有在海洋表层的透光带（euphotic zone）上部，植物的光合作用量才大于呼吸量。在透光带的下部，植物的光合作用量刚好与植物的呼吸消耗相平衡之处就是所谓的补偿点。在一些特别清澈的海水和湖水中（特别是在热带海洋），补偿点可以深达几百米，但这是很少见的。在浮游植物密度很大的水体或含有大量泥沙颗粒的水体中，透光带可能只限于水面下 1m 处，而在一些污染的河流中，水面下几厘米处就很难有光线透入了。需光性决定了巨型藻类通常分布于大陆沿岸附近，海水深度一般不会超过 100m。生活在开阔大洋和沿岸透光带中的植物主要是单细胞的浮游植物。以浮游植物为食的浮游动物也主要分布在这里。但动物的分布并不局限于水体的上层，甚至在几千米的深海也有各种各样的动物分布，这些动物靠海洋表层生物死亡后沉降下来的残体为生。

（3）光照强度与陆生植物　光强在地球表面的分布是不均匀的，不同的植物对光强的反应是不一样的。植物在进行光合作用的同时也在进行呼吸作用。当影响植物光合作用和呼吸作用的其他生态因子都保持恒定时，生产和呼吸这两个过程之间的平衡就主要由光照强度决定了（图 2-1）。从图中可以看出，光合作用将随着光照强度的增加而增加，直至达到最大值。图中的光合作用率和呼吸作用两条线的交叉点就是所谓的光补偿点（CP），在此处的光照强度是植物开始生长和进行净生产所需要的最小光照强度。适应强光照地区生活的植物称阳性植物（heliophyte），这类植物补偿点的位置较高（图 2-1a），光合速率和代谢速率都比较高，常见种类有蒲公英、蓟、杨、柳、桦、槐、松、杉和栓皮栎等。适应弱光照地区生活的植物称阴性植物（sciophyte），这类植物的光补偿点位置较低（图 2-1b），其光合速率和呼吸速率都比较低，常见种类有山酢浆草、连钱草、观音座莲、铁杉、紫果云杉和红豆衫等。了解植物对光照强度的生态类型，在作物的合理栽培、间作套种、引种驯化及造林营林等方面都是非常重要的。

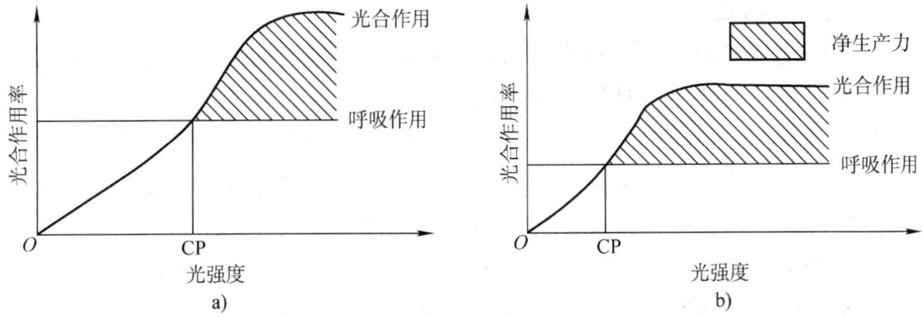

图 2-1　阳地植物和阴地植物的光补偿点位置示意图（引自 Emberlin，1983 年）

a）阳地植物　b）阴地植物

（4）光照强度与动物的行为　很多动物的活动都与光照强度有着密切的关系。有些动物适应在白天的强光下活动，如大多数鸟类，哺乳动物中的灵长类，有蹄类、松鼠、旱獭和黄鼠，爬行动物中的蜥蜴和昆虫中的蝶类、蝇类和虻类等，这些动物被称为昼行性动物。昼行性动物所能耐受的光照范围较广，故又称为广光性种类。另一些动物则适应于在夜晚或晨昏的弱光下活动，如夜猴、蝙蝠、家鼠、夜鹰、壁虎和蛾类等，这些动物被称为夜行性动物或晨昏性动物，因其只适应于在狭小的光照范围内活动，所以又称为狭光性种类。还有一些动物既能适应于弱光也能适应于强光，它们白天黑夜都能活动，常不分昼夜地表现出活动与休息的不断交替，如很多种类的田鼠，它们也属于广光性种类。

2. 光质的生态作用及生物的适应

光质（光谱成分）随空间发生变化的一般规律是，短波光随纬度增加而减少，随海拔升高而增加；在时间变化上，冬季长波光增多，夏季短波光增多；一天之中，中午短波光最多，早晚长波光较多。植物的生长发育是在日光的全光谱照射下进行的。但是，不同光质对植物的光合作用、色素形成、向光性、形态建成的诱导等影响是不同的。光合作用的光谱范围只是可见光区（380～760nm），其中红、橙光主要被叶绿素吸收，对叶绿素的形成有促进作用；蓝紫光也能被叶绿素和类胡萝素所吸收，我们将这部分辐射称为生理有效辐射。而绿光则很少被吸收利用，称为生理无效辐射。实验表明，红光有利于糖的合成，蓝光有利于蛋白质的合成。蓝紫光与青光对植物的生长及幼芽的形成有很大的作用，能抑制植物的伸长生长而使植物形成矮粗的形态，也是支配细胞分化最重要的光线，还影响植物的向光性。

可见光对动物生殖、体色变化、迁徙、毛羽更换、生长及发育等都有影响。将一种蛱蝶分别养在光照和黑暗的环境下，生长在光照环境中的蛱蝶体色变淡；而生长在黑暗环境中的，身体呈暗色。其幼虫和蛹在光照与黑暗的环境中，体色也有与成虫类似的变化。光质对于动物的分布和器官功能的影响目前还不十分清楚，但色觉在不同动物类群中的分布却很有趣。在节肢动物、鱼类、鸟类和哺乳动物中，有些种类色觉很发达，另一些种类则完全没有色觉。哺乳动物中，只有灵长类动物才具有发达的色觉。

不可见光对生物的影响是多方面的。紫外光在高山地带的生态作用非常明显。因为短波光较多的缘故，生活在高山上的植物的茎叶富含花青素，茎干粗短、叶面缩小、毛绒发达，这也是避免紫外线伤害的一种保护性适应。生活在高山上的动物体色较暗，这是因为短波光较多的缘故，这也是其避免紫外线伤害的一种保护性适应。昆虫对紫外光有趋光反应，而草履虫则表现为避光反应。

3. 生物对光周期的适应

由于地球不停地公转和自转，造成太阳高度和角度发生周期性的变化，因而导致地球上日照长度也发生周期性的变化。日照长度是指白昼的持续时数或太阳的可照时数。光照长度超过12～14h叫长日照，每天日照不足8～10h称短日照。随着纬度的增加，夏季的日照长度也逐渐增加，而冬季的日照长度则逐渐缩短。高纬度地区的作物虽然生长期很短，但在生长季节内每天的日照时间长，所以北方的作物仍然可以正常地开花结实。

日照长度的变化对动植物都有重要的生态作用。由于分布在地球上的动植物长期生活在具有一定昼夜变化格局的环境中，各类生物形成了特有的对日照长度变化的反应方式，这就是在生物中普遍存在的光周期现象（photoperiodism）。

（1）植物的光周期　根据植物开花对日照长度的要求可把植物分为长日照植物（long day plant）、短日照植物（short day plant）和中日照植物（day intermediate plant）。长日照植物通常是在日照时间超过一定数值才开花，否则便只进行营养生长，不能形成花芽。较常见的长日照植物有牛蒡、紫菀、风仙花和除虫菊等，作物中有冬小麦、大麦、油菜、菠菜、甜菜、甘蓝和萝卜等。短日照植物通常是在日照时间短于一定数值才开花，否则就只进行营养生长而不开花，这类植物通常是在早春或深秋开花。常见种类有牵牛、苍耳和菊类，作物中则有水稻、玉米、大豆、烟草、麻和棉等。中日照植物是只要其他条件合适，在什么日照条件下都能开花，如黄瓜、番茄、番薯、四季豆和蒲公英等。了解植物的光周期现象对植物的引种驯化工作非常重要，引种前必须特别注意植物开花对光周期的需要。在园艺工作中也常利用光周期现象人为控制开花时间，以便满足观赏需要。

（2）动物的光周期　在脊椎动物中，鸟类的光周期现象最为明显，很多鸟类的迁移都是由日照长度的变化所引起。由于日照长度的变化是地球上最严格和最稳定的周期变化，所以是生物节律最可靠的信号系统。鸟类在不同年份迁离某地和到达某地的时间都不会相差几日。同样，各种鸟类每年开始生殖的时间也是由日照长度的变化决定的。随着春季的到来，生殖腺开始发育，随着日照长度的增加，生殖腺的发育越来越快，直到产卵时达到最大。生殖期过后，生殖腺便开始萎缩，直到来年春季才再次发育。

日照长度的变化对哺乳动物的生殖和换毛也具有十分明显的影响。很多野生哺乳动物（特别是生活在高纬度地区的种类）都是随着春天日照长度的逐渐增加而开始生殖的，如雪豹、野兔和刺猬等，这些种类可称为长日照兽类。还有一些哺乳动物总是随着秋天短日照的到来而进入生殖期，如绵羊、山羊和鹿，这些种类属于短日照兽类。

昆虫的冬眠和滞育也是一种对光周期的适应行为，温度、湿度和食物也对这种行为有一定影响。昆虫通过冬眠和滞育增强对恶劣气候的适应和度过食物短缺的季节。秋季的短日照是诱发马铃薯甲虫在土壤中冬眠的主要因素，每日的日照时数决定了玉米螟（老熟幼虫）和梨剑纹夜蛾（蛹）的滞育率，同时与温度也有一定关系。

2.3.3 温度因子的生态作用

1. 温度因子的生态作用

任何一种生物都必须在一定的温度范围内才能正常生长发育。一般来说，生物生长发育在一定范围内会随着温度的升高而加快，随着温度的下降而变缓。当环境温度高于或低于生物所能忍受的温度范围时，生物的生长发育就会受阻，甚至造成死亡。另外，温度的变化能引起环境中其他环境因子的改变，如湿度、降水、风、氧在水中的溶解度以及食物和其他生物活动和行为的改变等，从而间接对生物产生影响。

（1）温度与生物生长 任何一种生物的生长必须在一定的温度范围内才能正常进行。因为生命活动中每一生理生化过程都有酶系统的参与，而每一种酶的活性都有它的最低温度、最适温度和最高温度。高温将使蛋白质凝固，酶系统失活；低温将引起细胞膜系统渗透性改变、脱水、蛋白质沉淀以及其他不可逆的化学变化。生物体内的生理生化反应在一定范围内也会随着温度的升高而加快，从而加快生物生长速度。因此，形成了生物生长的“三基点”。在一定的温度范围内，生物的生长速率与温度成正比，在多年生木本植物茎的横断面上大多可以看到明显的年轮，这就是植物生长快慢与温度高低关系的真实写照。同样，动物的鳞片、耳石等，也有这样的“记录”。

生物对温度的适应范围是它们长期在一定温度下生活所形成的生理适应，不同的生物和同一生物的不同发育阶段所能忍受的温度范围却有很大不同。例如，水稻种子发芽的最适温度是 25～35℃，最低温度是 8～12℃，45℃终止活动，46.5℃就会死亡；雪球藻（sphaerella nivalis）和雪衣藻（chlamydomans nivalis）只能在冰点温度范围内生长发育；而生长在温泉中的生物可以耐受 100℃的高温。

（2）温度与生物发育 完成生命周期，生物不仅要生长而且还要完成个体的发育阶段，并通过繁衍后代得以延续。温度对生物发育的影响比较集中的反映在温度对植物和变温动物（特别是昆虫）发育速率的影响上，即有效积温法则。法国的 Rcaumur 1735 年在研究变温动物发育时总结出来有效积温法则。运用在植物生长发育研究时，其主要含意是指植物在生长发育过程中必须从环境摄取一定的热量才能完成某一阶段的发育，而且植物各个发育阶段所需要的总热量是一个常数，可用下式表示

$$K = N(t - t_0)$$

式中 K——生物所需的有效积温，是个常数；

t——当地该时期的平均温度（℃）；

t_0——生物生长活动所需的最低临界温度（生物零度）（℃）；

N——天数（d）。

植物在一定温度下，便可开始生长，但只有高于一定数值时的温度，才能在发育上起积极的效应。通常把对生物发育产生积极效应的最低温度称为生物学零度（biological zero），或称最低临界温度、发育起点温度。不同种类的植物生物学零度是不同的。例如，水稻、棉花的生物学零度约 10℃左右，小麦为 3～5℃。有效积温是生物某生育时期内日有效温度（即日平均温度减去生物学零度的差值的）总和。与活动积温相比，有效积温变化小，且较为稳定，多应用于作物生育速度的计算和发育时期的预报。图 2-2 是地中海果蝇发育历程、发育速度与温度的关系。它表示在发育的温度内，温度与发育历程成双曲线关系，与发育速

度呈直线关系。有效积温及双曲线关系在农业生产中有很重要的指导意义。

(3) 温度与生物的地理分布　决定环境温度条件的气温在空间上呈现一定的地理分布特征，进而影响着生物的地理分布，而且随着生物的进化和适应，每个地区又都生长繁衍着适应于该地区气候特点的生物。每种生物都有自己固定的温度幅度。有的能在较宽的温度范围内生活，如松、桦、栎、亚洲虎、甲壳虫等能在－5～55℃的范围内生活，称为广温生物，或广温种；有的只能在很窄的温度范围内生活，称为窄温生物，如雪球藻、雪衣藻等属于窄温好冷种；椰子、可可和多数昆虫属于窄温好热种。

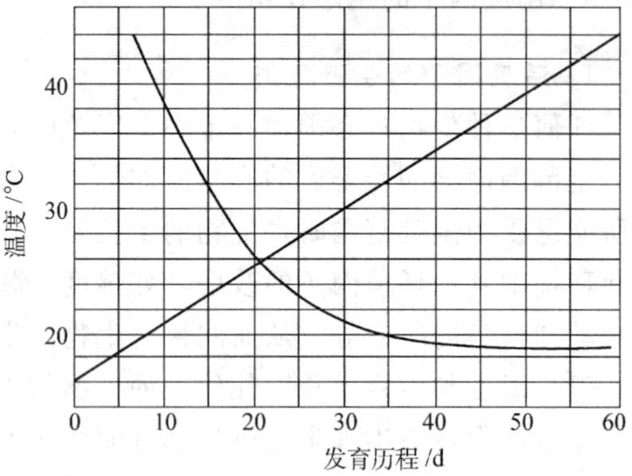

图 2-2　地中海果蝇发育历程、发育速度与温度的关系

有效总积温、极端温度（最高温度、最低温度）是限制植物分布的重要条件。例如，由于高温的限制，白桦、云杉在自然条件下不能在华北平原生长，苹果、梨、桃不能在热带地区栽培；相反，受到低温的限制，橡胶、椰子、可可等只能在热带分布。在垂直分布上，长江流域及福建地区马尾松分布在海拔 1000～1200m 以下，在这个界限的上部被黄山松取代，此现象源于海拔 1000～2000m 是马尾松的低温界限又是黄山松的高温界限。

温度对动物的分布有时可起到直接的限制作用。例如，各种昆虫的发育需要一定的热总量，若生存地区有效积温少于发育所需的积温时，这种昆虫就不能完成生活史。苹果蚜分布的北界是 1 月等温线为 3～4℃ 的地区；东亚飞蝗分布的北界是年等温线为 13.6℃ 的地方；玉米螟则只能分布在气温 15℃以上的日子不少于 70d 的地区。温度对恒温动物分布的直接限制较小，但也常常通过影响其他生态因子（如食物）而间接影响其分布。例如，很多鸟类秋冬季节不能在高纬地区生活，不是因为温度太低而是因为食物不足和白昼取食时间缩短。

一般而言，温度暖和的地区生物种类多；寒冷地区生物的种类较少。例如，我国两栖类动物，广西有 57 种，福建有 41 种，浙江有 40 种，江苏有 21 种，山东、河北各有 9 种，内蒙古只有 8 种。植物的情况也不例外，我国高等植物有 30000 多种，巴西有 40000 多种，而前苏联的植物种类只有 16000 多种。

2. 节律性变温的生态作用

任何生物都生活在一定温度的外界环境中，并深受着温度变化的影响。地球表面的温度在空间尺度上随纬度、海拔高度、生态系统的垂直高度和各种小生境而变化；在时间尺度上，与光因子一样存在周期性变化，有一年的四季变化和一天的昼夜变化，称为节律性变温。温度的周期性变化，对生物的生长发育、迁移、集群活动等有重要影响；昼夜变温对许多生物的生长、发育有促进作用。

(1) 变温与生物生长　生物适应了变温环境，多数生物在变温下比恒温下生长得更好。例如，昼夜变温可提高雏鸡的孵化率，减少“死胚”率；蝗虫在变温下的平均发育速度比恒温条件下的平均发育速度快 38.6%。植物生长与昼夜温度变化的关系更为密切，即所谓温周期现象（thermoperiodism）。由于降温后可增加氧在细胞中的溶解度，改善了萌发中的通气条件，因此变温能提高种子萌发率。变温通过改变植物的生理现象，如呼吸、蒸腾等，促进糖分在体内的大量聚集。白天温度高，光合作用强度大，夜间温度低，呼吸作用弱，物质消耗少，对植物有机物质的积累是有利的。

（2）变温与物候节律 由于长期适应，生物形成了与一年中温度的寒暑节律性变化相适应的生物发育节律，称为物候。植物的物候变化非常明显。大多数植物在春天大地温度回升时，开始发芽、生长；夏秋气温较高期间，开花、结实；秋末低温来临，植物落叶，进入休眠。动物对不同季节食物条件的变化以及光、水分和气体代谢的适应，形成了生活方式与行为的周期性变化，例如，活动与休眠、繁殖期与性腺静止期、定居与迁移等。

3. 极端温度的生态作用

极端温度环境通常是指低温和高温两种环境。长期生活在极端温度环境中的生物，通过气候驯化或进化变异，在形态、生理和行为等各个方面表现出明显对极端环境的适应性。

（1）低温与生物 温度低于一定的数值，生物便会因低温而受害，这个数值便称为临界温度。在临界温度以下，温度越低生物受害越重。低温对生物的伤害可分为冷害、霜害和冻害三种。冷害是指喜温生物在零度以上的温度条件下受害或死亡。冻害是指冰点以下的低温使生物体内（细胞内和细胞间隙）形成冰晶而造成的损害。

在形态方面，北极和高山植物的芽和叶片常受到油脂类物质的保护，芽具鳞片，植物体表面生有蜡粉和密毛，植物矮小并常成匍匐状、垫状或莲座状等。这种形态有利于保持较高的温度，减轻严寒的影响。生活在高纬度地区的恒温动物，其身体往往比生活在低纬度地区的同类个体大。因为个体大的动物，其单位体重散热量相对较少，这就是贝格曼规律（Bergman's law）（表2-2）。另外，恒温动物身体的突出部分如四肢、尾巴和外耳等在低温环境中有变小变短的趋势，这也是减少散热的一种形态适应，这一适应常被称为阿伦规律（Allen's law）。例如北极狐（alopex lagopus）的外耳明显短于温带的赤狐（vulpes vulpus），赤狐的外耳又明显短于热带的大耳狐（fennecus zerda）（图2-3）。恒温动物的另一形态适应是在寒冷地区和寒冷季节增加毛或羽毛的数量和质量，或增加皮下脂肪的厚度，从而提高身体的隔热性能。

表2-2 中国南北方几种兽类颅骨长度比较

种类（北方）	颅骨长度/mm	种类（南方）	颅骨长度/mm
东北虎	331～345	华南虎	273～313
华北赤狐	148～160	华南赤狐	127～140
东北野猪	400～472	华南野猪	295～354
雪兔	95～97	华南兔	7～86
东北草兔	85～89		

注：引自华东师范大学编，动物生态学，上海：华东师范大学出版社，1990。

在生理方面，生活在低温环境中的植物通过减少细胞中的水分和增加细胞中的糖类、脂肪和色素等物质来降低植物的冰点，增加抗寒能力。例如，鹿蹄草（*pirola*）就是通过在叶细胞中大量储存五碳糖、黏液等物质来降低冰点的，这可使其结冰温度下降到－31℃。动物则靠增加体内产热量来增强御寒能力和

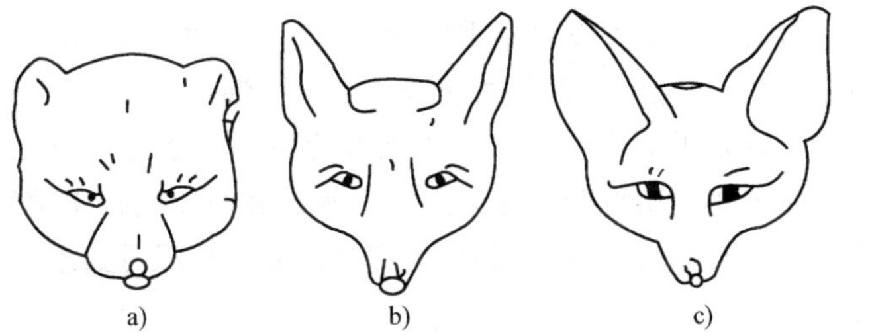

图2-3 不同温度带狐的耳朵大小比较（引自P. Dreus，1974年）

a）北极狐 b）赤狐 c）非洲大耳狐

保持恒定体温。寒带动物由于有隔热性能良好的毛皮，能使其在少增加甚至不增加代谢产热的情况下就能保持恒定的体温。

行为上的适应主要表现在休眠和迁移两个方面，前者有利于增加抗寒能力，后者则可躲过低温环境。

(2) 高温与生物　环境温度超过生物适宜温区的上限后就会对生物产生有害影响，温度越高对生物的伤害作用越大。高温可减弱光合作用，增强呼吸作用，使植物生理过程失调。高温还可破坏植物的水分平衡，加速生长发育，促使蛋白质凝固和导致有害代谢产物在体内的积累。高温对动物的有害影响主要是破坏酶的活性，使蛋白质凝固变性，造成缺氧、排泄功能失调和神经麻痹等。

植物对高温环境的适应表现在形态、生理和行为三个方面。有些植物生有密绒毛和鳞片，能过滤一部分阳光；有些植物体呈白色、银白色，叶片革质发亮，能反射一大部分阳光，使植物体免受热伤害；有些植物叶片垂直排列使叶缘向光或在高温条件下叶片折叠，以减少光的吸收面积；还有些植物的树干和根茎生有很厚的木栓层，具有绝热和保护作用。在生理上，植物对高温的适应主要是降低细胞含水量，增加糖或盐的含量，这有利于减缓代谢速率和增加原生质的抗凝结力。其次是靠旺盛的蒸腾作用避免植物体因过热受害。还有一些植物具有反射红外线的能力，夏季反射的红外线比冬季多，这也是避免使植物体受到高温伤害的一种适应。

动物对高温环境的一个重要适应就是适当放松恒温性，使体温有较大的变幅，在高温炎热的季节能暂时吸收和储存大量的热并使体温升高，而后在环境条件改善时或躲到阴凉处时再把体内的热量释放出去，体温也会随之下降。沙漠中的啮齿动物对高温环境常常采取行为上的适应对策，即夏眠、穴居和白天躲入洞内夜晚出来活动。夜出加穴居是躲避高温的有效行为适应。

2.3.4　水因子的生态作用

1. 水因子的生态作用

水是任何生物体都不可缺少的重要组成成分，植物体一般含水量达60%～80%，而动物体含水量比植物更高。例如，水母含水量高达95%，软体动物80%～92%，鱼类达80%～95%，鸟类和兽类达70%～75%。其次，水是生物新陈代谢的直接参与者，是光合作用的原料。生物的一切代谢活动都必须以水为介质，生物体内营养的运输、废物的排除、激素的传递以及生命赖以存在的各种生物化学过程，都必须在水溶液中才能进行。此外，水的比热容大，可以调节和缓和环境中温度的剧烈变化，维持恒温。

水对动植物生长发育有重要影响。就植物而言，水分对植物的生长也有一个最高、最适和最低的“三基点”。低于最低点，植物萎蔫、生长停止；高于最高点，根系缺氧、窒息、烂根；只有处于最适范围内，才能维持植物的水分平衡，以保证植物有最优的水分生长条件。水对植物繁殖也产生深刻影响，水流和洋流能携带植物的花粉或孢子、果实（椰子、莾蓬草、苍耳）、幼株（红树和藻类部分的营养体及浮萍科、槐叶萍科完整的植株）到很远的地方。

因地理纬度、海陆位置、海拔高度的不同，降水在地球上的分布是不均匀的，进而影响到动植物的数量和分布。我国从东南至西北，可以分为三个等雨量区，因而植被类型也可分为三个区，即湿润森林区、干旱草原区及荒漠区。即使是同一山体，迎风坡和背风坡，因降水量的差异而分布着不同的植物，随即分布着不同区系的动物。水分与动植物的种类和数量存在着密切的关系。在降水量最大的赤道带热雨林中每 $100m^2$ 达 52 种植物，而降水量较少的大兴安岭红松林群落中，每 $100m^2$ 仅有 10 种植物。

2. 植物对水因子的适应

根据植物对水分的需求量和依赖程度，可把植物划分为水生植物和陆生植物。植物对于水的适应，陆生植物面对如何解决失水的问题，水生植物面对如何呼吸和生存的问题。

(1) 植物的分类　根据水生植物生长环境中水的深浅不同，可将其划分为沉水植物、漂浮植物、浮叶植物和挺水植物四类；陆生植物可划分为湿生、中生和旱生三种类型。

水生植物中的沉水植物（submergent plant）是典型的水生植物，整株植物沉没在水下，根退化或消失，表皮细胞可直接吸收水中气体、营养物和水分，叶绿体大而多，适应水中的弱光环境，无性繁殖比有性繁殖发达，如狸藻、金鱼藻和黑藻等。漂浮植物（floating macrophyte）的叶全部漂浮在水面，根悬垂在水中，不与土壤发生直接的关系。它们无固定的生长地点，随风浪水流漂泊，如浮萍、凤眼莲、满江红等；浮叶植物（emerging macrophyte）的叶浮在水面，根系扎在土壤里，如荷花、睡莲等；挺水植物（emergent macrophyte）的植物体大部分挺出水面，如芦苇、香蒲等。

陆生植物中的湿生植物（hydrophyte）是指在潮湿环境中生长，不能忍受较长时间的水分不足，即为抗旱能力最弱的陆生植物。根据其生长环境特点，还可以再分为阴性湿生植物和阳性湿生植物两个亚类。中生植物（mesophyte）是指生长在水湿条件适中的生境中的植物。该类植物具有一套完整的保持水分平衡的结构和功能。其根系和输导组织均比湿生植物发达。旱生植物（xerophyte）是生长在干旱环境中，能耐受较长时间的干旱环境，且能维护水分平衡和正常的生长发育，多分布在干热草原和荒漠区。一般在形态结构上，旱生植物有发达的根系，能够更多地吸收水分，较小的叶面积，以尽量减少水分的散失。还有一些旱生植物，它们具有发达的储水组织，能储备大量水分，适应生活在干旱环境。此外，还有一些植物从生理上适应干旱环境，它们的原生质的渗透压特别高，能够使植物根系从干旱的土壤中吸收水分，同时不至于发生反渗透现象，使植物失水。

(2) 陆生植物对水因子的适应　对陆生植物来说，如何保持根系吸收水和叶蒸腾水之间的平衡是保证植物正常生活所必需的。要维持水分平衡就必须增加根的吸收和减少叶的蒸腾，植物在这方面具有一系列的适应性。例如，气孔能够自动开关，当水分充足时气孔便张开以保证气体交换，但当缺水干旱时气孔便关闭以减少水分的散失。植物体表面浓密的细毛和棘刺可防止植物表面受到阳光的直射和避免植物体过热。植物体表生有一层厚厚的蜡纸表皮可减少水分的蒸发。有些植物的气孔深陷在植物叶内，有利于减少失水。此外，有许多植物靠光合作用的生化途径适应于快速的摄取 CO_2 并以改变的化学形式储存起来，以便在晚上进行气体交换，温度很低，蒸发失水的压力较小。

(3) 水生植物对水因子的适应　水生环境与陆生环境有很大的差异，水环境的主要特点是弱光、缺氧、密度大、黏性高、湿度变化平缓，以及能溶解各种无机盐类。因此，水生植物具有一些与陆生植物不同的特征。首先，水生植物具有发达的通气组织，以保证各器官组织对氧的需要。例如，荷花，从叶片气孔进入的空气，通过叶柄、茎进入地下茎和根部的气室，形成了一个完整的通气组织，以保证植物体各部分对氧气的需要。其次，水生植物机械组织不发达或退化，以增强植物的弹性和抗扭曲能力，适应于水体流动。同时，水生植物在水下的叶片多分裂成带状、线状，而且很薄，以增加吸收阳光、无机盐和 CO_2 的面积。

3. 动物对水因子的适应

动物按栖息地划分同样可以分水生和陆生两大类。对水生动物来说，保持体内水分平衡主要是依赖水的渗透作用。陆生动物体内的含水量一般比环境要高，常常因蒸发而失水，在排泄过程中也会损失一些水。因此，保持体内水分的平衡必须从食物、饮水和代谢水那里得到补充。水分的平衡调节总是同各种溶质的平衡调节密切联系在一起的。

（1）水生动物对水因子的适应　水生动物直接生活在水环境中，它们与体外水环境的水分动态平衡是通过渗透压调节和体液中盐分含量的扩散作用来维持的。渗透压调节可以通过限制体表对盐类和水的通透性，改变所排出的尿和粪便的浓度与体积，逆浓度梯度地主动吸收或主动排出盐类和水等的方法来实现。

淡水动物体液的浓度对环境是高渗性的，水不断地渗入动物体内，这些过剩的水必须不断地被排出体外才能保持体内的水分平衡。此外，淡水动物还面临着体内部分盐类丢失的问题。当体内的盐类有降低的危险时，动物会通过使排出体外的盐分降低到最低限度，从水中主动吸收盐类以及不断将过剩水排出体外等方法弥补。

生活在海洋中的动物大致有两种渗透压调节类型。一种类型是动物的血液或体液的渗透浓度与海水的总渗透浓度相等或接近；另一种类型是动物的血液或体液大大低于海水的渗透浓度。海洋生活的大多数生物体内的盐量和海水是等渗的（如无脊椎动物和盲鳗），一般会从食物、代谢水中或直接饮用海水（伴随着排泄溶质）而补充一些水。有些水生动物具有低渗性，如七鳃鳗和真骨鱼类，体内的水将大量向体外渗透，必须从食物、代谢过程或通过饮水来摄取大量的水，其中饮水是弥补大量渗透失水的主要方法。与此同时，动物还必须有发达的排泄器官，以便把饮水中的大量溶质排泄出去。

洄游鱼类，在生活史的不同时期分别在淡水和海水中生活，如溯河的鲑鱼和降海的鲤鱼以及广盐性鱼类的罗非鱼、赤鳟、刺鱼等，它们的体表对水分和盐类渗透性较低，有利于在浓度不同的海水和淡水中生活。当它们从淡水转移到海水时，虽然有一段时间体重因失水而减轻，体液浓度增加，但 48h 内，一般都能通过渗透压调节，使体重和体液浓度恢复正常。反之，当它们由海水进入淡水时，也会出现短时间的体内水分增多，盐分减少，通过提高排尿量来维持体内的水平衡。

（2）陆生动物对水因子的适应　陆生动物失水的主要途径是皮肤蒸发、呼吸失水和排泄失水。丢失的水分主要是从食物、代谢水和直接饮水三个方面得到弥补。但在有些环境中，水是很难得到的，所以单靠饮水远远不能满足动物对水分的需要。因此，陆生动物在进化过程中形成了各种减少或限制失水的适应。

在形态结构上，陆生动物各自以不同的形态结构来适应环境湿度。例如，昆虫具有几丁质体壁，以防止水分的过量蒸发；生活在高山干旱环境中的烟管螺可以产生膜以封闭壳口来对低湿条件适应；两栖类动物体表分泌黏液以保持湿润；爬行动物具有很厚的角质层、鸟类具有羽毛和尾脂腺、哺乳动物有皮脂腺和毛，都能防止体内水分过多蒸发，以保持体内水的平衡。

在生理结构上，许多动物具有生理上适应干旱情况的特点。荒漠鸟兽具有良好重吸收水分的肾脏。鸟类、哺乳类中减少呼吸失水的途径是将由肺内呼出的水蒸气，在扩大的鼻道内通过冷凝而回收。为了减少呼吸失水，很多陆生昆虫和节肢动物利用气管系统来进行呼吸，而气门是由气门瓣来控制的，只有当气门瓣打开的时候，才能与环境进行最大限度的气体和水分交换。爬行动物和鸟类以尿酸的形式向外排泄含氮废物，有的甚至以结晶状态排出，来减少排泄失水。

在行为上，动物通过各种途径适应各种干旱环境。例如，沙漠地区夏季昼夜地表温度相差很大，地面和地下的相对湿度和蒸发力相差也很大，因此一些沙漠动物，如昆虫、爬行类、啮齿类等白天躲在洞内，夜里出来活动。还有一些动物白天躲藏在潮湿的地方或水中，在夜间出来活动。在水分缺乏、食物不足的时候，干旱地区的许多鸟类和兽类还会迁移到别处去，以避开不良的环境条件。在非洲大草原旱季到来时，往往也是大型草食动物开始迁徙的时期。

2.3.5 土壤因子的生态作用

1. 土壤因子的生态作用

土壤是指地球陆地表面具有肥力且能够生长植物的疏松层。土壤是陆生生物生活的基质，提供生物生活所必须的矿物质元素和水分。土壤是生态系统中物质与能量交换的重要场所，特别是有机质分解和固氮过程；同时，土壤本身又是生态系统中生物部分和无机环境部分相互作用的产物。土壤无论对植物还是对动物而言都是重要的生态因子。由于植物根系和土壤之间具有极大的接触面，在植物与土壤之间发生着频繁的物质交换。对动物来说，土壤是比大气环境更为稳定的生活环境，因此土壤常常成为动物的极好隐蔽所。

（1）土壤的组成　土壤是由固体（矿物质和有机质）、液体（土壤水分）、气体（土壤空气）三相物质四种组分组成的一个复杂而分散的复合系统。固相物质主要包括矿物质、有机质，以及一些活的微生物，是土壤最基本的成分和整个土体的骨骼和躯体。固相物质中矿物质颗粒占较大比重，按体积计，矿物质占整个土体的38%，有机质占12%。液相和气相体积共占整个土体的50%，土壤空气和水分的比例是经常变动的，两者相互消长。除了上述成分之外，每种土壤都有其特定的生物区系。例如，细菌、真菌、放线菌等土壤微生物以及藻类、原生动物、轮虫、线虫、环虫、软体动物和节肢动物等动植物。

土壤中的各种组分以及它们之间的关系，影响着土壤的性质和肥力，从而影响生物的生长。土壤中的有机质能够为植物生长提供足够的营养物质，矿物质为植物生长提供必需的生命元素。生物的生长发育需要土壤经常不断地供给一定的水分、养料、温度和空气。土壤的这种能力，称为土壤肥力，是生物正常生长发育的基础。土壤生物有机体对土壤中有机物质进行分解和转化，促进元素的生物循环，并影响、改变着土壤的化学和物理性质，构成了土壤特有的土壤生物作用。

（2）土壤的物理性质与生物　根据土粒直径的大小可把土粒分为粗砂（2.0～0.2mm），细砂（0.2～0.02mm），粉砂（0.02～0.002mm）和粘粒（0.002mm以下）。这些不同大小固体颗粒的组合百分比就称为土壤质地。根据土壤质地可把土壤区分为砂土、壤土和粘土三大类。土壤结构则是指固相颗粒排列方式、孔隙的数量和大小以及团聚体的大小和数量等。土壤结构可分为微团粒结构（直径小于0.25mm）、团粒结构（直径为0.25～10mm）和比团粒结构更大的各种结构。土壤的基本物理性质是指土壤质地、结构、容量、孔隙度等。土壤的质地和结构直接影响着土壤中的水分、空气和温度状况，这些都能对植物根系的生长和营养状况及土壤动物生活状况产生明显的影响。

土壤水分的适量增加有利于各种营养物质的溶解和移动，有利于磷酸盐的水解和有机态磷的矿化，这些都能改善植物的营养状况。此外，土壤水分还能调节土壤中的温度。但水分太多或太少都对植物和土壤动物不利。土壤干旱不仅影响植物的生长，也威胁着土壤动物的生存。土壤水分过多会使土壤中的空气流通不畅并使营养物随水流失，降低土壤的肥力。土壤孔隙内充满了水可使土壤动物因缺氧而死亡。

土壤空气的成分与大气有所不同。土壤空气的氧含量一般只有 10%～12%（体积分数），比大气的氧含量低，而土壤空气中二氧化碳的含量比大气高得多，一般含量为 0.1%（体积分数）左右。在积水和透气不良的情况下，土壤空气的氧含量可降低到 10%（体积分数）以下，从而抑制植物根系的呼吸和影响植物正常的生理功能，动物则向土壤表层迁移以便选择适宜的呼吸条件。二氧化碳的含量在通气不良的土壤中可达到 10%～15%(体积分数)，不利于植物根系的发育和种子萌发，对植物产生毒害作用，破坏根系的呼吸功能，甚至导致植物窒息死亡。同时，土壤通气不良也会抑制好气性微生物活动，减缓有机物质的分解速率，使植物可利用的营养物质减少。但是，土壤过分通气又会使有机物质的分解速度太快，这样虽能提供植物更多的养分，但却使土壤中腐殖质的数量减少，不利于养分的长期供应。

土壤温度除了能直接影响植物种子的萌发和实生苗的生长外，还对植物根系的生长和呼吸能力有很大影响。大多数作物在 10～35℃的温度范围内，其生长速度随温度的升高而加快。土壤温度太高和太低都能减弱根系的呼吸能力，例如，向日葵（*helianthus annuus*）的呼吸作用在土壤温度低于 10℃和高于 25℃时都会明显减弱。此外，土壤温度对土壤微生物的活动、土壤气体的交换、水分的蒸发、各种盐类的溶解度以及腐殖质的分解都有着明显影响，而土壤的这些理化性质又都与植物的生长有着密切关系。

(3) 土壤的化学性质与生物　土壤的化学性质主要包括土壤酸碱度、土壤有机质和土壤无机元素的变化。土壤的化学性质直接影响着土壤的营养状况，进而对生物产生直接或间接的影响。

土壤酸碱度是土壤最重要的化学性质，对土壤肥力、土壤微生物的活动、土壤有机质的合成和分解、各种营养元素的转化和释放、微量元素的有效性以及动物在土壤中的分布都有着重要影响。在 pH=6～7 的微酸条件下，土壤养分的有效性最好，最有利于植物生长。在酸性土壤中容易引起钾、钙、镁、磷等元素的短缺，而在强碱性土壤中容易引起铁、硼、铜、锰和锌的短缺。pH=3.5～8.5 是大多数维管束植物的生长范围，但生理最适生长范围要比此范围窄得多。当 pH<3 或>9 时，大多数维管束植物不能生存。土壤酸碱度通过影响微生物的活动而影响植物的生长。根瘤菌、褐色固氮菌、氨化细菌和硝化细菌大多数生长在中性土壤中，它们在酸性土壤中难以生存。土壤动物依其对土壤酸碱性的适应范围可分为嗜酸型种类和嗜碱性种类。如金针虫在pH为4.0～5.2 的土壤中数量最多，蚯蚓和大多数土壤昆虫喜欢生活在微碱性土壤中，它们的数量通常在pH为8 时最为丰富。

土壤有机质包括非腐殖质和腐殖质两大类。腐殖质是植物营养的重要碳源和氮源，土壤中 99%以上的氮素是以腐殖质的形式存在的。腐殖质也是植物所需各种矿物营养的重要来源，并能与各种微量元素形成络合物，增加微量元素的有效性。土壤有机质能改善土壤的物理结构和化学性质，有利于土壤团粒结构的形成，从而促进植物的生长和养分的吸收。一般来说，土壤有机质的含量越多，土壤动物的种类和数量也越多，因此在富含腐殖质的草原黑钙土中，土壤动物的种类和数量极为丰富，而在有机质含量很少并呈碱性的荒漠地区，土壤动物非常贫乏。

植物所需的无机元素主要来自土壤中的矿物质和有机质的分解。腐殖质是无机元素的储备源，通过矿质化过程而缓慢地释放可供植物利用的养分。植物从土壤中所摄取的无机元素中有13种对任何植物的正常生长发育都是不可缺少的，其中大量元素有7种（氮、磷、钾、硫、钙、镁和铁）和微量元素6种（锰、锌、铜、钼、硼、氯）。土壤中的无机元素对动物的分布和数量也有一定影响。由于石灰质土壤对蜗牛壳的形成很重要，所以在石灰岩地区蜗牛数量往往比其他地区多。哺乳动物也喜欢在母岩为石灰岩的土壤地区活动。含氯化钠丰富的土壤和地区往往能够吸引大量的食草有蹄动物，因为这些动物出于生理的需要必须摄入大量的盐。

（4）土壤生物与生物　土壤中存在着许多生物，有细菌、真菌、放线菌、藻类、原生动物、昆虫、蚯蚓和鼠类等，而且数量相当大。例如，原生动物在1g土壤中可达100万个，细菌可达上亿个。这些生物在土壤中的生命活动过程对土壤的特性产生很大的影响，与生物之间也存在许多直接和间接的关系。

土壤微生物对植物生长起着很大的作用。微生物可使土壤有机体中的营养元素还原成能被植物重新利用的简单状态，即有机质矿化过程。土壤中有机物的腐烂是一个复杂的过程，不仅各种类型的有机物是由不同的微生物来分解，而且某一类有机物的各个分解阶段所需要的微生物也是不同的。土壤微生物还参与腐殖质的形成作用，把土壤中植物暂时不吸收的营养元素保存起来，即腐殖化作用。土壤中某些真菌能与某些高等植物的根系形成共生体，称为菌根。有的菌根能分泌酶，以增加植物营养物质的有效性；有的菌根能形成维生素、生长素等物质，有利于植物种子发芽和根系生长。一些微生物如固氮菌和根瘤菌，它们能利用空气中的氮，增加了土壤中氮素的来源，扩大了氮素循环的范围。但是，微生物也有其不利的一面，许多植物病害就是由土壤中的病原菌引起的。有些微生物的分泌物和它们在分解有机物时所产生的中间产物在土壤中大量积累时，也会对植物产生毒害作用。

土壤不仅是植物生长的基地，而且也是许多动物的巢穴和生活场地。土壤动物的数量和种类相当多，在1ha土壤中动物的种类可达几十种，甚至几百种，它们的个体数量是数以千计的。此外，通过土壤动物的爬动、蠕动，能使土壤疏松，使水和空气便于进入土壤，为土壤中的微生物活动和根系的生长创造了条件；同时使地表植物的残体和土壤混合，加速植物残体的腐烂。土壤动物对植物生长有害方面主要是指某些土壤动物的排泄物或分泌物对某些生物类群的生长、发育产生抑制、阻碍作用的现象，即生物的相生相克作用。

2. 植物对土壤因子的适应

植物对于长期生活的土壤产生了一定的适应特性，形成了各种以土壤为主导因素的植物生态类型。例如，根据植物对土壤酸度的反应，可以把植物划分为酸性土、中性土、碱性土植物生态类型；根据植物对土壤中矿质盐类（如钙盐）的反应，可把植物划分为钙质土植物和嫌钙植物；根据植物对土壤含盐量的反应，可划分出盐土和碱土植物。常见的以土壤为主导因子所形成的植物生态类型有盐碱土植物、酸性土植物、钙土性植物和沙生植物等几种。

（1）盐碱土植物　盐碱土是盐土和碱土以及各种盐化、碱化土的统称。盐土所含的盐类主要为NaCl和Na_2SO_4，土壤pH是中性的，土壤结构尚未破坏。碱土所含的盐类主要是Na_2CO_3、$NaHCO_3$、K_2SO_3，土壤pH一般在8.5以上，呈强碱性，碱土表层土壤结构被破坏，下层常为坚实的柱状结构，通透性和耕作性能极差。盐碱土对植物的生长产生严重的影响，主要表现在盐碱毒害植物的根系；能使土壤的物理性质变化，土壤结构被破坏；能引起植物的生理干旱；伤害植物细胞；引起植物代谢的紊乱。

在形态上，盐碱土植物多矮小、干瘦、叶片退化或无叶、有的肉质变红，有特殊储水细胞，该细胞不受盐分的伤害而能进行正常的同化作用。此外，盐碱土植物还有许多类似旱生植物的特点，如蒸腾面积缩小、气孔下陷、常有灰白色绒毛、细胞间隙缩小、栅栏组织发达等。

在生理上，盐碱土植物也具有适应性特征。根据植物对盐碱的适应特征将盐碱土植物分成三类：聚盐性植物、泌盐性植物和不透盐性植物。聚盐性植物是指能在强盐碱化土壤上生长，能从土壤里吸收大量可溶性盐类，并把这些盐类聚集在体内而不受伤害的植物，如盐角草（*salicornia herbacea*）、碱蓬（*suaeda australis*）、滨藜（*atriplex sp.*）等；泌盐性植物是指盐分能够通过植物根系而被吸入体内，但是盐分不在植物体内积累，而由茎、叶表面密布的盐腺将所吸收的过多盐分排出体外（这种作用也称为泌盐作用）的植物，如柽柳（tamarix chinensis）、海滨的大米草（*speatina anglica*）和各种红树植物；不透盐性植物是指该类植物的根系对盐类的透过性非常小，所以它们虽然生长在轻度盐碱化的土壤中，却几乎不吸收或很少吸收土壤中的盐类，如篙属植物、盐地风毛菊（*saussurea salsa*）、碱地风毛菊（*s. runcinata*）、獐茅（*aeluropus littoralis var. sinensis*）等。

（2）酸性土植物　这类植物能生长在酸性土壤上，也就是说它们生长在土壤缺钙、多铁和铝的环境里，所以又称为非钙植物。在土壤缺钙的情况下，土壤坚实、通气不良、缺水、土温较低，呈酸性和强酸性。这类植物在钙土上不能生长，如杜鹃、酸模（*runer crispus*）、茶、马尾松等。

（3）钙土植物　这类植物是与酸性土植物相对而言的，两者对土壤钙盐的要求是两个极端。钙土植物只有在石灰性含钙丰富的土壤中才能生长，所以又称喜钙植物。石灰性土壤的特点主要是富含碳酸钙，土壤呈碱性反应，钙对植物的生态作用，在于钙直接影响植物的代谢，还在于对土壤的物理结构、化学性质、营养状况以及土壤微生物产生影响。这类植物有南天竹、刺柏、西伯利亚落叶松、铁线蕨、野花椒、黄连木等。

（4）沙生植物　沙丘上生长的植物，称为沙生植物。因为沙丘具有流动性、干旱性、养分缺乏、温度变幅大等特点只允许沙生植物在此生长。沙的流动性使得沙生植物适应于被沙淹没时，能在被沙埋没的基干上长出不定根，也能在暴露的根系上长出不定芽。沙生植物有许多旱生特征，如根系长、分布广。许多沙生植物的根有一层很厚的皮层，或由一层胶结的沙粒形成的囊套所保护，能减少蒸腾失水。植物的叶片都极小，有的甚至没有叶子，而利用枝条进行光合、蒸腾作用。叶片都有明显的旱生结构特点。有的具有储水细胞；有的在表皮下有一层没有叶绿素的细胞，以积累脂类为主，能提高植物的抗热性。这类植物有骆驼刺、柠条、花棒、梭梭等。

2.4 生态因子作用的规律

2.4.1 生态因子

1. 生态因子的概念

生态因子（ecological factor）是指环境中对生物生长、发育、生殖、行为和分布有直接或间接影响的环境要素，即环境生物及人类生存繁衍的环境要素，如温度、湿度、食物、氧气、二氧化碳和其他相关生物等。生态因子中生物生存所不可缺少的环境条件，又称为生物生存条件。所有生态因子构成生物的生态环境（ecological environment）。具体的生物个体和群体生活地段上的生态环境称为生境，其中包括生物本身对环境的影响。生态因子和环境因子是两个既有联系又有区别的概念。环境因子指生物有机体以外的所有环境要素，是构成环境的基本成分；生态因子则指环境要素中对生物起作用的部分。

2. 生态因子的类型

任何一种生物的生存环境中都存在着很多生态因子，这些生态因子在其性质、特性和强度方面各不相同，它们彼此之间相互制约、相互组合，构成了多种多样的生存环境。从不同角度可将生态因子划分为不同的分类体系。

根据生态因子的性质，生态因子通常可分为：①气候因子（climate factors），包括光、温度、湿度、降水、风和气压等；②土壤因子（edaphic factors），包括土壤的各种特性，如土壤理化性质、有机和无机营养、土壤微生物等；③地形因子（topographic factors），包括各种地面特征，如坡度、坡向、海拔高度等；④生物因子（biotic factors），包括同种或异种生物之间的各种相互关系，如种群内部的社会结构、领域、社会等级等以及竞争、捕食、寄生、互利共生等行为；⑤人为因子（anthropogenic factors），主要指人类对生物和环境的各种作用。随着人类生产能力的提高，人类活动对各种生物的影响和对环境的改变作用越来越大，因此人类对生物的作用是不可忽视的。

生态因子也可简单地分为生物因子（biotic factors）和非生物因子（abiotic factors）两类。生物因子包括上述的生物因子和人为因子，而非生物因子则包括上述的气候因子、土壤因子和地形因子。

Smith（1935年）根据环境因子作用大小与生物数量的相互关系，把生态因子分成密度制约因子（density dependent factors）和非密度制约因子（density independent factors）两大类。密度制约因子的作用强度随种群密度的变化而变化，具有调节种群数量、维持种群平衡的作用，如食物、天敌和流行病等各种生物因子；非密度制约因子的作用强度不随种群密度的变化而变化，对种群密度不能起调节作用，如温度、降水和天气变化等非生物因子。

前苏联学者蒙恰斯基（1958年）则依据生态因子的稳定程度将其分为稳定因子和变动因子两大类。稳定因子是指终年恒定的因子，如地磁、地心引力和太阳辐射常数等，这些稳定生态因子的作用主要是决定生物的分布。变动因子又可分为周期变动因子和非周期变动因子，前者如一年四季变化和潮汐涨落等；后者如刮风、降水、捕食和寄生等，这些生态因子主要是影响生物的数量。

2.4.2 生态因子作用的特征

环境中的生态因子不是独立地对生物产生作用，而是作为一个整体综合发挥作用，这主要表现为生态因子间的相互影响、相互作用，生态因子的不可替代性以及生态因子的主次关系和直接与间接关系。

（1）综合作用　任何一个环境中，都包含着多种生态因子。各种生态因子不是孤立存在的，而是彼此联系、互相促进、互相制约，共同对生物产生影响。任何一个单因子的变化，都必将引起其他因子不同程度的变化及其反作用。例如，光强度的变化必然会引起大气和土壤温度和湿度的改变。生态因子所发生的作用一定条件下又可以互相转化，所以生态因子对生物的作用不是单一的，而是综合的，这就是生态因子的综合性。

（2）主导因子作用　组成环境的生态因子都是生物所必需的。但在一定条件下，对生物起作用的诸多因子中，其中必有一个或两个是对生物起决定性作用的生态因子，称为主导因子。主导因子发生变化会引起其他因子也发生变化。例如，植物的光合作用过程中，光强是主导因子，温度和 CO_2 为次要因子；春化作用时，温度为主导因子，湿度和通气条件是次要因子。

（3）直接作用和间接作用　生态因子对生物的作用有的是直接的，有的是间接的。直接因子是直接影响或参与生物体新陈代谢的生态因子，包括光、温度、水、气、土壤等，对生物类型、生长和分布起直接的作用。环境中的一些生态因子，如地形因子，其坡向、坡度、海拔高度及经纬度等对生物的作用不是直接的，但它们能影响该地区的光照、温度、雨水等因子的分布，因而对生物产生间接作用。尽管间接因子对生物的作用是间接的，但往往是非常重要的，它一般支配着直接因子，而且作用范围广，作用强度大，有时甚至构成地区性影响及小气候环境的差异。

（4）阶段性作用　各生态因子及其组合随时间的推移而发生阶段性变化，并对生物产生不同的生态效应。生物生长发育在不同阶段对生态因子的需求不同，因此，生态因子对生物的作用也具有阶段性。例如，春化阶段，低温对植物的生长发育就非常重要，光照长短在这个并不起作用，但在光周期阶段是十分重要的。另外，有些鱼类根据其生活史的各个不同阶段，对生存条件有不同的要求。例如，大马哈鱼生活在海洋中，生殖季节就成群结队洄游到淡水河流中产卵；而鳗鲡则在淡水中生活，洄游到海洋中去生殖。

（5）不可替代性和补偿作用　环境中各种生态因子对生物的作用虽然不尽相同，但都各有其特殊的功能与作用，每个生态因子对生物的作用是同等重要的。尤其是作为主导作用的因子，如果缺少，便会影响生物的正常生长发育，甚至造成其生病或死亡。所以从总体上来说，一个生态因子的缺失不能由另外一个生态因子替代。但是，当某一个生态因子的数量不足，有时可以靠另外一个生态因子的加强而得到调剂和补偿。以植物进行光合作用来说，如果光照不足，可以增加二氧化碳的量来补偿；软体动物在锶元素含量高的地区，能利用锶补偿壳中钙的不足。生态因子的补偿作用只能在一定范围内作部分补偿，而不能以一个因子代替另一个因子，且因子之间的补偿作用也不是经常存在的。

2.4.3　生态因子作用的规律

1. 限制因子规律

生物的生存和繁殖依赖于各种生态因子的综合作用，其中限制生物生存和繁殖的关键性因子就是限制因子（limiting factors）。任何一种生态因子只要接近或超过生物的耐受范围，它就会成为这种生物的限制因子。

如果一种生物对某一生态因子的耐受范围很广，而且这种因子又非常稳定，那么这种因子就不太可能成为限制因子；相反，如果一种生物对某一生态因子的耐受范围很窄，而且这种因子又易于变化，那么这种因子就很可能是一种限制因子。例如，对陆生动物来说，氧气数量多、含量稳定而且容易得到，因此一般不会成为限制因子（寄生生物、土壤生物和高山生物除外）。但是由于氧气在水体中的含量是有限的，而且经常发生波动，因此常常成为水生生物的限制因子。限制因子概念指明了研究生物与环境复杂关系的一个出发点，即在研究某个特定环境时，各种生态因子对生物来说并非同等重要，首先应该关注那些影响生物生存和发展的限制因子。

2. Liebig 最小因子定律

1840 年，德国化学家 B. J. Liebig 在研究各种生态因子对植物生长的影响时发现，作物的产量往往不是由自然环境中大量存在且植物大量需要的营养物质所制约（如 CO_2 和水），而是取决于那些在土壤中较为稀少，而且又是植物所需要的营养物质，如硼、镁、铁、磷等。因此，Liebig 提出“植物的生长取决于环境中那些处于最小量状态的营养物质”。也就是说，每一种植物都需要一定种类和一定数量的营养物，如果其中有一种营养物完全缺失，植物就不能生存，如果这种营养物质数量极微，植物的生长就会受到不良影响。这就是 Liebig 的“最小因子法则”（law of the minimum）。

Liebig 之后又有很多人作了大量的研究，认为对最小因子法则的概念必须作两点补充：①最小因子法则只适用于稳态条件下，也就是说，如果在一个生态系统中，物质和能量的输入输出不是处于平衡状态，那么植物对于各种营养物质的需要量就会不断变化，在这种情况下，Liebig 的最小因子法则就不能应用；②应用最小因子法则的时候，还必须考虑到各种因子之间的相互关系。如果有一种营养物质的数量很多或容易被吸收，它就会影响到数量短缺的那种营养物质的利用率。另外，生物常常可以利用生物替代元素，也就是说，如果两种元素属于近亲元素的话，它们之间常常可以互相代用。例如，环境中钙的数量很少而锶的数量很多，一些软体动物就会以锶代替钙来建造自己的贝壳。

Liebig 在提出最小因子法则的时候，只研究了营养物质对植物生存、生长和繁殖的影响，并没有想到他提出的法则还能应用于其他的生态因子。经过多年研究，人们发现这个法则对于强度和光等多种生态因子都是适用的。实际上，最小因子法则与系统论中的“木桶原理”含义一致，即一个由多块木板拼成的水桶，当其中一块木板较短时，不管其他木板多高，水桶装水量总是受最小木板制约的。

3. Shelford 耐性定律

1913 年，美国生态学家 V. E. Shelford 在最小因子法则的基础上又提出了耐受性法则（law of tolerance）的概念，并试图用这个法则来解释生物的自然分布现象。他认为生物不仅受生态因子最低量的限制，而且也受生态因子最高量的限制，生物对每一种生态因子都有其耐受的上限和下限，上下限之间就是生物对这种生态因子的耐受范围，其中包括最适生存区。任何接近或超过耐性下限或耐性上限的因子都称为限制因子。任何一个生态因子在数量上或质量上的不足或过多，即当其接近或达到某种生物的耐受限度时，都会影响该种生物的生存和分布。Shelford 的耐受性定律可以形象地用一个钟形耐受曲线来表示（图 2-4）。

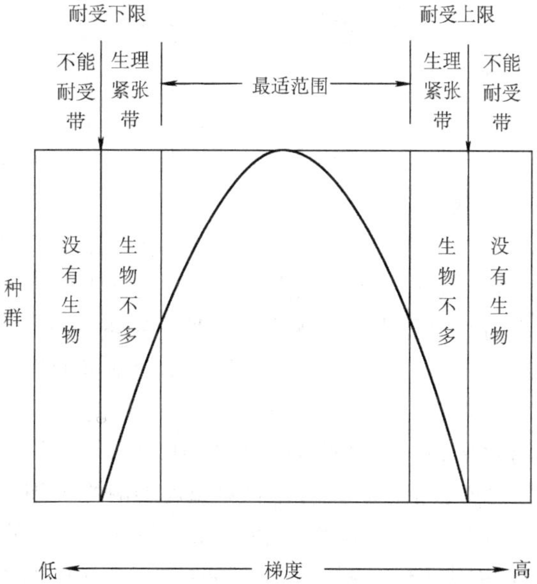

图 2-4　Shelford 耐性定律图解

Shelford耐性定律也表明，那些对生态因子具有较大耐受范围的种类，分布就比较广泛，这些种类就是所谓的广适性生物（eurytropic organism），反之则称为狭适性生物（stenotropic organism）。应该注意的是，生物的耐性限度会因发育时期、季节、环境条件的不同而变化。当一个种生长旺盛时，会提高对一些因子的耐性限度；相反，当遇到不利因子影响它的生长发育时，也会降低对其他因子的耐性限度。

自然界中生物耐性限度的实际范围几乎都比潜在范围狭窄，主要是由于两个原因：①在不利因素影响下，提高了对基础代谢率的生理调节所付出的代价；②生态环境中的辅助因子降低了代谢强度的上限或下限水平。

生物对环境的缓慢变化有一定的调整适应能力，甚至能逐渐适应于极端环境，所以生物的耐性限度是可以改变的。但是，这种适应性是以减弱对其他环境因子的适应能力为代价的。一些窄生态幅生物，对范围狭窄的极端环境条件具有极强的适应能力，却丧失了对其他环境下生存的能力。相反，广生态幅的生物对某一极端环境的适应能力则甚低。

由于影响生物的各生态因子之间是相互关联的，生物对某一种因子的耐受性会受到其他生态因子的影响。例如，生物对温度的耐性限度与湿度有密切联系。当湿度与温度很低或很高时，该种生物的耐性限度都比较窄，而在中湿与中温相结合的条件下，耐受性限度达到最高（图2-5）。

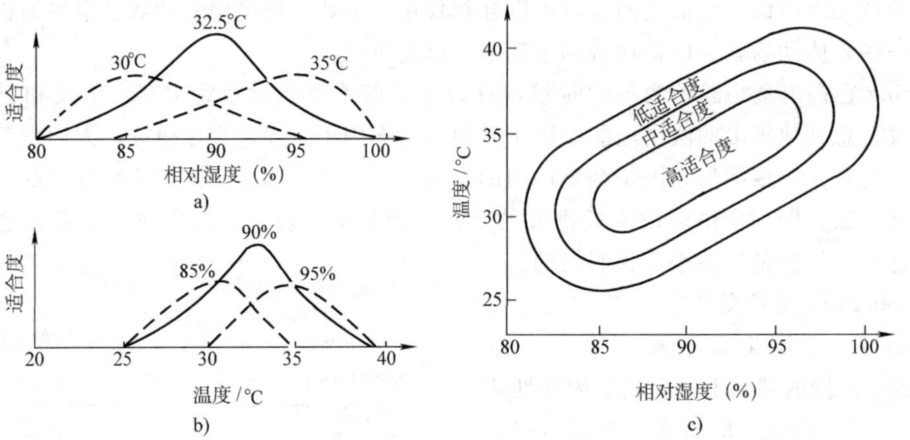

图2-5 两个因子作用对生物适合度的影响（仿Pianka，1978年）

4. 生态幅

在自然界中，由于长期自然选择的结果，每种生物对一种生态因子都有一个生态上的适应范围，即有一个最低点（或称耐受下限）和一个最高点（或称耐受上限），最低点和最高点之间的耐受范围，就称为该种生物的生态幅（ecological amplitude）。它与各种生物的代谢特点有关。对同一生态因子，不同种类的生物耐受范围是不相同的。例如，鲑鱼对温度这一生态因子的耐受范围是0～12℃，最适温为4℃；豹蛙对温度的耐受范围是0～30℃，最适温度为22℃；斑鳉的耐受范围是10～40℃，而南极鳕所能耐受的温度范围最窄，只有−2～2℃。上述的几种生物对温度的耐受范围差异很大，有的可耐受很广的温度范围（如豹蛙、斑鳉），称广温性生物（eurytherm）；有的只能耐受很窄的温度范围（如鲑鱼、南极鳕），称狭温性生物（stenotherm）。对其他的生态因子也是一样，有所谓的广湿性（euryhydric）、狭湿性（stenohydric）；广盐性（euryhaline）、狭盐性（stenohaline）；广食性

(euryphagic)、狭食性（stenophagic）；广光性（euryphotic）、狭光性（stenophotic）和广栖性（euryoecious）、狭栖性（stenoecious）等。图 2-6 是广温性和窄温性生物生态幅的比较，窄温种的温度三基点紧靠在一起。对广温性生物影响很小的温度变化，对窄温种则往往是临界的。窄温性生物可以是耐低温的（冷窄温的，oligothermal），也可以是耐高温的（暖窄温的、polythermal）或处于两者之间的。

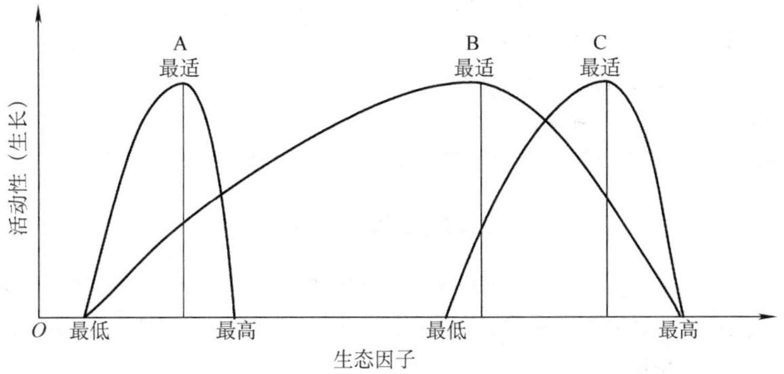

图 2-6　窄温性与广温性生物的生态幅比较

A—冷窄温　B—广温　C—暖窄温

5. 生物内稳态及耐性限度的调整

内稳态（homeostasis）是指生物控制体内环境使其保持相对稳定的机制，它能减少生物对外界条件的依赖性，从而大大提高生物对外界环境的适应能力。内稳态是通过生理过程或行为的调整而实现的。恒温动物通过控制体内产热过程以调节体温；变温动物靠减少散热或利用热源使身体增温。维持体内环境稳定是生物扩大耐性限度的一种重要机制，但内稳态机制不能完全摆脱环境的限制，它只能扩大自己的生态幅度与适应范围，成为一个广适种。有学者根据生物休内部环境平衡与外部环境变化的关系，把生物分为内稳态生物（homeostatic organism）和非内稳态生物（non-homeostatic organism），它们的区别在于其控制耐性限度的机制不同。

除内稳态机制可调整生物的耐性限度外，生物借助于驯化过程可以来稍微调整它们对某个生态因子或某些生态因子的耐受范围。如果一种生物长期生活在它的最适生存范围一侧的环境条件下，久而久之就会导致该种生物耐受曲线的位置移动，并产生一个新的最适生存范围，而适宜范围的上下限也会发生移动。这一驯化过程是通过酶系统的改变而实现的，因为酶只能在环境条件的一定范围内最有效地发挥作用，正是这一点决定着生物原来的耐受限度，所以驯化也可以理解为是生物体内决定代谢速率的酶系统的适应性改变。例如，把金鱼在两种不同温度下（24℃和 37.5℃）进行长期驯化，那么最终它们对温度的耐受限度就会产生明显差异（图 2-7）。

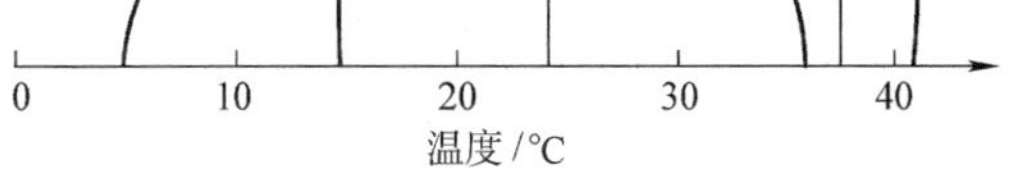

图 2-7　金鱼在两种不同温度下（24℃和 37.5℃）驯化后所形成的对温度的两种耐受限度，每一种耐受限度都有一个致死低温和致死高温（仿 Putman 等，1984 年）

思 考 题

2-1 简述生物多样性及其生物分类系统。
2-2 什么叫环境和生态因子，包括哪些类型？
2-3 简述光的生态作用及生物的适应。
2-4 极端温度对生物有何影响？举例说明生物对极端温度的适应。
2-5 旱生植物是通过哪些机制适应于旱环境的？
2-6 以土壤为主导因子的植物生态类型有哪些？
2-7 简述生态因子作用的一般规律。
2-8 何谓限制因子？说明 Liebig 最小因子定律和 Shelford 耐性定律的主要内容。

推荐阅读文献

[1] 陈灵芝，王献博，汪松．中国的生物多样性现状及其保护对策[M]. 北京：科学出版社，1993.
[2] McNeely J A. W V Reidd. H A Mittermeier，et al. Consering the World's Biological Diversity(中译本)[M]. 北京：中国环境科学出版社，1990.
[3] 顾德兴，张桂权．普通生物学[M]. 北京：高等教育出版社，2000.
[4] 靳德明，彭卫东，史红梅．现代生物学基础[M]. 北京：高等教育出版社，2000.
[5] 李博，杨持，林鹏，等．生态学[M]. 北京：高等教育出版社，2000.
[6] 孙儒泳，李博，诸葛阳，等．普通生态学[M]. 北京：高等教育出版社，1993.
[7] 柳劲松，王丽华，宋秀娟．环境生态学基础[M]. 北京：化学工业出版社，2003.
[8] 盛连喜，冯江，王娓．环境生态学导论[M]. 北京：高等教育出版社，2002.
[9] 刘云国，李小明．环境生态学导论[M]. 长沙：湖南大学出版社，2000.
[10] 程胜高，罗泽娇，曹克峰．环境生态学[M]. 北京：化学工业出版社，2003.
[11] 张合平，刘云国．环境生态学[M]. 北京：中国林业出版社，2001.
[12] 金岚，王振堂，朱秀丽，等．环境生态学[M]. 北京：高等教育出版社，1992.

3

第3章

生物圈中的生命系统

3.1 生命系统的层次

自然界中，有多种多样的生物体构成了生物圈，这是地球与其他星球最根本的区别。这些形式多样、丰富多彩的生命体尽管都以个体的形式存在，但是它们从来都不是孤立的，由于亲缘和生态关系使它们彼此之间以及与环境之间都有着不可分割的联系，形成了生命系统的不同层次。学术界把生命的层次分为：个体、种群、群落、生态系统、生物圈这几个层次。

种群（population）是在一定空间中同种个体的组合。种群是由同种个体组成的，它占有一定的领域，是同种个体通过种内关系有机地组成的一个统一体或系统。单独的生物个体在自然界是不能长久生存的，必须形成种群（或称群体），即同种生物在特定环境空间和特定时间内的个体集群，才能长期生存。种群具有生物个体所不具备的生命特征，如个体密度、年龄及性别比率、出生及死亡率、迁入及迁出率、种内和种间关系等，称为种群生命现象。种群是分类学、遗传学和生态学研究中的基本单位。

生物群落（biotic community 或 biocoenosis）是指在相同时间聚集在一定地域或生境中各种生物种群的组合。群落具有比生物种群更高层次的一些基本特征，如物种多样性、时间和空间格局、优势度等。

生态系统（ecosystem）就是在一定空间中共同栖息着的所有生物（即生物群落）与其环境之间由于不断进行物质循环和能量流转过程而形成的统一整体。能量流动、物质循环和信息传递是生态系统的三大功能。

生物圈（biosphere）是一个以物质和能量流循环为其特点的大系统，它为整个地球上所有生物体的生存和繁殖提供了必需的物质和能量，生物圈内物质和能量的循环是生命存在的根本原因与保障。显然，开展生物圈这个层次的研究，对于保护物种、保护地球上生物的多样性、保护人类生存环境是至关重要的。

3.2 生物种群的特征及动态

3.2.1 种群的特征及计量

种群生物学是研究种群的结构、形成、发展和运动变化过程规律的科学，种群生物学的最主要的两个组成部分是种群遗传学（population genetics）和种群生态学(population ecology)。其中，种群生态学研究种群内各成员之间、种群之间以及它们与周围环境中的生物和非生物因素之间的相互关系。

1. 生物种群的特征

种群动态（population dynamics）是种群生态学的核心问题。种群动态研究种群的大小(size）或数量（number）在时间和空间上的变动规律。主要表现在以下三个特征：

（1）空间特征　主要表现的是种群的分布特征。每一个有机体都需要一定的最小空间，以保证其生活的需要，组成种群很多个体在空间上的位置和状态便构成了种群的空间分布格局。种群的分布型（distribution pattern）一般有三类：随机的（random）、均匀的（uniform）和聚集的（aggregated）。

（2）数量特征　主要表现的是种群的数量特征，即每单位面积（或空间）上的个体数量(即密度）将随时间而发生变动。

（3）遗传特征　主要表现的是种群的变化特征。种群具有一定的基因组成，即系一个基因库，以区别于其他物种，但基因组成同样是处于变动之中的。

2. 生物种群的计量

作为研究种群的出发点，种群统计是很重要的，它是反映种群的初始和变化状态的主要手段。种群统计的主要指标有以下几个参数：

（1）出生率　出生率（natality）常分为最大出生率（maximum natality）和实际出生率(realized natality)。最大出生率是在理想条件下（即无任何生态因子限制，繁殖只受生理因素所限制）产生新个体的理论上最大数量。实际出生率表示种群在某个真实的或特定的环境条件下的增长速率。它随种群的组成和大小、物理环境条件而变化的。

（2）死亡率　死亡率（mortality）是在一定时间内死亡个体的数量除以该时间段内种群的平均大小。死亡率也分为最低死亡率（minimum mortality）和实际死亡率（也称生态死亡率，ecological mortality)。最低死亡率是种群在最适环境条件下，种群中的个体都是因年老而死亡，即动物都活到了生理寿命（physiological longevity）后才死亡。实际死亡率是在某特定条件下丧失的个体数，也随种群状况和环境条件而改变的。

（3）迁入和迁出　迁入（immigration）和迁出（emigration）也是种群变动的两个主要因子，它描述各地方种群之间进行基因交流的生态过程。

作为种群统计参数，出生率、死亡率、迁入和迁出这四个是基本参数。如果了解种群的这四个参数，便会很容易地得到某个时刻种群的数量，即

$$N_{t+1} = N_t + B + I - D - E$$

式中　N_t——种群在时刻 t 的数量；

N_{t+1}——种群在 $t+1$ 时刻的数量；

B、I、D、E——由 t 到 $t+1$ 这一段时间内该种群的出生数、迁入数、死亡数和迁出数。

相比以上四个参数，下面的参数主要是通过影响以上四个参数来调节种群数量的大小。

（4）年龄结构 年龄结构（age ratio）是各个年龄级的个体数目与种群个体总体的比例。按从小到大龄级比例绘图，即得年龄金字塔（age pyramid），它表示种群的年龄结构分布（population age distribution）。种群的年龄结构与出生率死亡率密切相关。通常，如果其他条件相等，种群中具有繁殖能力年龄的成体比例越大，种群的出生率就越高；而种群中缺乏繁殖能力的年老个体比例越大，种群的死亡率就越高。按照年龄金字塔的形状，可划分为增长型种群、稳定型种群和衰退型（下降型）种群三类（图 3-1）。

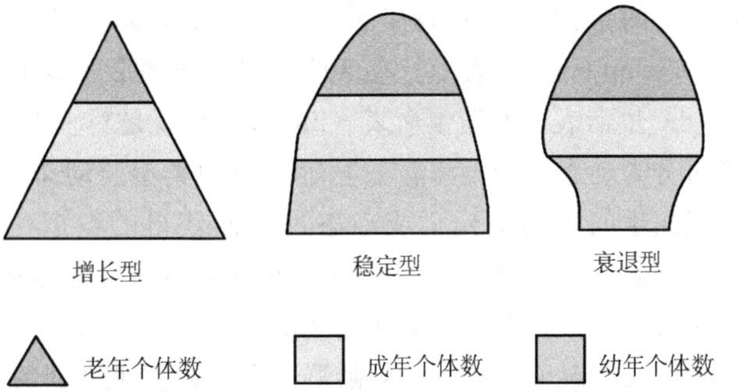

图 3-1 年龄金字塔的三种基本类型

从 1953 年到 1990 年，我国共进行了四次人口普查工作，其年龄金字塔图如图 3-2 所示，从中可以看出，我国人口从增长型向稳定型转变。从 1990 年以后，出现了人口的下降趋势。

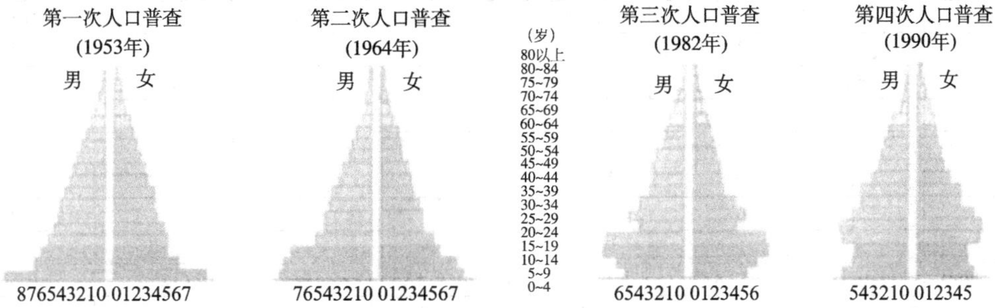

图 3-2 我国四次人口普查的年龄结构

（5）性比（sex ratio） 性比（sex ratio）是反映种群中雄性个体（♂）和雌性个体（♀）比例的参数。受精卵的♂与♀比例，大致是 50∶50，这是第一性比。幼体成长到性成熟这段时间里，由于种种原因，♂与♀的比例变化，至个体开始性成熟为止，♂与♀的比例叫做第二性比，此后，还会有成熟的个体性比叫第三性比。

（6）种群的空间分布 由于自然环境的多样性，以及种内种间个体之间的竞争，每一种群在一定空间中都会呈现出特有的分布形式。一般来说，种群分布的状态和形式可分为均匀型、随机型、成群型（图 3-3）三种。在自然界，个体均匀分布的现象是极少见的，只有在农田或人工林中出现这种分布格局。成群分布的形式较为普遍，如森林中各个树种或林下植物多呈小簇丛或团片状分

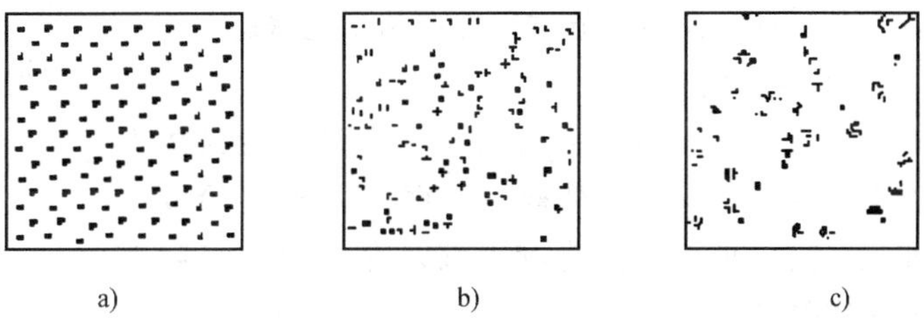

图 3-3 种群的三种空间分布格局（仿 Smith，1980 年）

a）均匀型 b）随机型 c）成群型

布。影响个体水平分布形式的因素是很多的，主要决定于物种的生态-生物学特性和环境条件的状况。

(7) 存活率　存活率（survivorship）是死亡率的倒数。存活个体的数目通常比死亡个体的数目更有意义。死亡率通常以生命期望（life expectancy）来表示，生命期望就是种群中某一特定年龄的个体在未来能存活的平均年数。对一个特定的种群，存活数据通常以存活曲线（survivorship curve）表示。存活曲线以对数的形式表示在每一生活阶段存活个体的比率。

(8) 生命表　所谓生命表（life-table）就是对一个种群的出生和死亡过程的定量记载。生命表可分为动态生命表和静态生命表两种类型。动态生命表（dynamic life-table）就是观察同一时间出生的生物的死亡或动态过程而获得的数据所做的生命表，所以又称同龄群生命表（cohort life-table）。静态生态表（static life-table）是根据某一特定时间对种群大小做一个年龄结构调查，并根据调查结果而编制的生命表。在通常情况下，通过监测一个同龄群在各个年龄阶段的存活状况而建立一个同龄群生命表是很难做到的。对于动物来说，主要是因为其活动性和隐蔽性；对于植物来说，主要是因为其世代太长而无法跟踪。在同一个时刻，调查一个种群不同年龄段的个体数量而编制的生命表便是静态生命表，类似于生态演替中以群落的空间序列替代时间序列。表 3-1 是一个藤壶（balanus glandula）的动态生命表（Conell，1970 年）。

表 3-1　藤壶的生命表

年龄 x	存活数 n_x	存活率 l_x	死亡数 d_x	死亡率 q_x	L_x	T_x	生命期望 e_x
0	142	1.000	80	0.563	102	224	1.58
1	62	0.437	28	0.452	48	122	1.97
2	34	0.239	14	0.412	27	74	2.18
3	20	0.141	4.5	0.225	17.75	47	2.35
4	15.5	0.109	4.5	0.290	13.25	29.25	1.89
5	11	0.077	4.5	0.409	8.75	16	1.45
6	6.5	0.046	4.5	0.692	4.25	7.25	1.12
7	2	0.014	0	0	2	3	1.50
8	2	0.014	2	1.000	1	1	0.50
9	0	0	—	—	0	0	—

（引自 Krebs，1978 年）

3.2.2　种群动态

种群的动态主要是通过描述种群的大小来实现的，而种群的大小变化表现为种群的增长，另外，存活曲线也能描述种群的变化状态。

1. *存活曲线*

以存活数量的对数值为纵坐标，以年龄为横坐标作图，从而把每一个种群的死亡-存活情况绘成一条曲线，这条曲线即是存活曲线。存活曲线有以下三种基本类型（图 3-4）：

Ⅰ型（凸形）：绝大多数个体都能活到生理年龄，早期死亡率极低，但一旦达到一定生理年龄时，短期内几乎全部死亡，如人类、盘羊和其他一些哺乳动物等。

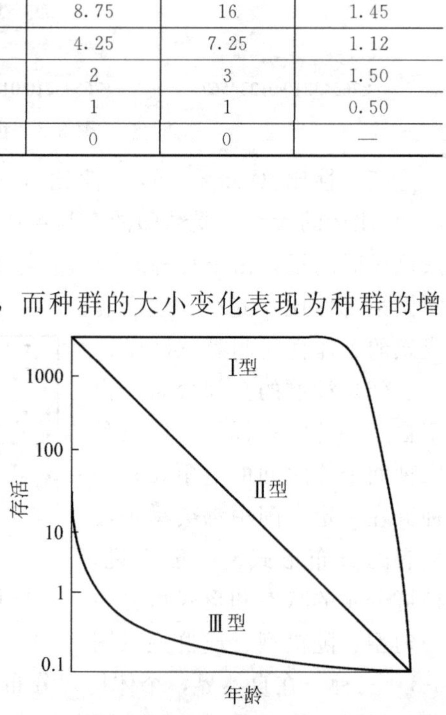

图 3-4　种群存活曲线的三种假定的标准型

Ⅱ型（直线形）：种群各年龄段的死亡率基本相同，如水螅、小型哺乳动物、鸟类的成年阶段等。

Ⅲ型（凹形）：生命早期有极高的死亡率，但是一旦活到某一年龄，死亡率就变得很低而且稳定，如鱼类、很多无脊椎动物等。

2. 种群的增长

种群增长是种群动态的主要表现形式之一，它是指随着时间的变化，一个种群个体数目的增加。在野外条件下，进行种群动态的研究往往是很困难的，必须收集大量可信的数据，连续进行若干年。数学模型可以帮助解决这一难题，可以利用模型了解各种动植物种群动态，阐明自然种群动态的规律及其调节机制。

（1）与密度无关的种群增长模型 随着种群个体的增加，种群对于食物、空间等的要求势必会随之增加，所以，只有在无限的“理想”环境中，种群增长率才能保持不变；或者种群在进入新的栖息环境后，能在一定的时期内，保持增长率不变。最简单的是单种种群增长模型，通常是把世代 $t+1$ 的种群 N_{t+1} 与世代 t 的种群 N_t 联系起来的差分方程

$$N_{t+1}=\lambda N_t \text{ 或 } N_{t+1}=N_0\lambda^t$$

式中 N——种群大小；

t——时间；

λ——种群的周期增长率。

在这个简单的模型里包含下列四个假设：①种群增长是无界的，即种群在无限的环境中增长，没有受资源、空间等条件的限制；②世代不重叠，增长是连续的，或称离散的；③种群没有迁入和迁出；④没有年龄结构。

如果一个单独的种群（在自然界常常是若干种群的个体生长在一起）在食物和空间充足，并无天敌与疾病和个体的迁入与迁出等因素存在时，按恒定的瞬时增长率连续地增殖，即世代是重叠时，该种群便表现为指数式地增长，即

$$\frac{\mathrm{d}N}{\mathrm{d}t}=rN$$

式中 r——种群的瞬时增长率。

（2）与密度有关的种群增长模型 实际上，这种按生物内在增长能力（即生物潜力呈几何级数或指数方式）增长的方式在自然界是不可能实现的。因为限制生物增长的生物因素和非生物因素即环境阻力的存在（如有限的生存空间和食物、种内和种间竞争、天敌的捕食、疾病和不良气候条件等）和生物的年龄变化等必然影响到种群的出生率和存活数目，从而降低种群的实际增长率，使个体数目不可能无限地增长下去。相反，通常是当种群侵入到一个新地区后，开始时增长较快，随后逐渐变慢，最后稳定在一定水平上，或者在这一水平上下波动。此时个体数目接近或达到环境所能支持的最大容量或环境的最大负荷量（K）。在这种有限制的环境条件下，种群的增长可用逻辑斯谛方程（logistic equation）表示

$$\frac{\mathrm{d}N}{\mathrm{d}t}=rN\left(1-\frac{N}{K}\right)$$

其中的 $1-N/K$ 代表环境阻力。一般认为，这种增长动态是自然种群最普遍的形式。

一个在资源有限的空间中生长的简单种群，其增长可简单地描述成“S”形曲线。在早期阶段，资源丰富，死亡率最小，繁殖尽可能快，使个体达到其内禀增长率（intrinsic rate of natural increase，指当环境包括空间、食物和其他有机体在理想条件下时，稳定年龄结构的种群所能达到的最大增长率)。种群以几何增长，直到达到上限时才结束。上限或饱和值在特定生境、特定条件下是恒定的，称为环境容纳量（carring capacity）K。当种群更加拥挤时，增长率下降为零，种群大小就会稳定，在环境所能承受的最大值，达到平衡的种群密度。

S形曲线可以解释并描述为非密度制约增长方程乘上一个密度制约因子，就得到逻辑斯谛方程。在种群增长早期阶段，种群大小 N 很小，N/K 值也很小，因此 $1-N/K$ 接近于1，抑制效应可忽略不计，种群增长实质上为 rN，呈几何增长。然而，当 N 变大时，抑制效应增高，直到当 $N=K$ 时，$(1-(N/K))$ 变成了 $(1-(K/K))$，等于0，这时种群的增长为零，种群达到了一个稳定的大小不变的平衡状态。

3.3 种群关系

3.3.1 物种之间的相互关系

种群关系讨论的是异种种群之间的相互关系，或称为种群间相互作用（population interaction)。种群间的相互关系，有的不密切，一个种群对另一个只产生很小的、间接的影响，如在生态系统的能流过程中相隔很远的营养级之间的能量交换。种群间的相互关系也可能很密切，如一个种群直接作用于另一个；一般而言，寄生物和宿主、捕食者和被食者之间的相互作用都是很直接的。

种间关系有的是对抗的，一个种的个体直接杀死另一个种的个体；有的是互助关系，两个种的个体互助、互为依赖而生存。在这两类极端之间，还有各种形式，表3-2列举了两物种之间相互作用的基本类型。表中“+”表示对种群增长或其他种群特征有收益；“−”表示对种群增长或其他特征有抑制；“0”表示无关紧要、没有任何意义的相互影响。

表3-2 两物种之间相互关系类型

作用类型	物种 1	物种 2	一般特征
中性作用（neutralism）	0	0	两个种群彼此不受影响
竞争（competition）	−	−	两个种群竞争共同资源而带来负影响
偏害作用（amensalism）	−	0	种群1受抑制，2无影响
捕食作用（predation）	+	−	种群1是捕食者，2是受害者
寄生作用（parasitism）	+	−	种群1是寄生者，2是受害者
偏利作用（sommensalism）	+	0	种群1是偏利者，2无影响
互利作用（mutualism）	+	+	相互作用对两种都有利

1. 正相互作用

正相互作用（positive interaction）可按其程度分为偏利共生、原始协作和互利共生三类。偏利共生指的是对一个物种有利，对另一个物种无关紧要的情况。原始协作表现为对双方都有利，但这种协作又不是必需的，即离开协作，双方仍能独立生存。互利共生也表现为对双方都有利，但已发展到彼此不能离开而独立生存的程度。

2. 负相互作用

负相互作用（negative interaction）包括竞争、捕食、寄生和偏害等。作为种间相互作用的常见的形式，也是目前研究较多的领域，我们有必要了解竞争作用过程和特征。竞争是利用有限资源（如食物、空间等）的个体间的相互作用，导致竞争个体的适合度降低。竞争既可在利用共同资源的物种间发生，也可在同种个体间发生。

（1）种内竞争　种内竞争（intraspecific competition）可能激烈，因为个体趋向于需要分享共同资源，尽管资源需求可能有年龄差异（如欧鳊，*abramia bramal*，一种淡水鱼，其幼鱼摄食小的浮游动物，而成鱼以大型底栖无脊椎动物为食）或性差异（例如，由于大多数雄鸟的食饵大小比雌鸟的小的多，说明不同性别间选择食饵的差异）。对资源利用的普遍重叠程度意味着种内竞争是生态学的一种主要影响力。通过降低拥挤种群个体的适合度，即可影响基础过程如繁殖力和死亡率，进而调节种群大小，并可使个体产生行为适应来克服或应付竞争，如扩散（dispersal）和领域性（territorality）。

（2）种间竞争　当两物种利用同样的有限资源时，种间竞争就会发生。例如，原生动物双核小草履虫（*Paramecium aurelia*）和大草履虫（*P. caudatum*），当分别在酵母介质中培养时，*P. aurelia* 比 *P. caudatum* 增长快。当把两种加入同一培养器中时，*P. aurelia* 在混合物中占优势，最后 *P. caudatum* 死亡消失（图 3-5）。

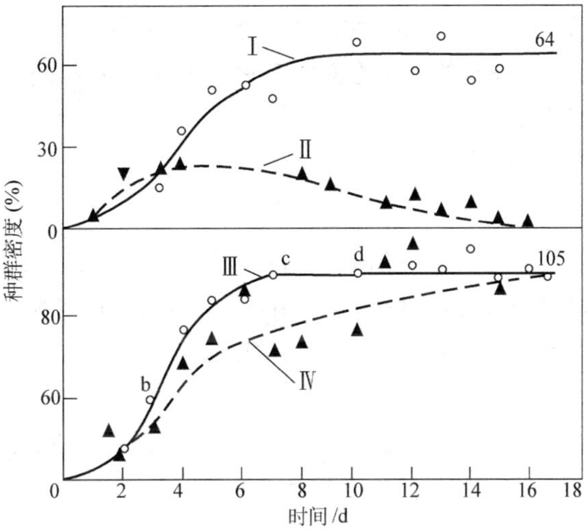

图 3-5　两种草履虫单独和混合培养时的种群动态

（引自李博，2002 年）

Ⅰ—单独培养时的大草履虫　Ⅱ—混合培养时的大草履虫

Ⅲ—单独培养时的双核小草履虫　Ⅳ—混合培养时的双核小草履虫

关于种群间的相互作用问题，有两点值得注意：①从现代生态学和生态系统原理观点来看，生态系统内的一切生物都在物质循环和能量流动中互有联系、互为依赖，原因是生态系统是把一定地域中的生物（包括动物、植物和微生物）通过物质循环和能量流动而联系起来的一个整体；②现代生态学对于正相互作用的种群之间在数量动态上的研究还远远不如负相互作用的种群，这是一个不足的地方。

3.3.2　竞争发生的部位与竞争的强度

1. 竞争发生的部位

对于植物而言，竞争发生的部位主要是指相互作用或影响的植物器官。限于研究水平，目前仅将植物竞争发生的部位分作地上部分和地下部分。竞争过程中，植物的地上部分主要是对光进行争夺。例如，植冠或叶片之间的相互遮蔽，另外，还可能释放挥发性或淋溶的他感作用物质，从而对其他植物产生抑制作用。植物的地下部分主要是对水分和养分的争夺，还有根分泌、残留物分解或淋溶的他感物产生的抑制作用。Groves 和 William 曾在温室中以地中海三叶（trifolium subterraneum）和澳大利亚东南地区的一种田间杂草（chondrilla juncea）为材料，用分隔法做竞争发生的部位实验。实验结果表明，当分隔枝条使竞争只发生于根部时，C. juncea 的干重比无竞争的对照少了 35%；当分隔根部使竞争只能发生于枝条间时，干重比对照减少 53%；当不分隔时，干重比对照少 69%。可见，植物地上与地下部分的竞争效果是不一样的。但是，植物竞争的部位如何进行作用，以及不同竞争部位之间的相互关系尚需进一步研究。

2. 竞争强度的表征

竞争强度的定量表达与测定可用下列指标：

（1）相对与绝对竞争强度　Campbell，Grime（1992 年）在研究不同土壤肥力与干扰梯度上植物之间的竞争过程中，提出了绝对竞争强度（ACI）和相对竞争程度（RCI）模型

$$ACI = P_{mono} - P_{mix}$$

$$RCI = (P_{mono} - P_{mix})/P_{mono}$$

式中　P_{mono} 和 P_{mix}——某种植物单播与混播时的表型（如生产力或相对生长率）。

Campbell，Grime 实验中的混播是在各物种单播密度不变情况下进行的。后来，Turkington（1993）等人又在总播种密度与单播时相同的情况下进行混播实验，并提出另一组竞争强度模型

$$ACI = P_{mono} - P_{prop.\,mix}$$

$$RCI = [(P_{mono} - P_{prop.\,mix}) \times 100]/P_{mono}$$

式中　$P_{prop.\,mix}$——混播后的物种按比例折合成单播密度后的表型。

以上两种方法具有一个共同且不可避免的缺陷，即单播时种内竞争的强度在不同环境条件下可能改变，从而给种间竞争强度比较造成了困难。为此，Miller 又提出新的竞争强度模型

$$C_s = (P_{alone} - P_{comp})/P_{alone}$$

式中　C_s——竞争强度（种内或种间）；

P_{alone}——目的物种单株生长时（无竞争）的表型；

P_{comp}——处于竞争中的目的物种个体平均表型。

（2）邻体干扰度（neighborhood interference intensity）　Weiner（1984）曾提出邻体干扰度的概念，用邻体干扰度来反映植物个体之间的竞争作用大小。邻体干扰度的模型

$$I = \sum_{1}^{n} S_i d_i^{-2}$$

式中　S_i——第 i 个邻体的大小；

d_i——基株到邻体的距离；

n——在有效邻体范围内邻体的数目。

该模型的建立是以植物个体为基础的，因而，该方法既可测定种内竞争强度，又可测定种间竞争强度。但是，它只能解释较小邻体范围内的干扰效应，对较大范围的植物之间干扰作用分析显得无能为力。

（3）生态势（ecological potential）与生态场强度（intensity of ecological field）　近来一些学者在对植物生态场的研究过程中提出了用生态势与生态场强度来刻划植物之间的相互作用。如果将植物群落看作是一个整体作用空间，那么，其中任意一点都受到相邻、相近植物的作用，其作用强度可用生态势来表示，其生态势模型为

$$\Phi(r)=k\xi(r)\frac{R}{N}$$

式中　$\Phi(r)$——距场源 r 的任意一点的生态势大小；

N——该点的资源生态位大小（示资源利用效力）；

R——场源植物的相对生长速率；

$\xi(r)$——生态势消减系数。

另一种表示植物种群或群落中作用强度的方法是通过植物生长速率刻划的，其生态场强度模型为

$$I=1-G=1-\frac{\mathrm{ACGR}}{\mathrm{PCGR}}$$

式中　ACGR、PCGR——植物群体某一时刻的实际与潜在生长速率。

生态势与生态场强度的大小能直接反映植物个体或群体之间的相互作用强弱，这两个度量还包含了周围生境的资源参数与植物本身生长特征参数，因此，能一定程度地从植物生长机理解释植物间的竞争作用。然而，目前这些模型的参数计测比较复杂。

(4) 竞争系数（competition coefficient）　竞争系数能够在一定程度上反映竞争作用强度的大小，有关竞争系数的经典模型主要是 Lotka-Volterra 竞争方程（由单种种群增长的逻辑斯谛方程演化而来），即

$$\frac{\mathrm{d}N_1}{\mathrm{d}t}=r_1N_1\left(1-\frac{N_1}{K_1}-\frac{\alpha N_2}{K_1}\right)$$

$$\frac{\mathrm{d}N_2}{\mathrm{d}t}=r_2N_2\left(1-\frac{N_2}{K_2}-\frac{\beta N_1}{K_2}\right)$$

以上竞争模型都是以种群的逻辑斯谛增长方程为基础建立的，而关于建立逻辑斯谛方程的假设是有条件的。竞争方程中，α，β 都是竞争系数，表示一个生物种群（N_1）对另一个生物种群（N_2）的竞争力大小。同一物种的不同个体间是有差别的，实际上竞争系数是人们对物种间竞争作用程度的最早测度指标，但也是最难在实际中估测的。

(5) 生态位重叠指数（index of niche overlap）　在研究种间竞争时，生态位重叠常被作为一个重要的因子加以分析，用以反映物种间的竞争作用程度。一般认为，两个物种的生态位重叠程度越大，生态位重叠指数越高，竞争的作用强度则越大；反之越小。因而，有时将物种的生态位重叠指数看作竞争强度、甚至竞争系数的标度。

Hurlbert（1978 年）提出的生态位重叠指数（$O_{i\mathrm{R}}$）方程

$$O_{i\mathrm{R}}=\sum_{j=1}^{n}\frac{P_{ij}P_{kj}}{C_j}$$

式中　P_{ij}、P_{kj}——i、k 物种对资源 j 的利用占的比率；

C_j——第 j 个资源状态的相对多度。

该指数要考虑每个资源状态量值的相对大小，可称做资源的相对多度。Hurlbert 指出，若两个种按相同比例利用每一资源状态时，重叠指数为最大值 1。

生态位重叠指数计测模型还有许多种，但大多都以相似百分率为基础的，那么用生态位重叠指数来表征竞争强度也是间接的，而且，在实际的实验中欲测定所有的资源状态参数是不可能的。所以，用生态位重叠指数来说明竞争强度大小与用竞争系数表征竞争强度具有相

似的局限性。

3.3.3 生态位理论

1. 生态位的概念

生态位（niche）是生态学中的一个重要概念，主要指自然系统中一个种群在时间、空间上的位置及其与相关种群之间的功能关系。生态位概念对于正确认识物种在自然选择进化中的作用，以及运用生态位理论指导人工群落的物种配置等方面有重要的意义。

1917年Grinnell提出，任何一个生物群落中，生物物种的需要（食物或其他资源）和空间位置是不一样的，不同生物物种的需要与空间位置是相互关联的。Grinnell的生态位概念实际上是一个地理分布单位，将生态位看成是一个物种在群落中的与其他物种相关联的位置，并强调生态位是作为一个最终的分布单位而起作用的。Elton的生态位主要强调了有机体在其群落中的机能作用和地位，给予生态位以功能的意义，以个体生态学为基础解释生物群落的有机组成与结构。

Hutchinson（1957年）提出了n维生态位的概念，以种在多维空间上的适合性去确定生态位的边界，每一个维上的一个点都相应物种在允许的环境状态上存在，物种存在的范围或区域形成了一个n维超体积（n-hypervolume）。Hutchinson还将生态位分为基础生态位（fundamental niche）和实际生态位（realized niche）。基础生态位是生物群落中，能够为某一物种所栖息的、理论上的最大空间。但实际上，当物种存在竞争或捕食者时，物种生存和利用条件没有基础生态位那样大，只能占据基础生态位的一部分，这就是实际生态位。应用Hutchinson的生态位定义在观测某一物种生态位时存在着很多困难，但这一定义对于形象理解与精确定量表述生态位有着重要意义。

2. 生态位与物种竞争

生态位的概念提出后，生态学家们好像发现了解释生物与生物以及生物与环境相互关系的一个“桥梁”。人们不仅一直用生态位理论解释物种间的竞争，而且已经越来越多地将生态位理论与物种进化联系在一起。

（1）竞争排斥原理与生态位　Gause根据草履虫试验得出结论：占据同一生态位的两个物种，他们组成的混合种群，形成的稳定状态，最终将会被一个单一种群（纯种群）所取代，取代的种群对环境条件具有良好的适应性。这就是竞争排斥原理的思想体现，被称之为Gause假说。一般可表达为：具有生态位相同或相近的两个物种不能占据同一个生态位，或者共存；如果两个物种占据同一个生态位，最终一个物种将会被另一个物种所取代。由于两个物种越接近，生态位越趋近，他们对资源的利用相似性越大。相同或相近生态位的排斥也说明对其物种的相似性产生了抑制作用，因而有时又称之为限制相似性原理（principle of limiting similarity）。

（2）生态位重叠（niche overlap）与竞争　在生命系统中，两个以上物种在其存在空间或某些资源维度上共同占有或利用时，它们之间的生态位体积有交叉重叠现象。最初人们对生态位与竞争的理解是生态位重叠是生物种间竞争的充分必要条件。Hutchinson假定，如果环境资源已经饱和，任何一段时间内生态位重叠都不能忍受，生态位重叠的部分都将发生竞争排斥作用。两个生物物种，其生态位相近，对资源利用的相似性会产生生态位重叠，因而有人将物种相似性程度看作其生态位重叠程度。生态位重叠与竞争的关系具有复杂性和模糊性，竞争与生态位重叠之间有时可能是一种相反的关系，即自然界中广泛存在着的物种生态位重叠与降低物种间竞争程度有关。

（3）生态位与物种的共存和进化 生物物种的生态位分离和生态位移动有极相近的意义，其间的差异是由于分析问题的角度不同所致。生态位分离与生态位重叠是相互对立的两个方面。经典生态位理论认为，生态位重叠与竞争程度相关，而生态位分离则是与物种间的共存相关联的。生态位重叠与竞争关系基本上是一种正相关，即重叠程度越大，物种间竞争强度越高，当然这一过程必须包含资源的供给丰富度差异；另一方面，生态位分离也同物种间的共存成正相关，即分离程度越大，共存的机会越大。以前人们更多地研究生态位重叠与竞争关系，现在则是开始更多地关注生态位分离与共存关系。因为物种的共存与竞争一样，不仅是自然界普遍存在的生物现象，也同样对物种种群的进化有重要意义。

3.4 生物群落

群落是指某一地域或生境内各种生物种群集合的群体，生态系统则是侧重研究某一地域或生境内生物群落与无机环境的关系，并强调物质循环和能量流动。两者虽是两个不同的概念，但它们实际上是一个完整的、统一的生态学分支，有时有些难以细分。

3.4.1 群落的概念和特征

生物群落（biotic community；biocoenosis）是指一定地段或一定生境内各种生物种群构成的结构单元。在自然景观中，不论在原始的或经人为改造的生境内，都有多种植物、动物和微生物生活在一起，它们之间有着复杂的相互联系、相互依存、相互制约的关系。生物群落这一名称的范围可广可狭，如稻田生物群落、苹果园生物群落等；或稻田昆虫群落、苹果园昆虫生物群落等；或稻田飞虱类群落、苹果园蚜虫群落等。

生物群落的基本特征主要表现在：

1）一个生物群落中所有的生物彼此之间具有能量和物质的联系，构成一个复杂的生物种的集合体。例如，森林群落中各类动物与森林植物、各类动物之间及各类植物之间，存在着捕食、竞争、寄生、共生、传粉等种间的各种相互关系。

2）生物群落与其环境有着不可分割性。生境特征决定生物群落类别，群落也决定着生境的许多特征。生物群落与环境有着密切联系，并相互作用。

3）群落中各个生物成员在群落中的重要性不同，通常一个或几个优势种可能决定群落的特征。

4）同一地域的同一群落都具有其时间和空间的结构。群落结构的最明显的特点就是具有分层现象，如一个森林群落常可以划分为乔木层、灌木层、草木层、苔藓、地衣层等；在同一植物上各种昆虫的生态位有所不同。群落的时间格局表现为昼夜和季节的变化可以引起生物组成的变动。

5）生物群落的松散性和模糊性。群落结构一般指其分层结构和物种组成，但其结构常随环境的变化而改变，故种群的结构总是表现出松散性。在两个生物群落之间，不论是垂直分布或水平分布的地域内，其交界处两个生物群落的交错区，形成群落边界的模糊性。

6）群落的演替。群落随时间而变化的动态特征，称为群落演替。群落演替的速度因群落的组成和环境变化的幅度而不同，有的几年，有的几十年甚至几百年才能出现。

3.4.2 群落的基本类型

大多数生物都只分布在地球上特定的地区，地球上不同地区也都有其不同的动植物组合。生物群落（biomes）又称最大生态单位，是由栖息在具有相似生活条件的地带中的许许多多的动植物组成的统一的整体。顶级植被（climax vegetation）是构成陆地生物群落最重要的因素，陆地生物群落也是以其顶级植被来命名的，它们主要是由温度和降水量的组合而决定，由于水热条件的不同，不同的生物群落的生物丰富程度也各不相同，另外土壤条件等也对生物群落的形成产生影响。陆地上的地带性植被主要有以下几种类型：

（1）热带雨林　热带雨林（tropical rain forest）分布在赤道南北的热带界线内，是地球上面积最大，对人类生存环境影响最大的生物群落，主要分布在南美洲、非洲和南亚等地区。全年温度高而温差小，雨量充沛而均匀。年平均气温 20～28℃，年降雨量 2000～10000mm，相对湿度高，有的可达 90%以上。没有寒冷和干旱，生物资源极其丰富，生活型组成以裸芽高位芽为主。

（2）热带季雨林或雨绿林　热带季雨林或雨绿林（monsoon forest /rain green forest）不连续地分布在亚洲、非洲和美洲的热带地区，在亚洲分布面积最大，以印度、缅甸中部最为典型。年降雨量 1500mm 左右，但有明显的干季，有干湿交替，生物资源丰富，生活型以木本高位芽为主，群落季相变化明显。

（3）热带稀树草原　热带稀树草原（savanna）主要分布于非洲、南美洲和澳洲的半干旱区，是以高大禾本科植物（常达 2～3m）为主，其中散生一些不高的乔木和灌木，故称稀树草原。这些地区终年温暖，降水量常达 1000mm 以上，没有寒冷，有明显的干湿交替，一年中存在一到两个干旱期。草本构成整个群落的背景，以热带的高秆禾本科植物占优势，高度通常在 1m 以内，组成了密草丛。旱生特征突出，盛产大型动物。

（4）红树林　红树林（mangrove）是陆地和水域交界处的生物群落，是热带海岸的一种适应特殊条件的常绿矮林，分布于不受风浪冲击的平坦海岸及海湾浅滩上，其基质是通气不良的淤泥，并受到海潮的影响。生物资源丰富，主要由红树科（*Rhizophoraceae*）和马鞭草科（*Verbenaceae*）植物组成，都是常绿灌木、灌木状小乔木和不高的乔木，一般高度 10m 以下。红树林的支柱根不仅支持着植物本身，也保护了海岸免受风浪的侵蚀，因此红树林又被称为“海岸卫士”。

（5）常绿阔叶林　常绿阔叶林（laural forest）主要处于欧亚大陆东岸北纬 22°～40°之间，此外，非洲东南部、美国东南部、大西洋中的加那利群岛等地也有分布。我国的常绿阔叶林是世界上分布面积最大，发育最好的，分布从秦岭、淮河以南到广东、广西中部。处于明显的亚热带季风气候区，夏季炎热多雨，冬季稍寒冷，春秋温和，四季分明。年平均气温 16～18℃ ，冬季有霜冻，年降水量 1000～1500mm，冬季降水少，但无明显干旱。常绿阔叶林终年常绿，物种甚为丰富，由常绿双子叶植物组成，但较热带雨林简单，藤本植物和附生植物仍可常见，主要是草质和木质小藤本。

（6）常绿硬叶林　常绿硬叶林（evergreen sclerophyllous forest）分布于具有干燥气候的亚热带地区，以地中海区域最为典型，三个基本分布区为：地中海沿岸、美洲的加利福尼亚南部以及大洋洲的西南部和东部。此外，中国西南部、非洲南部、南美智利中部也有分布。夏季干燥炎热，最热月平均温度22～23℃，而降水量仅为20～30mm。冬季却温和多雨，一月份平均温度为5～23 ℃。年降水量500～750mm，大部分在冬季降落。由于夏季的炎热和干燥，导致植物产生硬叶等旱生适应，并以休眠状态度过不良季节。冬春，群落中出现许多短生的鳞茎植物和块茎植物。

(7) 夏绿阔叶林　夏绿阔叶林（summer-green forest）又称温带落叶林（temperate deciduous forest），分布于中纬度湿润地区，世界范围内主要分布在三个地区：北美大西洋沿岸、西欧和中欧海洋性气候的温暖区、亚洲中部。四季分明，夏季炎热多雨，冬季寒冷，年平均气温8～14℃，年降水量500～1000mm。主要树种是壳斗科中的落叶树种，如栎属、栗属和山毛榉属等。

(8) 针叶林　针叶林（coniferous forest /Taiga）处于北半球高纬度地区，面积约1200万hm^2，仅次于热带雨林，居第二位，是寒温带地带性群落，也是森林分布的最北界。针叶林生态系统处于寒温带，由于纬向跨度辽阔，气候状况多样。一般说，大陆性气候明显。年平均气温多在0 ℃以下，冬季漫长，达9个月之久；降雨多集中在夏季，年降雨量400～500mm。针叶林生态系统生物成分贫乏，乔木以松、杉为主，有云杉和冷杉，还有西伯利亚松和西伯利亚落叶松等。多为单优种森林，这与阔叶林有明显差别。林下灌木稀疏，以常绿小灌木和草本植物组成的地被层很发达，常有多种藓类。

(9) 草原　草原（steppe）是介于森林和荒漠生物群落之间的植被类型，是内陆半干旱到半湿润气候下的产物。世界范围分布，总面积约5000万km^2，占陆地总面积的33.5%，仅次于森林。草原气候的主要标志是水分和温度，热带草原年降水量800～1000mm，而温带草原200～450mm，高寒草原100～300mm。草原植物种不太丰富，主要是多年生的禾本科、豆科和菊科等草本植物，尤其是禾本科是一个大科，针茅属（*Stipa*）有“草原之王”的称号。

(10) 荒漠　全球荒漠化土地有3600万km^2，占地球面积的28%。荒漠（desert）主要分布在亚热带干旱区，往北可伸达温带干旱区。世界上最广阔的荒漠区在北半球，包括非洲北部的大西洋岸，往东到撒哈拉沙漠；亚洲的阿拉伯半岛、伊朗、印度和巴基斯坦的沙漠，前苏联的中亚沙漠、中国西北和蒙古的大戈壁等一连续的干旱区，约占世界荒漠的67%。荒漠的生态环境严酷，极端干旱是其最重要的一个特征。降水少而且不稳定，年变率大。一般年降水只有50～150mm，少的不到20mm，最多也超不过200～300mm。蒸发极为强烈，年蒸发量在2500～3000mm，超过降水量的10倍、数十倍乃至百倍。气温变化大，冷热剧变，日温差大，一般在10～20℃，大的可达40℃以上。植物群落以超旱生小乔木和半木本植物为优势植物，超旱生草本植物和短生植物也有一定季节的优势。荒漠生物种类极度贫乏，种群密度稀少，脆弱而不稳定。

(11) 苔原　苔原（tundra）也叫冻原，全球面积约800万km^2，约占陆地面积的5.3%。主要分布于北冰洋周围沿岸，在欧亚大陆北部和北美洲北部占了很大面积，形成一个大致连续的地带。苔原的气候特点是寒冷，年平均气温在0℃以下，冬季漫长而严寒，最低温可达－70℃，有6个月见不到太阳；夏季短而凉，最热月平均气温为0～10℃。植物生长季很短，大约2个月左右。年降水量不多，但空气湿度大。另外，风大、云多，更加显示出苔原气候的严酷。冻原植物具有一系列的抗寒和抗干旱生理生态特性。许多植物在严寒中营养器官不受损伤，有的植物可以在雪下生长和开花。在低温下，植物的生长很缓慢。苔原通常是常绿多年生植物，没有一年生植物。

3.4.3 群落组成与结构的影响因素

对于一个群落来说，描述其组成与结构的参数有很多，主要有以下几个数量特征：①密度（density）：单位面积或单位空间的个体数；②多度（abundance）：物种个体数目的估测指标；③盖度（coverage）：植物地上部分垂直投影面积占样地面积的百分数，即投影盖度；④频度（frequency）：某个物种在调查范围内出现的频率，用包含该个体的样方占全部样方数的百分比表示；⑤物种多样性（biodiversity）：生物的多样化和变异性以及生境的生态复杂性，多样性又包含两个方面的含义，即丰富度（species richness）和均匀度（species evenness）；⑥生活型（life form）：主要有高位芽植物、地上芽植物、地面芽植物、地下芽植物、一年生植物；⑦生长型（growth form）：主要有乔木、灌木、草本、藤本、附生、菌藻植物；⑧垂直结构（vertical pattern）：地上部分和地下部分垂直结构，如地上乔木、灌木、草本层；地下根系的不同分布层；⑨水平结构（水平格局，horizontal pattern）：主要由亲代的扩散分布习性、环境异质性、种间相互作用结果形成。

影响群落组成与结构的因素有很多，包括下面几个方面。目前关于这方面的观点也有很多争论，但是，其争论的焦点在于：在形成群落结构的因素中哪个因素起主要作用。

1. 生物因素的影响

生物因素对群落结构的影响表现在生物物种之间的相互关系上，主要有：

（1）竞争对群落结构的影响　竞争导致相关种群生态位的分化。每个物种在自然界中都有自己的生态位，当两个或两个以上的物种生态位发生重叠时，彼此之间便会发生竞争，根据竞争排出法则，有些处于竞争劣势的物种随着时间的推移便会在群落中消失，剩余的物种就会重新利用或分配各自的资源。

（2）捕食对群落结构的影响　捕食对群落结构有重要影响，例如，食草动物对植物群落结构的影响；捕食者对被捕食者种群变化的影响。但捕食者对群落结构的作用，视捕食者是泛化种（generalist）还是特化种（specialist）而不同。泛化的捕食者，如几乎无选择的食草动物兔，实验证明，随着兔食草压力的加强，草地上的植物种数有所增加。其原因在于兔把有竞争力的植物种吃掉，可以使竞争力弱的植物更好生存，所以，多样性提高。这就是说，捕食使种间竞争缓和，并促进多样性提高。但是，食草压力过高时，植物种数又会随之降低。因此，植物多样性与兔捕食强度的关系呈驼背状曲线。

具选择性的捕食者对群落结构的影响，随被选择的喜食种是属于优势种还是劣势种而异。如果被选择的属于优势种，则捕食能提高多样性；如果捕食者喜食的是竞争力弱的劣势种，那么随着捕食压力的增加，多样性就会随着呈线性下降。

2. 干扰对群落结构的影响

干扰（disturbance）是平静的中断，正常过程的打扰或妨碍。干扰是自然界普遍存在的现象，干扰影响几乎所有生物群落。干扰对群落的结构影响主要表现在：①干扰对群落中不同层和不同层片的影响是不同的；②干扰经常使连续的群落中出现缺口（gaps）。

另外，关于干扰对群落结构的影响还有一个重要的假说，即 Conell 等提出的中度干扰假说（intermediate disturbance hypothesis）：中等程度的干扰频率能维持高多样性。其理由是：①一次干扰后少数先锋种入侵断层，如果干扰频繁、一再出现，则先锋种不能发展到演替中期，使多样性保持较低；②如果干扰间隔期很长，使演替过程能发展到顶极期，竞争排斥作用达到排斥别种，多样性也不高；③只有中等干扰程度将使多样性最高，它允许更多的物种入侵和建立种群。

3. 空间异质性与群落结构

群落的环境不是均匀一致的，具有空间的异质性（spatial heterogeneity）。空间异质性的程度越高，意味着有更多的小生境、更多样的小气候、更多样躲避捕食的隐蔽所，所以就能允许更多的物种共存，包括竞争共存（通过资源分隔）和非竞争共存（通过更广的资源范围和更复杂的环境条件）。干扰造成的断层也使空间异质性增加，但空间异质性还决定于各种非生物（如小地形、土壤性质等）和生物（如植被分层对动物等）条件的变化。一般非生物环境因子的多样性与群落生物种的多样性呈正相关，生物（动物）种类的多样性与其食物空间结构（垂直和水平结构）的多样性呈正相关。

4. 岛屿与群落结构

岛屿由于与大陆隔离，生态学家常常把岛屿作为研究进化论和生态学问题的天然实验室，其研究结果对于自然保护区的设置有重要的借鉴价值。

（1）岛屿的种数——面积关系　岛屿由于与大陆隔离，其中的物种数与岛屿的面积有密切关系。许多研究表明：岛屿面积越大，种数越多，岛屿的种数与面积的关系：

$$S = cA^z$$

式中　S——物种数；

A——面积；

z、c——经验常数。

一般岛屿面积越大，生活在岛上的物种数目也越多，其简单的解释是面积越大，生境复杂性也增大，就可以有更多物种生活。

（2）岛屿离大陆距离与物种数的关系　既然岛屿的隔离作用使岛屿群落的物种多样性降低，那么岛屿离大陆越远，其使物种丰富度降低的效应也就越明显。离大陆距离远近实际上包含两重意义：①距离远表示物理隔离程度越大；②距离远近影响的程度随生物类群而变化，同一距离的岛，对陆地兽类比较“远”，而对鸟类比较“近”，鸟类是可以飞行的。此外，岛屿上的物种来源于大陆，岛屿上某些种的缺乏，可能是简单地由于时间不足以使所有大陆物种都能迁入岛中。

（3）MacArthur 的平衡说　MacArthur 的平衡说（equilibrium theory）主要指：岛屿上的物种数目决定于迁入物种和灭亡物种的平衡，这是一种动态平衡，即不断有物种灭绝，由同种或别种的迁入而得以替代和补偿。根据平衡说，可预见到下列各点：①岛屿上的种数不随时间而变化；②这是一种动态平衡，即灭绝种不断地被新迁入种所替代；③大岛比小岛能维持更多的种数；④随岛离大陆的由近到远，平衡点的种数逐渐降低。

5. 平衡说和非平衡说

平衡说和非平衡说是对群落结构形成的两种对立的观点。平衡说认为，如果环境无大的变化，群落处于一个相对稳定的平衡状态，群落的变化是由环境变化引起；非平衡说认为，组成群落的物种处于不断变化，自然界中的群落不存在全局稳定，但具有抵抗性和恢复性。

3.4.4 生物群落的演替

生态系统也像有机体的个体发育一样，有从幼年期到成熟期的发育过程，这个过程就称为生态系统发育（ecosystem development）。群落的生态演替，实际上是生态系统发育的一部分。生物群落在发育过程中，往往以形成相对稳定的生物群落而告终。在稳定的生物群落中，总生物量（以单位能流表示）最大（或高信息量）、生物间的种间联系最复杂。

生物群落演替是指系统在短时间尺度上的变化，从其建立初期的不稳定状态，通过系统内部自调控而逐步达到一个相对稳定的状态。生物群落演替是指生物群落随时间的变化，一个类型的生物群落被另一类型的生物群落所替代的过程。按其出现在裸地或在原来已有的地方，可将群落演替分为原生演替（primary succession）和次生演替（secondary succession）两类。

植物群落演替的机制基本上取决于下列因素：①外界因子对植物群落的作用，或者是植物群落本身对环境的作用所引起的变化；②植物繁殖体的散布；③群落中植物之间的相互分布；④群落的植物种类组成中，新的植物分类单位（如种、亚种、变种）或新的生态型的发生。

生物群落演替的过程很复杂，周期也较长，通过两类比较典型的群落演替来了解整个生物群落演替的途径及特征变化。

1. 旱生演替

旱生演替（xerarch succession）演替起始于干旱缺水的基质。以最早出现的先锋植物群（pioneer community）地衣开始，经历苔藓、草本、灌木直到出现相对稳定状态的森林群落。对于植物的生长来说，裸露的岩石表面上环境是极端恶劣的：没有土壤、光照强、温度变化大、十分干燥。

（1）地衣植物阶段　在原生裸地上，最先出现的是地衣，其中以壳状地衣首先定居。壳状地衣将极薄的一层植物体紧贴在岩石表面，而且从假根上分泌有机酸腐蚀岩石表面，加之岩石表面的风化作用及壳状地衣的一些残体，就逐渐形成了一些极少量的土壤。在壳状地衣的长期作用下，环境条件，首先是土壤条件有了改善，就在壳状地衣群落中出现了叶状地衣。

叶状地衣可以含蓄较多的水分，积聚更多的残体，因而使土壤增加得更快些。在叶状地衣将岩石表面遮没的部分，枝状地衣出现。枝状地衣是植物体较高的（可达几厘米）多枝体生长能力更强，以后就全部代替了叶状地衣。

地衣植物阶段是岩石表面植物群落原生演替系列的先锋植物，这一阶段在整个演替系列中需要的时间最长。在地衣群落发展的后期，就有苔藓植物出现。

（2）苔藓植物阶段　生长在岩石表面的苔藓植物可以在干旱的状况下停止生长，进入休眠，待到温和多雨时，又大量生长。这类植物能积累的土壤较多，为以后生长的植物创造条件。

植物群落原生演替系列的上述两个最初阶段与环境的关系，主要表现在土壤的形成和积累方面，对岩面小气候只有微弱的影响。

（3）草本植物阶段　群落的演替继续向前发展，草本植物中首先是蕨类及一些被子植物中的一年生或两年生植物，大多是低小和耐旱的种类。它们在苔藓植物群落中，开始是个别的植株出现，以后大量增加而取代了苔藓植物。土壤继续增加，小气候也开始形成，多年生草本植物就出现了。开始，草本植物全为高在30cm以下的“低草”，随着条件的逐渐丰富，“中草”（高在60cm左右）和“高草”（高1m以上）相继出现，形成群落。

在草本植物群落阶段中，原有岩面的条件有了较大的改变，首先在草丛的郁闭下，土壤增厚，有了遮阴，减少了蒸发，调节了温度和湿度的变化，土壤中真菌、细菌和小动物的活动也增强了，生境也不再严酷了。

（4）木本植物阶段　在草本植物群落发展至一定时期，首先是一些喜光的阳性灌木出现，它常与高草混生形成“高草灌木群落”，以后灌木大量增加，成为优势的灌木群落。继而，阳性的乔木树种生长，逐渐形成森林。至此，林下形成荫蔽环境，使耐荫的树种得以定居并增加个体数量，而阳性树种因在林内不能更新而逐渐从群落中消失，在林下生长耐荫的灌木和草本植物的复合森林群落就形成了。

在整个原生演替的旱生系列中，旱生环境因群落的作用而变成了中生生境。在这个演替系列中，地衣和苔藓植物群落阶段延续的时间最长，草本植物群落阶段演替的速度相对较快，而后，木本植物群落演替的速度又逐渐减慢，这是由于木本植物生长周期较长所致。

2. 水生演替

水生（hydrarch succession）演替起始于水环境。如湖泊向森林的演替，从最早始于裸地阶段，以浮游生物为主；经历沉水植物、浮水植物、挺水植物、草本湿生植物直到出现灌木、乔木和森林生态系统。

湖泊中最充足的是水，而最缺乏的是光照和空气。在一般的淡水湖泊中，只有在水深5～7m以上的湖底才开始有较大的水生植物生长，在这一深度以下，就是水底的原生裸地了。水生演替系列中有以下阶段：

（1）自由漂浮植物阶段　在这一阶段中，湖底有机质逐渐聚集，这些聚集物主要是浮游有机体的死亡残体，以及湖岸雨水冲刷带来的矿质微粒。天长日久，湖底逐渐抬高。

（2）沉水植物阶段　在水深5～7m之处，首先出现的是轮藻属植物，形成先锋植物群落。由于它的生长，湖底有机质积累较快较多，加之轮藻的残体在湖底嫌气条件下分解不完全，湖底进一步抬高，至水深2～4m时，金鱼藻、虎尾藻、眼子菜、黑藻、茨藻等高等水生植物种类出现，这些植物生长繁殖能力更强，垫高湖底的作用也更强。

（3）浮叶根生植物阶段　随着湖底变浅，浮叶根生植物出现，主要是睡莲科和水鳖科的一些种类，由于这些植物的叶是在水面或水面以上，当它们密集后就将水面完全盖满，使得光照条件变得不利于沉水植物生长，从而使沉水植物向更深的地方生长。浮叶根生植物的体形较高大，积聚有机质的能力更大，湖底垫高的过程进行得更快了。

（4）直立水生植物阶段　水继续变浅，直立水生植物出现，并替代上一阶段的群落。这类植物主要如芦苇、香蒲、白菖、泽泻等，其中以芦苇最为常见，其根茎极为茂密，常纠缠绞结，不仅使湖底迅速抬高，而且可以形成一些浮岛。

在湖底填平作用的这一阶段，原来被水淹没的土地开始露出水面与大气接触，开始具有陆生环境的特点。

（5）湿生草本植物阶段　新从湖水中升起的地面，含有极丰富的有机质，而且有近于饱和的土壤水分，湿生的沼泽植物开始在这种环境中生长，主要是莎草科植物和禾本科中的一些湿生性的种类。在草原地带，这一阶段并不能延续很长时间，随着地下水位的降低和地面蒸发的加强，土壤很快变得干燥，湿生的草类亦将很快地被旱生草类所替代。而在适于森林发展的情况下，群落演替继续进行。

（6）木本植物阶段　在湿生草本植物群落中，首先出现湿生的灌木，尔后，随着树木的生长，逐渐形成森林，地下水位降低，大量的地被物也改变了土壤条件，湿生的生境改变成中生生境。

这样看来，水生演替系列也就是湖沼填平的过程，这个过程是从湖沼的周围向湖沼中央顺序发生的。因此，可以相当容易地观察到，在距离湖岸不同距离的不同水深处，同一演替系列不同阶段的群落环带状顺序分布着，每一带都为次一代的“进攻”准备了土壤条件（图3-6）。演替系列中每一阶段的群落，在随时间变化的同时，也在空间上改变其位置。

上述原生演替系列，只提供了一个群落演替的模式，它说明了群落的演替实质上就是群落的植物生活型组成和植物生长环境的更替。每一个阶段的群落总是比上一阶段群落结构复杂，高度也增加，因此，利用环境更加充分，改变环境的作用就更强。这样的变化为下一个群落创造了条件，使得新的群落得以在原有群落的基础上形成和产生。

图 3-6　水体与水岸的自然生态示意图

当然，并不是在地球上任何地带都可以按照上述系列而达到森林群落阶段。例如，北极地区及高山雪线附近，只能达到地衣群落阶段；干旱的荒漠地区，能到达短年生草本群落或稀树灌丛阶段；草原地区能达到多年生草本群落阶段；而只有在气候温暖、湿润的地区，才能达到森林群落阶段。次生演替可能跨越其中的某些阶段。

思　考　题

3-1　如何理解生命系统的层次性。

3-2　种群具有哪些重要的群体特征？

3-3　影响群落结构的因素有哪些，研究群落组成有什么意义？

3-4　什么是生态位？举例说明。

3-5　竞争的生态学意义是什么，举例说明竞争强度表征参数的计算方法。

推荐阅读文献

[1]　蔡晓明．生态系统生态学[M]．北京：科学出版社，2000.

[2]　姜汉侨，段昌群，杨树华，等．植物生态学[M]．北京：高等教育出版社，2004.

[3]　孙儒泳．动物生态学原理[M]．北京：北京师范大学出版社，2001.

[4]　王刚，张大勇．生物竞争理论[M]．西安：陕西科学技术出版社，1996.

[5]　王刚，蒋文兰．人工草地种群生态学研究[M]．兰州：甘肃科学出版社，1998.

[6]　朱玉贤，李毅．现代分子生物学[M]．2 版．北京：高等教育出版社，2002.

第 4 章

4

生态系统生态学

4.1 生态系统的基本结构和特征

4.1.1 生态系统

生态系统（ecosystem）是在一定的空间中共同栖息着的所有生物（即生物群落）与其环境之间由于不断的进行物质循环和能量流动过程而形成的统一整体。根据生态系统的定义，一个生态系统在空间边界上是模糊的。也就是说，它在大小上是不确定的，其空间范围在很大程度上往往是依据人们所研究的对象、内容、目的或地理条件等因素而确定。从结构和功能完整性角度看，它可小到含有藻类的一滴水，也可大到整个生物圈（biosphere）。生态系统可以是一个很具体的概念，一个池塘、一片森林或一块草地都是一个生态系统。同时，它又是在空间范围上抽象的概念。生态系统和生物圈只是研究的空间范围及其复杂程度不同。小的生态系统联合成大的生态系统，简单的生态系统组合成复杂的生态系统，而最大、最复杂的生态系统就是生物圈。

生态系统生态学是以生态系统为研究对象，研究生态系统的组成要素、结构与功能、发展与演替，以及认为影响与调控机制的生态科学。当前，人口增长、资源的合理开发利用等已成为生态学研究的中心课题，而所有这些问题的解决都依赖于生态系统的结构和功能、生态系统的演替、生态系统的多样性和稳定性，以及生态系统对于人类干扰的恢复能力和自我调节能力的研究。生态系统生态学是现代生态学发展的前沿，在促进自然资源的可持续利用和保护人类生存环境中发挥极为重要的作用。

4.1.2 生态系统的组成成分和结构

1. 生态系统的组成成分

生态系统的组成成分是指系统内所包括的若干类相互联系的各种要素。从理论上讲，地球上的一切物质都可能是生态系统的组成成分。地球上生态系统的类型很多，它们各自的生物种类和环境要素也存在着许多差异。然而，各类生态系统却都是由两大部分、四个基本成分所组成。两大部分就是生物和非生物环境，或称之为生命系统和环境系统。四个基本成分是指生产者、消费者、还原者和非生物环境（图 4-1）。

（1）非生物环境　非生物环境（abiotic environment）是生态系统的生命支持系统，也是物质能量的来源，包括生物活动的空间和参与生物生理代谢的各种要素，如光、水、二氧化碳，以及各种矿质营养物质。生命系统包括植物、动物和微生物。

（2）生产者　生产者（producers）是生物成分中能利用太阳能等能源，将简单无机物合成为复杂有机物的自养生物，包括所有的绿色植物和一些化能合成细菌。这些生物能利用无机物合成有机物，并把环境中的能量以生物化学能的形式第一次固定到生物有机体中。生产者制造的有机物是地球上包括人类在内的其他一切异养生物的食物源，在生态系统的能量流动和物质循环中居首要地位，是生态系统中最基础的成分。

- 生态系统
  - 生物环境
    - 生产者
      - 绿色植物
      - 光合细菌等其他自养生物
    - 消费者(动物)
      - 初级消费者：草食动物
      - 次级消费者：肉食动物
      - 三级消费者：大型肉食动物
    - 还原者：微生物、小型动物
  - 非生物环境
    - 温度、光
    - 土壤
    - 水、二氧化碳、氧
    - 有机物等

图 4-1　生态系统的组成成分

（3）消费者　消费者（consumers）是指不能利用无机物质制造有机物质的生物。它们不能直接利用太阳能来生产食物，只能直接或间接地依赖于生产者所制造的有机物质。这些生物是异养生物。根据取食地位和食性的不同，消费者可分为食草动物、食肉动物、杂食动物等。生态系统中还有两类特殊的消费者，一类是腐食消费者（saprophagous consumers），它们是以动植物尸体为食，如白蚁、蚯蚓、兀鹰等；另一类是寄生生物（parasites），它们寄生于生活着的动植物的体表或者体内，靠吸收寄主养分为生，如虱子、蛔虫、线虫、兔丝子和菌类等。

（4）还原者　还原者（reducers）亦称分解者（decomposers），是异养生物，主要是细菌、真菌、放线菌、原生动物和一些小型无脊椎动物。它们在生态系统中的重要作用是把复杂的有机物分解为简单的无机物，归还到环境中供生产者重新利用。

生态系统的这四个基本成分，在能量获得和物质循环中各以其特有的作用而相互影响，互为依存，通过复杂的营养关系而紧密结合为一个统一整体，共同组成生态系统功能单元。生物和非生物环境对于生态系统是缺一不可的，生物成分是生态系统的核心，绿色植物则是核心的核心，绿色植物不但是生态系统能量的提供者，又为其他生物提供了栖息场所。一个生态系统的组成、结构和功能状态，除决定于环境条件外，更取决于绿色植物的种类构成及其生长状况。生态系统中还原者的作用也是极为重要的，正是它们的分解作用才使物质循环得以进行。分解者不仅转化和消除生物残体，同时为生产者源源不断地提供各种营养原料。

大部分自然生态系统都具有上述四个组成成分，它们之间相互关系和作用如图 4-2 所示。一个独立发生功能的生态系统至少应包括非生物环境、生产者和还原者三个组成成分。

2. 生态系统的结构

生态系统的结构包括两个方面的含义：一是组成成分及其营养关系；二是各种生物的空间配置（分布）状态。生态系统的具体结构包括物种结构、营养结构和空间结构。物质循环和能量流动是生态系统的基本功能，以食物链、食物网及其相互关系的营养结构成为生态系统结构的主体。至于物种结构，各类生态系统的差异很大，如水域生态系统的生产者主要是须借助显微镜才能分辨的浮游藻类。而森林生态系统中的生产者却是一些高达几米，甚至几十米的乔木和各种灌木。即使一个比较简单的生态系统，要全部搞清它的物种结构也是极其困难的，甚至是不可能的。因此，在实际工作中人们主要是以群落中的优势种类、生态功能上的主要种类或类群作为研究对象。生态系统的空间结构实际上就是生物群落的空间格局状况，包括群落的垂直结构（成层现象）和水平结构（种群的水平配置格局），如图4-2所示。

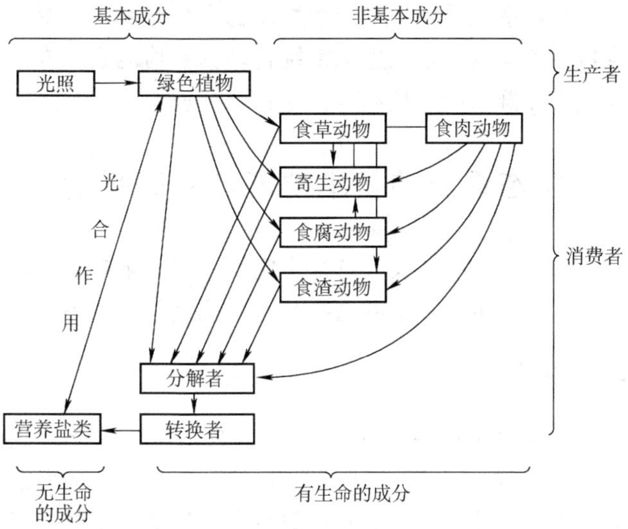

图4-2　生态系统四个基本组分相互关系

4.1.3　生态系统的基本特征

任何“系统”都是具有一定结构、各组分之间发生一定联系并执行一定功能的有序整体。从这种意义上说，生态系统与物理学上的系统是相同的。但生命成分的存在决定了生态系统具有不同于机械系统的许多特征，这些特征主要表现在下列几方面：

1. 生态系统是动态功能系统

生态系统是有生命存在并与外界环境不断进行物质交换和能量传递的特定空间。生态系统具有有机体的一系列生物学特性，如发育、代谢、繁殖、生长与衰老等，说明生态系统具有内在动态变化的能力。人们可根据发育的状况将其分为幼年期、成长期、成熟期等不同发育阶段，每个发育阶段所需的进化时间在各类生态系统中是不同的。发育阶段不同的生态系统在结构和功能上都具有各自特点。

2. 生态系统具有一定的区域特征

生态系统包含一定地区和范围的空间概念，不同的空间生态条件栖息着与之相适应的生物类群，生态系统的结构和功能反映了一定的地区特性。同是森林生态系统，寒温带长白山区的针阔混交林与海南岛的热带雨林生态系统相比，无论是物种结构、物种丰度或系统的功能等均有明显的差别。

3. 生态系统是开放的“自持系统”

自然生态系统所需要的能源是生产者对光能的“巧妙”转化，消费者取食植物，而动、植物残体以及它们生活代谢产物通过分解者作用，使矿质元素又归还到环境（土壤）中，重新被植物利用，这种往复循环的能量和物质交换、转移保证了生态系统的功能，输出系统内生物过程所制造的产品或剩余的物质和能量。生态系统功能连续自我维持的基础是它所具有的代谢机能，这种代谢机能是通过系统内的生产者、消费者、分解者三个不同营养水平的生物类群完成的，它们是生态系统“自维持”（self-maintenance）的结构基础。

4. 生态系统具有自动调节的功能

当生态系统受到外来干扰而使稳定状态发生改变时，自然生态系统具有自动调节的功能而重新达到稳定状态。生态系统自动调节功能表现在三个方面：同种生物种群的密度调节；异种生物种群间的数量调节；生物与环境之间相互适应的调节。

4.2 生态系统的基本功能与生态平衡

生态系统的结构及其特征决定了它的基本功能，这就是生物生产、能量流动、物质循环和信息传递，生态系统的这些基本功能是相互联系、紧密结合的。

4.2.1 生物生产

生态系统中的生物生产包括初级生产（primary production）和次级生产（secondary production）两个过程。前者是生产者（主要是绿色植物）把太阳能转变为化学能的过程，又称之为植物性生产。后者是消费者（主要是动物）将初级生产品转化为动物能，称之为动物性生产。在一个生态系统中，这两个生产过程是彼此联系，又独立进行的。

1. 生态系统的初级生产过程

生态系统初级生产的能源来自太阳辐射能，生产过程的结果是太阳能转变成化学能，简单无机物转变为复杂有机物。生态系统的初级生产实质上是一个能量转化和物质积累过程，是绿色植物的光合作用过程。许多环境因素如光照时数和强度、温度、降雨、土壤及植物群落的垂直结构等都影响着初级生产过程。另外，人类活动对生态系统的干扰也影响着生物圈的初级生产过程，如大量原有植被的破坏使地球表面对太阳辐射的反射率增加，有可能通过影响地球的热量收支而引起气候的改变；化石燃料大量使用导致大气悬浮颗粒和水蒸气的增加，也影响到初级生产的能量环境（energy environment）。大气污染对生态系统生物生产的危害作用也非常明显，如 SO_2 可使植物光合作用降低，叶绿素含量减少；O_3 可引起光合作用、呼吸作用、磷酸化等许多生理过程的变化，降低净光合率等。

地球上各类生态系统的初级生产和生物量差别很大。陆地生态系统中热带雨林的初级生产量最高，并呈现出由热带雨林、温带落叶林、北方针叶林、温带草原、荒漠而顺序减少的趋势（表 4-1）。出现这种趋势的原因，人们从不同角度做了探讨，其中年均温度和年降水量是影响初级生产量的两个重要因素（图 4-3）。在海洋中，初级生产量以珊瑚礁和海藻床为最高，其变化趋势是由河口湾向大陆架到海洋而逐渐减少。占地球表面积 71%的大洋，其生物生产力很低，所以有人将其称之为“生物学的荒漠”（表 4-2）。

表 4-1 世界陆地各类生态系统的净初级生产量和能量固定

生态系统类型	面积/10^6km^2	净初级生产量			每年能量固定	
		范 围 /[g/(m^2·a)]	近似平均 /(g/m^2·a)	总生产量 /10^9t	平均值 /(10^6J/a)	总 量 /10^{18}J
热带雨林	17.0	1000～3500	2000	34.0	34.3	583.5
夏绿林	7.0	400～2500	1000	7.0	19.2	134.8
暖温带混交林	5.0	600～2500	1000	5.0	19.7	98.4
北方针叶林	12.0	200～1500	500	6.0	10.0	120.6
疏林地	7.0	200～1000	600	4.2	11.7	82.0

（续）

生态系统类型	面积/10^6km²	净初级生产量			每年能量固定	
		范围/[g/(m²·a)]	近似平均/(g/m²·a)	总生产量/10^9t	平均值/(10^6J/a)	总量/10^{18}J
矮生灌丛	26.0		90	2.4		42.7
苔原	8.0	100～400	140	1.1	2.5	20.1
荒漠灌丛	18.0	10～250	70	1.3	1.2	22.6
热带草原	15.0	200～2000	700	10.5	11.7	175.8
温带草原	9.0	100～1500	500	4.5	8.4	75.3
干荒漠	8.5	0～10	3	-	-	0.4
耕地	14.0	100～4000	650	9.1	11.3	158.2
沼泽湿地	2.0	800～4000	2000	4.0	35.2	70.3
湖泊江河	2.0	100～1500	500	1.0	9.6	19.2

注：引自 Lieth（1971，1973 年），按 Lieth 的估算，世界总初级生产量为 155.2×10^9t/a 的干物质，其中陆地为 100.2×10^9t/a，海洋为 55.0×10^9t/a，1978 年 Lieth 提出陆地为 121.7×10^9t/a。

生态系统的初级生产可分为总初级生产量（gross primary production）和净初级生产量（net primary production）。总初级生产量是指在测定阶段，包括生产者自身呼吸作用中被消耗掉的有机物在内的总积累量，常用 P_G 表示。净初级生产量则指在测定阶段，植物光合作用积累量中除去用于生产者自身呼吸所剩余的积累量，常用 P_N 表示。总初级生产量和净初级生产量的关系可用下式表示

$$P_G - R_a = P_N \text{ 或 } P_G = P_N + R_a$$

式中 R_a——生产者自身用于呼吸的消耗量。

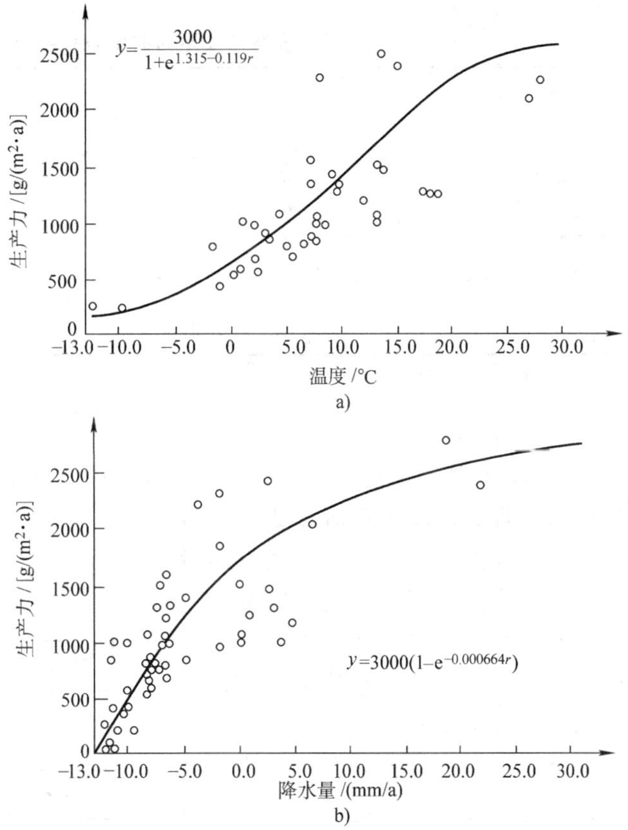

图 4-3 温度和降水对初级生产力的影响

生态系统的净初级生产量中有相当一部分被消费者所消耗和利用，从净生产量中再扣除异养呼吸这一部分的消耗量，所剩的积累量就是整个生态系统生物生产的净生产量，称为生物群落净生产量，用 P_{NC} 表示，所以

$$P_{NC} = P_N - R_H$$

式中 R_H——群落中异养生物的呼吸消耗量。

发育阶段不同的生态系统，P_G、P_N、P_{NC} 三者间的关系是不同的，处于发育幼年期的

生态系统，P_G 值比较低，但 R_H 值小，P_{NC} 值高。相反，成熟的雨林生态系统则是 P_G 值大，R_H 值大（通常要消耗掉 P_G 的 70%左右），P_N 值很低，仅占 P_G 的 30%左右，而 P_{NC} 几乎为零（表 4-3）。这就是生态环境质量评价中为什么不能简单地采用生产效益代替生态效益的理论依据之一。

表 4-2 海洋生态系统的净生产量

生态系统类型	面积/$10^8 km^2$	净初级生产量/[g/(m²·a)]		全球的总初级生产量/(10^9 t/a)
		范　围	均　值	
河口湾	1.4	200～3500	1500	2.1
海藻床或珊瑚礁	0.6	500～4000	2500	1.6
大陆架	26.6	200～600	360	9.6
上涌流区	0.4	400～1000	500	0.2
大洋区	332.0	2～400	125	41.5
海洋总计	361.0		152	55.0

（引自 Piarka，1974 年）

表 4-3 发育阶段不同的生态系统的生产量和呼吸量

指　标	紫蓿苜地（人工）	幼松林（西欧）	中龄松栎林（北美）	成熟雨林（中美洲）
总初级生产量（P_G）	24400	12200	11500	45000
自养呼吸（R_a）	9200	4700	6400	32000
净初级生产量（P_N）	15200	7500	5000	13000
异养呼吸（R_H）	800	4600	3000	13000
群落净生产量（P_{NC}）	14400	2900	2000	很少至无
P_N/P_G(%)	62.3	615	143.5	28.9
P_{NC}/P_G(%)	59.0	23.8	17.4	0

注：表中数字单位为 kcal/(m²·a)（1cal=4.186J）。引自 E. Odum，1971 年。

2. 生态系统的次级生产过程

生态系统的次级生产是指消费者和分解者利用初级生产物质进行同化作用建造自身和繁衍后代的过程。次级生产所形成的有机物（消费者体重增长和后代繁衍）的量叫做次级生产量。简单地说，次级生产就是异养生物对初级生产物质的利用和再生产过程。生态系统净初级生产量只有一部分被食草动物所利用，而大部分未被采食或触及。真正被食草动物摄食利用的称为消耗量，消耗量中被消化吸收的称为同化量；未被消化利用的剩余部分，被排出体外。被动物所同化的能量，一部分用于呼吸被消耗，剩余部分才用于个体成长或生殖。生态系统中各种消费者的营养层次虽不相同，但次级生产过程可概括为图 4-4。

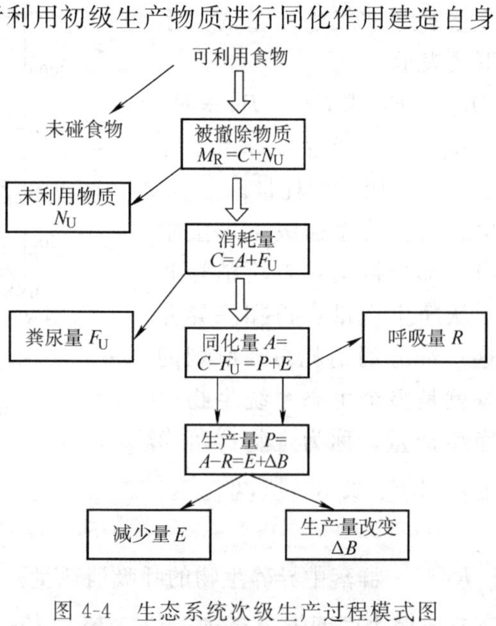

图 4-4 生态系统次级生产过程模式图

4.2.2　生态系统中的能量流动

生态系统的能量流动（energy flow of ecosystem）是指能量通过食物网络在系统内的传递和耗散过程，始于生产者的初级生产止于还原者的功能完成，整个过程包括着能量形态的转变，能量的转移、利用和耗散。在生态系统中，生物与环境之间以传递和对流的形式相互传递与转化的能量是动能，包括热能和光能；通过食物链在生物之间传递与转化的能量是势能。因此，生态系统的能量流动也可看作是动能和势能在系统内的传递与转化的过程。

1. 生态系统能量流动的基本模式

无论是初级生产还是次级生产过程，能量在传递或转变中总有一部分被耗散。研究表明，食草动物的摄食量中仅有10%～20%转变为次级生产量；食肉动物捕食食草动物，两个营养层次间的能量利用率也只有10%～20%。食肉动物各营养层次间的能量传递效率也大体维持在10%～20%这个水平上下。这样，从太阳能转化开始的生态系统的能量流动必然随着传递层次的增多，耗散到环境中的能量越来越多，势能（潜能）形式的能量相应地减少，直到全部以废热形式散失到环境中为止。生态系统能量流动的整个过程可简单地概括为图 4-5。

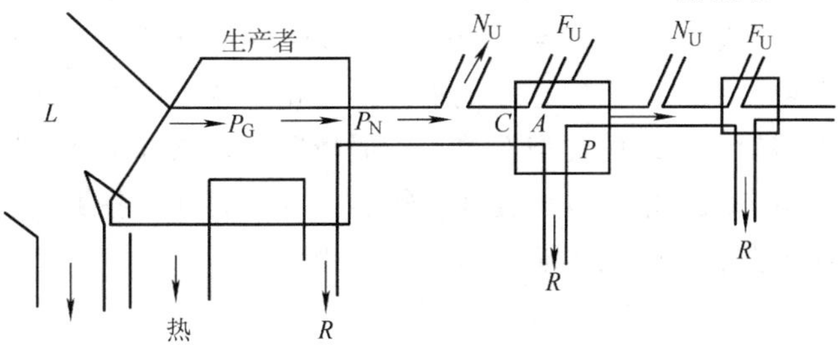

图 4-5　生态系统中的能量流动模式图（仿 Odum，1959 年）

L—太阳总辐射　P_G—总初级生产量　P_N—净初级生产量

R—呼吸量　C—消耗量　A—同化量　P—次级生产量

N_U—未利用量　F_U—粪尿量

2. 生态系统能量流动渠道

生态系统是通过食物关系使能量在生物间发生转移的。食草动物取食植物，食肉动物捕食食草动物，即植物→食草动物→食肉动物，从而实现了能量在生态系统的流动。不同生物之间通过取食关系而形成的链索式单向联系称为食物链（food chain），它是生态系统能量流动的渠道。通常食物链彼此交错连接成网状结构，称为食物网（food web）（图 4-6）。

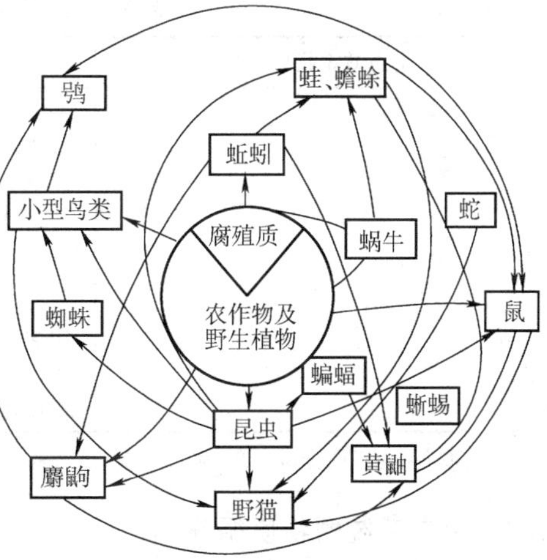

图 4-6　上海郊区农田生态系统食物网络关系图

食物链的彼此交错首先是因为生态系统的生物成员有许多是杂食性的；即使同种生物，个体发育的阶段不同食性也往往有所改变。如草鱼的成体是典型的草食性鱼类，幼鱼阶段在体长 9.5～15mm 时，以浮游甲壳动物的底栖动物为食，属动物食性阶段；当体长 18～71mm 时为杂食性阶段，食物中包括甲壳动物、水生昆虫、藻类和种子植物的碎片等。蛙类食性变化也很大，在蝌蚪期为植物性食物；以后逐渐食小型甲壳动物，成体则完全为动物食性。此外，动物食性的季节变化、食物种类和数量的季节或年度变化也都会引起食物链关系的改变，进而影响着食物网的结构。在分析生态系统的能量流动或食物关系时，要认识到食物链不是固定不变的，但在人为的干扰不很严重的自然生态系统中，食物链又是相对稳定的，某一环节的变化将会影响到整个链索，甚至生态系统的结构。

生态学中把具有相同营养方式和食性的生物统归为同一营养层次，并把食物链中的每一个营养层次称为营养级（trophic levels），或者说营养级是食物链上的一个环节。生产者为第一营养级，它们都是自养生物；食草动物为第二营养级，它们是异养生物并具有以植物为食的共同食性；食肉动物为第三营养级，它们的营养方式也属于异养型，而且都以食草动物为食。但是，有些生物的营养层次的归属很困难，如杂食性消费者，它们既食植物，也食动物。根据生物之间的食物联系方式和环境特点，食物链分为捕食性食物链（predatory food chain）、腐生性食物链（saprophogous food chain）、寄生性食物链（parasitic food chain）三种类型。绝大多数生态系统中，几种食物链可能同时存在，不同食物链在能量流动中的作用大小与生态系统的类型有关。一般情况下，森林生态系统是以腐生性食物链为优势。草原和水生生态系统中是以捕食性食物链为主。另外，各类食物链均不能无限加长，通常只有四个营养级左右，一般不超过六个营养级。

3. 生态系统能量流动效率

食物链是生态系统中能量流动的渠道，能量守恒是生态系统中能量流动的基本定律。美国生态学家林德曼（R. L. Lindeman，1942 年）根据大量的野外和室内实验，得出了各营养层次间能量转化效率平均为 10%，这就是生态学中的所谓“十分之一定律”，也叫“林德曼效率”。事实上，各类生态系统的能量转化效率有很大差别，就消费者层次而言，变化范围就在 4.5%～20%间。陆地生态系统的转化效率通常要高于水域生态系统。但林德曼的工作，用实际的定量的研究结果证实了生态系统的能量转化效率并非百分之百，因而食物链的营养级不能无限增加。

为定量地描述生态系统中的能量转化效率，生态学中用了“生态效率”（ecological efficiency）的概念。它是指生物生产的量（积累的有机物或能量）与为此所消耗的量的比值，一般都用百分比表示。生态效率内含很多具体指标，其中常用指标列于表 4-4 中。

表 4-4 生态学中重要的生态效率指标

生态效率指标	说 明
A. 营养级之间的比率	
C_t/C_{t-1}	摄食效率（对初级生产就是 P_G/L 或 P_G/L_A）
A_t/A_{t-1}	同化效率
P_t/P_{t-1}	生产效率
C_t/P_{t-1} 或 A_t/P_{t-1}	利用效率
B. 营养水平内的比率	
P_t/A_t	组织增长效率（净生长效率）
P_t/C_t	生态生长效率（毛生长效率）
A_t/C_t	同化效率

注：表中 L_A 为吸收光量，P_t 为生产量。其他符号同图 4-5。

4.2.3 生态系统的物质循环

生态系统中生命成分的生存和繁衍必须从环境中得到生命活动所需要的各种营养物质。

没有外界物质的输入，生命就停止，生态系统也将随之解体。物质还是能量的载体，没有物质，能量就会自由散失，也就不可能沿着食物链传递。所以，物质既是维持生命活动的结构基础，也是储存化学能的运载工具。生态系统的能量流和物质流紧密联系，共同进行，维持着生态系统的生长发育和进化演替。两者的关系如图 4-7 所示。

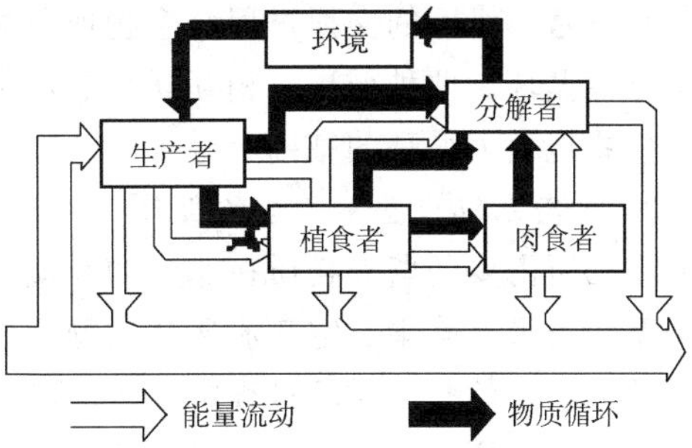

图 4-7　生态系统能量流动与物质循环的关系

1. 物质循环的基本概念

生态系统中的物质主要指维持生命活动正常进行所必需的各种营养元素。这些物质也是通过食物链各营养级传递和转化的，从而构成了生态系统的物质流动。物质循环却不是单方向性的，同一种物质可以在食物链的同一营养级内被生物多次利用。生态系统中各种有机物质经过分解者分解成可被生产者利用的形式归还环境中重复利用，周而复始地循环，这个过程叫物质循环（matter cycle）。生态系统物质循环研究常用到以下几个概念：

1）库（pools），指某一物质在生物或非生物环境暂时滞留（被固定或储存）的数量。例如，在一个湖泊生态系统中，磷在水体中的数量是一个库；磷在浮游植物中的含量又是一个库。磷在这两个库之间的动态变化就是磷这一营养物质的流动。可见，生态系统中的物质循环实际上就是物质在库与库之间的转移。根据库的大小和活跃程度常将其分为两类：①储存库，其容积大而活动缓慢，一般为非生物成分，如岩石或沉积物；②交换库或循环库，营养物质在生物和其环境之间进行迅速交换的较小而又非常活跃的部分，如植物库、动物库、土壤库等。

2）流通率（rate of circulation），指单位时间、单位面积（或体积）内物质移动的量，可用 g/(亩 · d)或 kg/(亩 · d)表示。

3）周转率（turnovcr ratcs），指某物质出入 ·个库的流通率与库量之比，即

$$周转率=\frac{流通率}{库中营养物质量}$$

4）周转时间（turnover time），是周转率的倒数，即

$$周转时间=\frac{库中某营养物质量}{流通率}$$

物质循环中库和流通率的关系如图 4-8 所示。

物质循环可在三个不同层次上进行：①生物个体，在这个层次上生物个体吸取营养物质建造自身，经过代谢活动又把物质排出体外，经过分解者的作用归还于环境；②生态系统层次，在初级生产者的代谢基础上，通过各级消费者和分解者把营养物质归还环境之中，故称为生物小循环或营养物质循环；③生物圈层次，物质在整个生物圈各圈层之间的循环，称生物地球化学循环。

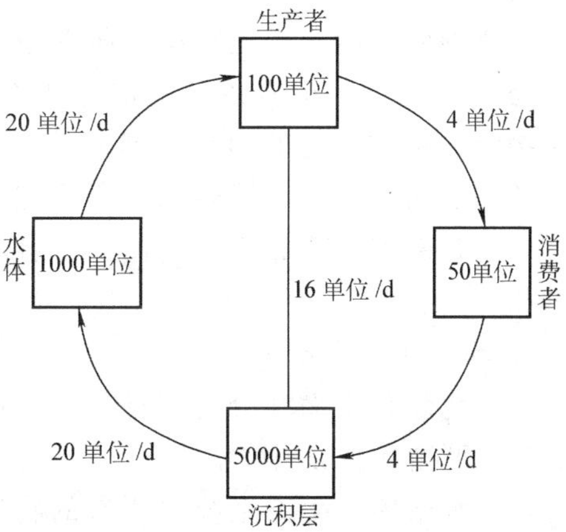

图 4-8　物质循环中库和流通率的关系

生物小循环是在一个具体范围内进行的，其特点是物质流速快，周期短。生物地球化学循环简称生物地质大循环，其范围涉及到整个生物圈，并具有范围大、周期长和影响面广等特点。两种循环研究的侧重点有所不同。生物小循环侧重研究生态系统中营养物质的输入输出及其在各营养级间的交换过程。生物地质大循环则主要研究与人类生存密切相关的各种元素的全球性循环。两种循环是相互联系的，生物小循环不是封闭的，它受生物大循环的制约，是在生物地化大循环的基础上进行的。

2. 生态系统中营养物质的循环

生物所需要的营养物质在非生物环境、生产者、消费者和分解者之间进行循环。同时，生态系统还可从降雨、空气流通和动物的迁入等不同途径使营养物质得到补充和更新。生态系统营养物质的整个循环过程中，生产者、分解者、水分和大气起着尤为重要的作用。生态系统中营养物质再循环主要有以下几条途径：

1）物质由动物排泄返回环境。包括海洋等以浮游生物为优势种的水域生态系统都可能以这种途径为主。据研究（Harris，1959 年），浮游动物在其生存期间所排出的无机物和有机可溶性营养物质的数量，比它们死亡后经微生物分解所放出的数量要多好几倍，而且排泄的可溶性营养物能直接被生产者所利用。

2）物质由微生物分解碎屑过程而返回环境。在草原、温带森林及其他具有以碎屑食物链为主的生态系统，这种途径是主要的。

3）通过在植物根系中共生的真菌，直接从植物残体（枯枝落叶）中吸收营养物质而重新返回到植物体。在热带，尤其是热带雨林生态系统中存在着这种途径。

4）风化和侵蚀过程伴同水循环携带沉积元素，由非生物库进入生物库。这是营养物质再循环的第四条途径。

5）动、植物尸体或粪便不经任何微生物的分解作用也能释放营养物质。如水中浮游生物的自溶可视为营养物质在生态系统中再循环的第五条途径。

6）人类利用化石燃料生产化肥，用海水制造淡水以及对金属的利用，可以认为是物质再循环第六条途径。

物质再循环的六条途径中，前五条是在自然状态下进行的。第六条途径的作用在加强，对生物圈的正常功能的影响也越来越大，由此引发的许多问题正是环境生态学所研究的重要内容。生态系统中营养物质再循环的各种途径及其相互关系如图 4-9 所示。

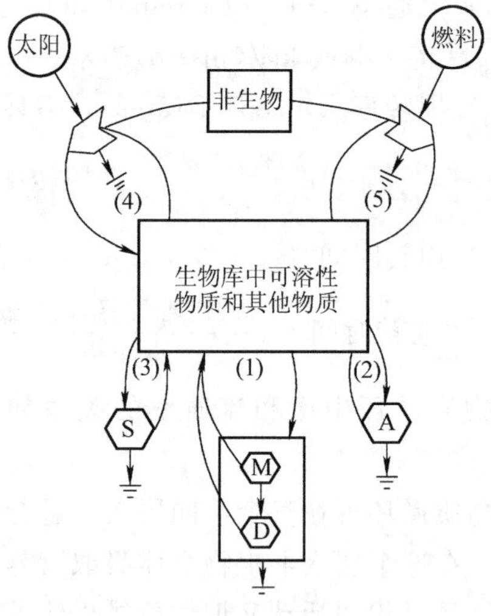

图 4-9 五条再循环系统示意图

A—动物 M—自由生活微小生物

S—共生微小生物 D—碎屑消费者

注：第（1）、（3）条途径的能量来源于有机物，第（4）、（5）条途径的能量来源于太阳或化石燃料（仿 Odum，1983 年）。

3. 物质循环的类型

生物地球化学循环分为三种形式，即水循环、气体型循环、沉积型循环。

（1）水循环　生态系统中所有的物质循环都是在水循环的推动下完成的，水循环是物质循环的核心。没有水循环，也就没有生态系统的功能，生命也将难以维持。水在生物圈中的形式分为气态、液态和固态。生物圈中水的循环过程如图 4-10 所示。

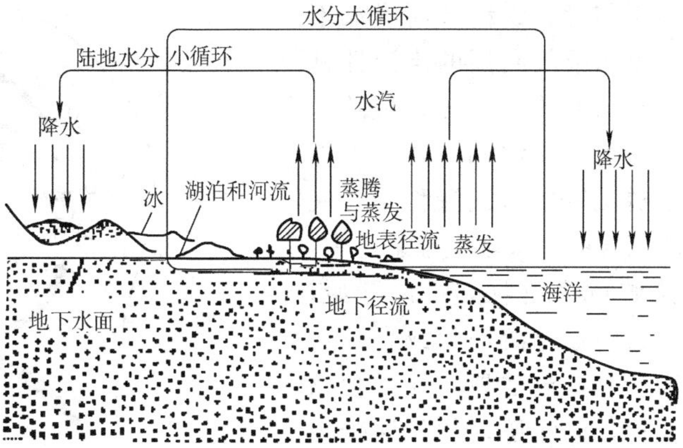

图 4-10　生物圈中的水循环示意图

（2）气体循环　在气体循环中，物质的主要储存库是大气和海洋，循环与大气和海洋密切相连，具有明显的全球性，循环性能最为完善。在气体性循环的物质中氧、二氧化碳、氮等气体循环速度比较快，物质来源充沛，不会枯竭。生物圈中碳的循环主要有三条途径：一是始于绿色植物并经陆生生物与大气之间的碳交换；第二条途径是海洋生物与大气间的碳交换；人类对化石燃料的应用是碳循环的第三条途径。生物圈中碳循环过程如图 4-11 所示。

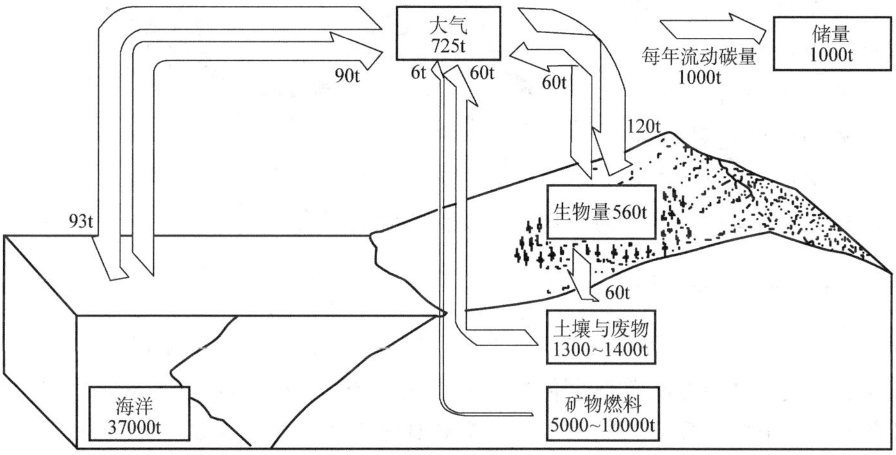

图 4-11　生物圈中碳循环过程

陆地和大气圈之间碳的交换几乎是平衡的，但人类的生产活动却不断地破坏着这种平衡。据估计，人为因素可使大气中的 CO_2 每年增加 7.5×10^9 t，这仅是人类向大气释放 CO_2 数量的 1/3，其余 2/3 则被海洋和陆地植物所吸收。CO_2 能阻止地球热量的散失，导致地球气温的升高，成为当今全世界所忧虑的重要环境问题之一。

4. 固相循环或称沉积型循环

参与循环的物质中很大一部分又通过沉积作用进入地壳而暂时或长期离开循环。这是一种不完全的循环，属于这种循环方式的有磷、钾和硫等，现以磷循环为例介绍其循环过程。磷主要储存于岩石和天然磷酸矿中，它的循环与水循环密切相关。磷必须形成可溶性磷酸盐才能进入循环。首先，存在于岩石和天然磷酸盐矿床中的磷，通过风化淋溶、侵蚀等作用及采矿而被释放出来，进入水圈和土壤圈。溶于水后形成可溶性磷酸盐。植物从环境中吸收磷，然后沿食物链在生态系统中传递并经分解者作用又归还到环境中，可被植物再次利用。

在陆地生态系统中，土壤中的磷易于与钙、铁结合而形成不能为植物吸收利用的难溶性钙盐。陆地上的一部分磷可随水进入江河、湖泊和海洋，大部分以磷酸钙的形式沉积于海底或珊瑚岩中。水域生态系统中，从浮游植物吸收无机磷开始，浮游植物被浮游动物或食碎屑生物所食，与陆地一样沿食物链传递，但浮游动物代谢排出的无机态磷可被浮游植物再次利用，所以水体中磷的周转速度比陆地快。水体中的有机磷可被微生物所分解和利用，并能再次转变为无机态而被植物利用。但水体中也有相当一部分磷在浅水或深水中沉积下来（图 4-12）。磷循环的这种不完全性，使土壤中的含量因农作物的吸收利用而不断减少，常成为作物生长发育的限制因素。

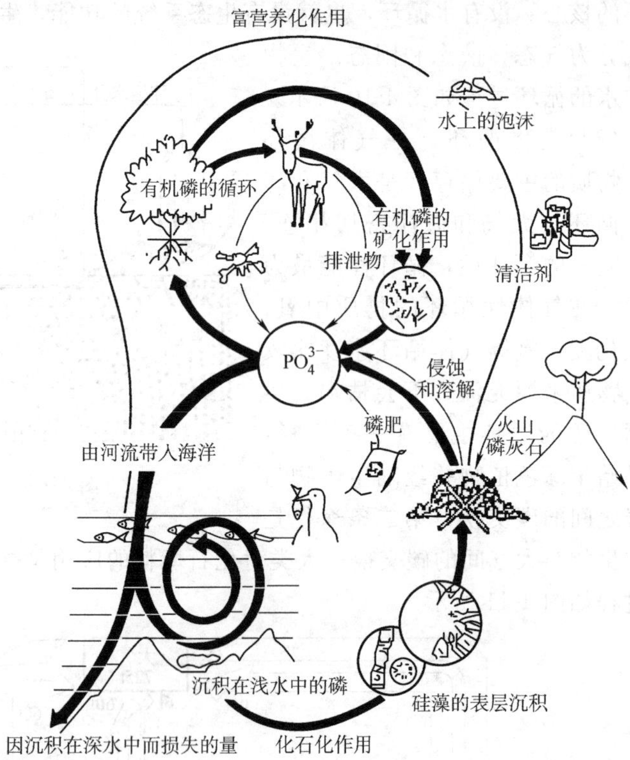

图 4-12 生物圈中的磷循环过程

4.2.4 生态系统中的信息传递

生态系统的功能整体性除体现在生物生产过程、能量流动和物质循环等方面外，还表现在系统中各生命成分之间存在着信息传递，称为信息流（information flow）。这是生态系统生态学研究中的一个薄弱环节，同时也是一个颇具吸引力的研究领域，尤其是近几年关于行为信息的研究进展更为迅速。

从信息传递的角度看，生态系统中的各种信息主要可分为物理信息和化学信息两大类。以物理过程为传递形式的信息，如光、声音、颜色等，动物的求偶、恐吓、报警行为等都与物理信息有关。例如，鸟类在繁殖季节时，常伴有鲜艳色彩的羽毛或其他的奇特装饰以及美妙动人的鸣叫等，各种“特长”都在求偶时尽情显露。雄孔雀开屏的表演能促使雌孔雀自动地接近它，并摆出接受爱抚的某种姿态，而雄孔雀的表演动作也就能迅速地促使两者结为伴侣。

生物代谢产生的一些物质，尤其是各种腺体分泌的各类激素等均属传递信息的化学物质。同种动物间以释放化学物质传递信息是相当普遍的现象。生物种间也存在着化学通信联系，而且这种联系不仅见于动物与动物之间，也常见于动物与植物、植物与植物之间。物种在进化过程中，逐渐形成了释放化学信号于体外的特性，这些信号或对释放者本身有利，或有益于信号接受者。它们影响着生物的生长、健康或物种生物特征。黄鼬（黄鼠狼）有一种嗅腺，释放出来的臭液气味难闻，它既有防止敌害追捕的作用，也有助于获取食物。再如，烟草中的尼古丁和其他植物碱可使烟草上的蚜虫麻痹；成熟橡树叶子含有的单宁不仅能抑制细菌和病毒，同时它还使蛋白质形成不能消化的复杂物质，限制脊椎动物和蛾类幼虫的取食；胡桃树的叶表面可产生一种物质，被雨水冲洗落到土壤中，可抑制土壤中其他灌木和草本植物的生长。这些都是植物自我保护向其他生物所发出的化学信息。

尽管生态系统信息流的研究还存在许多困难，但生物间的这种通信联系作用对生态系统的影响是十分明显的，特别是化学信息物质的作用更为重要。在一个生态系统中，化学信息物质的破坏常导致群落成分的变化。同时它们还影响着群落的营养及空间结构和生物间的彼此联系。因为各种信息的作用不是孤立的，而是相互制约、互为因果关系。另外，通过对生物信息传递的研究，还可以获得其他的生态信息。例如，狼也是用尿标记活动路线的动物，它们常用树桩、树木等作为“气味站”，在开阔地带，任何一突起物都可以被狼选择为标记对象。有时一群狼依次排尿于同一标记处。在冬季，这种标记站常形成相当大的冰坨。人们可通过对冰坨的分析获得狼群大小和数量的信息。

在生物中，用作通信的形式和与之相连的感觉器官是多种的，据此可将生态系统中的信息流分成三类：1）化学通信信息流；即由嗅觉和味觉通路传导信息；2）机械通信信息流：经触觉、听觉通路进行信息传导；3）辐射通信信息流：由光感受或视觉来执行其通信机能。甚至超声波和电场也被生物用来传递信息。

4.2.5　生态系统平衡

1. 生态平衡的概念与内涵

马世骏（1987 年）认为生态平衡是指在一定时间和相对稳定的条件下，生态系统各部分的结构与功能处于相互适应与协调的动态平衡之中。而侯学煜（1980 年）认为，当一个生态系统中的能量流动和物质循环过程，在一个相当长时期而不是暂时的保持稳态，该生态系统中的有机体种类和数量最多，生物量最大，生产力也最高，这就是平衡状态的标志。还有一些观点是从生态系统抗干扰的能力出发，受到外来干扰能够通过自我调节以恢复到原来的稳定状态就说明了生态系统在一定时间内结构和功能处于相对稳定状态（诸葛阳，1987年）。关于生态平衡的这些表述，有的强调为一种状态；有的既肯定是一种状态，同时也考虑了维持这种状态的机制；还有的则侧重于生态系统的结构和功能过程。看法亦不统一。归纳起来，分歧的焦点是，生态平衡指的是一种状态、一个过程还是维持系统自身的一种机制。

现在一般认为的生态平衡是指生态系统通过发育和调节所达到的一种稳定状况，它包括结构上的稳定、功能上的稳定和能量输入输出上的稳定，它是一种动态的平衡。

2. 生态系统平衡和失调的基本特征

（1）生态系统平衡的基本特征　生态系统不同发育期在结构和功能上是有区别的。在生态学中，把一个生态系统从幼年期到成熟期的发展过程称为生态系统发育。在没有人为干扰的情况下，生态系统发育的结果是结构更加多样复杂、各种组分间的关系协调稳定、各种功能渠道更加畅通。E. P. Odum 曾比较了生态系统发育过程中在结构和功能等方面发生的一系列变化（表 4-5）。这些指标常作为生态系统平衡与否的度量指标。

（2）生态系统平衡失调的基本特征　各类生态系统，当外界施加的压力（自然的或人为的）超过了生态系统的自身调节能力或代偿功能后，都将造成其结构破坏，功能受阻，正常的生态关系被打乱以及反馈自控能力下降等，这种状态称为生态平衡失调。引起生态平衡失调的自然因素主要有火山喷发、海陆变迁、雷击火灾、海啸地震、洪水和泥石流以及地壳变动等。这些因素对生态系统的破坏是严重的，甚至可使其彻底毁灭，并具有突发性的特点。但这类因素常是局部的，出现的频率并不高。人为因素对生态平衡的破坏而导致的生态平衡失调是最常见、最主要的，通常是伴随着人类生产和社会活动而同时产生的。例如，农业生产上为防治害虫而施用了大量农药；工厂在产品生产的同时排放了大量的各类污染物；森林大面积开采，牧业发展带来的过度放牧所导致的草场退化；大型水利工程兴建所获得的经济效益与同时可能产生的生态影响等。人为因素的影响往往是渐进的、长效应的，破坏性程度与作用时间及作用强度紧密相关。结构破坏可导致功能的降低，功能的衰退亦能使系统的结构解体，生态平衡失调的基本标志可以从结构和功能两个方面进行度量。

表 4-5 生态系统发育过程特征变化指标

生态系统特征	发 展 期	成 熟 期
能量学		
1. 总生产量/群落呼吸量（P/R 比率）	自养演替>1 异养演替>1	接近 1
2. 总生产量/现存生物量（P/B 比率）	高	低
3. 生物量/单位能流量（B/E 比率）	低	高
4. 净生产量	高	低
5. 食物链	直线状，以牧食链为主	网状，以碎食链为主
群落结构		
6. 总有机物质	较少	较多
7. 无机营养物质的储存	环境库	生物库
8. 物种多样性：组分多样	低	高
9. 物种多样性：均匀性	低	高
10. 生化物质多样性	低	高
11. 分层和空间异质性	低	高
生活史		
12. 生态位宽度	宽	狭
13. 有机体大小	小	大
14. 生活史	短，简单	长，复杂
营养物质循环		
15. 矿质营养循环	开放	封闭
16. 生物环境间交换	快	慢
17. 营养循环中碎屑的重用	不重要	重要
选择压力		
18. 增长型	增长迅速 （r-选择）	反馈控制 （r-选择）
19. 生产	量	质
稳态		
20. 内部共生	不发达	发达
21. 营养物质保存	不良	良好
22. 稳定性（对外部干扰的抗力）	不良	良好
23. 熵值	高	低
24. 信息量	低	高

（引自 E. P. 奥德姆，1971 年）

生态系统平衡失调的一个特点就是结构失调，在生态系统结构上出现了缺损或变异。如大面积的森林采伐就是典型例子，它不仅可使原有生产者层次的主要种类从系统中消失，而且各级消费者也因栖息地的破坏而被迫迁移或消失，系统内的变化也非常激烈。当外部干扰还不甚严重时，如林业中的择伐、轻度污染的水体等，都可使生态系统的物种组成比例改变（图 4-13）、群落垂直分层结构减少等。这些变化又会直接造成营养关系的破坏，包括分解者种群结构的改变，进而引起生态系统的功能受阻或功能下降。水域生态系统出现的过度捕捞、草原的过度放牧所造成的退化等都属这方面的例证。

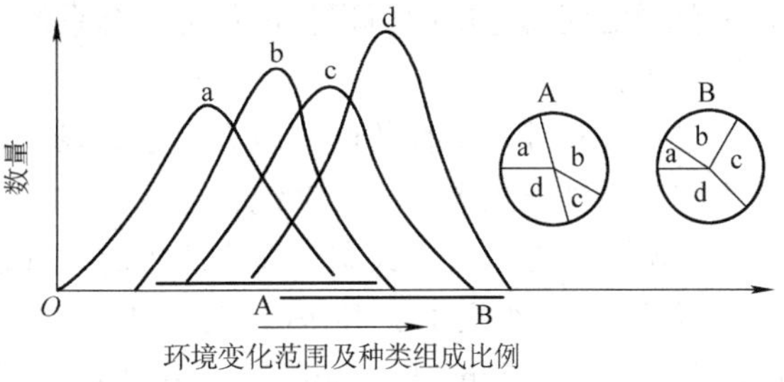

图 4-13　环境变化对生态系统二级结构的影响

A—变化前　B—变化后

生态系统平衡失调的另一个特点是功能失调，能量流动在系统内的某一个营养层次上受阻或物质循环正常途径的中断。能流受阻表现为初级生产者第一性生产力下降和能量转化效率降低或"无效能"增加；营养物质循环则表现为库与库之间的输入与输出的比例失调。例如，水域生态系统中悬浮物的增加，可影响水体藻类的光合作用；重金属污染可抑制藻类的某些生理功能。有些污染虽不能使生产者第一性生产量减少，但却会因生境的不适宜或饵料价值的降低使消费者的种类或数量减少，造成营养层次间能量转化和利用效率的降低。例如，热污染水体因增温影响，蓝、绿藻种类和数量明显增加，就初级生产而言，除极端情况（高温季节）外均有所提高，但因鱼类对高温的回避或饵料质量的下降，鱼产量并不增高，在局部时空出现了大量的"无效能"。这是食物链关系被打乱的结果。

物质循环途径的中断是目前许多生态系统平衡失调的主要原因。这种中断有的是由于分解者的生境被污染而使其大部分丧失了其分解功能，更多的则是由于破坏了正常的循环过程。如农业生产中作物秸秆被用作燃料、草原上的枯枝落叶被人工搂回作烧柴等。物质输入输出比例的失调是使生态系统物质循环功能失调的重要因素。例如，某些污染物的排放超过了水体的自净能力而积累于系统之中，而这些物质的不断释放又反过来危害着系统正常结构的恢复。汞污染就是一个很典型的例子。

3. 生态系统平衡的调节

生态系统平衡的调节主要是通过系统的反馈机制、抵抗力和恢复力实现的。负反馈是生态系统平衡调节的最主要机制，这种反馈就是系统的输出变成了决定系统未来功能的输入。抵抗力是生态系统抵抗外干扰并维持系统结构和功能原状的能力。抵抗力与系统发育阶段状况有关，其发育越成熟，结构越复杂，抵抗外干扰的能力就越强。例如，我国长白山红松针阔混交林生态系统，生物群落垂直层次明显、结构复杂，系统自身储存了大量的物质和能量，这类生态系统抵抗干旱和虫害的能力要远远超过结构单一的农田生态系统。环境容量、自净作用等都是系统抵抗力的表现形式。恢复力是指生态系统遭受外干扰破坏后，系统恢复到原状的能力。生态系统恢复能力由生命成分的基本属性所决定，即生物顽强的生命力和种群世代延续的基本特征决定了生态系统的恢复能力。恢复力强的生态系统，生物的生活世代短，结构比较简单。如杂草生态系统遭受破坏后恢复速度要比森林生态系统快得多。生物成分（主要是初级生产者层次）生活世代长，结构越复杂的生态系统，一旦遭到破坏则长期难以恢复。但就抵抗力的比较而言，两者的情况却完全相反，恢复力越强的生态系统其抵抗力一般比较低，反之亦然。

抵抗力和恢复力是生态系统稳定性的两个方面，两者间的关系可用图 4-14 形象地予以描述。图中两条虚线之间所示的是系统功能正常作用范围，偏离程度可作为衡量系统抵抗力大小的指标，恢复到正常范围所需时间则是系统恢复力的定量指标。曲线与正常范围之间所包围的面积就可作为生态系统总稳定性的定量指标。

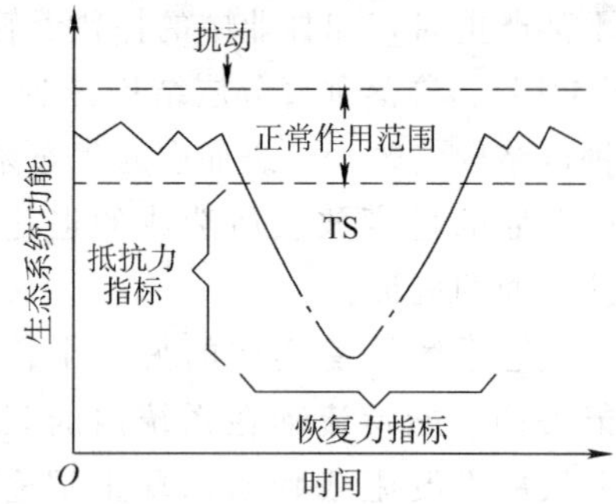

图 4-14 抵抗力和稳定性的关系
（仿 Odum，1983 年）

生态系统对外界干扰的调节能力不是无限的，生态平衡失调就是外干扰大于生态系统自身调节能力的结果和标志。不使生态系统丧失调节能力或未超过其恢复力的外干扰及破坏作用的强度称之为“生态平衡阈值(ecological equilibrium threshold limit)。阈值的大小与生态系统的类型有关，另外还与外干扰因素的性质、方式及作用持续时间等因素密切相关。生态平衡阈值的确定是自然生态系统资源开发利用的重要参量，也是人工生态系统规划与管理的理论依据之一。

4.3 世界主要生态系统类型

地球上的生态系统，依据能量和物质的运动状况，生物、非生物成分，可分为多种类型。按照生态系统非生物成分和特征划分为：陆地生态系统和水域生态系统。陆地生态系统又分为：荒漠生态系统、草原生态系统、稀树干草原生态系统、农业生态系统、城市生态系统和森林生态系统。水域生态系统又分为：淡水生态系统（流动水生态系统、静水生态系统）、海洋生态系统，图 4-15 形象地说明了地球上各种生态系统类型的分布情况。

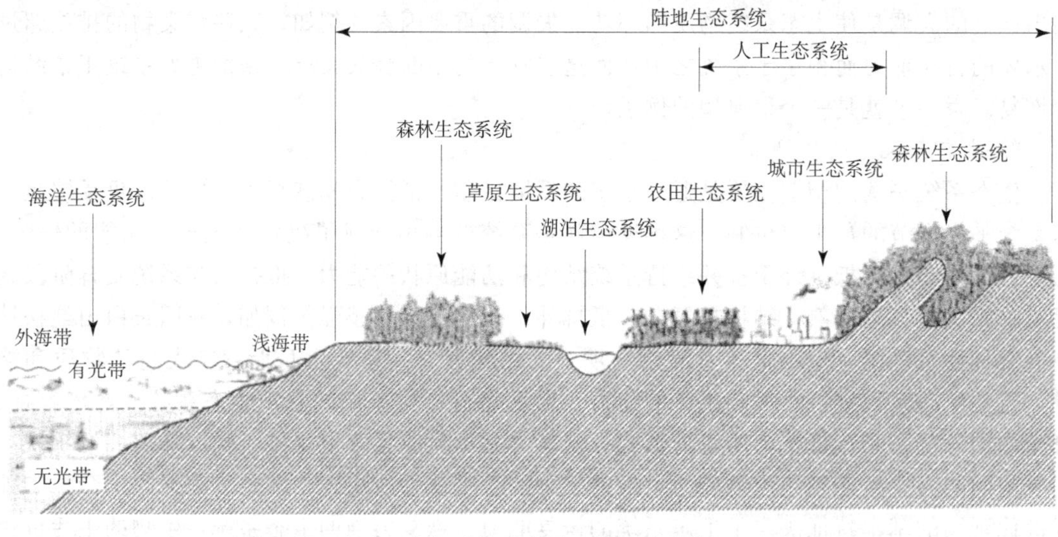

图 4-15 地球上生态系统示意图（仿祝廷成等，1983 年）

按照生态系统的生物成分划分为：植物生态系统、动物生态系统、微生物生态系统、人类生态系统。

按照生态系统结构和外界物质与能量交换状况划分为：开放生态系统、封闭生态系统、隔离生态系统。由于划分方法的不同，生态系统的类型较多，这里介绍几种主要的自然生态系统类型。

4.3.1 森林生态系统

森林是以乔木为主体，具有一定面积和密度的植物群落，是陆地生态系统的主体。森林群落与其环境作用形成一定结构、功能和自行调控的自然综合体，就是森林生态系统。它是陆地生态系统中面积最大、最重要的自然生态系统。在生产有机物质和维持生物圈物质和能量的动态平衡中具有重要的地位。地球上森林占全球面积和陆地面积的11%和38%，而森林生产的有机物质占全球和陆地净初级生产量的47%和56.8%。地球上适于森林生长发育的环境条件变化范围大，不同的温度和降雨量条件下的地区会产生不同的森林植物群落，从南往北沿温度和水分变化梯度，森林类型也呈现一个梯度变化。按大陆上的气候特点和森林的外貌，可划分为热带雨林、亚热带常绿阔叶林、温带落叶阔叶林和北方针叶林等主要类型。

据专家估测，历史上森林生态系统的面积曾达到76亿 hm^2，覆盖着世界陆地面积的2/3，覆盖率为60%（图4-16）。在人类大规模砍伐之前，世界森林约为60亿 hm^2，占陆地面积的45.8%。至1985年，森林面积下降到41.47亿 hm^2，占陆地面积的31.7%。至今，森林生态系统仍为地球上分布最广泛的系统，它在地球自然生态系统中占有首要地位，在净化空气、调节气候和保护环境等方面起着重大作用。森林生态系统结构复杂，类型多样，但森林生态系统仍具有一些主要的共同特征。

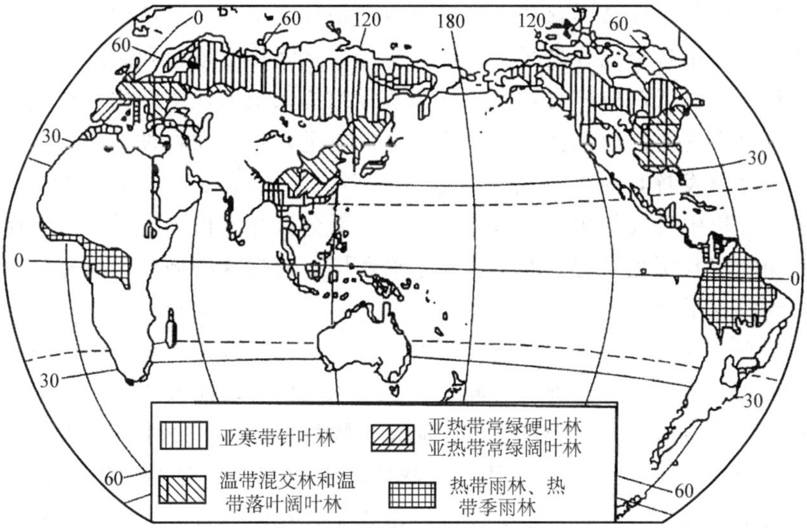

图4-16 世界自然带森林植被分布示意图

1. 森林生态系统的主要特征

（1）物种繁多、结构复杂 世界上所有森林生态系统保持着最高的物种多样性，是世界上最丰富的生物资源和基因库，热带雨林生态系统就约有200万～400万种生物。我国森林物种调查仍在进行中，新记录的物种不断增加。如西双版纳，面积只占全国的千分之二，据目前所知，仅陆栖脊椎动物就有500多种，约占全国同类物种的25%；又如我国长白山自然保护区植物种类亦很丰富，约占东北植物区系近3000种植物的1/2以上。

森林生态系统比其他生态系统复杂，具有多层次，有的多至7～8个层次。一般可分为乔木层、灌木层、草本层和地面层等四个基本层次。具有明显的层次结构，层与层纵横交织，显示系统复杂性。

森林中还生存着大量的野生动物，有象、野猪、羊、牛、啮齿类、昆虫和线虫等植食动物；有田鼠、蝙蝠、鸟类、蛙类、蜘蛛和捕食性昆虫等一级肉食动物；有狼、狐、鼬和蟾蜍等二级肉食动物；有狮、虎、豹、鹰和鹫等凶禽猛兽；此外还有杂食和寄生动物等。因此，以林木为主体的森林生态系统是个多物种、多层次、营养结构极为复杂的系统。

（2）生态系统类型多样　森林生态系统在全球各地区都有分布，森林植被在气候条件和地形地貌的共同作用和影响下，既有明显的纬向水平分布带，又有山地的垂直分布带。如我国云南省，从南到北依次出现热带北缘雨林、季节雨林带、南亚热带季风常绿阔叶林、思茅松林带、中亚热带和北亚热带半湿性常绿阔叶林、云南松林带和寒温性针叶林等。在不同的森林植被带内有各自的山地森林分布的垂直带。亚热带山地的高黎贡山（腾冲境内海拔3374m）森林有明显的垂直分布规律。

森林生态系统有许许多多类型，形成多种独特的生态环境。高大乔木宽大的树冠能保持温度的均匀，变化缓慢；在密集树冠内，树干洞穴、树根隧洞等都是动物栖息场所和理想的避难所。许多鸟类在林中作巢，森林生态系统的环境有利于鸟类的育雏和繁衍后代。

森林生态系统具有丰富多样性，多种多样的种子、果实、花粉、枝叶等都是林区哺乳动物和昆虫的食物，地球上种类繁多的野生动物绝大多数都生存在森林之中。古老稀有的大熊猫以箭竹为食物，都居住在森林中。

（3）生态系统的稳定性高　森林生态系统内部物种丰富、群落结构复杂，各类生物群落与环境相协调。群落中各个成分之间、各成分与环境之间相互依存和制约，保持着系统的稳态，并且具有很高的自行调控能力，能自行调节和维持系统的稳定结构与功能，保持着系统结构复杂、生物量大的属性。森林生态系统内部的能量、物质和物种的流动途径通畅，系统的生产潜力得到充分发挥，对外界的依赖程度很小，保持输入、存留和输出等各个生态过程。森林植物从环境中吸收其所需的营养物质，一部分保存在机体内进行新陈代谢活动，另一部分形成凋谢物将其所积累的营养元素归还给环境。通过这种循环，森林生态系统内大部分营养元素得到收支平衡。

（4）生产力高、现存量大、对环境影响大　森林生态系统是地球上生产力最高，现存量最大的生态系统。据统计，每公顷森林年生产干物质12.9t，而农田是6.5t，草原是6.3t。森林生态系统不仅单位面积的生物量最高，而且生物量（约1.68×10^9t）占陆地生态系统总量（约1.85×10^9t）的90%左右。森林在全球环境中发挥着重要的作用，是养护生物最重要的基地，可大量吸收二氧化碳，是重要的经济资源，在防风沙、保水土、抗御水旱、风灾方面有重要的生态作用。森林在生态系统服务方面所发挥的作用也是无法替代的。

2. 森林生态系统的主要类型

（1）热带雨林（tropical rain forest）　分布在赤道及其南北的热带湿润区域。据估算，热带雨林面积近1.7×10^7km^2，约占地球上现存森林面积的一半，是目前地球上面积最大、对人类生存环境影响最大的森林生态系统。热带雨林主要分布在三个区域：一是南美洲的亚马逊盆地，二是非洲刚果盆地，三是印度—马来西亚。我国的热带雨林属于印度—马来西亚雨林系统，主要分布在台湾、海南、云南等省，以云南西双版纳和海南岛最为典型，总面积 $5\times10^4 km^2$。热带雨林生态系统的主要气候特征是高温、多雨、高湿，为赤道周日气候型。年平均气温在20～28℃，月均温多高于20℃；降水量2000～4500mm，多的可达10000mm，降水分布均匀；相对湿度常达到90%以上，常年多雾。这里风化过程强烈，母岩崩解层深厚；土壤脱硅富铝化过程强烈，盐基离子流失，铁铝氧化物（Fe_2O_3、Al_2O_3）相对积聚，呈砖红色，土壤呈强酸性，养分贫瘠；有机物质矿化迅速，森林需要的几乎全部营养成分均储备在植物的地上部分。

热带雨林中生物资源极为丰富，如三叶橡胶是世界上最重要的橡胶植物，可可、金鸡纳等是非常珍贵的经济植物，还有众多物种的经济价值有待开发。开垦后可种植巴西橡胶、油棕、咖啡、剑麻等热带作物。但应注意的是，在高温多雨条件下，有机物质分解快，物质循环强烈，而且生物种群大多是K—对策，这样，一旦植被破坏后，很容易引起水土流失，导致环境退化，而且在短时间内不易恢复。因此，热带雨林的保护是当前全世界关心的重大问题，它对全球的生态效应都有重大影响，如对大气中 O_2 和 CO_2 浓度平衡的维持具有重大意义。

热带雨林的物种组成极为丰富，而且绝大部分是木本植物，群落结构复杂。热带雨林地区是地球上动物种类最丰富的地区，这里的生境对昆虫、两栖类、爬虫类等变温动物特别适宜。热带雨林中的生物资源十分丰富，有许多树种是珍稀的木材资源。有许多是非常珍贵的热带经济植物、药材和水果资源，同时，分布着众多的珍稀动物。

热带雨林生态系统中能流与物质流的速率都很高，但呼吸消耗量也很大。全球热带雨林的净生产量高达 $34\times10^9 t/a$，是陆地生态系统中生产力最高的类型。热带雨林是生物多样性最高的区域，其总面积只占全球面积的7%，但却拥有世界一半以上的物种。据估计，热带雨林区域的昆虫种数高达300万种，占全部昆虫种数的90%以上；鸟类占世界鸟类总数的60%以上。目前，热带雨林的关键问题是资源破坏十分严重，森林面积日益减少。

（2）亚热带常绿阔叶林　亚热带常绿阔叶林指分布在亚热带湿润气候条件下并以壳斗科、樟科、山茶科、木兰科等常绿阔叶树种为主组成的森林生态系统，它是亚热带大陆东岸湿润季风气候下的产物，主要分布于欧亚大陆东岸北纬22°～40°之间的亚热带地区。此外，非洲东南部、美国东南部、大西洋中的加那利群岛等地也有少量分布。其中，我国的常绿阔叶林是地球上面积最大（人类开发前约 $2.5\times10^6 km^2$）、发育最好的一片。常绿阔叶林地区夏季炎热多雨，冬季寒冷而少雨，春秋温和，四季分明，年平均气温16～18℃，年降雨量1000～1500mm。土壤为红壤、黄壤或黄棕壤。

常绿阔叶林的结构较雨林简单，外貌上林冠比较平整，乔木通常只有1～2层，高20m左右。灌木层较稀疏，草本层以蕨类为主。藤本植物与附生植物虽常见，但不如雨林繁茂。常绿阔叶林中具有丰富的木材资源，生长着大量珍贵、速生、高产的树种，如北美红杉、桉树，我国的樟木、楠木、杉木等都是著名的良材，还有银杉、珙桐、桫椤、小黄花茶、红榧、蚬木、金钱松、银杏等许多珍稀濒危保护植物。亚热带常绿阔叶林中动物物种丰富，两栖类、蛇类、昆虫、野雉、鸟类等是主要的消费者。我国在亚热带林区受重点保护的珍贵稀有动物较多，如蜂猴、豹、金丝猴、短尾猴、红面猴、白头叶猴、水鹿、华南虎、梅花鹿、大熊猫以及各种珍禽候鸟等。

常绿阔叶林经反复破坏后，退化为由木荷、苦槠、青冈栎等主要树种组成的常绿阔叶林或针叶林。如再严重破坏，则退化为灌木丛；进一步破坏，则退化为草地，甚至导致植被消失。我国常绿阔叶林区是中华民族经济与文化发展的主要基地，平原与低丘全被开垦成以水稻为主的农田，是我国粮食的主要产区，原生的常绿阔叶林仅残存于山地。

(3) 温带落叶阔叶林　温带落叶阔叶林又称夏绿林，分布在西欧、中欧、东亚及北美东部等中纬度湿润地区，在我国常见于东北、华北地区。温带落叶林的气候冬季寒冷，夏季温暖湿润，年平均气温8～14℃，年降水量500～1000mm。土壤肥沃，发育良好，为褐色土与棕色森林土。

落叶阔叶林垂直结构明显，有1～2个乔木层，灌木和草本各1层，优势树种为落叶乔木，常见的有栎类、山核桃、白蜡以及槭树科、桦木科、杨柳科树种。乔木层种类组成单一，高15～20m，灌木密集，有阳光透过的地方草本植物、蕨类、地衣和苔藓植物旺盛。

在集约经营的温带森林中，动物多样性水平低，因为往往栽植非天然的针叶树种，尽管这些种类生长快、人类的需求大，但却不能为适应天然落叶林的动物提供食物和栖息地。受干扰少的落叶阔叶林中的消费者有松鼠、鹿、狐狸、狼、獐和鸟类，在我国受重点保护的野生动物有褐马鸡、猕猴、麝、金钱豹、羚羊、白唇鹿、野骆驼等，以及天鹅、鹤等鸟类。

跨越北欧的温带森林正受到来源于工业污染的酸雨的危害。森林作业，如砍伐使土壤暴露，并造成侵蚀以及水分流失的后果。我国黄河中游地区，由于历史上原生植被遭长期地破坏，成为我国水土流失最严重的地区，使黄河中含沙量居世界河流首位。我国西北、华北和东北西部，由于历史上森林遭到破坏，造成了大片的沙漠和戈壁。

(4) 北方针叶林　北方针叶林分布在约北纬45°～70°之间的欧亚大陆和北美大陆的北部，延伸至南部高海拔地区。中国的北方针叶林分布于大兴安岭和华北、西北、西南高山的上部。气候条件是，冬季长、寒冷、雨水少，夏季凉爽、雨水较多。年平均气温多在0℃以下，年平均降水量400～500mm。土壤为灰化土，酸性，腐殖质丰富，因为低温下微生物活动较弱，故积累了深厚的枯枝落叶层。

北方针叶林的树种组成单一，常常是一个针叶树种形成的单纯林，如云杉、冷杉、落叶松、松等属的树种，树高20m左右，也可能伴生少量的阔叶树种，如杨、桦木。常有稀疏的耐阴灌木，以及适应冷湿生境的由草本植物和苔藓植物组成的地被物层。很多针叶树种长成圆锥形是对雪害的一种适应，以避免树冠受雪压。这些树种低的蒸发蒸腾速率和其树叶抗冰冻的形状能使它们度过冬季时不落叶。

北方针叶林中生长着众多的草食哺乳动物，如驼鹿、鼠、雪兔、松鼠等，还有名贵的皮毛兽，如貂、虎、熊等。一些肉食种类，如狼和欧洲熊，因狩猎而几乎灭绝，仅有少数孤立的种群。针叶林还是很多候鸟，如一些鸣禽和鸫属重要的巢居地，供养着众多以种子为食的鸟类群落。

北方针叶林组成整齐，便于采伐，作为木材资源对人类是极端重要的。在世界工业木材总产量中（$1.4\times10^{9}km^{3}$），一半以上来自针叶林。

4.3.2 草地生态系统

1. 草地生态系统的特点

草地群落以多年生草本植物占优势，辽阔无林，在原始状态下常有各种善于奔驰或营洞穴生活的草食动物栖居。草原是内陆干旱到半湿润气候条件的产物，以旱生多年生禾草占绝对优势，多年生杂草及半灌木也或多或少起到显著作用。

世界草原总面积约 $2.4\times10^7km^2$，为陆地总面积的六分之一，大部分地段作为天然放牧场。因此，草原不但是世界陆地生态系统的主要类型，而且是人类重要的畜牧业基地。草地可分为草原与草甸两大类。前者由耐旱的多年生草本植物组成，在地球表面占据特定的生物气候地带。后者由喜湿润的中生草本植物组成，出现在河漫滩等湿地和林间空地，或为森林破坏后的次生类型，属隐域植被，可出现在不同生物气候地带。这里主要介绍地带性的草原，它是地球上草地的主要类型。

根据草原的组成和地理分布，可分为温带草原与热带草原两类。温带草原分布在南北两半球的中纬度地带，如欧亚大陆草原（steppe）、北美大陆草原（prairie）和南美草原（pampas）等。温带草原分布区夏季温和，冬季寒冷，春季或晚夏有一明显的干旱期。由于低温少雨，草群较低，其地上部分高度多不超过 1m，以耐寒的旱生禾草为主，土壤以钙化过程与生草化过程占优势。热带草原分布在热带、亚热带，其特点是在高大禾草（常达 2～3m）的背景上常散生一些不高的乔木，故被称为稀树草原或萨王纳（savanna）。热带草原分布区终年温暖，雨量常达 1000mm 以上，在高温多雨影响下，土壤强烈淋溶，以砖红壤化过程占优势，比较贫瘠。但一年中存在一个到两个干旱期，加上频繁的野火，限制了森林的发育。

2. 热带草原

在湿季降雨量可达 1200mm，但在长达 4～6 个月或更长的干季则无降雨。植被以热带型干旱草本植物占优势。非洲萨王纳以金合欢属构成上层疏林为特征，树木具有小叶和刺，有些旱季落叶，为放牧、吃草的动物提供遮荫、食物，并养育着许多无脊椎动物种。树木具有很厚的树皮，起到绝热防火的作用。在北美和欧洲草原，火是阻止灌木物种侵入草原的一个重要因子。

3. 温带草原

处于半干旱气候区，年降雨量 250～600mm，但可利用水分将取决于温度、降雨的季节分布和土壤的持水能力。通常，草类物种生活短暂，草原的土壤可获取大量的有机物质，包含的腐殖质可以超过森林土壤的 5～10 倍。这种肥沃的土壤非常适于作物，如玉米、小麦等的生长，北美和俄罗斯的主要粮食生产带就位于草原地区。植被为阔叶多年生植物，在生长季早期开花，而较大的阔叶多年生草本则在生长季末开花。

原始的温带草原动物群落由迁徙性的成群食草动物、啮齿类和相应的食肉动物组成，如狼、鼬、猛禽等。温带草原鸟类物种不是很多，也许是因为植被结构的单一和缺乏树木的缘故。生长季短还使两栖类和爬行类没有时间从卵发育成成年个体。

生产力较低的草原已经被利用作为牧场饲养牛羊，大量的放牧导致草原植物群落的破坏和土壤侵蚀。这样下去草类将不能再生，因为表层土壤的丧失和持续放牧，会出现荒漠化。

4.3.3 荒漠生态系统

荒漠是一类特殊的生态系统，位于极端干旱、降雨稀少、植被稀疏的亚热带和温带地区，主要分布于北非和西南非洲（撒哈拉和纳米布沙漠）和亚洲的一部分（戈壁沙漠）、澳大利亚、美国西南部、墨西哥北部。我国的荒漠分布于亚洲荒漠东部，包括准噶尔盆地、塔里木盆地、柴达木盆地、河西走廊和内蒙古西北部。

荒漠地区降雨量不足200mm，有些地区年降雨量甚至少于50mm，且时间上不确定。通常白天炎热，晚上寒冷，白天温度取决于纬度，依据温度不同，可分为热荒漠和冷荒漠。热荒漠主要分布在亚热带和大陆性气候特别强烈的地区；冷荒漠主要分布在极地或高山严寒地带。温带荒漠干燥的原因是因为其位于雨影区，山体截留了来自海上的水汽。在极端的荒漠地带，无雨期可能持续很多年，仅有的可利用的水分存在于地下深处，或来自夜晚的露水。由于植被稀疏和生产力低，有机物质积累量少，导致土壤瘠薄，养分贫乏，保水能力差。

两种类型的荒漠具有不同的植物群落。热荒漠生长着稀疏的有刺半灌木和草本植物，为旱生和短命的植物种类，干旱时期叶片脱落，进入休眠，它们能很快生长和开花，短时期覆盖荒漠地表。地下芽植物以球根和鳞茎的形式存活在地下。而多汁植物，如美洲的仙人掌和非洲的大戟属植物，能自我适应度过长的干旱时期，这些植物表皮厚、气孔凹陷、表面积与体积的比值小，因此减少了水分损失。冷荒漠种类贫乏，多呈垫状和莲座状生长，有较密集的灌木植被，如整个夏天都能保持绿色的北美山艾树。分布范围广的浅根系植物与根系长达30m的深根系植物结合来利用稀少的降雨和地下水。苔藓、地衣、藻类可在土壤中休眠，但也像荒漠中一年生植物一样，能很快地对寒冷和湿润的时期作出反应。

荒漠生态系统的动物成分主要为蝗虫、啮齿类的小动物和鸟类等。爬行动物和昆虫能利用其防水的外壳和干燥的分泌物在荒漠条件下生活下去。一些哺乳动物（如几种啮齿类）能通过排泄浓缩的尿液来适应并克服水分的短缺，还找到了不用消耗水分就能降温的方法。它们甚至不必喝水也能活下来。其他动物，如骆驼，必需定期饮水，但生理上能适应和忍耐长期的脱水，骆驼能忍受的水分消耗达自身总含水量的30%，并能在10min饮完约其体重20%的水。

荒漠生态系统的生产力取决于降雨量，几乎呈线性关系，因为降雨是限制生长的主要因子。在美国加州的莫哈韦沙漠，年降雨量100mm的地方净生产力为600kg/hm^2，降雨量增加到200mm使净生产力增加到1000kg/hm^2。在冷荒漠地区，蒸发损失水分较少，200mm的年降雨量则能维持1500～2000kg/hm^{2}的生产力。沙漠地区具有如此大的生产潜力，以至于土壤只要适宜，灌溉就能将荒漠转变成高产农田。但是，问题在于荒漠灌溉能否持续下去。由于土壤中水分大量蒸发，从而使盐分被留下来，有可能积累到有毒的水平，这一过程称之为盐渍化。

4.3.4 湿地生态系统

湿地是陆地和水域之间的过渡区域，是一种生态交错带。湿地的这一定义是狭义的，只包括部分水体，即大多数人认为具有挺水植物的地区，而不包括开阔水体，例如，生长有挺水植物的湖滨地区被看作湿地，而大面积的开阔水体就不属于湿地。由于湖滨地区和开阔水域是紧密联系的，在资源与环境管理上应视为一个整体，这一定义将两者分割开来，不利于保护和管理等实际工作。1971年湿地公约对湿地的定义是国际公认的，是一种广义的定义，即“湿地指不论其为天然或人工、长久或暂时性的沼泽地、泥炭地或水域地带，静止或流动的淡水、半咸水、咸水水体，包括低潮时水深不超过6m的水域”。这个定义包括海岸地带的珊瑚滩和海草床、滩涂、红树林、河口、河流、淡水沼泽、沼泽森林、湖泊、盐沼及盐湖。

1. 湿地环境

湿地广泛分布在世界各地，是地球上生物多样性丰富和生产力较高的生态系统。湿地在蓄洪防旱、调节气候、控制土壤侵蚀、促淤造陆、降解环境污染物等方面具有极其重要的作用，在地球水分和化学物质循环过程中所表现出的功能是不可替代的。据统计，全世界共有湿地 8558×10^6 km^2，占陆地总面积的6.4%（不包括海滨湿地）；据国家林业局湿地公约履约办公室提供的资料（2000年2月），中国的天然湿地和人工湿地总面积在 60×10^6 km^2 以上。

湿地是一个较独立的生态系统，同时与周围其他生态系统相互联系、相互作用，发生物质和能量交换，有其自身的形成、发展和演化规律。湿地可分为三种：水体湿地化、陆地湿地化和海岸带湿地。水体湿地化包括湖泊湿地化、河流湿地化、水库湿地化等；陆地湿地化包括森林湿地化、草甸湿地化、冻土湿地化等；海岸带湿地则包括三角洲湿地、潮间带湿地、海岸泻湖湿地和平原海岸湿地。

淡水湖泊生态系统（水库是一种人工湖泊）很少有孤立的水体，一般与河流相连，受河水补给或补给河水。我国各地湖泊水量差别很大，受纬度和海拔高度等因素影响。我国淡水湖泊一般为重碳酸钙质水，矿化度在150～500mg/L。

淡水沼泽生态系统地表常年过湿，或有薄层积水，有些还有小河、小湖和泥炭。沼泽在形成和发育过程中，产生泥炭，又称草炭。我国沼泽分布广泛，从寒温带到热带乃至青藏高原均有发育，因此沼泽自然环境条件差异很大。

红树林生态系统是热带海岸潮间带的一种常绿阔叶林生态系统，在暖流影响下亦分布到亚热带地区。我国红树林分布在海南、广东、广西、福建、香港和台湾等地。红树林主要生长在隐蔽海岸，因风浪较微弱、水体运动缓慢、泥沙淤积多而适于生存。红树林和珊瑚礁一样，帮助形成海岛和扩展海岸。红树林生态系统的潮滩土壤颗粒精细无结构，含高水分、高盐分、缺氧，含丰富的植物残体和有机质。由于厌氧分解产生大量的硫化氢，土壤带有特殊的臭味。红树林淤泥中含有大量钙质，含盐量0.2%～2.5%（按质量计），pH值在3.5～7.5。红树林分布中心的海水温度24～27℃，气温则在20～30℃。

2. 湿地生物群落

湿地生物多样性丰富，还是重要的动植物物种完成生命过程的重要生境。例如，湖南省东洞庭湖湿地自然保护区，面积 19×10^4 hm^2，水生植物生长繁茂，已记录131种水生植物，经济鱼类100余种，有中华鲟、白鲟、白鳍豚、江豚等珍稀濒危物种，这里也是迁徙水禽极其重要的越冬地，已记录到鸟类120类。美国湿地面积不足其陆地面积的5%，但是联邦政府所列濒危物种的43%依赖着湿地。

湖泊湿地以高等湿生植物为主要初级生产者，因而具有较高的生产力，并为消费者鱼类和其他水生动物提供了丰富的饵料和优越的栖息条件。例如，江西省鄱阳湖有湿地植物种类38科102种，地面高程由高到低分布着芦苇、苔草群落、水毛茛和蓼子草群落以及水生植物群落；消费者有鱼类21科122种，其中鲤科鱼占50%，鸟类280种，属国家一级保护的动物有白头鹤、大鸨等10种，属二级保护的有40种。

沼泽生态系统的生产者为沼泽植物，最多的科是莎草科、禾本科，其次为毛茛科、灯心草科、杜鹃花科等约90科，包括乔木、灌木、小灌木、多年生草本植物以及苔藓和地衣；沼泽消费者有涉禽、游禽、两栖、哺乳和鱼类，其中有珍贵的或经济价值高的动物，如黑龙江省扎龙和三江平原芦苇沼泽中的世界濒危物种丹顶鹤，三江平原沼泽中的白鹤、白枕鹤、天鹅。沼泽中的哺乳动物有水獭、麝鼠和两栖类的花背蟾蜍、黑斑蛙等。

红树林生态系统主要初级生产者为红树科的木榄、海莲、红海榄、红树茄，还有海桑科的海桑、杯萼海桑，马鞭草科的白骨壤，紫金牛科的桐花等；消费者有浮游动物、底栖动物、游泳动物、昆虫以及陆生脊椎动物。红树林动物物种十分丰富，种类多样性高，占优势的海洋动物是软体动物，如汇螺科、蜒螺科、滨螺科和牡蛎科等，以及多毛类、甲壳类和一些鱼类；陆地动物包括栖息在红树林上、林下及林外潮滩上的鸟类、昆虫等陆生脊椎、无脊椎动物；潮间带动物包括红树林上、林下及林外湖滩生活的微型、大型底栖动物。

4.3.5 河流生态系统

河流属流水型生态系统，是陆地和海洋联系的纽带，在生物圈的物质循环中起着主要作用。与湖泊生态系统相比，河流生态系统（river ecosystem）主要具有以下特点。

1. 纵向成带现象

湖泊和水库的水温变化具有典型的水平分层现象，而在河流中却是纵向流动的。从上游到河口，水温和某些水化学成分发生明显的变化，由此而影响着生物群落的结构。鱼类在河流中的纵向分布就属这方面的例子。鱼类分布的明显纵向变化和水温、流速以及 pH 值的变化有关。当然这种纵向替换并不是均匀的连续变化，特殊条件和特殊种群可以在整个河流没有明显变化。

2. 生物多具有适应急流生境的特殊形态结构

在流水型生态系统中，水流常是主要限制因子。河流中特别是河流上游急流中生物群落的一些生物种类，为适应这种环境条件在自身的形态结构上有相应的适应特征，有的营附着或固着生活，如淡水海绵和一些水生昆虫的幼体，它们的壳和头黏合在一起，有的生物具有吸盘或钩，可使身体紧附在光滑的石头表面；有的体呈流线形以使水流经过时产生最小的摩擦力。从水生昆虫幼体到鱼类均可见到这现象，还有的生物体呈扁平状，使之能在石下和缝隙中得到栖息场所。

3. 相互制约关系复杂

河流生态系统受其他系统的制约较大，它的绝大部分河段受流域内陆地生态系统的制约，流域内陆地生态系统的气候、植被以及人为干扰强度等都对河流生态系统产生较大影响。例如，流域内森林一旦破坏，水土流失加剧，就会造成河流含沙量增加、河床升高。河流生态系统的营养物质也主要是靠陆地生态系统的输入。但另一方面，河流在生物圈的物质循环中起着重要的作用，全球水平衡与河流营养的输入有关。另外，它将高等和低等植物制造的有机物质、岩石风化物、土壤形成物和陆地生态系统中转化的物质不断带入海洋，成为海洋、特别是沿海和近海生态系统的重要营养物质来源，它影响着沿海，特别是河口、海湾生态系统的形成和进化。因此，河流生态系统的破坏，对环境的影响远比湖泊、水库等静水生态系统大。

4. 自净能力更强，受干扰后恢复速度较快

由于河流生态系统流动性大，水的更新速度快，所有系统自身的自净能力较强，一旦污染源被切断，系统的恢复速度比湖泊、水库要迅速。另外，由于有纵向成带现象，污染危害的断面差异较大，这也是系统恢复速度快的原因之一。具体情况还与污染物的种类、河流的

水文、形态特征有关。

4.3.6 海洋生态系统

1. *海洋环境*

海洋在地球上是广阔连续的水域。海洋总面积3.6亿hm^2，覆盖71%的地球表面，平均水深2750m，占地球总水量的97%。海洋的中心部分具有深的浩瀚水域、独自的潮汐和洋流系统、比较稳定的盐度（约3.5%左右），世界上四大洋的平均深度为4028m。海洋的边缘部分没有独自的潮汐和洋流系统。海洋底部可分为大陆架、大陆坡和洋底。

所有海洋都是相连的，很多海洋生物能自由运动，但海水深度、盐度和温度则是主要障碍。两极和赤道的气温差会引起强风，与地球转动结合在一起，产生表层海水的洋流。因温度和盐分变化造成密度的差异还会引起深层海水的流动。水的循环流动有助于氧的溶解和营养物质的交换，风持续地把表层水吹走后，由较冷的深层海水补充，同时积累于深层的营养物质也被带到海水表层，这称为海水的上涌过程，它能形成巨大的生产能力，例如由秘鲁海流引起的上涌产生了世界上最富饶的渔场之一。

海水的运动还包括由太阳和月亮的引力作用产生的潮汐。在近海岸带，海洋生物繁多，潮汐显得特别重要，使海洋生物群落形成明显的周期性。

海洋中含有较多的盐分，大约2.7%是氯化钠，其余的是镁、钙、钾盐。大洋的盐度随季节变化非常小，而在海湾和河口的半咸淡水，盐度的季节变化非常明显。海洋生境的另一特点是溶解的营养物质浓度低。虽然含盐较多，但硝酸盐、磷酸盐和其他营养盐类含量稀少，而且这些生物必需的盐类存留时间短，随不同地区和季节而明显变化。仅少数有剧烈海水上涌流动的地方，营养物质非常丰富。

浅海区介于海滨低潮带以下的潮下带至深度200m左右大陆架边缘之间。因水深平均130m，光线可达海底生物群落。来自大河的淡水，使该区的盐度比大洋或深海更容易发生变化。而且从陆地输入了大量营养物质，且与纬度和洋流一道决定了海水温度和营养物质状态。水温变化大，在温带地区有季节性。底质多松软，由沙和泥沉积而成。从近海向外海方向，盐度、温度和光照的变化程度逐渐减弱。远洋区是水深200m以上，大陆架以外远离陆地的深海水域及与之相连的海底，占地球水域的85%～90%。该区含盐量基本上稳定。在表层，波浪是主导因素，溶解氧含量高，阳光充足。深海环境稳定，温度变化小，溶解氧少，光线微弱，水的压力大，没有绿色植物的光合作用。

河口区是陆地江河淡水和海水交汇的混合区域，为淡水和海洋栖息地之间的过渡区或群落交错区。河口区水浅，水温变化大，盐度变化具有周期性和季节性，溶解氧含量较大，透明度低，底质为松软的泥沙沉积而成。

2. *海洋生物群落*

生物在海洋中无处不在，但在接近大陆和海岛的周围特别稠密。浅海区是生产力最高的海洋生态系统，特别是上涌区，水流将营养物质带到表水层。主要的初级生产者有硅藻、腰鞭毛藻（甲藻）等；消费者中浮游动物为桡足类、磷虾等较大的甲壳类，还有孔虫类、放射虫类和砂壳纤毛虫等原生动物；底栖生物消费者为蛤类、海蛇尾类、多毛类、双壳类、甲壳类等。自游生物和漂浮生物为第二级和第三级消费者，如鱼类、大型甲壳动物、龟鳖类、哺乳类（鲸鱼、海豹等）和海浮鸟类等。

河口区比海洋其他区域有较高的生产力。河口生态系统的生产者利用丰富的营养物质，在全年内都能进行光合作用，主要初级生产者有海藻、海草等大型水生植物，硅藻等小型底栖植物和浮游植物；河口区一些含红色素的甲藻突然大量繁殖会形成“赤潮”，由于周期性地出现，并蔓延到沿岸水域，鱼类和其他自游生物会中毒大量死亡。河口区消费者包括地方性的半咸水动物（已适应于低盐条件下的河口湾特有种类）、海洋动物（入侵的海洋种类）和淡水动物（入侵的广盐性淡水动物）。例如，牡蛎、泥蚶和蟹等都是完全在河口湾生活的，而油蚌只是幼年期在河口区生活，几种重要的虾类的成年个体在近海生活和产卵，而幼体进入河口湾中。鲑、鳗鲡等由海水向淡水洄游，在河口湾停留时间相当长。如此多的经济鱼类依靠河口区生活，保护这些河口栖息地在经济上、生态上都具有重要意义。

远洋区的生物群落全部由营浮游生活和底栖生活的生物组成。浮游植物以“微型浮游植物”占优势。该区上涌带常见群生硅藻，消费者为多种鱼类；而珊瑚礁以藻类和腔肠动物（如珊瑚虫）的共生关系为特征；在海水上层，蓝细菌和固氮蓝藻是重要的自养性浮游生物。动物最为丰富，有金枪鱼、飞鱼、乌贼、鲨鱼、鲸等；随着海水深度增加，生产者不能生存，消费者依靠碎屑食物和上层生物为生，多为肉食者，如在远洋海水中层有磷虾类、鱼等，在远洋底层有甲壳类、多毛类、海参类，以及宽咽鱼、深海鳗和其他多种鱼类。

思 考 题

4-1 生态系统由哪些主要成分组成？各组分的地位和作用是什么？

4-2 生态系统有哪些重要特征？你认为哪些特别重要？

4-3 简述初级生产、次级生产的概念。

4-4 简述生态系统中能量流动的过程。

4-5 生态系统中信息传递主要有哪几种类型？

4-6 简述生态平衡的概念，生态系统平衡失调的基本特征是什么？

4-7 生态系统的类型是如何划分的？生态系统有哪些主要类型？

推荐阅读文献

[1] 李洪远. 生态学基础[M]. 北京：化学工业出版社，2006.

[2] 卢升高. 环境生态学[M]. 杭州：浙江大学出版社，2003.

[3] 蔡晓明. 生态系统生态学[M]. 北京：科学出版社，2000.

[4] 盛连喜. 环境生态学导论[M]. 北京：高等教育出版社，2002.

[5] 杨京平. 环境生态学[M]. 北京：化学工业出版社，2006.

[6] 杨京平. 生态恢复工程技术[M]. 北京：化学工业出版社，2002.

[7] 程胜高. 环境生态学[M]. 北京：化学工业出版社，2002.

[8] 李博. 生态学[M]. 北京：高等教育出版社，2000.

[9] K A 沃科特. 生态系统——平衡与管理的科学[M]. 北京：科学出版社，2002.

[10] 尚玉昌. 普通生态学[M]. 北京：北京大学出版社，2002.

第5章

5

生态系统的干扰与恢复

干扰是自然界中很普遍的一种现象，各种类型的干扰是自然生态系统演替过程中一个重要的组成部分，许多植物群体和物种都与干扰有着密切的关系。干扰打破了原有的生态系统平衡，使生态系统的结构和功能发生变化和障碍，形成破坏性波动或恶性循环，从而导致生态系统的破坏，是造成生态系统退化的主要原因。当前，减缓和防止自然生态系统的退化萎缩，恢复重建退化的生态系统，越来越受到国际社会的广泛关注和重视。本章阐述了干扰和退化生态系统恢复的相关内容。

5.1 干扰与干扰生态学

5.1.1 干扰的概念与内涵

1. 干扰的含义

干扰就其字面含义而言，是平静的中断、正常过程的打扰或妨碍。在经典生态学中，干扰被认为是影响群落结构和演替的重要因素。近年来越来越多的研究人员认识到生态系统发展变化的速度和方向，在很大程度上是由干扰决定的。干扰在大多数情况下阻碍植物群落演替的进展，甚至使植物群落逆反到早期的演替阶段，只是在少数的情况下，干扰有助于生态系统的进展，尤其是发生人类干扰的一些情况下。

国内外许多学者在研究干扰对生态系统的影响时，都试图给干扰一个确切的定义，目前干扰的概念随着研究的深入而不断发展，目前常见的定义主要有：

1）White 和 Pichett（1985 年）认为，干扰是相对来说非连续的事件，它破坏生态系统、群落或种群的结构，改变资源、养分的有效性或者改变物理环境。

2）Sousa（1984 年）认为，干扰是一个对个体或群落产生了不连续的、间断的斩杀（killing）、位移（displacement）或损害（damage）的过程，这种作用能直接或间接地为新的有机体定居提供机会。干扰是一种突发事件，对个体或者群体产生破坏或毁灭性作用。

3）Bazzaz（1983 年）论述种群性质与干扰关系时将干扰定义为，一种与其种群本身性质和原因无关，能够立即引起种群反应的敏感变化，并且在景观水平上突然改变资源量的因素。

4）Rykiel（1985 年）认为，干扰是一个偶然发生的不可预知的事件，是在不同空间和时间尺度上发生的自然现象。

5）Forman 和 Godron（1986 年）将干扰定义为“显著地改变系统正常格局的事件”。

6）彭少麟（1996 年）在研究我国南方热带亚热带森林群落动态时认为：干扰是生命系统（包括个体、种群、群落和生态系统等各个水平）的结构、动态和景观格局的基本塑造力，它不但影响了生命系统本身，也改变了生命系统所处的环境系统。

综上所述，干扰是群落外部不连续存在、间断发生的因子的突然作用或连续存在因子超“正常”范围的波动，这种作用或波动能引起有机体、种群或群落发生全部或部分明显的变化，使其结构和功能受到损害或发生改变。

2. 干扰的性质

每一种干扰都有其特性，如干扰强度、作用频率、干扰范围和作用时间等。干扰的这些特性（类型、频率和强度等）在某一时间过程的综合被称为干扰体（disturbance regime）。不同的自然景观不仅有各自的自然特性，也具有各自的干扰体。只有综合分析干扰体的特性，才能对干扰作出全面正确的评价和预测。

（1）干扰的一般性质　干扰的一般性质包括干扰分布（distribution）状况、干扰频率（frequency）大小、干扰的重现间隔（return interval）和周期以及干扰交替时间（rotation period）、干扰面积和大小、干扰规模（magnitude）和强度（intensity）、干扰的影响度（severity）、干扰的协和作用（synergism），其主要的特点和含义见表 5-1。

表 5-1　干扰的一般性质及特点

干扰的性质	含　　义
分布	空间分布包括地理、地形、环境、群落梯度
频率	一定期间内干扰发生的次数，常用小数表示
重现间隔	频率的倒数，从本次干扰到下次干扰的平均时间
周期	将整个研究区域扰动一遍所需的平均时间
交替时间	与调查地相等面积受干扰所需的时间
预测性	以重现间隔的倒数来测定
面积、大小	受干扰的面积，每次每一定时间内的干扰面积，或者用每一干扰种类在一定时间的总面积来表示
规模和物理强度	在一定时间、一定地区内所给予的一次物理上的力（例如火灾发生平均面积时间的放热量）
影响度	对生物体、群落或生态系统的影响程度
协和作用	对其他干扰的影响（如干旱与火山、害虫与风景等）

（引自 White & Pichett，1985 年）

（2）干扰的离散性和周期性　由于干扰有非确定性的突发或时间上的不连续性，即与非干扰引起的生态系统本身的“恒定变化”不同，因而干扰显然是离散的。但对于许多自然干扰因子和干扰后果来说，却存在着统计意义上的周期性。通常，在自然界中，规模较小、强度较低的干扰发生频率较高，而规模较大、强度较高的干扰发生的周期较长。前者对生态系统的影响较小，而后者所产生的生态环境影响较大。

（3）干扰的相对性　干扰的各种特性应该随着作用对象的不同而有差异，某一因素对某一特定对象来说可能是干扰，对其他对象就不一定是干扰，可能是生态系统的正常波动。是否对生态系统形成干扰不仅仅取决于干扰本身，同时还取决于干扰发生的客体。对干扰事件反应不敏感的自然体，或抗干扰能力较强的生态系统，往往在干扰发生时，不会受到较大影响，这种干扰行为只能成为系统演变的自然过程。

(4) 干扰的异源性和相关性　对生态系统的干扰的动力来源是多种多样的，干扰源的多样性也就是干扰的异源性。干扰源的多样性中常有相关的现象，如火灾干扰因子与干旱干扰因子相关等，这是时序上的相关，也有成因上的相关因素。而有些干扰因子的出现，完全是前一个干扰因子而产生的，即完全的成因相关。例如，土壤营养缺乏干扰因子与水土流失干扰因子相关，病虫害的发生干扰因子与气候异常干扰因子的相关等。

(5) 干扰的尺度性　干扰反映了自然生态演替过程的一种自然现象，对于不同的研究客体，干扰的定义是有区别的，但干扰存在于自然界的各个尺度的各个空间。在景观尺度上，干扰往往是指能对景观格局产生影响的突发事件；而在生态系统尺度上，对种群或群落产生影响的突发事件就可以看作干扰，而从物种的角度，能引起物种变异和灭绝的事件就可以认为是较大的干扰行为。例如，生态系统内部病虫害的发生，可能会影响到物种结构的变异，导致某些物种的消失或泛滥，对于种群来说，是一种严重的干扰行为，但由于对整个群落的生态特征没有产生影响，从生态系统的尺度，病虫害不是干扰而是一种正常的生态行为。同理，对于生态系统成为干扰的事件，在景观尺度上可能是一种正常的扰动。

(6) 干扰的不协调性　常常是在一个较大的景观中形成一个不协调的异质斑块，新形成的斑块往往具有一定的大小、形状。干扰扩散的结果可能导致景观内部异质性提高，未能与原有景观格局形成一个协调的整体。这个过程会影响到干扰景观中各种资源的可获取性和资源结构的重组，其结果是复杂的、多方面的。

(7) 干扰因子的协同作用和主导因子作用　自然干扰经常同时发生，这些干扰因子常常会发生协同作用，增加对生态系统和群落的影响力。但在多个干扰因子中，常会有一个或若干个为主的干扰因子，其他则对生态系统的影响力很小。

在干扰的作用下，生态系统的演替过程发生加速或延缓，可通过适度的人工干扰强化生态系统向良性方向发展，通过合理的生态工程建设，如植树种草、封山育林、退耕还林还草、引水灌溉等措施改善生态环境。

3. 干扰的类型

可以从不同角度对干扰的类型进行划分，按干扰的动因可以划分为自然干扰和人为干扰，按干扰来源划分为内源干扰和外源干扰，按干扰性质划分为破坏性干扰和增益性干扰。

(1) 自然干扰和人为干扰　自然干扰是指无人为活动介入的在自然环境条件下发生的干扰。在不同的地理区域，自然干扰的因素是不同的。自然干扰又可分为物理因素和生物因素。物理因素主要有火烧、冰雹、风暴、雪压和雪暴、洪水、大潮汐、降水变化、干燥胁迫、河岸和海岸冲击、沉淀、地表运动过程等。生物因素有捕食或放牧、伤害或取代其他有机体的非捕食行为（如草地哺乳动物和蚂蚁的挖掘），以及生态系统中大型食肉动物的消失所导致的食草动物的压力减轻，进而造成植被动态过程的深刻变化等。

人为干扰是指由于人类生产、生活和其他社会活动形成的干扰体，包括有毒化学物释放与污染、森林砍伐、植被过度利用、露天开采等人为活动因素对生态系统的影响，属社会性的压力。人类活动是一种生产活动，一般不称为干扰，但对于自然生态系统来说，人类的活动均是一种干扰；从某种角度看，人类对生态系统干扰的作用力和影响范围，远远超过了自然干扰，包括极地在内，已经没有任何生态系统未受到人类活动或其合成产物的影响。人为干扰往往叠加在自然干扰之上，并与社会发展水平、产业结构特征及生产手段和方式有关。在某些地区，人为干扰对生态退化起着主导作用，并常造成生态系统的逆向演替，产生不可逆变化和不可预料的生态后果，如土壤荒漠化、生物多样性丧失和全球气候变化等。人为干扰无论从伤害程度、作用范围、持续时间还是发生频率、潜在危害、诱发性等方面，都常常高于自然干扰。研究人类对生态系统的干扰作用的方式、机理和变化规律等，具有很强的现实性和紧迫性。

（2）内源干扰和外源干扰　生态学发展的早期，人们就认识到群落演替有两种情况：自源发生和异源发生。前者的变化是由系统的生命系统所驱动，而后者则存在一个外部驱动的环境压力。据此，人们把对变化起作用的因子又分为内源因子（群落内部的）和外源因子（群落外部的）。通常，自然干扰被看作为外源因子，群落演替由内源因子驱动。

内源干扰是指由内源因子对系统发生的作用，是在相对静止的长时间内发生的小规模干扰，对生态系统演替起到重要作用。外源干扰的动因源于系统外部，是短期内的大规模干扰，打破了自然生态系统的演替过程，强烈的火灾、风暴、沙暴、冰雹、霜冻、洪水、雪压、干旱和人为砍伐、放牧等都属于生态系统的外源干扰，其影响与生态系统自身特点有关，干扰作用的利害也是多方面的。由于大多数干扰因子是突发性的，其作用的效应又具有滞后性，导致内源干扰和外源干扰有时很难区分。一般情况下，内源因子和外源因子被看作一个连续谱的两个端点，运用外源-内源连续谱来认识和判断干扰因素的作用。

（3）破坏性干扰和增益性干扰　多数自然干扰和人为干扰会导致生态系统正常结构的破坏、生态平衡的失调和生态功能的退化，有时候甚至是毁灭性的影响，如各种地质、气候灾害、森林采伐和长期的过度放牧等掠夺式经营。其中自然干扰往往是人力无法抗拒和挽回的，而对生态系统有破坏性的人为干扰则是能够逐渐减少乃至杜绝的。

干扰并不总是对生态系统的一种破坏行为。森林生态系统来说，人类经营利用森林（如合理采伐、修枝、人工更新和低产、低效林分改造等）的一些人为干扰，就可以促进森林的发育和繁衍、提高森林生态系统服务功能的效率。根据中等干扰假说，适度的干扰可以增加生态系统的生物多样性，而生物多样性的增加往往有益于生态系统的稳定性提高。在草地生态系统中，适时、适当地进行人为干扰，可以促进植被更新、保持草地生态系统的稳定。草甸草原在长期缺乏干扰的情况下，凋落物积累增加，土壤储水量增加，形成过于潮湿的环境后，草地会逐渐沼泽化，生物多样性也会下降。但是如果适时进行放牧、火烧等干扰处理，则可以防止这种演变的发生。

5.1.2 人类干扰的主要形式及后果

人类对生态系统干扰的形式和途径很多，产生的效应和表现形式也多种多样，将一些主要的干扰方式和干扰效应总结为表 5-2。

表 5-2　人类对生态系统干扰的方式与效应

人为干扰方式	效　　应
森林和草原植被的破坏开垦	植被退化，水土流失加剧，区域环境恶化，生物生境遭破坏，生物多样性丧失
采集	生物资源被破坏，一些物种灭绝
采樵	生态系统能量和养分减少，生物生存活动受破坏，草原遭破坏
狩猎和捕捞	种群生殖和繁衍遭破坏，一些物种灭绝，生物性状和数量发生变化
工农业污染	水质污染，空气污染，酸雨
新干扰形式（旅游、探险活动等）	污染，旅游资源退化

1. 传统劳作方式对生态系统的干扰

传统农作方式包括森林和草原植被的砍伐与开垦、物品采集、采樵和狩猎、捕捞。人类对森林和草原植被的砍伐与开垦始于大约一万多年前的早期农业并持续到现在（如备受人们关注的热带雨林的砍伐），森林被大量砍伐后，不仅导致森林植被的退化，加剧水土流失、区域环境的变化，而且还会因此造成许多生物生境的破坏、生物多样性的丧失等。

目前，全球80%的人口依赖于传统医药，而85%的传统医药与野生动植物有关。在美国用途最广泛的150种医药中，118种源于自然，其中74%来源于植物，18%源于真菌。我国中药对野生动植物的利用和依赖更是闻名于世。一些经济、药用及珍稀野生生物资源自古以来就被大肆掠夺采集，甚至造成一些物种的灭绝。采集成为人类对自然生态系统长期施加的一种直接干扰。

采樵满足了人类对能源的需求，但破坏了生态系统内物质循环的正常进行。对林下枯落物的利用，不单单意味着生态系统能量和养分的减少，而且破坏了地被层及其土壤动物的生存环境。以采樵为目的而对草原枯落物的反复掠取，是造成草原退化的重要原因。

狩猎是一种特殊的干扰方式，在历史上，人类曾以此作为维生的手段之一。森林中生存着大量野生动物，人类以经济和食用为目的的非计划狩猎，尤其是对种群数量很少的濒危动物的捕杀，将会严重破坏动物种群的生殖和繁衍，甚至造成物种的灭绝；人类对水生生物资源的适度捕捞，可保持水产品的持续利用。在种群繁殖前的大量捕捞，则会使种群生殖年龄提前，个体小型化，种群数量急剧下降。

2. 工农业污染

人类在不断发展工农业的同时，也向自然环境排放了大量的生活垃圾、工业垃圾、农药以及各种环境有毒害性的污染物，这是人类社会不断发展后，对自然生态系统的另一种最主要的直接干扰方式。工业废水的排放使许多水域被污染，水质下降甚至饮用水的价值丧失；大量化石燃料的使用以及向大气排放的各种污染物，不仅使空气受到污染，而且进入大气的硫氧化物、氮氧化物，与水蒸气结合后形成极易电离的硫酸和硝酸，导致大气酸度增加，许多地区甚至酸雨成灾，对生态系统和土壤等带来了灾难性的影响。这方面的干扰及其危害是相当广泛和相当严重的，事例也是随处可见的。

3. 不断出现的新干扰形式

随着人类社会的发展，人为干扰也在不断出现新的形式，如旅游、探险活动等。这些干扰都对自然生态环境造成了不同程度的破坏。

人类对生态系统的直接干扰还会产生许多间接的影响，如森林的砍伐不仅使区域的生态环境发生变化，对河流的径流还造成影响，使河流的水文特征改变；采樵不仅直接对草原植被的再生造成危害，还因植被状况的改变间接影响着土壤盐分和地下水资源分布的变化；水域的污染不仅直接危害了水生生物的生存安全，通过食物链导致有害物质富集对人类健康构成威胁。这说明了人为干扰具有广泛性、多变性、潜在性、协同性、累积性和放大性等特性和性质。

5.1.3 干扰的生态学意义

干扰可以在多种多样的生物群落和各种生态组织水平（分子、基因、细胞、组织、个体、种群、群落、生态系统和景观生态系统层次）上发生；空间尺度可以从微观尺度到几千平方千米，甚至于全球范围内；时间尺度可以从分秒到几千年。但目前干扰的研究主要集中在个体以上的层次上，主要集中于生态学学科领域。对干扰的生态学意义的认识，当前仍处于不断深入和积累阶段，因此缺乏理论上的全面概括。干扰表现出的破坏作用和增益作用两重性，其关键取决于干扰的强度。从积极的角度看，干扰的生态学意义主要有以下三点：

1. 干扰有利于促进系统的演化

干扰往往开始于系统局部而形成各种斑块，影响生态系统的时空异质性；在斑块环境内，物种间的相互关系、相互作用会发生变化。有些干扰作用能降低一个或少数几个物种的优势度，为竞争相同资源能力较差的物种提供了生存空间；斑块的出现可增加环境的异质性，为物种特化和资源分配提供有利条件。环境异质性可增加物种的多样性，有利于系统的自然演化，但斑块中物种多样性如何变化，还取决于对系统干扰的强度、时间尺度及频率分布。一般情况下，经常遭受干扰且出现大斑块的群落，干扰后的演替早期，生物多样性增加至最高，而在缺少干扰的情况下，随时间的推移多样性下降。在很少遭受大尺度干扰的群落中，生物多样性最大值则出现在演替的后期。

2. 干扰是维持生态系统平衡和稳定的因子

经常处于变化环境中的物种要比稳定环境中生存的物种更可能忍受环境压力，这样不稳定的群落中常生活着对环境适应能力强、能承受高死亡率的物种，不稳定的生物群落常具有较强的恢复力。对于某些地区的森林生态系统，周期性的干扰能起到负反馈的作用。例如，在加拿大，成熟的森林表现出许多衰老的特征如生产力下降等；但周期性的火干扰却使这里的森林生态系统得到不断更新。在澳大利亚，有一种称为石南灌丛的植被类型，在火干扰后其生物多样性增加，次后又趋于减少。周期性的火干扰已是群落稳定的调控因子。

3. 干扰能调节生态关系

干扰对生物群落中生物间各种生态关系的影响极其复杂的，也是多方面的。人们对这个领域的研究还仅仅是开始。如许多研究认为，干扰斑块内种群遗传学上表现出差异，但这种差异与干扰发生的概率、种间相互作用的机制、作用结果的变化程度等存在着何种关系，人们还并不完全清楚。目前学者们研究较多、较公认的是草原放牧干扰的生态学意义，适度放牧即轻度干扰能促进群落的生物多样性和生产力提高（盛连喜等，2002）。

5.2 退化受损生态系统成因、类型及其特征

5.2.1 退化受损生态系统成因、类型

1. 退化受损生态系统的定义

退化生态系统指在一定的时空背景下，生态系统受自然因素、人为因素或两者的共同干扰下，使生态系统的某些要素或系统整体发生不利于生物和人类生存要求的量变和质变，系统的结构和功能发生与其原有的平衡状态或进化方向相反的位移（displacement）。具体表现为生态系统的基本结构和固有功能的破坏或丧失，生物多样性下降，稳定性和抗逆能力减弱，系统生产力下降，也就是系统提供生态系统服务的能力下降或丧失，这样的生态系统被称为退化或受损生态系统（damaged ecosystem）。

章家恩（1999 年）认为在研究生态退化时，应把人自身纳入生态系统加以考虑，研究

人类-自然复合生态系统的结构、功能、演替及其发展，因为环境恶化、经济贫困、社会动荡、文化落后等都是人类-自然复合生态系统退化的重要诊断特征。

2. 退化受损生态系统成因

自然干扰和人为干扰是生态系统退化的两大触发因子。自然干扰是一些天文因素变异而引起的全球环境变化（如冰期、间冰期的气候冷暖波动），以及地球自身的地质地貌过程（如火山爆发、地震、滑坡和泥石流等自然灾害）和区域气候变异（如大气环境、洋流及水分模式的改变等）；人为因素主要包括人类社会中所发生的一系列的社会、经济、文化活动或过程（如工农业活动、城市化、商业、旅游和战争等）。人为干扰往往叠加在自然干扰之上，共同加速生态系统的退化。某些干扰（如人口过度增长、人口流动等）对生态系统或环境不仅会形成静态压力，而且会产生动态压力。干扰还能通过对个体的综合影响，引起种群的年龄结构、大小、遗传结构以及群落的丰富度、优势度与结构的改变。另一方面，干扰可直接破坏或毁灭环境和生态系统的某些组分，造成系统资源短缺和某些生态学过程或生态链的断裂，最终导致整个生态系统的崩溃。

干扰的类型、强度和频率在很大程度上决定着生态系统退化的方向与程度。自然干扰总是使生态系统返回到生态演替的早期状态，某些周期性的自然干扰在生态系统演替过程中起着反馈的作用，使生态系统处于一种稳定平衡状态；但一些剧变或突发性的自然干扰（火山爆发、洪水等）往往会导致生态系统的彻底毁坏。人为干扰可直接或间接地加速、减缓和改变生态系统退化的方向与过程。在一些地区，人类活动而产生的干扰成为生态退化的主要作用，造成生态系统的逆向演替，产生土地荒漠化、生物多样性的丧失等不可逆变化和不可预料的生态后果，

3. 退化生态系统的类型

根据退化过程及生态学特征，退化生态系统可分为不同的类型。彭少麟等（2000 年）将退化生态系统分为裸地、森林采伐迹地、弃耕地、沙漠化地、采矿废弃地和垃圾堆放场六种类型。显然这种分类主要适用于陆地生态系统。实际上生态退化还包括水生生态系统的退化（如水体富营养化、干涸等）和大气系统的退化（如大气污染、全球气候变化等）。根据生态系统的层次与尺度，章家恩（1999 年）把退化生态系统化分为局部生态系统、中尺度的区域退化生态系统和全球退化生态系统。实际上，在研究生态退化时，应把人自身纳入生态系统加以考虑，研究人类-自然复合生态系统的结构、功能、演替及其发展、环境恶化、经济贫困、社会动荡、文化落后等，因为这些都是人类-自然复合生态系统退化的重要诊断特征。

（1）裸地　裸地也称为光板地，通常因较为极端的环境条件而形成，环境条件较为潮湿或较为干旱、盐渍化程度较深、缺乏有机质甚至没有有机质、基质移动性强等。裸地可分为原生裸地（primary barren）和次生裸地（secondary barren）两种。原生裸地主要是自然干扰所形成的，而次生裸地则多是人为干扰所造成的，如废弃地等。

（2）森林采伐迹地　森林采伐迹地是人为干扰形成的退化类型，其退化程度随采伐强度和频度而异。据世界粮农组织调查，1980—1990 年全球森林以 $1100\sim1500\times10^4 hm^2$/年的速度在消失。联合国、欧洲、芬兰有关机构联合调查研究预测，1990—2025 年，全球森林将以 $1600\sim2000\times10^4 hm^2$/年 的速度消失。与最后一季冰川期结束后相比，原始森林覆盖面积的减少百分比分别为亚太地区 88%，欧洲 62%，非洲 45%，拉丁美洲 41%，北美 39%。七个森林大国中，巴西、中国、印尼和刚果（金）的森林面积每年以 0.1%～1%的

速度递减，俄罗斯、加拿大和美国以每年0.1%～0.3%递增。目前世界原始森林已有2/3消失。我国现有林用地$2.6\times10^8hm^2$，森林覆盖率仅为13.92%。在十大自然资源中，森林资源最为短缺，我国人均占有森林面积仅相当于世界平均水平的11.7%。20世纪50年代初期，海南岛森林面积为25.7%，现在只有7.25%；西双版纳为55.5%，现在只有28%。

（3）弃耕地　弃耕地是人为干扰形成的退化类型，其退化状态随弃耕的时间而异。

（4）沙漠及荒漠化　沙漠（desert）可由自然干扰或人为干扰形成。按目前荒漠化的发展速度，未来20年内全世界将有1/3的耕地消失。目前全球荒漠化土地面积达$3.6\times10^7km^2$，占陆地面积的1/4，并以$1.5\times10^5km^2$/年的速度扩展；100多个国家和地区的12多亿人受到荒漠化的威胁；$36\times10^8km^2$土地受荒漠化的影响，每年造成直接经济损失420多亿美元。我国已成为世界荒漠化面积最大、分布最广、危害最严重的国家之一，荒漠化土地面积超过$10\times10^8km^2$，占国土面积近1/3。据中、加、美国合作项目的研究，1998年我国荒漠化灾害造成的直接经济损失约为541亿元。

（5）废弃地　废弃地包括工业废弃地、采矿废弃地和垃圾堆放场。工业废弃地是所有废弃地类型中情况最多样化的废弃地。有一些工业对土壤的本底没有很大的污染，而一些工业尤其是化工产业，对土壤具有相当大的污染。采矿废弃地是指采矿活动破坏的、非经治理而无法使用的土地。垃圾堆放场（wastes stack bank）或垃圾堆埋场是家庭、城市、工业等堆积废物的地方，是人为干扰形成的。

（6）受损水域　从长远的角度来看，自然原因是水域生态系统退化的主要因素，但随着工业化的发展，人为干扰大大加剧了退化的过程。大量未经处理的生活和工业污水直接排放到自然水域中，使水源的质量下降，水域的功能降低，包括对水中生物生长、发育和繁殖的危害，甚至使水域丧失饮用水的功能。

5.2.2 退化生态系统的特征

生态系统退化后，原有的平衡状态被打破，系统的结构、组分和功能都会发生变化，随之而来的是系统的稳定性减弱、生产能力降低、服务功能弱化。从生态学角度分析，与正常生态系统相比，退化生态系统表现出如下特征。

1. 生物多样性变化

系统的特征种类、优势种类首先消失，与之共生的种类也逐渐消失，接着依赖其提供环境和食物的从属性依赖种因不适应而消失，即K对策种类消失。而系统的伴生种迅速发展，种类增加，如喜光种类、耐旱种类或对生境尚能忍受的先锋种类趁势侵入、滋生繁殖。物种多样性的数量可能并未有明显的变化，多样性指数可能并不降低，但多样性的性质发生变化，质量明显下降，价值降低，因而功能衰退。

2. 层次结构简单化

生态系统退化后，反映在生物群落中的种群特征上，常表现为种类组成发生变化，优势种群结构异常；在群落层次上表现为群落结构的矮化，整体景观的破碎。例如，因过度放牧而退化的草原生态系统，最明显特征是牲畜喜食植物的种类减少，其他植被也因牧群的践踏，物种的丰富度减少、植物群落趋于简单化和矮小化，部分地段还因此而出现沙化和荒漠化。

3. 食物网结构变化

由于生态系统结构受到损害，层次结构简单化以及食物网的破裂，有利于系统稳定的食物网简单化，食物链缩短，部分链断裂和解环，单链营养关系增多，种间共生、附生关系减弱，甚至消失。例如，随着森林的消失，某些类群的生物如鸟类、动物、微生物也因失去了良好的栖居条件和隐蔽点及足够的食源而随之消失。由于食物网结构的变化，系统自组织自调节能力减弱。

4. 能量流动出现危机和障碍

由于退化生态系统食物关系的破坏，能量的转化及传递效率会随之降低。主要表现为系统光能固定作用的减弱，能流规模降低，能流过程发生变化，捕食过程减弱或消失，腐化过程弱化，矿化过程加强而吸收存储过程减弱，能流损失增多，能流效率降低。

5. 物质循环发生不良变化

生物循环减弱而地球化学循环增强是退化生态系统的重要特征。由于系统退化，层次结构简单化，食物网解链、解环或链缩短、断裂，甚至消失，使得生物循环的周转时间变短，周转率降低，因而系统的物质循环减弱，活动库容量变小，流量变小，生物的生态学过程减弱。地球化学循环主要在环境与储存库中进行，由于生物循环减弱，活动库容量小，相对于正常的生态系统而言，生物难以滞留相对较多的物质于活动库中，而储存库容量增大，因而地球化学循环加强。生态系统退化之后，物质循环由闭合向开放转化，同时由于生物多样性及其组成结构的不良变化，使得生物循环与地球化学循环组成的大循环功能减弱，对环境的保护和利用作用减弱，环境退化。最明显的莫过于系统中的水循环、氮循环和磷循环，由生物控制转变为物质控制，系统由关闭转向开放。例如，森林的退化导致其系统内土壤和养分被输送到毗邻的水生系统，又引起富营养化等新的问题。当今全球范围内的干旱化、局部的水灾原因也就在于此。

6. 系统生产力变化

根据结构与功能统 的原理，受损生态系统物种的组成和群落结构的变化，必然会导致能流与物流的改变。物种组成和群落结构变化的影响，通常反映在生态系统生物生产力的下降，如砍伐后的森林、退化后的草地等。当然，在某些特定条件下也有例外，如贫营养的水域中，适当地人为增加水体中的营养物质，不仅能提高生态系统的生物生产力，而且还能增加群落的生物多样性，改善生态系统中的生态关系。

7. 生物利用和改造环境能力弱化及功能衰退

主要表现在：固定、保护、改良土壤及养分能力弱化，调节气候能力削弱；水分维持能力减弱，地表径流增加，引起土壤退化；防风，固沙能力弱化；美化环境等文化环境价值降低或丧失，这导致系统生境的退化，在山地系统中尤为明显。

8. 系统稳定性下降

正常系统中，生物相互作用占主导地位，环境的随机干扰较小，系统在某一平衡点附近摆动。有限的干扰所引起的偏离将被系统固有的生物相互作用（反馈）所抗衡，使系统很快回到原来的状态，系统是稳定的。但在退化系统中，由于结构成分不正常，系统在正反馈机制驱使下系统远离平衡，其内部相互作用太强，以致系统不能稳定下去。

综上所述，退化生态系统首先是组成和结构发生变化，导致其功能退化和生态过程弱化，引起系统自我维持能力减弱且不稳定。但系统成分与其结构的改变是系统退化的外在表现，功能退化才是退化的本质，因此退化生态系统功能的变化是生态系统退化程度判断的重要标志。另一方面，由于植物及其种群属于生态系统的第一性生产者，是生态系统有机物质最初来源和能量流动的基础。所以，植物群落的外貌形态和结构状况又通过系统中次级消费者、分解者的影响而决定着系统的动态，制约着系统的整体功能（表 5-3）。因此，在退化生态系统中，结构与功能也是统一的，通过结构的变化，也可以推测出功能的改变。

表 5-3 退化生态系统与正常生态系统特征之比较

生态系统特征	退化生态系统	正常生态系统
总生产量/总呼吸量（P/R）	<1	1
生物量/单位能流值	低	高
食物链	直线状、简化	网状、以碎食链为主
矿质营养物质	开放或封闭	封闭
生态联系	单一	复杂
敏感性、脆弱性和稳定性	高	低
抗逆能力	弱	强
信息量	低	高
熵值	高	低
多样性（包括生态系统、物种、基因和生化物质的多样性）	低	高
景观异质性	低	高
层次结构	简单	复杂

（仿包维楷，陈庆恒，1999 年）

5.2.3 全球退化生态系统现状

1. 全球退化生态系统现状

自 1940 年以来，由于科学技术的进步，人类生产、开发和探险的足迹遍及全球，随着人口急剧增长、社会经济发展和自然资源的高强度开发，对生态系统的干扰已成为一个全球性的问题，也引发了一系列的生态环境问题，对人类的生存和经济的持续发展造成严重的威胁。据统计，由于人类对土地的开发（主要指生境转换）导致了全球 $50\times10^8\,hm^2$ 以上土地的退化，使全球 43%的陆地植被生态系统的服务功能受到了影响。联合国环境署的调查表明：全球有 $20\times10^8\,hm^2$ 土地退化（占全球有植被分布土地面积的 17%），其中轻度退化的（农业生产力稍微下降，恢复潜力很大）有 $7.5\times10^8\,hm^2$，中度退化的（农业生产力下降更多，要通过一定的经济和技术投资才能恢复）有 $9.1\times10^8\,hm^2$，严重退化的（不能进行农业生产，要依靠国际援助才能进行改良的）有 $3.0\times10^8\,hm^2$，极度退化的（不能进行农业生产和改良）有 $0.09\times10^8\,hm^2$；全球荒漠化土地有 $36\times10^8\,hm^2$ 以上（占全球干旱地面积的 70%，占地球陆地面积的 28%），且以 $2460\,hm^2$/年的速度增长，其中轻微退化的 $12.23\times10^8\,hm^2$，中度退化的 $12.67\times10^8\,hm^2$，严重退化的有 $10\times10^8\,hm^2$ 以上，极度退化的有 $0.72\times10^8\,hm^2$，此外，弃耕的旱地还以 $0.09\times10^8\,hm^2$/年的速度在递增；全球退化的热带雨林面积有 $4.27\times10^8\,hm^2$，而且还在以 $0.154\,hm^2$/年的速度递增。联合国环境署还估计，1978—1991 年间全球土地荒漠化造成的损失达（3000～6000）亿美元，现在每年高达 423 亿美元，而全球每年进行生态恢复而投入的经费达 100 亿～224 亿美元。

2. 我国退化生态系统现状

我国地处中纬度地区，南北跨纬度 49°，东西跨经度 62°，地形多样，气候复杂，形成多种多样的农业自然资源，表现为东农西牧，南水北旱，山地平川农林互补，江河湖海散布环集。我国有 960 万 km^2 土地，据 1995 年统计，农田占 14.6%，果园占 0.5%，草地占 41.6%，林地占 17.2%，工业交通和城镇用地占 2.6%，水体占 3.5%，荒漠和雪地占到 27.2%。我国各类资源人均值都低于世界平均水平，人均土地面积为世界的 1/3，森林资源为 1/6，草地资源为 1/3，特别是耕地资源只有世界人均的 1/3。我国后备宜农荒地面积仅 $3.3\times10^7 hm^2$，其中分布在草原地区约 $1.4\times10^8 hm^2$，宜种植人工饲草料用；分布在南方山丘的约 $4.67\times10^6 hm^2$，主要作为果树与经济林木用地；可用种植粮、棉、油的农作物用地约 $1.33\times10^7 hm^2$；另有 $1.13\times10^8 hm^2$ 荒山荒地。目前我国主要靠扩大耕地面积，依靠自然恢复地力，调节人地关系。表 5-4 和表 5-5 显示了中国历史上人口增长和人均资源情况。

表 5-4 中国历代人口及人均耕地面积

年份	人口/人	人均耕地面积/km^2	年份	人口/人	人均耕地面积/km^2
B.C.210	20000000	67	1959	620000000	0.18
756	52910000	40	1980	987050000	11
1736	330000000	25	1990	1100000000	0.9
1863	404946000	12	1998	1200000000	0.07
1949	540000000	0.20			

（引自任海，彭少麟，2002 年）

表 5-5 中国六大区域的人均资源占有量

项目	平均	东北区	华北	西北	中部	华南	长江区
土地面积/hm^2	0.92	0.85	0.67	5.73	0.28	0.45	0.69
耕地面积/hm^2	0.14	0.22	0.18	0.25	0.11	0.09	0.13
草地面积/hm^2	0.25	0.06	0.24	2.09	0.03	0.05	0.13
林地面积/hm^2	0.11	0.27	0.07	0.19	0.07	0.12	0.11
水面/m^2	2603	1680	614	7783	1983	4085	3729
人口密度/（人/km^2）	109	118	149	17	323	225	147

（引自程鸿，1990 年）

3. 我国的脆弱生态系统

我国脆弱生态系统分布范围广、面积大。据统计，我国脆弱生态系统总面积达 $1.94\times10^6 km^2$，超过国土总面积的 1/5。它们主要是北方半干旱-半湿润区（如黄土高原，其土壤风蚀沙化严重、水土流失严重、土壤盐渍化、自然灾害频繁）、西北干旱脆弱区（如新疆等，其干旱缺水、风沙化严重、土壤盐碱化、山地植被稀少、草原严重退化）、华北平原区（如河北，其冬春干旱、盐碱内涝严重、风沙和自然灾害频繁）、南方丘陵区（如湖南等，其水土流失较严重）、西南石灰岩山地（如贵州，其土层薄、肥力低、保水性能差）、西南山地和青藏高原区（如西藏等，极端的气候条件）。

5.3 恢复生态学及其基本理论

5.3.1 恢复生态学与生态系统恢复

如何保护现有的自然生态系统，整治与恢复退化的生态系统，重建可持续的人工生态系统，成为当今人类面临的重要任务。在这种背景下，一门新的学科——恢复生态学（restoration ecology）应运而生，成为当今生态学科的前沿领域。恢复生态学是研究生态系统退化的原因、退化生态系统恢复与重建的技术与方法，以及生态学过程与机理的科学。它的研究对象是自然灾变和人类活动压力下受到破坏的自然生态系统的恢复和重建问题。20 世纪 80 年代以来，恢复生态学得到迅速发展，国际上在土地利用及土壤恢复、森林恢复、矿山和污染环境的恢复，以及草地、河流、湖泊、湿地的生态恢复方面取得了重大进展。我国则在矿山废弃土地的生态复垦、侵蚀土地植被恢复、水体恢复方面取得了许多新成果。

轻度、中度和强度退化生态系统的恢复和重建技术以及付出的代价是不同的。如果外部的干扰作用小于生态系统的自我调节能力，生态系统就可以通过自我调节能力恢复和保持稳定的状态。如果外部的干扰超过生态系统的最大抗干扰能力，生态系统就会发生逆向演替或退化，恢复难度增大；人为恢复和重建可在一定程度上改变和控制生态演替的进程和速度，缩短恢复时间。对于退化生态系统实施人工恢复与重建是生态系统恢复重要的手段和方法。

生态恢复与重建是根据生态学原理，通过一定的生物、生态以及工程技术与方法，人为地改变和切断生态系统退化的主导因子或过程，调整、配置和优化系统内部及其与外界的物质、能量和信息的流动过程及其时空秩序，使生态系统的结构、功能和生态学潜力尽快地、成功地恢复到正常的或原有的乃至更高的水平。生态恢复过程一般是人工设计和进行的，并是在生态系统这个整体层次上进行的。在实际工作中，生态恢复和重建可根据生态系统退化的程度和类型采取不同的恢复方式，主要有恢复、重建和改建三种类型。恢复（restoration）是着眼于建立环境自然稳定机制，使退化生态系统向着与现实环境相适应的自然稳定生态系统发展；重建（reconstruction）是将退化生态系统进行人工生态设计，增加人类所期望的某些特点，压低人类不希望的某些自然特点，使生态系统进一步远离它的初始状态；改建（rehabilitation）是将恢复和重建措施有机地结合起来，并使退化状态得到改造。

生态恢复的目的是提高生态系统的生产力或服务功能，保护、改善和恢复良好的生态环境，为社会经济发展提供持续的资源和环境基础。因此，无论对什么类型的退化生态系统，生态恢复与重建的基本目标或要求是：①实现生态系统的地表基底稳定性，因为地表基底（地质地貌）是生态系统发育与存在的载体，基底不稳定，就不可能保证生态系统的持续演替与发展；②恢复植被和土壤，保证一定的植被覆盖率和土壤肥力；③合理优化配置动植物物种，增加生态系统的种类组成和生物多样性；④实现生物群落的恢复，提高生态系统的生产力和自我维持能力；⑤减少或控制环境污染，防止因污染引起的生态系统退化；⑥增加视觉和美学享受。

5.3.2 退化生态系统恢复的基本原理

退化生态系统的恢复与重建要求在遵循自然规律的基础上，通过人类的作用，根据生态上健康、技术上适当、经济上可行、社会能够接受的原则，使受害或退化生态系统重新获得健康并有益于人类生存与生活的生态系统重构或再生过程。生态恢复与重建的原理一般包括自然原理、社会经济技术原理、美学原理三个方面（见图 5-1）。自然原理是生态恢复和重建的基本原则，强调的是将生态工程学原理应用于系统功能的恢复，最终达到系统的自我维持（self-maintenance）。社会经济技术原理是生态恢复和重建的基础，在一定程度上制约恢复重建的可能性、水平和深度。美学原理则是指退化生态系统的恢复和重建应给人以美的享受。

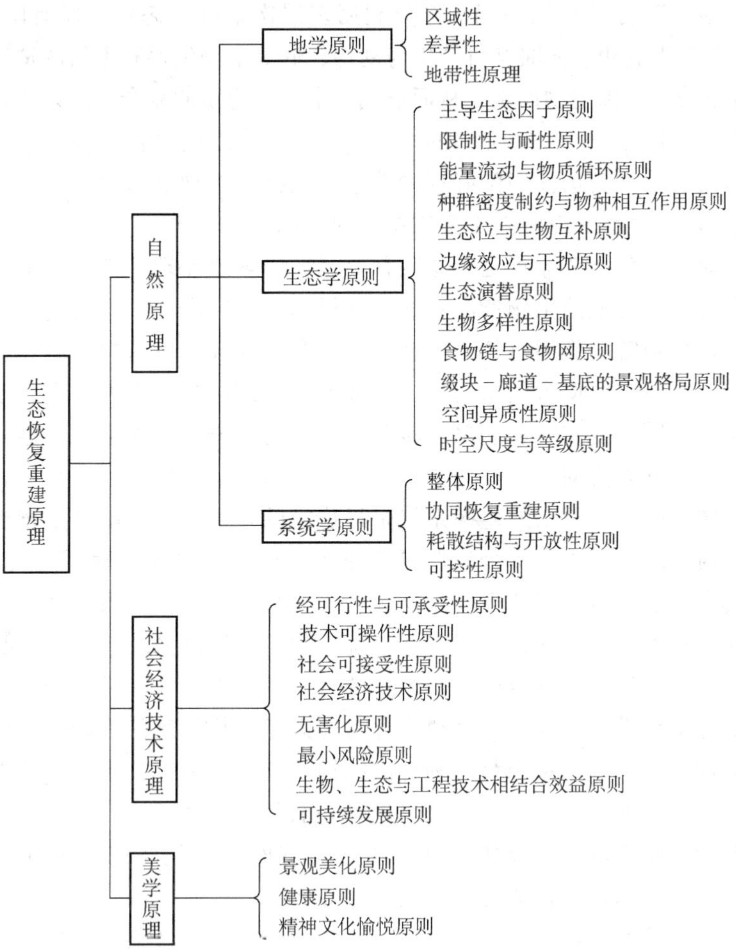

图 5-1 退化生态系统恢复与重建的基本定律、原理和原则（引自任海和彭少麟，2002 年）

退化生态系统的恢复和重建汲取了生态学、系统工程学和经济学等多学科的理论，但其中主要的还是生态学理论。这些理论主要有：

（1）整体性原理 生态恢复研究作为一个有机整体的生态系统或社会-经济-自然复合生态系统，以整体观为指导，在系统水平上研究，整体调控为处理手段。在整体观指导下统筹兼顾，统一协调和维护当前与长远、局部与整体、开发利用与环境和自然资源之间的和谐关系，以保障生态系统的相对稳定性。

（2）物质循环原理与再生功能 实行有计划的物质迁移、能量转化工作，并研究其自净效力及环境容量，通过充分发挥各种物质的生产潜力来增产节约，以促进物质的良性循环与再生利用。

（3）生态位原理 种群在一个生态系统中都有自己的生态位。自然群落中，其物种的生态位是不同的，存在部分重叠，这有利于相互补偿，充分利用各种资源，以达到最大的种群生产力。在植物引种中，要避免引进生态位相同的物种，尽可能使各物种的生态位错开，使各种群在群落中具有各自的生态位，避免种群之间的直接竞争，以保证群落的稳定。在退化生态系统重建中，考虑各种群的生态位，选取最佳的植物组合。例如，“乔、灌、草”结合就是按照不同植物种群地上地下部分的分层布局，充分利用多层次空间生态位，使有限的光、气、热、水、肥等资源得到合理利用，同时又可产生为动物、低等生物生存和生活的适宜生态位，最大限度地减少资源浪费，增加生物产量，从而形成一个完整稳定的复合生态系统。

（4）物种相互作用原理　一个完整的生态系统，生物之间存在着各种以食物、空间等资源为核心的种间关系。如何选择匹配好这种关系，发挥生物种群间的互利机制，使生物复合群体“共存共荣”，是生态工程中人工生态系统建造的一个关键。

（5）食物链原理　食物链原理是生态工程要遵循的重要原理，它可以使一种产品通过食物链环节转化为另一种类型的生物产品；使低能量的生物产品通过食物链的浓集作用变成高能量的产品；通过食物链的作用可使一些低价值的产品变成高价值的产品；也可以通过食物链某些环节的增大与减少，使得其中的另一个环节增加或减少。在人工生态系统中，通过食物链的人工代换，可以改变物质、能量的转移途径和富集方式。加强食物链原理在利用上的应用研究与实践是十分重要的。

（6）物种多样性原理　复杂的生态系统是最稳定的，主要特征就是生物组成种类繁多而均衡，食物网纵横交织。其中一个种群偶然增加或减少，其他种群就可以及时抑制或补偿，从而保证系统具有很强的自组织能力。相反，处于演替初级阶段或人工生态系统的生物种类单一，其稳定性就很差。为了保证人工生态系统的稳定和提高系统的效应，必须投入大量的能量和物质来维持。自然生态系统由于其生物的多样性原因，往往具有较强的稳定性和较高的生产力。在生态工程设计过程中，必须充分考虑人工生物群落的生物多样性问题。

（7）耗散结构原理　生态系统是一种耗散结构系统，外力干扰会使系统内部产生相当的变化，对于一定限度的外力干扰，系统可以进行自我调整。而当外力干扰超过一定限度时，系统就能从一个状态向新的有序状态变化。生态工程的目的是建造一个有序的生态系统结构，通过系统的自组织和抗干扰能力实现其有序性。

（8）最小风险与最大效益原理　由于生态系统的复杂性以及某些环境要素的突变性，加上人们对生态过程及其内在运行机制认识的局限性，人们往往不可能对生态恢复与重建的后果以及生态最终演替方向进行准确的估计和把握。在某种意义上，退化生态系统的恢复与重建具有一定的风险性，要求认真、透彻地研究被恢复对象，综合地分析评价、论证，将其风险降到最低限度。生态恢复往往又是一个高成本投入工程，在考虑当前经济的承受能力的同时，必须要考虑生态恢复的经济效益和收益周期，保持最小风险并获得最大效益，这是实现生态效益、经济效益和社会效益完美统一的必然要求。在生态工程设计与实施过程中，必须在优先考虑经济效益或者社会效益的前提下，同时充分考虑生态环境效益的提高。

5.3.3 退化生态系统恢复与重建的程序和方法

在生态恢复实践中需要确定一些指导生态恢复和重建的基本程序，目前在实践中采用的基本程序包括：确定恢复对象的时空范围；评价和鉴定导致生态系统退化的原因和过程；找出控制和减缓退化的方法；根据生态、社会、经济和文化条件决定恢复与重建的生态系统结构、功能目标；制定易于测量的成功标准；发展在大尺度情况下完成有关目标的实践技术并推广；恢复实践；与土地规划、管理部门交流有关理论和方法；监测恢复中的关键变量与过程，并根据出现的新问题进行适当调整。

上述程序可列成如下基本步骤：①接受恢复项目，明确被恢复对象、确定系统边界；②生态系统退化的诊断，确定生态系统退化的原因、类型、过程、阶段、强度等；③制定恢复方案，确定恢复的目标、生态工程的具体项目、技术关键、可行性论证、生态经济、风险评估、优化方案等；④实地试验、示范与推广，定期现场调查研究其恢复的效果，进行调整与改进；⑤恢复后的监测与效果评价以及建立管理措施。

恢复与重建技术是恢复生态学的重要内容，但目前是一个薄弱环节。由于不同退化生态系统存在地域差异性，加上外部干扰类型和强度的不同，结果导致生态系统所表现出来的退化类型、阶段、过程及其响应机理也不同。因此，在不同退化生态系统中应用的关键技术是不同的。主要的生态恢复技术体系有：①非生物或环境要素（包括土壤、水体、大气）的恢复技术；②生物因素（包括物种、种群和群落）的恢复技术；③生态系统（包括结构与功能）的总体规划、设计与组装技术。任海和彭少麟（2002 年）总结了退化生态系统恢复的一些常用或基本的技术（表 5-6）。在实际工作中，生物措施应是恢复和重建的主要措施，包括农业群落、混农林业群落、森林、草地、灌丛等人工植物群落的建设。生物措施又分为三类：一类靠自然恢复，一类是人工生物恢复，第三类是两者的结合。此外，工程措施和管理措施等也是必要的。对严重退化的系统必须辅以工程措施，改善环境。总之，生态恢复中必须综合考虑实际情况，充分利用各种技术，通过研究和实践，尽快恢复生态系统的结构，进而恢复其功能，实现生态、经济、社会和美学效益的统一。

表 5-6 退化生态系统的恢复与重建技术体系

恢复类型	恢复对象	技术体系	技术类型
非生物环境因素	土壤	土壤肥力恢复技术	少、免耕技术；绿肥与有机肥施用技术；生物培肥技术；低产量田改良技术；土壤熟化技术等
		水土流失控制与保持技术	坡面水土保持林、草技术；生物篱笆技术；护土工程技术；等高耕作技术；复合农林技术；生物覆盖技术等
		土壤污染与恢复控制技术	土壤生物自净技术；调控土壤环境技术；增施有机肥技术；废弃物资源化技术；植物修复技术等
	大气	大气污染控制技术	绿色植物防污技术；新兴能源控制技术；生物吸附技术；烟尘控制技术等
		全球变化控制技术	可再生能源技术；温室气体控制技术；无公害产品开发与生产技术；土地优化利用与覆盖技术等
	水体	水体污染控制技术	污水物理处理技术；污水化学处理技术；污水生物处理技术；氧化塘技术；水体富营养化控制技术；环境生态工程技术等
		节水技术	节水灌溉技术；旱地节水技术；地膜覆盖技术等
生物因素	物种	物种选育与繁殖技术	基因工程技术；种子库技术；野生生物种引进技术等
		物种引入与恢复技术	先锋种引入技术；土壤种子库引入技术；乡土种种苗库重建技术；天敌引入技术；林草植被再生技术等
		物种保护技术	就地保护技术；迁移保护技术；自然保护区建设技术等
	群落	种群动态控制技术	种群规模、年龄结构、密睫、性比等调节技术等
		种群行为控制技术	种群竞争、捕食、寄生、共生、他感等行为控制技术等
		群落结构优化配置与组建技术	林、灌、草搭配技术；群落组建技术；生态位技术；林分改造技术等
		群落演替控制与恢复技术	原生与次生快速演替技术；水生与旱生演替技术；演替方向调控技术等

（续）

恢复类型	恢复对象	技术体系	技术类型
生态系统	结构功能	生态评价与规划技术	土地资源评价与规划；环境评价与规划；景观生态评价与规划技术；3S辅助技术等
		生态系统组装与集成技术	生态工程设计技术；景观设计技术；生态系统构建与集成技术
景观	结构功能	生态系统间链接技术	生物保护区网络；城市农村规划技术；流域治理技术等

（引自任海和彭少麟，2002年）

5.4 受损生态系统的恢复技术与实践

5.4.1 沙漠化土地生态恢复与重建工程技术

我国有沙漠化土地 $20\times10^4 km^2$，潜在沙漠化土地 $16\times10^4 km^2$，并且以每年 $2460km^2$ 的速度扩大。国内外实践证明，生物治沙措施是固定流沙、阻截流沙和防治土地沙漠化的基本措施。这些措施包括建立人工植被或恢复天然植被固定流沙；营造大型防沙阻沙林带，阻截流沙对绿洲、交通沿线、城镇居民点及其他经济设施的侵袭；营造防护林网，控制耕地风蚀和牧场退化；保护封育天然植被，防止固定半固定沙丘和沙质草原的沙漠化危害。我国西北绿洲地区大力营造防风阻沙林带、护田林网及建立人工固沙植被，同时把“封沙育草，保护天然植被”作为防沙治沙的重要措施之一，并且取得了卓越的成效。随着生物治沙而发展起来的机械沙障（人工沙障）和化学固沙制剂则为稳定沙面、在沙丘和风蚀地上建立人工植被或天然植被创造稳定的生态环境。工程措施中以各种材料（如麦草、芦苇、粘土和砾石等）做成不同规格的格状或带状沙障应用较为广泛。化学固沙是有机或无机、天然或人工合成的胶结物质，喷洒于沙面并渗入沙层孔隙，经固化后形成防风蚀保护壳。但由于其成本高，目前仅用于风沙危害严重、造成重大损失的地区，如机场、交通线、军事设施等地区。

这里以陕西榆林沙漠化土地生态恢复工程为例。榆林市位于陕西省北部，毛乌素沙漠的东南部，年降水量为414.6mm，春季干旱，冬季风沙严重，是陕北一个遭严重沙害的地区。该市的沙漠化土地生态恢复措施是：

1）对沙质沙漠化所造成的沙害和沙丘前移埋压农田及居民点等的危害，建立以“带、片、网”相结合的防风沙体系，利用沙区内部丘间低地潜水位较高、水分条件较为优越的条件，采取丘间营造片林与沙丘表面设置沙障，障内栽植固沙植物如油蒿、中间锦鸡儿等相结合的方法固定流沙，同时加强对固定、半固定沙丘的封育与天然植被的保护，使流沙处于各种绿色屏障的分割包围之中。

2）对分布于河谷阶地、湖盆滩地中处于沙丘包围下的农田，建立以窄林带小网格为主的护田林网，并与滩地边缘固定半固定沙丘的封育，草灌结合固定流沙等措施组成一个农田防护林体系。同时与滩地内的开发利用地下水、发展灌溉农业、改良低产土壤和挖渠排水等水利工程等措施相配合，组成沙质荒漠化地区内一个新“绿洲”建设体系。这种新绿洲生态系统散布于沙丘之间的丘间低地，从而使沙质荒漠化土地受到分割与包围，削弱其危害的强度。

3）对面积较大、高大起伏密集的流动沙丘地区，采取飞播固沙植物和人工封育相结合的方法，其保存率一般为40%～50%，最高可达70%，3～5年以后，即可使流动沙丘固定，并逐步形成以花棒、羊柴为主的优质灌丛草场。

4）在地表水资源较为丰富的地区，主要是引水拉沙，改良土壤，利用河流、湖泊或水库作水源；采用自流引水、机械抽水，借流水的冲力，拉平沙丘，拦蓄洪水，引洪漫淤，垫土压沙，将起伏的流动沙丘改造成为农田及城市新区。

经过治理，使大面积的沙丘处于绿色生态屏障的条条分割和块块包围之中，沙生植被和林木覆盖率由原来的1.8%提高到1994年的37.6%，固定的流沙约3400km²，受沙质荒漠化危害的农田1000km²已实现了林网化，在沙区中新发展农田超过660km²，利用丘间滩地海子或水库发展养鱼水面106km²，恢复和改良草场1530km²，取得了生态与经济上的良好效益。

5.4.2 水土流失治理的生态恢复工程技术

水土流失是退化生态系统的一个主要类型，控制水土流失是许多地区生态恢复的重要内容。水土流失区生态恢复的主要措施有农耕技术措施、工程技术措施、生物和生态技术措施等。农耕技术措施是水土流失控制的基本措施，包括以改变微地形为主的农耕措施和以增加地面覆盖为主的耕作措施两类。通过等高耕作、垄沟种植、等高带状间作、覆盖、少耕、草田带状轮作等农耕技术措施可以改变坡耕地的小地形，增加地面覆盖，防治水土流失。工程技术措施通过建立梯田、拦水坝、鱼鳞坑、截流沟等工程拦蓄泥沙、截流、排水、减少径流冲刷和固定坡体。以植被恢复为主体的生物和生态技术，通过造林种草，增加水土流失地区的植被覆盖率，是解决水土流失的强有力手段和根本措施，同时也是恢复和改善流失地区生态平衡的物质基础。

中国科学院华南植物研究所在1959年起开始了沿海侵蚀台地上退化生态系统的植被恢复技术研究（余作岳和彭少麟，1997年）。恢复实验区位于广东电白县的沿海台地上，由于近百年的砍伐和开垦，当地原始林已基本消失，水土流失严重，土壤极度贫瘠、生态环境恶劣。自1959年起，采用工程措施和生物措施分两步进行整治和森林重建。第一步是重建先锋群落（1959—1964年）：在光板地上，采取工程措施与生物措施相结合，但以生物措施为主的综合治理方法。工程措施包括开截流沟和筑拦沙坝等，生物措施是选用速生、耐旱、耐瘠的桉树、松树和相思树重建先锋群落。通过这一阶段，可以改善恶劣的环境并利于后来植物的生长。在营林措施上采取了丛状密植、留床苗植等方法，提高造林成活率。第二步是配置多层多种阔叶混交林（1964—1979年），在20hm²的先锋群落迹地上，模拟热带天然林群落的结构特点，从天然次生林中引入了桫椤、藜蒴、铁刀木、白格、黑格、白木香、麻楝等乡土树种和大叶相思、新银合欢等豆科外来种。混交方式有小块状、带状和行混等。在森林恢复过程中，先后引种了320种植物，分属230个属、70个科。最近的群落调查发现，在1400m²的样地中出现72个树种。森林群落都可分为乔木层、灌木层和草本层三层。群落外貌浓绿，高度达12m。乔木层覆盖度达80%。群落乔木层、灌木层和草本层的多样性指数分别为2.18、3.01和4.12，均匀度分别为0.64、0.77和0.79，生态优势度分别为0.12、0.10和0.13。生物量和生产力是衡量生态系统恢复程度的基本指标之一。光板地的生物量基本上为0，阔叶混交林的三个样地上的地上生物量分别为46.33t/hm²、72.88t/hm²、

112.50t/hm^2，而同地带的天然林约为 350t/hm^2。此外，该群落的生产力达 7.61～9.69t/(hm^2·a)。植被恢复后，水土侵蚀会得到控制。光板地的水土侵蚀量为 52.3t/(hm^2·a)，而人工阔叶混交林仅 0.18t/(hm^2·a)，基本接近天然林的水土保持能力。

5.4.3 矿山废弃土地生态恢复与重建工程技术

矿山废弃土地是指采矿剥离土、废矿坑、尾矿、矸石、洗矿废水沉淀物等占用的土地。这类土地的一个共同特点是土层表面被剥离、堆占，土壤结构被破坏，重金属污染严重，土壤养分流失，植被丧失或废弃长久而杂草丛生，即原来的生态景观消失，代之以裸地或次生草、灌丛生态系统。据统计，我国历年采矿占用的土地面积约 200×10^4 hm^2，并以每年 2×10^4 hm^2 的速度递增。目前由于采矿而废弃土地的速度为 3×10^4 hm^2/a。因此在废弃矿山进行复垦，恢复和保护土地功能，对土地资源并不富有的我国的可持续发展十分重要。在我国，矿山土地复垦技术的研究和实施工程已有几十年历史，大规模的复垦工程也已经普遍展开，并在施工技术、土壤改造、现场管理等方面取得了重大成果和经验。其中最主要的是以恢复生态学为基础的复垦技术，建立了多种矿山废弃地土地复垦模式和自维持生态系统。

矿山废弃地的复垦首先要对废弃矿复垦土壤的结构与成分进行分析，根据矿区土壤受到干扰的程度、类型，筛选具有抗性的植物种类，确定复垦的模式，根据群落演替规律恢复植被，并进行复垦系统的能流、物流分析，同时应根据实际情况不断修改复垦模式，以提高生态效率。耕作层土壤理化性质是否适合植物的生长是决定矿山废弃地生态复垦成败的关键因素之一。

赤峰市元宝山煤矿区位于北方干旱、半干旱地区，年平均气温 6～7℃，无霜期 140d，大于 10℃ 的积温 3100℃，年降水量 40～50mm。矿区因开矿、排土占压耕地 5500hm^2，复垦率只有 2%，按开采计划，今后每年平均将占耕地 333hm^2。1989 年开始矿区废弃土地生态恢复的试验研究（李五成、吉日格拉，1989 年）。该矿区的废弃地主要是：

1）露天煤矿分层剥离排土形成的排土场。这些排土场由于经过大规模的环境扰动，土层破坏，土质瘠薄，植物稀疏。

2）塌陷地。为地下采煤形成的块状、带状的塌陷地面，地表破碎，起伏不平，水土流失严重。植被覆盖度 25%～35.9%，草层高 15～23cm，干草产量仅为 1.73～3.39kg/hm^2。

3）矿区闲置荒草坡。分布于大小煤矿之间的石质和土石质丘陵坡地的废弃地，土体紧实，透水性差，坡度较大，侵蚀严重，有机质含量只有 0.78%，植被覆盖度 15%，干草产量仅 0.8kg/hm^2。

废弃地的植被恢复工程，选择工程措施与生物措施相结合的方法，通过围栏、排石整地、植树造林、补插牧草、人工种植优良牧草等一系列技术措施，对三类废弃地进行整治。在排土场人工堆积物上通过移土盆栽和实地引种的方法对十几种优良牧草进行栽培实验，从中筛选出生态幅度宽、抗逆性强、耐贫瘠的多年生牧草沙打旺作为植被恢复的主要品种，其次为改良土壤效果好的两年生牧草草木樨。排土段植被重建工程包括：

1）林网人工草地。对于起伏不平的排土段先用大型推土机平地、排石整地，建立草、灌、乔结合的林网草地。

2）补播半人工草地。对于土层较厚、地势平坦的排土段，采取清石整地、补播草木樨、沙打旺等草籽，建立半人工草地。

3）林草间作。对含腐殖酸和有机质较高的排土段，营造速生杨，林间播种沙打旺，形成林草间作的林网草田。3年后土壤养分状况得到明显改善，植被覆盖度增加，产量达到了天然草地的5～10倍。

对新形成的塌陷地采用机械平地、填沟等工程措施，防止漏水和发生新的塌陷。选择较平坦的地段，播种沙打旺和紫花苜蓿，建立人工草地。对于相对稳定的老塌陷地，直接用机械平地，播种沙打旺，建立人工草地。经过平整过的塌陷地人工草地的生产力为对照地的7倍多。

矿区闲置草坡植被的重建，在坡度大、土层薄的山坡上，采用沿等高线开挖鱼鳞坑或水平沟的方法，在坑内种油松、杂交杨，林带间播种沙打旺。在坡度较缓、土质较好的废弃地上，进行翻耕整地，建立林网草地，沿等高线开沟营造油松林，带间播种沙打旺。上述措施不仅增强了水土保持能力，改善了生态环境，而且提高了土壤肥力，促进了油松的正常生长，林带间有沙打旺的地方幼树生长旺盛，比对照地高出35～85cm，幼树成活率均在90%以上。沙打旺产量为对照地产量的14.6倍。

矿区废弃地的生态恢复不仅整治了环境，而且是一项生态经济工程。在矿区废弃地上建立人工草地，可以改善环境、发展牧草加工业和城镇居民的“菜篮子”工程。从1989年至1992年3年多以来共建立人工、半人工草地750hm^2，年产优质牧草4000t以上，促进了养殖业的发展。

思考题

5-1 何谓人为干扰？适度干扰在生态学上有哪些积极的作用？

5-2 何谓退化生态系统？导致生态系统退化的原因有哪些？

5-3 常见退化生态系统的类型有哪几种？比较退化生态系统与正常生态系统的特征。

5-4 如何理解生态恢复和恢复生态学的概念？试述生态恢复与恢复生态学的关系。

5-5 生态恢复的最终目标是什么？如何理解生态恢复是理论性与实践性的结合？

5-6 用一实例说明如何应用恢复生态学原理指导生态恢复实践，具体提出恢复的目标、原则、措施与程序。

推荐阅读文献

[1] 李洪远，鞠美庭. 生态恢复的原理与实践[M]. 北京：化学工业出版社，2005.

[2] 任海，彭少麟. 恢复生态学导论[M]. 北京：科学出版社，2002.

[3] 丁圣彦，生态学—面向人类生存环境的科学价值观[M]. 北京：科学出版社，2004.

[4] 卢升高. 环境生态学[M]. 杭州：浙江大学出版社，2003.

[5] 盛连喜. 环境生态学导论[M]. 北京：高等教育出版社，2002.

[6] 李洪远. 生态学基础[M]. 北京：化学工业出版社，2006.

[7] 彭少麟. 恢复生态学与退化生态系统的恢复[M]. 中国科学院的院刊，2000.

[8] 丁圣彦. 生态学—面向人类生存环境的科学价值观[M]. 北京：科学出版社，2004.

[9] 钦佩. 生态工程学[M]. 南京：南京大学出版社，1997.

[10] 胡涛. 中国的可持续发展研究—从概念到行动[M]. 北京：中国环境科学出版社，1995.

[11] 晏磊. 可持续发展的基础[M]. 北京：华夏出版社，1998.

第 6 章

6

水土环境污染与污染生态学

水是生命之源泉，在自然界与人类社会的存在和发展中有着不可替代的作用。随着全球经济和社会的发展，人类社会对水的需求量迅速增长。近 50 年来，人类对淡水的消耗量增加了 3 倍，并且这种趋势无法阻挡。由此产生了大量未加处理、不能循环使用的废水，造成水环境污染，严重影响水生生态系统的结构、功能和水资源的利用，使得世界上许多国家和地区出现水资源危机。

土壤污染是指人类活动所产生的污染物通过各种途径进入土壤，其数量和速度超过了土壤的容纳和净化能力，而使土壤的性质、组成及性状等发生变化，使污染物质的积累过程逐渐占据优势，破坏了土壤的自然生态平衡，并导致土壤的自然功能失调、土壤质量恶化的现象。土壤污染的明显标志是土壤生产力下降。

土壤污染是全球三大环境要素（大气、水体和土壤）的污染问题之一。土壤污染对环境和人类造成的影响与危害在于它可导致土壤的组成、结构和功能发生变化，进而影响植物的正常生长发育，造成有害物质在植物体内累积，并可通过食物链进入人体，以致危害人体健康。土壤污染的最大特点是：一旦土壤受到污染，特别是受到重金属或有机农药的污染后，其污染物难消除。同时，土壤污染亦影响地下水、地表水和大气环境质量，并直接危害人体健康。因此，要特别注意防止重金属等污染物质污染土壤。

6.1 环境污染物与毒物

6.1.1 水体污染物与毒物

地面水中主要污染物有无机盐污染物、石油类、高锰酸盐指数、生化需氧量、挥发酚、汞和氰化物等。

（1）无机盐污染物

1）氨氮。氨氮主要指以氨或铵离子形式存在的化合氨。氨氮主要来源于人和动物的排泄物，每人每年产生的生活污水中平均氮含量可达 2.5～4.5 kg。同时，雨水径流、农用化肥流失也是氮的重要来源。此外，氨氮还来自化工、冶金、油漆颜料、煤气、炼焦、鞣革、化肥等工业废水中。当氨溶于水时，一部分氨与水反应生成铵离子，另一部分形成水合氨，也称非离子氨。非离子氨是引起水生生物毒害的主要因子，而铵离子相对基本无毒。国家标准 III 类地面水，非离子氨的浓度$\leqslant$0.02mg/L。氨氮是水体中的营养元素，可导致水富营养化现象产生，是水体中的主要耗氧污染物，对鱼类及某些水生生物有毒害。

2）磷酸盐污染物。磷作为一种引起水体富营养化的限制性元素，已成为水体富营养化的焦点问题。一般认为，水体中磷含量在0.02mg/L以上就会引起水体富营养化。磷的不同形态对水体富营养化的影响不同。

（2）石油类　石油类污染物主要来源于石油的开采、炼制、储运、使用和加工过程。石油类污染对水质和水生生物有相当大的危害。漂浮在水面上的油类可迅速扩散，形成油膜，阻碍水面与空气接触，使水中溶解氧减少。油类含有多环芳烃类致癌物质，可经水生生物富集后危害人体健康。

（3）有机污染物

1）酚。酚是酚类有机化合物的总称，通常分为挥发酚和不挥发酚两类，水质监测中测定的酚为挥发酚。酚的污染来源广泛，主要来自煤气、炸药、香料、化肥、合成橡胶等工厂企业的生产废水。酚有臭气味，能刺激皮肤和粘膜，毒害神经，使蛋白质凝固。酚可以通过消化道、呼吸道和皮肤被吸收。长期饮用被酚污染的水，能引起头昏、出疹、瘙痒、贫血及各种神经系统症状，甚至中毒，损伤肝脏。人食入酚含量为14mg/kg的水可对胃肠产生影响；食入酚含量为140mg/kg的水会导致人死亡。我国规定生活饮用水中酚的含量要低于0.002mg/L。

2）氰化物。氰化物包括无机氰化物、有机氰化物和络合状氰化物。水体中氰化物主要来源于冶金、化工、电镀、焦化、石油炼制、石油化工、染料、药品生产以及化纤等工业废水。氰化物具有剧毒。氰化氢对人的致死量平均为50μg；氰化钠约100μg；氰化钾约120μg。氰化物和氰化氢可以通过呼吸道和皮肤被人体吸收，抑制氰的代谢，造成人体细胞缺氧窒息死亡。国家规定生活饮用水中氰化物的含量要低于0.05mg/L。

水体有机污染的程度主要用化学耗氧量（COD）和生化需氧量（BOD_5）来表征。化学耗氧量是指化学氧化剂氧化水中有机污染物时所需氧量。化学耗氧量越高，表示水中有机污染物越多。水中有机污染物主要来源于生活污水或工业废水的排放、动植物腐烂分解后流入水体产生的。水体中有机物含量过高可降低水中溶解氧的含量，当水中溶解氧消耗殆尽时，水质则腐败变臭，导致水生生物缺氧，以致死亡。生化需氧量是指在一定温度（20℃）时，微生物作用下氧化分解有机污染物所需的氧量，是水质有机污染综合指标之一。

（4）元素有毒物质

1）汞。水中有无机汞和有机汞两种形式的汞，有机汞中的甲基汞毒性最大。水体中的无机汞经厌氧性细菌分解后，可转化成甲基汞。含汞废水排入江河后，鱼、贝类生物将汞吸收并积累于体内，人食用了鱼、贝类后，汞又被人体吸收和积累，当人体内汞的含量达到一定程度时，便引起中毒。汞中毒是一种慢性神经性中毒，其症状为初期头昏、浑身无力、食欲不振、疲乏，中期牙根出血、脱发、视力障碍；后期肢体麻木，严重者动作失调，言语不清，耳聋，视力模糊，以致死亡。日本的“水俣病”就是因食用了大量甲基汞的鱼、贝类等水产品事物所致。汞中毒一般需要几年至十几年的时间，主要视人体摄取量的大小而定。水体中的汞主要来源于贵金属冶炼、仪器仪表制造、食盐电解、化工、农药、塑料、等工业废水，其次是空气、土壤中的汞经雨水淋溶冲刷而迁入水体。

2）铬。铬在水中以三价和六价离子两种价态存在，六价铬的毒性比三价铬的毒性大百倍，而且易被人体吸收和积累。铬对人体消化道、皮肤粘膜有刺激和腐蚀作用，长期饮用铬污染的水，能引起人体内部组织的破坏，还能引起皮肤癌和肺癌。铬的污染主要来自铬矿的开采冶炼、电镀、制革、染料、石油化工等工矿企业的生产废水。

3）砷。砷的化合物三氧化二砷和五氧化二砷都有很大毒性。长期饮用砷含量为0.3～10.0mg/L的水，就会对人体产生慢性毒害作用。砷可通过消化道进入人体，砷被人体吸收后能引起神经系统、毛细血管及其他系统的功能障碍，并能在人体内积累，是致癌物质。湖南省雄黄矿含砷废水、废气和烟尘的大量排放，使与该矿相邻的村子722人中200人患肝炎，260人全身长麻皮、黑斑点，63人手足长满砒丁，普遍患支气管炎、肺炎。我国饮用水质标准中规定砷的含量要低于0.05mg/L。砷的污染主要来自农药、化肥、染料、铜矿、铁锰合金冶炼、硫酸、玻璃等工矿企业生产废水。

4）镉。镉是剧毒物质，人一次服用150 mg/kg剂量的镉经1.5h后可致死。镉能在水生生物体内积累，也能在人体内积累。镉在人体骨骼中积累能引起骨骼软化症，使人瘫痪。镉还能使肾功能失调，刺激呼吸道，增加气管炎和肺气肿的发病率。镉的污染主要来自金属矿的开采冶炼、电镀、染料、磷肥、电池、塑料、化学试剂等工矿企业生产废水。

5）铅。铅在人体的各个部位均可积累，并引起慢性中毒。铅对神经系统、造血系统和肾脏的毒害能引起神经麻痹、贫血、肾炎。国家规定饮用水中铅的含量要低于0.05mg/L。铅的污染主要来自铅、锌矿的开采、含铅汽油的炼制和使用及电缆、电池、涂料、电镀等工矿企业的生产废水。

6）氟。氟及其化合物是一种剧毒物质，它可以通过呼吸道、消化道、皮肤被人体吸收，有刺激性和腐蚀性，能引起呼吸道及皮肤炎症。氟能在人体内积累，积累到一定程度能造成慢性中毒。人体吸收氟有99%沉积在骨髓和牙齿中，从而引起氟骨病和牙斑病。氟及其化合物广泛存在于自然水体中，故氟的污染除与工业生产排放的含氟废水有关外，还与地质环境有关。氟的人为污染主要来自冶金、钢铁、焦碳、玻璃、陶瓷、电镀、农药、化肥和含氟矿物的生产废水。

6.1.2 土壤污染物与毒物

凡是进入土壤并影响到土壤的理化性质和组成物而导致土壤的自然功能失调、土壤质量恶化的物质，统称为土壤污染物。土壤污染物的种类繁多，既有化学污染物也有物理污染物、生物污染物和放射污染物等，其中以土壤的化学污染物最为普遍、严重和复杂。

按污染物的性质，土壤污染物一般可分为有机污染物、重金属、放射性元素和病原微生物四类。根据污染物的来源，土壤污染又可分为：①无机废物污染（重金属及盐类）；②有机废物污染（包括生物降解与生物难降解物）；③化肥污染；④农药污染（包括杀虫剂、杀菌剂及除草剂）；⑤污泥、矿渣和粉煤灰污染；⑥放射性物质污染；⑦寄生虫、病原菌及病毒污染。

（1）有机污染物　土壤有机污染物主要是化学农药。目前大量使用的化学农药约有50多种，其中主要包括有机磷农药、有机氯农药、氨基甲酸酶类、苯氧羧酸类、苯酚、胺类等。此外，石油、多环芳烃、多氯联苯、甲烷、有害微生物等，也是土壤中常见的有机污染物。据统计，“九五”期间，我国农业使用农药量每年基本在23万t左右。目前，我国农药生产量居世界第二位，但产品结构不合理，质量较低，产品中杀虫剂占70%，杀虫剂中有机磷农药占70%，有机磷农药中高毒品种占70%，致使大量农药残留，带来严重的土壤污染。

（2）重金属 使用含有重金属的废水进行灌溉是重金属进入土壤的一个重要途径。重金属进入土壤的另一条途径是随大气沉降落入土壤。重金属主要有汞、镉、铜、锌、铬、镍、钴等。由于重金属不能被微生物分解，而且可为生物富集，土壤一旦被重金属污染，其自然净化过程和人工治理都是非常困难的。此外，重金属可以被生物富集，因而对人类有较大的潜在危害。2000 年，我国对 30 万 hm^2 基本农田保护区土壤有害重金属抽样监测，其中 3.6 万 hm^2 土壤重金属超标，超标率达 12.1%。

（3）放射性元素 放射性元素主要来源于大气层核试验的沉降物，以及原子能和平利用过程中所排放的各种废气、废水和废渣。含有放射性元素的物质不可避免地随自然沉降、雨水冲刷和废弃物的堆放而污染土壤。土壤一旦被放射性物质污染就难以自行消除，只能自然衰变为稳定元素，而消除其放射性。放射性元素可通过食物链进入人体。

（4）病原微生物 土壤中的病原微生物，主要包括病原菌和病毒等，来源于人、畜粪便及用于灌溉的污水，未经处理的生活污水，特别是医院污水。人类若直接接触含有病原微生物的土壤，可能会对健康带来影响；若食用被土壤污染的蔬菜、水果等则间接受到污染。

6.2 环境污染物在水环境中的迁移和转化

6.2.1 水环境重金属污染现状

水环境主要包括河流、湖泊、水库、海洋以及经人类加工的工业用水、排放水和生活饮用水等水体的环境。水环境重金属污染，是指排入水体的重金属物质超过了水的自净能力，使水的组成及其性质发生变化，从而使水环境中生物生长条件恶化，并使人类生活和健康受到不良影响的行为。近年来，不论是国外还是国内，随着工农业以及经济的迅猛发展，各类水环境中重金属污染日趋加剧已成为不争的事实。我国作为饮用水水源的地表水主要为河流、湖泊及水库。有关部门对这几类水体的监测情况分析认为，主要的重金属污染为汞。地表水饮用水源的镉污染仅次于汞，铬和铅污染也比较普遍，其他重金属如镍、铊、铍、铜在我国各类地表水饮用水体中的超标现象也很严重。长江是我国最大的河流，徐小清等报道，三峡库区江段沉积物中重金属元素含量主要受上游泥沙以及沿江城市和工厂“三废”排放的影响，已受到不同程度的污染。贵州和四川的汞矿开发已对乌江下游的生态与环境产生较大的影响，如洪渡河已遭到严重的汞污染。通过沿长江河口五个工业点的调查发现，石洞口由于附近污染物的直接排放，Cu、Zn 和 Pb 的含量最高。黄河、珠江、海河等也受到不同重金属不同程度的污染。

6.2.2 污染物在地下水中迁移转化规律

污染物在地下水中迁移转化的研究，主要是运用数学模拟方法进行。应用数学模型模拟可溶性污染物在地下含水层中迁移时，需要求出其含量的时空变化规律，以预测地下水污染的瞬时动态与扩展范围，为制定合理有效的地下水污染防治措施，选择最佳治理方案提供科学依据。对地下水水质进行模拟研究所建立的数学模型就是地下水质模型。世界上许多国家开展了此项研究，建立了预测性的地下水质模型，其中，美国、加拿大、法国、英国、俄罗斯等发达国家建立的模型多而且成熟，并在不断改进和完善。

通过对污染物在地下水系统中的迁移转化的研究，污染物的行为特征主要包括三个方面：①对流-弥散迁移；②水文地球化学作用，主要指地下水系统中各组分之间的络合作用、氧化-还原反应、沉淀-溶解反应、吸服-解吸作用；③生物分解作用。

1. 对流-弥散迁移

对流-弥散迁移是污染物在地下水迁移中占主导地位的迁移方式，它指污染物在地下水系统中以溶解态形式在地下水中进行的水动力弥散。水动力弥散就是多孔介质中成分不同的可混溶液体之间过渡带的形成和演化过程，这是一个不稳定的不可逆转的过程。水动力弥散是由污染物在多孔介质中的机械弥散和分子扩散同时作用所引起的。

地下水系统中，水分子的流动速度和流动方向受到微小的土颗粒孔隙的很大限制，其流线即平均流动方向在空间是变化的，这种通过多孔介质流动由于速度不均而造成的溶质迁移现象，称为机械的分散。同时，即使在地下水停滞时，污染物也将按其浓度梯度方向进行溶质迁移，这种迁移叫分子扩散。分子扩散作用使污染物从浓度高的地方向浓度低的地方迁移，以求浓度趋向均一。在二维流的情况下，地下水污染物的迁移受到地下水的流速影响，同时受弥散和分子扩散的影响，对于流向方向的弥散（纵向）作用比垂直方向（横向）的弥散作用要强。

2. 水文地球化学作用

地下水系统是一个包括多种无机物和有机物的复杂水-岩系统，不同污染物在迁移过程之间会产生一系列化学反应，如络合反应、氧化还原反应、沉淀溶解反应及固相与液相之间的吸附-解吸反应。这些反应对污染物的迁移转化有重大影响，这种迁移转化取决于污染物在地下水环境中的存在形式、富积状况以及环境的地球化学特征。

（1）络合反应　地下水系统中，存在着各种各样的有机配位体和无机配位体，它们与金属元素通过络合反应可生成各种形式的络合物。络合作用对污染物迁移转化的影响主要表现在以下方面：由于污染物与水相中各种配位体络合产生不同形式的络合物种，大大提高了污染物的溶解度，使污染物在水中的含量及迁移能力提高。大多数重金属的简单离子形式在水中的溶解度非常低，其在水中的存在形式主要是络合物，形成络合物后重金属则易于迁移。一些络合物的生成，可使某些污染物的吸附作用减弱。

污染物在地下水中迁移的优势迁移形式主要取决于：①污染物的物理化学性质，如Cu的主要迁移形式是$Cu(OH)_2$；②地下水的pH值，pH值变化对污染物的优势物种及其分配系数影响较大；③地下水水化学类型。目前来说，迁移物种（络合物）含量的测定是很困难的，主要是利用有关热力学数据，根据组分质量平衡方程和质量作用方程联立求解计算出来的。

（2）氧化-还原反应　在污染物的迁移环境中，地下水系统的氧化-还原条件对污染物的迁移转化有重大影响。例如，某些元素（铬、钒、硫）在氧化条件下，易形成易溶化合物，具有较强的迁移力；而在还原条件下，易形成金属化合物沉淀，使水中重金属含量减少，抑制了重金属的迁移；另一些污染物组分如铁、锰，在还原条件下形成较易溶的低价化合物（Fe^{2+}，Mn^{2+}），在水中很易迁移。

（3）沉淀-溶解反应　在污染物迁移过程中，溶解-沉淀作用是经常发生的，当不同性质的污染物混合在一起或氧化还原条件发生变化，污染物的溶解度大于最大允许含量时，就会产生沉淀；反之就会发生溶解作用。污染物的溶解-沉淀作用强弱决定于地下水的 pH 值、氧化-还原条件和污染物的自身物理化学性质以及在地下水中的含量等。污染物的溶解度不能简单地根据含量评价，而应考虑络合作用的影响。

（4）吸附-解吸作用　吸附作用是污染物在地下水中迁移与转化的基本控制因素。污染物在地下水系统中迁移除了液相反应外，还存在液相与固相之间发生的质量交换作用。吸附作用可使地下水中的污染组分如重金属的含量减少，减少了重金属可能对地下水的危害，起到自然净化的作用，对重金属在地下水的迁移起到了抑制作用；相反，通过解吸作用，也可使地下水中某些污染组分含量增加。

地下水系统中固体颗粒对地下水污染物的吸附取决于固相物质的种类、污染物的含量、污染物的特性及存在形式，总之，取决于地下水系统的水文地球化学环境。吸附-解吸反应根据固相与液相之间的反应是非否瞬时完成，可分为平衡型和非平衡型。污染物吸附-解吸作用可用吸附等温线方程来描述。

3. 生物的分解作用

生物的分解作用主要指污染物的微生物分解作用，它可使地下水系统中的有机污染物产生分解，微生物分解的结果，可使许多有毒（或有害）的成分变为无毒（或无害）成分，这种作用是污染物自净作用最重要的一种。

6.3 环境污染物在土壤环境中的迁移和转化

6.3.1 土壤污染的危害

土壤污染的影响和危害是土壤污染直接会使土壤的组成和理化性质发生变化，破坏土壤的正常功能，并可通过植物的吸收和食物链的积累等过程，进而对人体健康构成危害。

1. 无机污染物的影响

土壤长期施用酸性肥料或碱性物质会引起土壤 pH 值变化，降低土壤肥力，减少作物产量。土壤受铜、镍、钴、锰、锌、砷等元素的污染，能引起植物的生长和发育障碍；而受镉、汞、铅等元素的污染，虽然不会引起植物生长发育障碍，但它们能在植物可食部位蓄积。用含锌污水灌溉农田，会对农作物特别是小麦的生长产生较大影响，造成小麦出苗不齐、分蘖少、植株矮小、叶片发生萎黄。当土壤中砷含量较高时，会阻碍树木生长，使树木提早落叶、果实萎缩、减产。土壤中存在过量的铜，也能严重地抑制植物的生长和发育。当小麦和大豆遭受镉的毒害时，其生长发育均受到严重影响。

2. 有机毒物的影响

利用未经处理的含油、酚等有机毒物的污水灌溉农田，会使植物生长发育受到阻碍。20 世纪 80 年代，随着农业生产的发展，在北方一些干旱、半干旱地区，由于水资源比较紧张，为了充分利用污水的水肥资源，污水灌溉被大面积地采纳推广，这对促进当地的农业粮食生产曾起到了积极的作用。然而，由于长期的污水灌溉，土壤-作物系统的污染逐渐暴露出来。例如，用未经处理的炼油厂废水灌溉，结果水稻严重矮化。初期症状是叶片披散下垂，叶尖变红；中期症状是抽穗后不能开花受粉，形成空壳，或者根本不抽穗；正常成熟期后仍在继续无效分蘖。植物生长状况同土壤受有机毒物污染程度有关。

3. 土壤生物污染的影响

土壤生物污染是指一个或几个有害的生物种群，从外界环境侵入土壤，大量繁衍，破坏原来的生态平衡，对人体或生态系统产生不良的影响。造成土壤生物污染的污染物主要是未经处理的粪便、垃圾、城市生活污水、饲养场和屠宰场的污物等。其中危险性最大的是传染病医院未经处理的污水和污物。一些在土壤中长期存活的植物病原体能严重地危害植物，造成农业减产。例如，某些植物致病细菌污染土壤后能引起番茄、茄子、辣椒、马铃薯、烟草等百余种茄科植物的青枯病，能引起果树的细菌性溃疡和根癌病。某些致病真菌污染土壤后能引起大白菜、油菜、芥菜、萝卜、甘蓝、荠菜等多种蔬菜的根肿病，引起茄子、棉花、黄瓜、西瓜等多种植物的枯萎病，以及小麦、大麦、燕麦、高粱、玉米、谷子的黑穗病等。此外，甘薯茎线虫，黄麻、花生、烟草根结线虫，大豆胞囊线虫，马铃薯线虫等都能经土壤侵入植物根部引起线虫病。

4. 土壤污染对人体健康的影响和危害

农药在土壤中受物理、化学和微生物的作用，按照其被分解的难易程度可分为易分解类（如有机磷制剂）和难分解类（如有机氯、有机汞制剂等）两类，难分解的农药成为植物残毒的可能性很大。植物对农药的吸收率因土壤质地不同而异，其从砂质土壤吸收农药的能力要比从其他粘质土壤中高得多。不同类型农药在吸收率上差异较大，通常农药的溶解度越大，被作物吸收也就越容易。农药在土壤中可以转化为其他有毒物质，如 DDT 可转化为 DDD、DDF。人类吃了含有残留农药的各种食品后，残留的农药转移到人体内，这些有毒有害物质在人体内不易分解，经过长期积累会引起内脏机能受损，使肌体的正常生理功能发生失调，造成慢性中毒，影响身体健康。特别是杀虫剂能引起致癌、致畸、致突变“三致”问题。

5. 重金属对人体健康的影响

植物对重金属吸收的有效性受重金属在土壤中活动性的影响。一般情况下，土壤中有机质、粘土矿物含量越多，盐基代换量越大，土壤的 pH 值越高，则重金属在土壤中活动性越弱，重金属对植物的有效性越低，也就是植物对重金属的吸收量越小。在上述土壤因素中，最重要的可能是土壤的 pH 值。农作物体内的重金属主要是通过根部从被污染的土壤中吸收的。土壤重金属被植物吸收以后，可通过食物链危害人体健康。例如，被植物吸收以后，可通过食物链危害人体健康。例如，1955 年日本富山县发生的“镉米”事件，即“痛痛病”事件。其原因是农民长期使用神通川上游铅锌冶炼厂的含镉废水灌溉农田，导致土壤和稻米中的镉含量增加。当人们长期食用这种稻米，使得镉在人体内蓄积，从而引起全身性神经痛、关节痛、骨折，以致死亡。

6.3.2 污染物在土壤环境中的迁移和转化

在土壤环境中，一系列的机制控制着污染物的运移：①地下水流决定了污染物的运动方向和速率；②扩散使污染物产生纵向及横向的转移；③污染物与土壤颗粒中有机质及矿物质之间的吸附解吸、污染物在土壤包气带中的水气界面处的物质交换使污染物的运移受到阻滞作用；④土壤中的生物与化学作用使污染物降解，生成无害物质或其他有害物质。要了解污染物的运移和其归宿，必须对土壤-污染物-空气-水这一复杂的相互作用的系统及污染物在其中的诸多迁移机制有充分理解。

1. 土壤污染物迁移、转化等动态规律

化学物质在土壤中的持留、释放与运移研究在国外起始于20世纪60、70年代，文献报道较多为80年代末至90年代。而在我国，这方面的研究才刚刚开始。有关不同化学物质在土壤中的持留、释放规律，国内外都作了大量研究并形成了反映污染物质持留、释放规律的平衡模型与动力学模型。这些模型对于预测土壤环境中化学物质的吸附、释放、运移等行为有积极意义。化学物质在土壤环境中的迁移转化规律研究也取得了不少成果，如金属元素在土壤中的物理迁移、化学迁移、生物迁移规律研究及各种化学形态变化及其平衡的研究，揭示了不少金属元素的生物富集规律等一系列研究成果，对于防治土壤重金属污染有重要意义。

2. 氮污染物的转化

化肥、污水中氮物质的主要存在形式有两种：NH_4^+—N 和 NO_3^-—N。一般来说，NO_3^-—N 相对比较稳定，而 NH_4^+—N 在土壤中迁移转化相当复杂。NH_4^+—N 进入表土层（耕作层）后，部分被作物吸取、土壤吸附和在硝化作用下转化为 NO_3^-—N；部分在下渗水体的作用下，向下发生迁移和弥散，穿越犁底层土壤进入下包气带；在此单元内除了继续进行吸附作用之外，还要进行硝化和反硝化作用，形成 NO_3^-—N、NO_2 及 N_2 气体，除 NO_2 和 N_2 可挥发到大气之外，极少量的 NH_4^+—N 和大量的 NO_3^-—N 可迁移进入土壤含水层。NO_3^-—N 进入地下水之后，发生迁移和弥散，极少量转化成 NO_2 和 N_2 而挥发，大部分随地上水资源的开发利用进入到人类的饮用水或其他水源中，危害人体健康。研究发现，NH_4^+—N 在土壤中具有很强的吸附和转化能力，迁移深度较小，主要集中在表面。NO_3^-—N 在土壤中迁移转化的过程与土壤特性及水力条件有着密切的关系。氮类污染物在细砂土中迁移远快于砂壤土。

3. 有机污染物在土壤中的运移机制

有机污染物在土壤中的主要迁移转化过程包括吸附与解吸附、渗滤、挥发和降解。影响有机污染物环境行为的因素较为复杂，既包括化合物自身的理化性质，如有机污染物的亲脂性、挥发性和化学稳定性，也包括环境因素，如温度、降雨量、灌溉方式、地表植被状况等。有机物的引入方式也会产生影响。有机污染物在土壤多孔介质中有三种可能的存在状态：溶于水中、挥发为气体及吸附于固体颗粒。

有机污染物在水、气、固体颗粒三相间的物质交换与分配是决定其运移的重要因素。在相间物质交换为平衡的条件下，可用阻滞系数来表示其影响。污染物与土壤固体颗粒间的非平衡吸附解吸是相间交换中影响污染物运移的最重要的机制。由于天然土壤具有固有的不均质性，必须用多个反应系数才能准确描述污染物与固体颗粒间的非平衡吸附解吸。

有机污染物进入土壤后，主要可能经历以下过程：①被土壤颗粒吸附；②渗滤至地下水中；③随地表径流迁移至地表水中；④生物降解；⑤非生物降解；⑥挥发和随土壤微粒进入大气；⑦被植物吸收进入食物链中富集或被降解。其中，吸附与解吸、渗滤、挥发和降解等过程对土壤中有机污染物的减少贡献较大。有机污染物在土壤中的环境行为首先是由其自身性质决定的，如憎水性、挥发性和稳定性。同时，环境因素也会产生重要的影响，如土壤的组成和结构、土壤中微生物的状况、温度、降雨及灌溉等。了解污染物进入土壤后的转化和迁移规律对于防治土壤污染具有重要意义，也可为制定相关的法律、法规提供依据。

吸附和解吸附对于其他过程都有重要影响，是决定土壤中有机污染物行为的一对关键过程。吸附和解吸附过程影响土壤中有机污染物的微生物可利用性，也影响有机污染物向大气、地下水与地表水的迁移。因而关于吸附和解吸特征和机理的工作很多，在过程机理和动力学模型等方面已经取得一些很有意义的进展。Mingelgrin 等认为，有机污染物在土壤上发生表面吸附作用，浓度相当低时，可以观察到线性关系。另有研究者认为，非离子化有机物在土壤或沉积物上的吸附是分配作用。Karickhoff 指出，所有憎水性有机化合物的吸附等温线在较宽水溶液浓度范围内都是线性的，并且线性系数与所研究的土壤或沉积物的有机质含量相关。按照这种理论，有机污染物在土壤或沉积物中的吸附量主要与有机质的含量和污染物的憎水性（常用辛醇/水分配系数 Kow 表示）相关。该理论的局限性在于：不能区分不同种土壤有机质的容量和亲和性，没有考虑固相负载程度对其吸附有机物能力的影响。Chiou 等认为土壤吸附是一种双相吸附。矿物质作为一种传统意义上的固体吸附剂，有机质则作为一种分配介质。温度升高时，水分子比有机物分子所受影响大，有机物分子的相对吸附竞争力增加，在矿物质表面的吸附量增加。

4. 染物在非饱和土壤中迁移转化规律研究的进展

人类对污染物在非饱和土壤（包气带）中迁移转化规律的研究远晚于表土层和含水层的研究。由于受行业和研究区域的影响，土壤学科和农业部门多从作物生长角度出发，研究污染物在表土层对作物和土壤结构的影响，基本上不考虑污染物向下迁移问题。而一般水文地质工作者，则往往侧重于研究污染物在地下含水层中的迁移转化。至于污染物在非饱和带迁移转化问题，长期处于无人过问的状态，这正是很多地下水污染的研究无法深入、污染得不到控制的关键所在。近年来，国内外一些学者已开始对非饱和带污染物迁移转化问题进行研究，这一良好势头必将推动地下水污染研究工作的深入。当然，这也会使原本难度较大的研究工作增加新的困难。

6.4 水土污染的生态化处理

6.4.1 植物修复重金属污染的原理机制

植物修复是一种利用自然生长植物或遗传培育植物修复重金属土壤污染技术的总称。根据其作用过程和机理，可分为植物稳定、植物提取和植物挥发三种方法。其中，植物挥发主要是指金属元素 Hg 和非金属元素 Se，不适用于对土壤铬污染的治理。

（1）植物稳定　植物稳定是利用耐重金属植物降低重金属在土壤中的迁移性，从而减少重金属被淋滤到地下水或通过空气扩散进一步造成环境污染的可能性。然而，植物稳定并没有彻底清除土壤中的重金属，只是将其固定，使其对环境中的生物暂时不产生毒害作用，没有从根本上解决重金属的污染问题。如果环境条件发生变化，重金属的生物有效性又会发生改变。因此，植物稳定的持久性令人怀疑。

（2）植物提取　植物提取是指利用重金属超积累植物从土壤中富集一种或几种重金属，将其转移并存储至可收割的部分，经收割后进行集中处理。但是，超积累植物对金属具有选择性，其他的金属对植物的生长有影响，这种影响甚至是致命的。而且，超积累植物生长慢、生物量小、大多数为莲座生长，很难进行机械操作，因而不适用于大面积污染土壤的修复。

（3）植物挥发　植物挥发是利用植物的吸收、积累和挥发减少土壤中的一些挥发性污染物，主要是指金属元素 Hg 和非金属元素 Se。这种方法对于土壤修复而言，不失为一种有潜力的技术，但却将土壤中的污染物转移到了大气中，具有很大的环境风险。前面所述的土壤修复技术各有优缺点，但是应当指出，由于经济和技术上的原因，例如成本高、实地应用经验不足及处理效果不稳定等致使这些技术尚没有进入商业化阶段。目前应用最广泛的还是挖掘和填埋，即使是在经济、技术发达的西方国家诸如美国等也是如此。

（4）微生物修复技术　有些微生物具有嗜重金属性，利用微生物对重金属污染介质进行净化，在水体污染中被证明是一种很好的方法。如果用于土壤环境的处理，可能是一种行之有效的方法，目前已进行了积极研究。据报道，日本发现一种嗜重金属菌，能有效的吸收土壤中的重金属，但存在着土壤与细菌分离的难题。如果得到妥善的解决，将是一种很有发展前景的处理方法。

6.4.2　植物修复有机物污染环境的基本原理

重金属污染环境的植物修复是寻找能够超累积或超耐受该有害重金属的植物，将金属污染物以离子的形式从环境中转移至植物特定部位，再将植物进行处理，或者依靠植物将金属固定在一定环境空间以阻止进一步的扩散。而植物修复有机物污染环境的机理要复杂得多，经历的过程有可能包括吸附、吸收、转移、降解、挥发等。植物根际的微生物群落和根系相互作用，提供了复杂的、动态的微环境，对有机污染物的去毒化有着很大的潜力。已有的实验室和温室研究表明，具有发达根系（根须）的植物能够促进根际菌群对除草剂、杀虫剂、表面活性剂和石油产品等有机污染物的吸附、降解。赵爱芬等人较为详细地介绍了根际微生物与植物的相互作用。植物根系分泌的酶促进环状有机化合物降解为植物可吸收的小分子有机物的过程。

植物自身对有机物具有吸收、降解作用。尽管气态、液态、固态的化学物均可被植物吸收，但是植物内部的有机物只有溶解状态才可移动。实验证明辛醇水比（logKow）在0.5～3.0之间的化合物易于被吸收。吸收的效率同时取决于 pH 值、吸附反应的平衡常数、土壤水分、有机物含量和植物生理学等。一旦化合物被植物吸收，它们能被代谢、储存（一般在根系）或挥发掉。

6.4.3　典型持久性有毒有机物污染环境的植物修复技术

1. 多环芳烃

环境中的多环芳烃（polycyclicaromatic hydrocarbons，PAHs）主要来源于石油化工产品以及化石燃料不完全燃烧产物，已被许多国家列为优先考虑的环境持久性有机污染物。虽然它们在环境中含量很低，但即使是低含量的 PAHs 也能对动物产生致癌、致突变作用。已有的生物修复（一般指微生物修复）研究表明，种类繁多的细菌、真菌和藻类以及它们的纯化的酶可以代谢 PAHs，但事实上由于吸附动力学、可降解 PAHs 的微生物群落、电子受体竞争能力等方面的限制，土壤中的 PAHs 降解非常缓慢。如果在污染土壤中种植植物，植物根系以及植物自身可以对 PAHs 的吸附、降解起到复杂的促进作用。Wetzel 等人的研究着重于根际菌群对芘和蒽的降解，对比试验表明，虽然种植苜蓿的土壤中 PAHs 降解的修复效果与未种植物的土壤相比并无显著差异，但降解速率要明显快得多。

在研究植物对PAHs的吸收降解方法上，一般采用对比参照法。Liste等人选用田间农作物、园艺农作物和树苗3类共9种不同的植物进行研究，结果表明它们均可促进芘的降解。种植植物8周后的土壤中芘消失了74%，而未种植植物的土壤中芘最多也只消失了40%。Qiu等人比较了12种草对多年污染的粘土中PAHs的吸附和代谢，从草的茎、叶组织中未检测到PAHs，PAHs主要集中在根部，因此，植物修复PAHs实际污染土壤时，我们不必担心食草动物的健康风险以及对食物链造成的影响。萘是PAHs中水溶性最好、最易被植物挥发和降解的化合物。以萘为代表进行的植物修复实验最为常见。Schwab等人利用紫花苜蓿和牛毛草研究植物根系对萘的吸附降解情况，发现植物挥发所占比例最大，达32%～45%。虽然土壤中溶解的有机物的含量往往会通过影响污染物的生物可获得性而影响植物修复，但有机溶解物的种类不同并不影响萘的吸附速率和分配平衡。

PAHs染料在工业上有着广泛的用途，主要包括聚合染料、含氮染料、蒽醌和三芳基甲烷，它们自身有毒且易转化为致癌和致基因突变物。我国在20世纪80年代已经能够较好地利用凤眼莲处理针织印染废水，并有研究证明，凤眼莲净化印染废水过程中根系微生态系统起着很好的协同作用。植物对聚合染料的耐受力的提高与植物内邻甲氧基苯酚过氧化物酶活性的增加、酚类化合物的减少以及植物组织中脯氨酸的积累有关。因此，Zhang等人认为可以通过连接脯氨酸的戊糖磷酸盐途径调节、筛选耐受力好的植物进行植物修复。我国学者自20世纪90年代以来亦开展了一些PAHs污染土壤的修复工作。初期研究集中于微生物法降解PAHs，近年来也开展了土壤与植物中PAHs行为及植物对微生物的激活作用机理的研究，以便寻求修复污染土壤的植物与微生物结合的方法。

2. 杀虫剂与除草剂

阿特拉津曾是广泛使用的除草剂，近年来，研究报道阿特拉津具有内分泌干扰作用，因此，如何有效削减环境中残余的阿特拉津，亦成为环境污染控制研究的热点。已有研究表明，种植植物可以有效地降解土壤和水中残留的阿特拉津。Kruger等人研究发现，在用植物修复多种农药污染的土壤时，植物*Kochia*可明显地吸收多年沉积的阿特拉津，降低土壤中生物可获取的阿特拉津量，且阿特拉津的降解不受污染土壤中其他农药如杀虫剂异丙甲草胺、氯乐灵存在的影响。因此，对于受到多种农药污染的土壤，利用植物降解其中的阿特拉津是可行的。如果人为地向土壤中添加高分子线性阴离子聚丙烯酰胺（PAM）作为土壤调节剂，虽然不影响非离子的阿特拉津在土壤中的吸附和解吸附，却能够影响其代谢产物，而对另一种除草剂——可阴离子化的2,4-二氯苯氧乙酸（2,4-D）的吸附、解吸附以及降解行为都能产生影响，从而改善土壤中这两种农药的生物可获得性。

有机氯农药施用于农田造成土壤污染的同时，也对农田灌溉水和地下水造成污染，从而引起地表水域的污染。由于水生植物具有大面积的富脂性表皮，所以用于吸收亲脂性的有机氯农药完全是可行的。此外，对于特定污染区域人为构建的湿地修复系统，也使得水生植物对农药的修复能力的研究成为备受关注的热点。Lytle等人研究不同浓度的除草剂、杀虫剂（阿特拉津、异丙甲草胺、氯乐灵）对某些河口地区的水生植物体内抗败血酸（维生素C）及脱氢抗败血酸水平的影响，表明可以采用特定的水生植物作为生物监测指示物，指示环绕农田的海岸缓冲地带的除草剂污染状况。水生植物金鱼藻、伊乐藻（又称加拿大浮萍）或浮萍的加入，可以显著降低地表水中^{14}C标记的异丙甲草胺含量。如前所述，根际菌群的存在可显著提高植物对污染物的吸收和代谢，有的代谢就直接发生在根际。Gaskin等人的研究表明，在外部根际菌群 hebe lomacrustuliniforme 与宿主植物松树（*pinuspon derosa*）共存时，对于土壤中的阿特拉津，其修复效率可比单独的植物修复高 3 倍。但同时还应注意到，虽然某些植物的根际菌群确实能够加速污染物的降解或转移，却并不是所有的植物都是如此。牧地雀麦草引入接种菌群是通过改变根际菌群结构来提高除草剂 2-氯代苯甲酸的代谢，而野黑麦引入接种菌群选择性地加强 2-氯代苯甲酸的代谢却并不影响根际菌群结构。Fang 等人也证实了这点，他们将 5 种类似植物：苏丹草、黑麦草、高牛毛草、冠毛芽草、柳枝稷种植于肥沃的湿土中，研究根际菌群对阿特拉津和菲的降解和培养土利用情况，测定土壤中的全部脂肪酸甲酯，发现种植苏丹草的土壤异于其他 4 种草，和未种任何植物的土壤情况是类似的。而且他们发现，即使培养条件改变导致菌群结构改变，与植物对阿特拉津和菲的降解效率却没有直接的联系。总的来说，无论是在怎样的土壤条件下，植物的引入一般都可以提高除草剂如 2，4，5-三氯苯氧乙酸（2，4，5-T）的矿化效果。

杀虫剂 DDT 及其代谢物是典型的持久性污染物，已有不少植物用于杀虫剂的吸收和代谢研究，但多数强调根区微生物的作用。实际上，无菌的植物本身是可以吸附和代谢有机氯化合物的。Gurrison 等人对放射线杀菌的水系统中的水生植物伊乐藻和陆地植物野葛进行研究，它们将 p，p′-DDT 和其对映物 o，p′-DDT 降解为 DDD 的半衰期为 1～3d。进一步的研究表明，无菌条件下水生植物鹦鹉毛（*myriophyllumaquaticum*）、浮萍、伊乐藻在 6d 内可以富集全部水环境中的 DDT，并能将 1%～13%的 DDT 降解为 DDD 和 DDE。我国也有研究者研究杂草对 DDT 的吸收及富集作用。

3．硝基芳香化合物

环境中的硝基芳香化合物污染主要来源于炸药工业。现代炸药多为多硝基芳香化合物，包括以下几种：2，4，6-三硝基甲苯（2，4，6 trinitrotoluene，TNT）、1，3，5-三硝基苯（1，3，5 trinitrobenzene，TNB）、二硝基甲苯（dinitrotoluene，2，4-DNT，2，6-DNT）、二硝基苯（dinitrobenzene，DNB）、2，4，6-三硝基苯甲硝胺以及 2，4，6-三硝基苯酚。美国国防部在 1993 年就已经确定了一千多个炸药污染区域，95%以上为 TNT 污染，且 87%超过允许的地下水污染水平。硝基芳香化合物的 logKow 均处于 0.5～3.0 之间，如 TNT 为 2.37，2，4-DNT 为 1.98，理论上来说，这利于植物修复。但由于硝基的吸电作用，硝基芳香化合物不易水解、不易化学或生物氧化，导致废水和污染地下水中的硝基芳香化合物难于修复。而 TNT 一旦吸附至土壤中，其移动性就非常低，同样限制了污染土壤的修复。

Scheidemann 等人研究了 11 种植物在 8 周生长期中降解污染土壤中的 TNT 的情况表明，低浓度 TNT（10 mg/L）下种植 *medicagosativa* 可达到降解最高水平，但在 500mg/L 高浓度条件下，只有 1 种植物（*phaseolusvulgaris*）能够生长。土壤污染水平在 10mg/L 时，95%以上的降解产物为氨基化合物，但不能确定该转变是发生在植物吸收前或吸收后。Peterson 等研究了暴露于不同浓度 TNT 的柳枝稷和无毛雀麦草萌芽和秧苗生长情况，证明柳枝稷对 TNT 的耐受力要优于无毛雀麦草。柳枝稷萌芽不受 TNT 浓度影响，秧苗则可忍受 15mg(TNT)/L，而无毛雀麦草在达到 30mg(TNT)/L 时萌芽就会显著降低，秧苗在 7.5mg(TNT)/L 时生长能力将显著降低。大多数的植物修复研究集中于 TNT 的降解产物如 2-氨基 4，6-DNT（2 amino 4，6 DNT，2a-DNT）、4ADNT 或它们的同类物。而对那些转化为环烷烃和单氧酶催化的羟基化作用在内的氧化产物却研究得很少，尽管它们占到了所有产物的 40%以上。Bhadra 等人利用水生植物系统 *myriophyllumaquaticum* 修复 TNT 污染的水体，修复结果表明，TNT 降解产物以如下六种为主：2a-DNT（4.4%），2-氨基-4，6-二硝基苯甲酸（8.1%），2-N-乙酰氨-4，6-二氯苯甲醛（7.8%），2，4-二氯-6-羟基甲苯（15.6%），以及两种双核代谢物（5.6%）。

由于 TNT 许多植物修复的代谢产物仍然不能确定，致使它们的长期效应和毒性难于评估。*Myriophyllumspicatum* 在 49 μmol/L 的 TNT 中培养 5d 后，Pavlostathis 等人发现，TNT 在环境媒介中消失后，ADNT 和羟基 ADNT 仅占 14%，且植物提取物中占 3%。Sens 等研究了豆类及小麦吸收和代谢 ^{14}C 标记 TNT 的情况，测出在小麦中 43%的 ^{14}C 分布于细胞质中，57%分布于细胞壁中；而细胞壁中 27%结合于木质素，5%结合于胶质。代谢产物中发现了无法确定的 3 种非极性物质和 10 种极性物质。美国衣阿华州军火工厂的一项全面修复工程利用构建的湿地，每天能够去除 0.019mg/L 的 TNT。用于修复的植物包括 3 种水生植物（眼子菜、葛、金鱼藻）以及种植在湿地周边的杨树。尽管植物生物量大，能够进行有效的修复，但与细菌相比，单位生物量的效率却要低。French 等人将这两者结合，利用表达了除氮酶（季戊四醇还原酶）基因的改良烟草，可在含有 0.05 mmol/L 的 TNT 的环境中正常生长，而 0.025 mmol/L 却可使野生的烟草致死。基因改良的烟草能够将 TNT 氮生成二硝基和一硝基芳香化合物。

4. *石油和燃油添加剂*

由于原油、石油燃料等的泄漏、燃烧不完全等原因造成了水、土壤和大气的石油污染，这些污染以石油中含有的烷烃、单环芳香化合物 BTEX（苯、甲苯、乙苯及二甲苯的异构体）、多环芳烃和燃油添加剂的污染为主。目前，土壤中的烷烃和 BTEX 降解研究最多和最成熟的是利用微生物的生物修复。利用植物修复比较成功的是杨树、柳树和紫花苜蓿等。杨柳科的植物，尤其是杨树属，已证实通过吸收有机物至根部，可大量去除有机污染物。紫花苜蓿为多年生植物，生存力强，遗传学上容易解码，可以灵活地进行基因改良。经过基因改良的紫花苜蓿可以耐受高浓度的原油污染而不死亡，随着时间的推移，可以逐渐恢复生长能力。Lin 等人采用沼泽植物 *spartinaalterniflora* 和 *Spartinapatrns* 研究不同浓度石油污染的情况，表明在一定的浓度以内，在污染了两年的土壤中（石油含量仍然很高），如果在植物生长期施加肥料，植物不仅可以生存良好，而且可以 58.5%的速度降解污染物。甲基叔丁基醚（methyltertiary butylether，MTBE）是一种最为常用的汽油氧化添加剂。由于燃料油污染土壤，而 MTBE 水溶性很好，且不易吸附在土壤上，因而主要对地下水和地表水产生持久性污染。MTBE 的 logKow 为 1.24，在植物可良好吸收和运输的范围之内。已有的研究表明，虽然 MTBE 难于生物降解，气态的 MTBE 却可以和活跃的羟基反应。此外，在植物内部，MTBE 可以良好地代谢为木质素。利用可以大量地提取地下水的植物（如杨树）可以把 MTBE 一起吸收，然后在植物地上部分（如叶子）挥发大部分的 MTBE，同时在植物体内代谢一部分。挥发到大气中的 MTBE 的分解就要容易得多。Rubin 等人利用杨树幼苗在短期内成功地转移了相当的 MTBE 至空气中，研究表明，利用植物挥发 MTBE 潜力巨大。他们通过严格的实验室控制，不仅区分了杨树对 MTBE 的主动蒸发和被动挥发，并且证明 MTBE 经由杨树挥发的浓度和地下水中的浓度是一样的。由于 MTBE 对地下水的环境影响，已有一些国家开始用乙醇代替 MTBE。但是，由于共溶作用，乙醇的存在会增加碳氢化合物在地下水中的溶解性，同时成为土壤中微生物的优先代谢底物。研究表明，在地下系统中所有普通的电子受体条件下，乙醇总是被优先降解。混合乙醇的汽油导致地下水中存在大量乙醇和碳氢化合物，使得水体修复难度更大，费用更高。Corseuil 等人探讨柳树对乙醇和 BTEX 混合物中最毒的苯的吸收能力，实验证明，被乙醇和汽油混合物污染的地下水层可以很好地被根系很深的柳树修复。

6.4.4 水生植物修复水体氮磷污染机制原理

水生植物在水污染治理中可以发挥多种作用。通过自身的生长代谢可以大量吸收氮、磷等水体中的营养物质，而其中一些种类还可以富集不同类型的重金属或吸收降解某些有机污染物；通过促进微生物的生长代谢，可以使水中大部分可生物降解有机物（BOD）降解；通过抑制低等藻类的生长，控制富营养化的表现形式等。根据不同的生活型特点，利用大型水生植物进行污水处理和水体修复的方式也多种多样，主要包括：以漂浮植物为主的塘系统和以挺水植物为主的人工湿地系统等。

大型水生植物可以直接从水层和底泥中吸收氮、磷，并同化为自身的结构组成物质（蛋白质和核酸等），同化的速率与生长速度、水体营养物水平呈正相关，并且在合适的环境中，它往往以营养繁殖方式快速积累生物量，而氮、磷是植物大量需要的营养物质，所以对这些物质的固定能力也就非常高。由于大型水生植物的生命周期比藻类长，死亡时才会释放这些营养物质，因此，氮、磷在其体内的储存比藻类稳定，所以可通过在富含氮、磷等营养物质的污水中种养水生植物，达到使污水脱氮除磷的目的，同时又可收获生物资源。在这方面，由于易于收获并且生长速度快，漂浮植物凤眼莲和浮萍被研究和应用较多。大量的应用实践证明，尽管这些植物可以很容易地在污水中生长存活，但是要有效地利用污水中的氮、磷，随便的、任意的种植达不到预期的目的，需要对植物种群在污水中的增长规律，氮、磷的转化效率及合理的收获策略等关键因素进行深入研究，然后因地制宜地进行科学设计，才能得到预期的效果。

思考题

6-1 请列举水环境中污染物的主要类型、特征。

6-2 土壤污染的危害是什么？

6-3 请叙述有机污染物在土壤环境中的迁移转化的主要过程。

6-4 简述污染物在地下水中的迁移规律。

6-5 请简要叙述植物修复重金属的原理和机制。

推荐阅读文献

[1] 孙铁珩，周启星，李培军. 污染生态学[M]. 北京：科学出版社，2001.

[2] 杨景辉，土壤污染与防治[M]. 北京：科学出版社，1995.

[3] 段昌群，环境微生物学[M]. 北京：科学出版社，2004.

[4] 刘天齐，林肇信，刘逸农. 环境保护概论[M]. 北京：高等教育出版社，1982.

[5] 卢高升，吕军. 环境生态学[M]. 杭州：浙江大学出版社，2004.

[6] 陈怀满. 环境土壤学[M]. 北京：科学出版社，2004.

[7] 李爱贞. 生态环境保护概论[M]. 北京：气象出版社，2001.

[8] 石辉，邵明安. 农用化学物质在土壤中的迁移[J]. 世界科技研究与发展. 1999，21(4)：63-68.

[9] 薛强，梁冰，刘晓丽. 有机污染物在土壤中的迁移转化研究进展[J]. 土壤与环境. 2002，11(1)：

90-93.

[10] 刁维萍，倪吾钟，倪天华，等. 水环境重金属污染的现状及其评价[J]. 广东微量元素科学. 2004，11(3)：1-5.

[11] 胡枭，樊耀波，王敏健. 影响有机污染物在土壤中的迁移、转化行为的因素[J]. 环境科学进展. 1998，7(5)：14-22.

[12] 温志良，莫大伦. 土壤污染研究现状与趋势[J]. 重庆环境科学. 2000，22(3)：55-57.

[13] 彭胜，陈家军，王红旗. 挥发性有机污染物在土壤中的运移机制与模型[J]. 土壤学报. 2001，38(3)：315-324.

第7章 生态系统的服务功能

7

7.1 生态系统服务的定义与研究进展

7.1.1 生态系统服务的定义

生态系统服务（ecosystem services）是指生态系统与生态过程所形成及所维持的人类赖以生存的自然环境条件与效用。生态系统的服务功能是其生态功能的重要表现形式，而生态功能则是服务功能形成的基础。

生态系统服务一般指生命支持功能（如净化、循环、再生等），而不包括生态系统的功能和生态系统提供的产品。生态系统服务主要包括向经济社会系统输入有用物质和能量，接受和转化来自经济社会系统的废弃物，以及直接向人类社会成员提供服务（如人们普遍享用洁净空气、水等舒适性资源），与传统经济学意义上的服务（它实际上是一种购买和消费同时进行的商品）不同。对于人类而言，生态系统的服务功能是无法在市场上购买又具有重要价值的各种服务。

生态系统服务功能是人类生存与现代文明的基础。科学技术虽能影响生态系统服务功能，但不能替代自然生态系统服务功能。植物利用太阳能，将二氧化碳转化为有机物，用作食品、燃料、原料及建筑材料，是生态系统服务的基本作用。虽然"人工光合作用"是引人注目的研究领域，但现在还没有一个人造替代物可胜任这项功能。在全球每年的 $224.5 \times 10^9\ t \cdot a^{-1}$ 的有机物净产量中，人类就使用了25%。人类生活废物的生物降解是生态系统另一项重要的服务功能。微生物在污水、固体废弃物的处理中发挥着重要的作用，人类社会尚无法通过改进技术来摆脱对微生物的依赖。污水处理厂的设计思想是努力使分解这项生态系统的服务功能达到最大化，但无论工艺、设备如何优化，最终还必须通过河流、湖泊、海洋和湿地生态系统的自净作用来完成。

随着人口的增长和消费的增加，加之技术进步带来的副作用，生态环境遭到了空前的破坏，生态系统的服务功能迅速衰退。生态系统的破坏反过来又影响到人类生活和社会的发展。此外，生态系统服务功能中许多认为是非市场性的部分，愈来愈多地具有了市场价格。长期以来，资源无价和生态系统无价贯穿在我国资源核算体系中，严重阻碍了人们对生态系统服务功能的全面、深入地了解。随着对可持续发展机制研究的深入，人们发现维持与保育生态服务功能是实现可持续发展的基础。分析与评价生态系统服务功能的间接价值已成为当前生态学与生态经济学研究的前沿课题。

7.1.2 生态系统服务功能的研究进展

1. 国际生态系统服务功能的进展

早在古希腊，柏拉图就认识到雅典人对森林的破坏导致了水土流失和水井的干涸。在美国，George Marsh 也许是第一个用文字记载生态系统服务功能的人，他在 1864 年出版的《Man and Nature》一书中记载：由于受人类活动的巨大影响，在地中海地区“广阔的森林在山峰中消失，肥沃的土壤被冲刷，肥沃的草地因灌溉水井枯竭而荒芜，著名的河流因此而干涸。”Marsh 也意识到了自然生态系统分解动植物尸体的服务功能。同时，他指出，水、肥沃的土壤乃至我们所呼吸的空气都是大自然与其生物所赐予的。而农业及工业将对自然秩序及功能造成影响。

自从 Tansley（1935 年）提出生态系统的概念后，以生态系统为基础的生态学研究已经形成了科学的体系，并且从注重生态系统结构研究逐渐向关注生态系统服务功能探索，使生态系统服务的研究取得了较大的进展。Fairfield Osborn（1948 年）研究了生态系统对维持社会发展的意义，只要我们注意地球上可耕种及人类可居住的地方，就可以发现水、土壤、植物与动物是人类文明得以发展的条件，乃至人类赖以生存的基础。Vogt（1948 年）是第一个提出自然资本概念的人，他认为耗竭自然资源（尤其土壤）资本，就会降低美国偿还债务的能力。1949 年，Aldo Leopold 开始深入思考生态系统服务功能，他观察到狼群对牧群的自然控制作用，是狼群保持了牧群与草地生存的平衡，从而使得草地不至于退化，牛仔杀光狼群而取代狼群对牧群的控制作用是不可取的，他指出人类自身是不可能替代自然生态系统服务功能的，并指出：“土地伦理将人类自然统治者地位还原成为自然的普通一员”（1949 年）。Paul Sears（1955 年）则注意到了生态系统的再循环服务功能。

自 20 世纪 70 年代以来，生态系统服务功能开始成为一个科学术语及生态学与生态经济学研究的分支。1970 年，SCEP（Study of Critical Environmental Problems ）在《Man's Impact on the Global Environment》报告中首次使用生态系统服务功能的“Service”一词（SCEP，1970 年），并列出了自然生态系统对人类的“环境服务”功能，包括害虫控制、昆虫传粉、渔业、土壤形成、水土保持、气候调节、洪水控制、物质循环与大气组成等方面。稍后，Holden 与 Ehrlich（1974 年）论述了生态系统在土壤肥力与基因库维持中的作用，并系统地讨论了生物多样性的丧失将会怎样影响生态系统服务功能，以及能否用先进的科学技术来替代自然生态系统的服务功能等问题。研究认为，生态系统服务功能丧失的快慢取决于生物多样性丧失的速度，企图通过其他手段替代丧失的生态系统服务功能的尝试是昂贵的，而且从长远的观点来看是失败的。随着这些文章的引用，后来出现了自然服务功能（Westman W E，1977 年）和生态系统服务功能一词。生态系统服务功能这一术语逐渐为人们所公认和普遍使用。

国际科学联合会环境问题科学委员会（SCOPE）于 1991 年组织了一次会议，主要讨论了如何进行生物多样性的定量研究，促进了生物多样性与生态系统服务功能关系的研究以及生态系统服务功能经济价值评估方法的发展（Schulze 和 Mooney ，1993 年；Tilman，1997 年），逐渐成为生态学研究的新热点。同一时期，美国生态学会组织了以 Gretchen Daily 负责的研究小组，主编了《Nature's Service ：Societal Dependence on Natural Ecosystem》

(1997年)一书，比较系统地介绍了生态系统服务功能的概念、研究简史、服务价值评估、不同生物系统的服务功能以及区域生态系统服务功能等专题研究。Costanza等人(1997年)在《Nature》上发表的"The value of the world's ecosystem services and natural capital"一文引人注目，文章指出生态系统的公益价值和产生这种价值的自然资本积累对地球生命支持系统的功能至关紧要，它们直接和间接地为人类提供福利，因此是全球经济总价值的一部分。作者基于前人的研究以及本研究所得到的若干结果，对全球16种生物类群的17种生态系统的公益价值进行了估算。《Ecological Economics》杂志以论坛或专题形式汇集了有关生态系统服务功能及其价值评估的研究成果。许多学者从不同的角度对生态系统的服务功能及其价值评估进行了研究，例如淡水生态系统、城市生态系统、鱼类生态系统等的服务功能及其价值评估(Bolund，1999年；Biorklund，1999年；Holmund，1999年)。Andrew(2000年)等以Costanza的研究为基础，利用当地更详细和准确的数据对巴西湿地的服务功能进行了定性评价和重新估算，并对Costanza确定的各种生态系统服务功能价值进行了修正。Loomis(2000年)等对受损河流生态系统服务功能恢复的总经济价值进行了估算。

随着3S技术的发展，在生态学和生态系统服务功能研究上也得到了广泛应用。Konarska，Keri等利用NOAA-AVHRR和TM数据对生态系统服务功能进行了比较研究(Keri，2002年)。2002年《Ecological Economics》杂志综合生态学和经济学的观点对生态系统服务功能的动态和价值评估进行了专论，就评价生态系统服务功能的经济学和生态学概念、复杂系统及其评价、生态系统产品和生态系统服务功能的分类及描述等问题分别进行了专论。

2. 我国生态系统服务及其价值评估研究

我国古代风水园林的建立与保护反映人们对森林保护村庄与居住环境作用的认识，是我国生态系统服务功能认识的雏形，我国对生态系统服务功能及其价值评估的研究仅仅是最近10～20年的事。1980年我国著名经济学家许涤新率先开展生态经济学的研究，首次将生态因素与经济因素结合起来考虑。1984年，马世骏先生发表了名为"社会经济自然复合生态系统"的文章，它代表生态学家开始涉足经济学领域。在随后的几年中，人们把研究的重点放在如何实现自然经济的协调发展方面，并进行了大量的实践，我国南方的桑基渔田就是典型的应用实例。

1990—1995年，我国出版了一系列关于价值研究方面的著作。1991年李金昌的《资源核算论》和侯元兆的《中国森林资源核算研究》系统的阐述了自然资源价值核算的方法和理论。1995年王金南的《环境经济学》和张兰生的《实用环境经济学》代表了环境经济学理论的发展和方法研究的进展。1996年由胡涛等人组织了中国环境经济学研讨班，截至1999年共发表两册论文集，内容包括环境污染损失计量、环境效益评价、自然资源定价、生物多样性生态价值等。

20世纪90年代以来，许多学者在森林公园游憩效益经济评价、我国生态系统的间接经济价值、我国生态资产区划的理论与应用问题、生态系统服务功能及其生态经济价值评价理论与方法进行了研究，并对其价值进行了估算。当前的研究以森林类型生态系统服务总价值、自然保护区生物多样性、旅游价值和森林生态系统间接经济价值、土壤保持空间分布特征及生态经济价值、生态系统的净化服务及其价值等为主。随着湿地研究的展开和深入，湿地生态系统的服务功能价值越来越受到人们的重视。

由于我国生态系统的服务功能研究起步较晚，还存在以下问题：①大多数生态系统服务功能评价没有对生态系统结构、生态过程与服务功能的关系进行深入分析，使生态系统服务功能及其价值评价缺乏可靠的生态学基础；②在生态系统服务功能评价理论与方法方面，目前多是直接利用国外的定价或方法，与我国的社会经济现状脱节，评价结果存在可信度低与可操作性差的缺陷，难以取得学术界、管理决策部门和公众的认可，同时也很难为管理与决策部门所采用；③在生态系统服务功能评价中，生态研究与经济学研究缺乏有机结合，生态系统服务功能评价的理论与方法未能取得重要的进展，不仅导致国家生态环境建设缺乏生态经济学理论支持，而且使得生态系统服务功能保育难以纳入社会经济发展综合决策之中。

根据生态系统服务功能研究的过程和进展可以看出：生态系统服务功能的研究经历了由单一方面的生态系统服务功能到多方面生态系统服务，再到现在的生态系统综合服务功能研究；经历了由发现生态系统服务功能到认识生态系统服务功能，再到现在的保育生态系统的服务功能；经历了由定性描述生态系统服务功能到定量估算生态系统为人类提供的生态系统服务；经历由生态系统服务物质量评价到生态系统服务价值量的研究过程。3S 信息技术的发展，为研究评价不同区域生态系统服务功能提供了新的手段。

7.2 生态系统服务功能的主要内容

生态系统不仅创造和维持了地球生命的支持系统，形成了人类所必需的生活条件，还为人类提供了生活所必需的粮食以及其他的生活必需品。生态系统的服务功能主要包括了有机物质的合成与生产，生物多样性的产生与维持，调节气候，减轻洪涝与干旱灾害，维持土壤的生态功能，环境净化，传粉与种子扩散，有害生物控制以及自然环境的休闲、精神和文化价值等方面。

1. 有机物质的合成与生产

利用太阳能，将无机化合物，如 CO_2、H_2O 等合成有机物质是生态系统一个十分重要的功能，它支撑着整个生命系统，是所有消费者及还原者的食物基础。据统计，每年各类生态系统为人类提供粮食 1.8×10^9 t，肉类 6.0×10^8 t，同时海洋还为人类提供鱼类 6.0×10^8 t。生态系统还为人类提供了木材、纤维、橡胶、医药资源及其他工业原料。据估计，全世界每年有15%的能源取自于生态系统，在发展中国家更是高达40%。在我国，陆地生态系统的第一性生产力为 6.711×10^9 t/a，总生物量为 1.2841×10^9 t，为人民生活提供了基本的生活资料。

2. 生物多样性的产生与维持

生物多样性包括物种多样性、遗传多样性、生态过程与景观多样性。生态系统不仅为各种物种的生存繁殖提供了场所，还为生物进化和生物多样性的产生提供了条件；反之生物多样性又使生态系统服务的提供成为可能。同物种不同的种群对气候因子的扰动与化学环境的变化具有不同的抵抗能力，多种多样的生态系统为不同种群的生存提供了场所，从而可以避免某一环境因子的变动而导致物种的绝灭，并保存了丰富的遗传基因信息。

生物多样性是维持生态系统稳定的基本条件，从人类的生存与发展考虑，生物多样性是地球生命支持系统的核心和物质基础。当前人类已知约有 8 万种植物可以食用，而人类历史上仅利用了 7000 种植物，只有 150 种粮食植物被人类广泛种植与利用，其中 82 种作物提供了人类 90%的食物；那些尚未为人类驯化的物种，都由生态系统所维持，它们既是人类潜在食物的来源，还是农作物品种改良与新的抗逆品种的基因来源。生态系统还是现代医药的最初来源，最新研究表明，在美国用途最广泛的150种医药中，118种来源于自然，其中74%源于植物，18%来源于真菌，5%来源于细菌，3%来源于脊椎动物。在全球，约有80%的人口依赖于传统医药，而传统医药的85%是与野生动植物有关的。

3. 调节气候

气候对地球上生命进化与生物的分布起着主要作用。尽管一般认为地球气候的变化主要是受太阳黑子及地球自转轨道变化影响，但生物本身在全球气候的调节中也起着重要的作用。在全球生态系统中，绿色植物通过光合作用固定了大气中的二氧化碳，释放出了氧气，保证了生命活动的基本气候条件。同时，生态系统固定大气中的二氧化碳对由于大量使用化石燃料引起的温室效应具有重要的减缓作用，森林是世界上有效的碳储库之一。例如，亚马逊热带雨林每年能够固定2～3亿t二氧化碳，相当于地球排放量的5%。

植物通过发达的根系从地下吸收水分，再通过叶片蒸腾，将水分返回大气，形成水分的小循环过程，使其对区域性气候具有直接的调节作用。森林对林区的气候具有良好的调节作用，可使昼夜温度不致骤升骤降，夏季减轻干热、秋冬减轻霜冻。在我国北方经常营造田间防护林带，在树高20倍的距离内可以降低风速25%～40%，提高湿度20%，起到防止干热风的作用。

4. 减轻洪涝与干旱灾害

每年地球上总降水量约1.19×10^{12}t，大多数雨水首先通过植物冠层、茎秆、地表枯枝落叶层的截留，才到达地面被土壤吸收或形成径流。同时植物的根系与土壤颗粒交错缠绕，提高了土壤的抗冲性，可减轻土壤侵蚀危害。如果没有生态系统的作用，雨水直接降到裸露的地面，不仅大大减少土壤对水分的吸收量，使地面径流增加，还将导致土壤与营养物的流失。在美国新罕布什州的径流研究发现，裸地平均径流增加40%，而在森林砍伐后的4个月，地表径流通比砍伐前增加5倍。喜马拉雅山地区大范围的森林砍伐加剧了孟加拉国的洪涝灾害，非洲大范围的干旱可能也与大规模的森林砍伐有关。我国1998年长江全流域洪涝灾害的形成与中上游植被及中游湖泊减少、水源涵养能力下降、水土流失加剧的密切关系，已为人们所广泛认识。

水土流失的发生不仅使土壤生产力下降，降低雨水的可利用性，还造成下游可利用水资源量减少，水质下降，河道、水库淤积，降低发电能力，增加洪涝灾害发生的可能性。在全球，仅水土流失导致水库淤积所造成的损失约60亿美元；在我国水土流失面积高达367万km^2；水土流失已成为我国和全球最为严重的环境问题。

5. 维持土壤的生态功能

土壤是农业生产的基本生产资料，是一个国家财富的重要组分。在自然界形成1cm厚的土层大约需要百年以上的时间；在特殊的岩溶地区，形成1cm厚的土层，快者需要4000余年，慢者需要8500年；土壤几乎是一种不可再生的资源。在自然条件下，对土壤的保护主要由生态系统来完成，植物的林冠拦截雨水，削弱了雨滴对土壤的溅蚀、分离作用；地保植被和枯枝落叶拦截径流和蓄积水分，减少了径流的流失和冲刷；根系机械固土、分泌的有机物质胶结土壤，提高了其抗侵蚀能力。

土壤本身作为生态系统的重要组成部分，也具有生态服务功能：

1）为植物的生长发育提供场所。植物种子在土壤中发芽，扎根，生长，开花结果，在土壤的支撑下，完成其生命周期。

2）为植物保存并提供养分。土壤中带负电荷的微粒可吸附可交换的营养物质，以供植物吸收；如果没有土壤微粒，营养物将会很快淋失。同时，土壤还作为人工施肥的缓冲介质，将营养物离子吸附在土壤中，在植物需要时释放。

3）土壤在有机质的循环和环境净化中起着关键作用。土壤将许多人类潜在的病原物无害化，人类每年产生的生活垃圾、工业固体废弃物、农作物残留物以及人与各种家畜的有机废弃物，经过土壤微生物的分解利用得以净化处理。有机质的降解与营养物的循环是同一过程的两个方面。土壤肥力，即土壤为植物提供营养物的能力，很大程度上取决于土壤中的细菌、真菌、藻类、原生动物、线虫等各种生物的活性。

4）土壤在氮、碳、硫、磷等大量营养元素的循环中起着关键作用。例如，土壤中碳的储量是全部植物碳储量的 1.8 倍，而氮储量是植物中总量的 19 倍。

随着科技的发展，无土栽培在一些领域得到快速发展，但与自然的土壤相比，无土系统在养分、酸碱度、温度等方面的调节能力，以及抵抗病虫害的能力要弱的多。同时，无土栽培受到各种条件的限制，其规模有限。今后解决人类的粮食问题还离不开土壤，而目前世界约有 20％的土地由于人类活动的影响而退化。

6. 传粉与种子扩散

大多数显花植物需要动物传粉才可繁衍。据研究，在全世界已记载的 24 万种显花植物中，有 22 万种需要动物传粉；如果没有动物的传粉，不仅会导致农作物大幅度减产，还会导致一些物种的绝灭。据记载，已发现传粉动物约 10 万种，包括鸟、蝙蝠与昆虫。动物在为植物传粉的同时，也取得自身生长发育繁殖所需要的食物与营养。动物还是植物扩散的主要载体之一。

7. 有害生物控制

农业生产从播种到收获，整个生育期内经常受到有害生物的侵害。据估计，每年有 25％以上的农产品被这些有害生物消耗；成千上万种杂草直接与农作物争水、光和土壤营养。由于化学农药的大量使用，对农药产生抗性的害虫越来越多，农药使用剂量也在不断提高。农药的大量使用，不仅严重地污染了环境，对人类健康造成潜在威胁，而且还减少了害虫的自然控制能力，加剧了次要害虫的爆发。据估计，农作物 99％的潜在有害生物能得到自然天敌的有效控制，从而给人类带来了巨大的经济效益；更重要的是减轻了化学农药的大量使用，以及其对环境和人类健康造成的威胁，增强了自然生态系统的自我调节能力。

8. 环境净化

陆地生态系统的生物净化作用包括植物对大气污染的净化作用和土壤-植物系统对土壤污染的净化作用。绿色植物净化大气的作用主要有两个方面，一是吸收二氧化碳放出氧气等，维持大气环境化学组成的平衡；二是在植物抗性范围内能通过吸收而减少空气中硫化物、氮化物、卤素等有害物质的含量。粉尘作为重要的大气污染物，树木的减尘、滞尘作用可以使空气得到某种程度上的净化，树木因为形体高大，枝叶茂盛，具有降低风速的作用，可使大粒灰尘因风速减小而沉降于地面，叶表面因为粗糙不平、多绒毛，有油脂和粘性物质，又能吸附、滞留粘着一部分粉尘，从而使含尘量相对减少。研究表明，云杉、松树、水青岗，树木年阻尘量分别为 $32t/hm^2$、$34.4t/hm^2$ 和 $68t/hm^2$。湿地中生长的大多数植物对多种污染物有很强的吸收净化能力，如凤眼莲每天每平方米可除去 BOD 42.82kg，氮 9.92kg、磷 2.94kg。浮萍处理生活污水可将大肠杆菌去除 98％。

9. 自然环境的休闲、精神和文化价值

人类在长期的自然演化过程中，形成了与生俱来的欣赏自然、享受生命的能力，和对自然情感的心理依赖。在远离自然的条件下，经常使人的性格扭曲，造成感官和心智的不健康发展，当前有70%的疾病与精神紧张有关。在自然中，上述疾病的病因来源和强度大大减少，压抑减轻、心理生理病态康复顺利，人的性格和理性得以丰富健全。

文化在不同的地方具有各种不同的表现形式，这种文化的多样性是交流、革新和创作的源泉。它增加了个人选择的机会，成为促进经济增长的因素，还是令人满意的智力、情感、道德精神生活的手段。这种由生物多样性产生的文化多样性，具有巨大的社会价值，是人类文明的重要组成部分。生态系统的服务不仅体现在对生物多样性的产生和维持，也体现在了对文化多样性的保护。

7.3　生态系统服务功能价值及其评估

7.3.1　生态系统服务功能价值的特征

生态系统不仅具有直接的使用价值，还表现出水土保持、调节气候、防风固沙和休闲娱乐以及美学价值的生态效益。这种由生物资源和环境资源结合起来形成的生态资源所表现出的生态效益，具有以下的特征：

（1）整体的有用性　生态资源的使用价值不是单个或部分要素对人类社会的有用性，而是各个组成要素综合成生态系统以后所表现出的有用性，这与各要素直接或间接地转化为商品的有用性完全不同。对森林生态系统而言，其使用价值表现在改良土壤、涵养水源、调节气候、净化大气和美化环境等方面，这是森林中林木、野生动物和土壤微生物等综合为一个有机的森林生态系统之后所表现出来的，而绝非各要素的功能。

（2）空间固定性　生态系统是在某些特定地域形成的，因而生态资源均具有一定的地域性。其使用价值一般只能在相应的地域及其影响的范围内发生作用，具有地域性，或空间固定性，而一般的商品则不受空间和位置的限制。

（3）用途多样性　一般的商品使用价值比较单一，而生态资源的使用价值具有多样性。例如，森林在能提供直接使用的木材；同时，还具有调节气候、保持水土、固定二氧化碳和观赏旅游等多种用途。

（4）持续有效性　一般商品的使用价值在经过一定时期的消耗后便会丧失，而生态资源只要利用适度，其多种使用价值可以长期存在和永续利用。

（5）共享性　生态资源使用价值的生产者与非生产者、所用者与非所有者都可共享生态资源得的使用价值。这主要由于，生产者和所有者及其生产活动必须在一定的地域生态环境中进行；虽然生态资源的使用价值可以超出一定的空间范围发挥其作用，但生产者和经营者对它的经营范围和所有范围的控制力是有限的；因此不管所有者是否同意，非所有者和所有者均可以共享其使用价值，一般商品的使用价值不能共享。

（6）负效益性　人类在生态系统中不当的劳动越多，就会使生态系统恶化或污染，表现出对人类有害的负效益。例如，河流上游的开垦使河流下游河水泛滥，森林过度砍伐造成水土流失，甚至逐渐演化为荒漠等。

7.3.2 生态系统服务功能价值的分类

生态系统服务功能的多价值性源于它的多功能性。从生态系统服务功能与市场联系的角度，将生态系统服务功能的价值分为三类：①能够以商品形式出现于市场的功能；②虽不能以商品形式出现于市场，但有着与某些商品相似的性能或能对市场行为（商品数量、价格等）有明显影响的功能，如大部分调节功能；③既不能形成商品，又不能明显的影响市场行为的功能，如大部分信息功能，它们的机制与现行市场有关，只能通过特殊途径加以计量。

1. 生态系统服务功能价值的分类系统

(1) McNeely 分类系统　McNeely 将生态系统资源价值分为直接价值和间接价值，然后根据其产品是否经过市场贸易或是否被消耗的性质将上述两类价值进一步划分为消耗性使用价值、生产性使用价值、非消耗性使用价值、选择价值和存在价值。

(2) UNEP 分类系统　联合国环境署（UNEP）在《生物多样性国情研究指南》中，将生物多样性划分为五种类型：具显著实物形式的直接价值、无显著实物形式的直接价值、间接价值、选择价值和消极价值。

(3) Pearce 分类系统　英国经济学家 Pearce 将环境资源的价值分为使用价值和非使用价值，在使用价值中包括直接使用价值、间接使用价值和选择价值；非使用价值中包括遗产价值和存在价值。

(4) OECD 分类系统　经济合作与发展组织（OECD）在《环境项目与评价指南》中对 Pearce 的分类系统作了一些改进，将选择价值与遗传价值、存在价值放在一体，意味着选择价值是介于使用价值和非使用价值之间（图 7-1）。

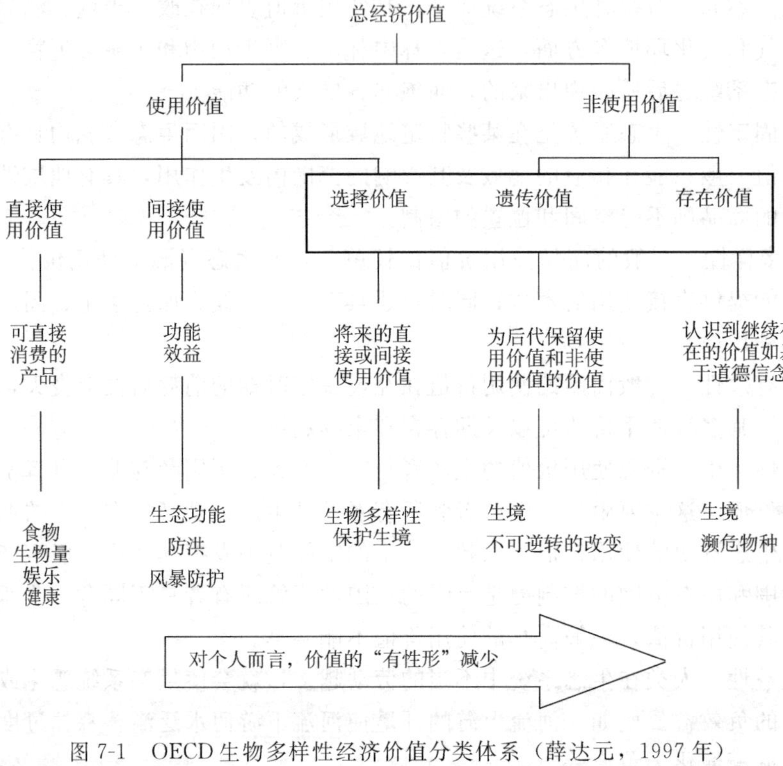

图 7-1　OECD 生物多样性经济价值分类体系（薛达元，1997 年）

（5）Pearce和Warford分类系统 Pearce和Warford在《世界无末日：经济学、环境与可持续发展》一书中，提出了准选择价值（quasi-option value）的概念，并在图7-1的分类框架中，将准选择价值划归在非使用价值栏下与存在价值并列，体现了对生态系统进行保护还是开发的决策以后可能出现的价值。

（6）我国的价值分类体系 我国近年的研究主要引用了国外关于环境资产价值的概念及其评估体系。在1994年，国家科委在对森林环境价值评估的研究中，也提出了使用价值和非使用价值的划分，并提到了选择价值和存在价值的概念。在对“中国生物多样性国情研究”中，对生物多样性的价值进行了探索，提出了包括总经济价值包括直接使用价值、潜在使用价值和存在价值四个方面。与图7-1的系统不同之处在于，用潜在选择价值和潜在保留价值的“潜在使用价值”概念代替了选择价值和遗产价值（图7-2）。

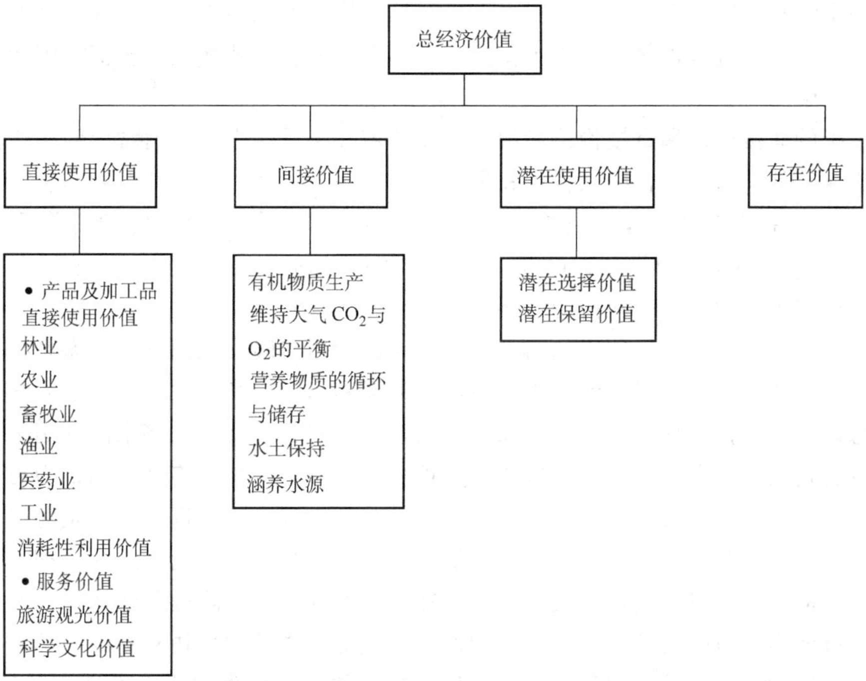

图7-2 我国生物多样性国情研究报告的价值分类体系（薛达元，1997年）

2. 生态系统服务功能价值类型及其内涵

（1）直接价值 主要指生态系统产品所产生的价值，它包括食品、医药及其他工农业生产原料、景观娱乐等带来的直接价值；按产品形式分为显著实物型直接价值和非显著实物型直接价值。显著实物型直接价值以生物资源提供给人类的直接产品形式出现。根据生物资源的市场流通情况，将实物型直接价值又分为消耗性使用价值和生产性使用价值。消耗性使用价值没有经过市场而被当地居民直接消耗，在一些发展中国家的经济中占有一定的位置，但很少在国家收益账目上表现出来；如果通过市场价值机制估算其在市场上的价值，可以得到消耗性使用价值的经济数量。生产性使用价值是经过市场交易的那部分生产资源的商品价值，一般在发展中国家野生资源对国家经济的贡献率远远大于工业化国家。生产性使用价值可以反映在国家收益账目上，可通过测算消费者对消耗资源数量的意图而估算其数值，亦可直接从市场对消耗资源的需求曲线计算。

非显著实物型直接价值，体现在生物多样性为人类所提供的服务上，虽然无实物形式，但仍然可以感觉且能够为个人直接消费的价值。生物多样性能为人类提供直接消费品的同时，还能为人类提供直接的非消耗性利用方面的服务，如生态旅游、动植物园的观赏、各种载体的生物多样性文化享受；或者作为研究对象，提供给科学家进行生物、遗传、生态和地理等多学科研究；或作为一种知识，丰富人类对自然和各类不同文化的认识。由于非显著实物型直接价值服务范围包罗万象、服务形式多种多样，因此服务价值难以估算和货币化。

（2）间接价值　间接价值主要指无法商品化的生态系统服务功能，如维持生命物质的生物地球化学循环与水文循环，维持生物物种与遗传多样性，保护土壤肥力，净化环境，维持大气化学的平衡与稳定，支撑与维持地球生命支持系统的功能。一般情况下，间接价值主要指生命支持系统相关的生态服务。由于生态系统的功能价值取向于对地方或社会服务，其生态效益价值往往高于直接价值。但由于作为一种非实物型和非消耗性的价值，不能反映在国家的收益账目中。

生态系统的间接价值和直接价值之间有直接的依赖关系，直接价值常由间接价值衍生出来，因而所收获的动植物生长必须得到其环境提供的服务支持，非消耗性和非生产性使用价值的物种在生态系统中可能起着支持那些消耗性或生产性使用价值物种的作用。美国在1954—1978年之间由于河口沿岸的破坏，每年在商业上损失2亿美元，这正是沿岸生态系统未被破坏情况下所能提供的间接价值。

（3）选择价值　选择价值是人们为了将来能直接利用与间接利用某种生态系统服务功能的支付意愿。例如，人们为将来能利用生态系统的涵养水源、净化大气以及游憩娱乐等功能的支付意愿。人们常把选择价值比喻为保险公司，即人们为自己确保将来能利用某种资源或效益而愿意支付的一笔保险金。选择价值一般可分为三种：为自己将来利用；为后代将来利用（遗产价值）；为他人将来利用（替代消费）。一些学者认为，准选择价值是对未来效益的认知价值，是保护或开发决策之后的信息价值。像一片森林，如果现在选择保护，那么下一阶段的选择可能是保护也可能是开发；如果现在选择开发，下一阶段只能选择开发。在这两个阶段之间可能出现新的信息，如果森林的保护价值提高或某种生物有新的科学发现，现在选择的开发，这种未来效益将遭受损失，评估其损失的效益可理解为对准选择价值的评估。当遗传基因由于缺乏研究对其经济价值不了解或了解甚少，可利用准选择价值进行评价。但由于准选择价值的概念与选择价值相异，两种价值不能叠加；但准选择价值评价比较复杂，经济学家常常将此项忽略。

（4）遗产价值　遗产价值是指当代人将某种资源保留给后代而自愿支付的费用，它还体现在当代人为后代将来能受益于某种资源的存在而自愿支付其保护费用。遗产价值反映了代际之间利他主义动机和遗产动机，可表现为代际之间的替代消费。由于遗产价值涉及到后代人的资源利用，因此有部分学者认为遗产价值应属于选择价值范畴；但也有人认为遗产动机是确保某种资源的永续利用，作为一种资源和知识遗产保留下来，不涉及将来利用与否，因此应当属于存在价值的范畴；大多数文献将遗产价值单独列出，与选择价值和存在价值并列。

（5）存在价值　存在价值也被称作内在价值，指人们为确保某种资源继续存在而自愿支付的费用，它是自愿本身具有的一种经济价值，与人类的利用（现在利用、将来利用和选择利用）无关的经济价值，也与人类的存在无关。存在价值的计量方法之一可利用人类对自然保护事业的捐赠来估算。

存在价值是经济学家研究的经济价值和环境学家研究的生态价值之间的一种过渡性价值，它为经济学家和生态学家提供了共同的价值观，是目前众多环境保护机构和金融机构关注的焦点，是现代自然保护涌动的源泉之一。

对于直接利用价值和间接利用价值，认识基本上是一致的。只是选择价值被确定为与资源的未来利用价值有关，存在价值被确定为非利用价值类型。直接利用价值能以市场的商品价格表达；间接利用价值能借助市场价格表达；选择价值即存在价值由于与现行市场无关而必须通过特别途径，即通过模拟市场方法调查人们的支付意愿来计量。选择价值和存在价值是生态系统服务功能价值计量中最困难、最需认真研究的内容。

3. 生态系统服务功能价值评价的意义

（1）有助于提高人们的环境意识　环境意识的高低，除了与经济、科技、社会发展水平和人们的生活水平有关外，还与人们对生态系统服务价值的认识程度密切相关。环境意识的高低是衡量一个人，乃至一个民族、一个国家对环境保护重视程度的重要标志之一。环境意识越高，人们对良好生态环境的需求越强烈，对保护环境的活动越主动；反之，如果人们的环境意识较低，在社会经济活动中，就往往只顾眼前、局部的经济利益，忽视长期、全局的整体利益，结果造成资源耗竭、生态破坏和环境恶化。生态价值评价研究能最终以货币的形式显示自然生态系统为人类提供的服务价值，然后通过媒体等对这种价值进行宣传，可以有效地帮助人们定量地了解生态系统服务的价值，从而提高人们对生态系统服务的认识程度，有助于提高人们的环境意识。

（2）促使商品观念的转变　传统的商品观念认为商品是用来交换的劳动产品，它过分强调了劳动在商品生产价值形成过程中的作用，忽视了生态环境在商品生产过程中对人类劳动的数量和质量的影响作用。随着生态环境问题日益突出，传统的商品观念受到了冲击，广义的商品观念受到了青睐（孔繁文等，1994年）。商品的价值，除了原有的商品价值意义之外，还应包括生态系统服务中没有进入市场的价值。生态系统服务价值研究就打破了传统的商品价值观念，为自然资源和生态环境的保护找到了合理的资金来源，具有重要的现实意义。

（3）有利于制定合理的生态资源价格　生态资源不仅具有可被人们利用的物质性产品价值，而且具有可被人们利用的功能性服务价值。生态价值评价可以为生态资源的合理定价、有效补偿提供科学的理论依据。如果忽视生态资源的价值或者为其定价过低，那就会刺激生态资源的过度消耗，破坏生态平衡。为了维护生态平衡和持续发展，必须对生态资源的消耗进行适当的补偿，补偿的额度应不少于所造成的损失。如何计算这种损失，就是生态力评价研究所面临的任务。

（4）促进将环境被纳入国民经济核算体系　现行以国民生产总值（GNP）或国内生产总值（GDP）为主要指标的国民经济核算体系只体现生态系统为人类提供的直接产品的价值，而未能体现其作为生命支持系统的间接价值。研究表明，生态系统的直接价值远远低于其间接价值。因此，现行的国民经济核算体系必然会对经济社会发展产生错误的导向作用，其结果：一是使现行国民经济产值的增长带有一定的虚假性，夸大了经济效益；二是忽视了作为未来生产潜力的自然资本的耗损贬值和环境退化所造成的损失（负效益）；三是损毁了经济社会赖以发展的资源基础和生态环境条件，使经济社会的持续健康发展难以为继。为了纠正这种偏向，联合国环境规划署（UNEP）在其1972—1992年环境状况报告《拯救我们的地球》中明确要求，到2000年“所有各国采用环境和自然资源核算，并将之作为其国民核算体系的一部分”。1992年联合国环境与发展大会（UNCED）通过的《21世纪议程》更具体地规定了实施环境核算及其纳入国民经济核算体系的任务（李金昌，1999年）。我国随后制定的《中国21世纪议程》和《中国环境保护21世纪议程》，都将研究和实施环境核算并将其纳入国民经济核算体系的任务列为优先项目。

目前，研究和实施环境核算的主要困难就是生态系统服务价值（包括有形的物质性产品价值和无形的生命支持系统服务功能价值）的计量问题没有完全解决。因此，生态价值评价研究将为促进环境核算及其纳入国民经济核算体系而最终实现绿色GDP作出积极的贡献。

（5）促进环保措施的科学评价　以往对环保措施的费用效益分析，大多不考虑生态系统为人类提供的生命支持系统功能价值的损失和增值，导致评价结果不完善。实质上，在环保措施费用项中应加入环境质量损失，而在环保措施效益项中应加入因采取环保措施而避免的环境污染损失，避免的损失就相当获得的效益。生态价值评价研究可以让人们了解生态系统给人类提供的全部价值，促进环保措施的合理评价。

（6）为生态功能区划和生态建设规划奠定基础　通过区域生态系统服务的定量研究，能够确切地找出区域内各生态系统的重要性，发现区域内生态系统敏感性空间分布特征，确定优先保护生态系统和优先保护区，为生态功能区的划分和生态建设规划提供科学的依据。

（7）促进区域可持续发展　只有认识生态系统给人类提供的服务功能价值，才能科学合理地进行生态区划和生态规划，在时间尺度和空间尺度上实现资源的合理分配，保证区域内和区域间当代人的公平性和代际间的公平性，最终实现区域可持续发展。区域生态系统服务功能研究能够克服认识上的局限性，正确处理社会经济发展与生态环境保护之间的关系，促进区域的可持续发展。

7.3.3 生态系统服务功能价值的评估方法

生态系统服务功能中，能够在传统经济学真正获得规范和恰当的价值计量的仅占少数，他们主要集中于承载功能和生产功能的一些内容。生态系统服务功能的绝大部分功能，尤其是调节功能和信息功能，都未能得到价值评价。现代有关研究表明，那些在传统经济学中未能得到表达的价值普遍高于或远高于能够得到表达的价值。生态系统的各个功能间可能是相互依存或相互制约的，在进行生态资源的价值计量中，必须考虑功能之间的不同相互影响。根据生态经济学、环境经济学和资源经济学的研究成果，生态系统服务功能的经济价值评估方法可分为两类：

1）替代市场技术。它以“影子价格”和消费者剩余来表达生态服务功能的经济价值，评价方法多种多样，其中有费用支出法、市场价值法、机会成本法、旅行费用法和享乐价格法。

2）模拟市场技术（又称假设市场技术）。它以支付意愿和净支付意愿来表达生态服务功能的经济价值，其评价方法只有一种，即条件价值法。

（1）费用支出法　费用支出法是用以生态系统服务功能的消费者所支出的费用来衡量生态系统服务价值的方法。这种方法常用于对旅游文化娱乐功能的估算，通过旅游者在旅游活动中交通、观赏、食宿等方面的花费，对生态系统的游憩功能进行评估。由于受许多社会因素的影响，这种方法并不能真正反映旅游者对于旅游区的支付意愿，而且这种方法也只适用于游客较多的地区。

（2）市场价值法　市场价值法与费用支出法类似，但它可适合于没有费用支出的但有市场价格的生态服务功能的价值评估。市场价值法先定量地评价某种生态服务功能的效果，依据效果的市场价格来评估其经济价值。根据生态效益的正负划分，市场价值法可分为两类：

1）环境效益评价法。通过估算某种生态系统服务功能的定量值（如水源涵养量、CO_2固定量、农作物增产量）和其“影子价格”（如涵养水源的定价可根据水库工程的蓄水成本，固定 CO_2 的定价可以根据 CO_2 的市场价格），计算其总经济价值。

2）环境损失评价法。它是与环境效益评价法类似的一种生态经济评价方法。例如，评价保护土壤的经济价值时，用生态系统破坏所造成的土壤侵蚀量及土地退化、生产力下降的损失来计算。

环境效益评价法与环境损失评价法是一个问题的两个方面，一是从公益效果考虑，二是从失去公益效果的损失考虑，如果生态破坏的公益损失比较明显和容易定量时，就可以用环境损失评价法。

理论上，市场价值法是一种合理方法，也是目前应用最广泛的生态系统服务价值的评价方法。但是这种方法只适用于有市场价格的生态系统产品或服务，对于没有市场价格的服务只能通过其他方法进行转化，才能适用。此外还需结合考虑一系列经济指标，因此使用时常受到资料不足的限制。

（3）边际机会成本法　边际机会成本是由边际生产成本、边际使用成本和边际外部成本组成的。机会成本是指在其他条件相同时，把一定的资源用于生产某种产品时所放弃的生产另一种产品的价值，或利用一定的资源获得某种收入时所放弃的另一种收入。对于具有稀缺性的自然资源和生态资源而言，其价格不是由其平均机会成本决定的，而是由边际机会成本决定，它在理论上反映了收获或使用一单位自然和生态资源时全社会付出的代价。

边际机会成本法主要针对自然资源，在核算时既考虑使用者本人开发资源所付出的代价，也反映了资源开发对他人的影响以及后代人由于不能使用该种资源所需付出的代价，比较客观全面的体现了某种资源系统的生态价值。但这种方法只适用于具有稀缺性的生态类型，而且涉及的条件比较多，不易操作。

（4）旅行费用法　旅行费用法属于间接性经济评价法，是利用游憩的费用（常以交通费和门票费作为旅行费用）资料求出“游憩商品”的消费，并以其作为生态游憩的价值。

游憩价值可分为使用价值和非使用价值。游憩的使用价值是指供人们现时现地的游憩使用价值，有类似市场交换的“替代市场”和“影子价格”，并能够以此来评价其价值。游憩的非使用价值是指供以后游憩使用的价值，或者供子孙后代游憩使用的价值，或者客观存在本身的价值，没有交换市场和“替代市场”，只有通过特殊的方法计算其价值。

（5）享乐价格法　享乐价格理论认为：如果人们是理性的，那么在购置房产时，必须考虑可提供使用的房产本身数量与质量，距中心商业区、公路、公园和森林的远近，当地公共设施的水平，周围环境的特点等因素。西方国家的享乐价格法研究表明：树木可以使房地产的价格增加5%～10%，环境污染物（如硫化物、氮氧化物和尘埃）每增加一个百分点，房地产价格将下降0.05%～1%。

（6）条件价值法　条件价值法也称调查法和假设评价法，属于模拟市场技术方法，它的核心是直接调查咨询人们对生态服务功能的支付意愿，并以支付意愿和净支付意愿来表达生态服务功能的经济价值，适用于缺乏实际市场和替代市场交换商品的价值评估，是“公共商品”价值评估的一种特有的重要方法。在实际研究中，从消费者的角度出发，在一系列假设问题下，通过调查、问卷、投标等方式来获得消费者的支付意愿和净支付意愿，综合所有消费者的支付意愿和净支付意愿。它能评价各种生态系统服务功能的经济价值，包括直接利用价值、间接利用价值、存在价值和选择价值。

（7）生产成本法　生产成本法是根据生产某种生态功能的产品成本进行定价的方法，或对某些可再生资源进行定价的方法。

（8）影子工程法　影子工程法是以人工建造一个工程来替代原来被破坏的生态功能的费用，并进行功能估算的方法。

（9）恢复和保护费用法　根据保护和恢复某些生态功能所需费用而进行的生态功能的评价，即当某一生态系统遭到破坏后，恢复到原来状态所需费用；或者为确保某一生态系统不被破坏的费用。以此来评价生态系统的价值，在对不同生态系统服务功能进行价值估算时，应针对生态系统的类型、对人类生产生活提供不同服务的类型选择不同的估算方法。

7.4 生态系统服务的功能价值

7.4.1 全球生态系统的服务价值

Costanza 等 13 位生态学家（1997 年）采用直接或间接地对生态系统服务的意愿支付估计，对全球生态系统服务进行了总估计。表 7-1 中列出了 17 种生态系统的现存面积、平均服务价值及每种生态系统服务的全球价值，如气体调节 1.3×10^9 美元，干扰调节 1.8×10^9 美元、废弃物处理 2.3×10^9 美元，养分循环 17×10^9 美元等；从生态系统类型看，总价值中 63%来自海洋，其中大多来自海滨生态系统，另外 37%来自陆地生态系统，主要为森林生态系统和湿地生态系统。全球各种生态系统的总价值为 33×10^9 美元（按 1994 年价格计算），是目前全球 GDP 的 1.8 倍。

7.4.2 我国生态系统的服务价值

张新时等采用 Costanza 等人的方法，对我国生态系统服务功能进行了价值估算（表 7-2）。我国生态系统效益的总价值约为 77834.48 亿元/年（以 1994 年人民币为基准）。其中陆地生态系统效益价值为 56098.46 亿元/年，海洋为 21736.02 亿元/年。1994 年我国的国内生产总值为 45006 亿元，我国每年生态系统提供的效益为当年 GDP 的 1.73 倍；陆地生态系统效益为当年 GDP 的 1.25 倍。我国的生态系统每年以生态产品和生态功能提供的价值远远超过了同一时期社会生产所创造的价值。

与全球生态系统服务价值的相比，我国陆地生态系统效益价值与全球平均水平相差较多，仅为单位面积全球陆地平均价值的 84%，这可能与我国人口众多、耕作历史悠久、自然生态系统破坏严重有关。全球生态系统效益价值与国民生产总值的比值为 1.82，我国为 1.73，两者比较接近。对两者进一步比较，我国的总面积占全球 2.78%，生态系统的服务

表 7-1 全球生态系统服务的年平均价值 （单位：美元/(hm^2·a)）

生物群落	面积/10^6 hm^2	1 气体调节	2 气候调节	3 干扰调节	4 水调节	5 水供应	6 防侵蚀	7 土壤形成	8 养分循环	9 废物处理	10 传粉	11 生物防治	12 避难所	13 食物生产	14 原材料	15 基因资源	16 休闲娱乐	17 文化	每hm^2价值	全球总价值/10^9美元
海洋	36302																		577	20949
远洋	33200	38			—				118			5		15	0			76	252	8381
海滨	3102			88	—				3677			38	8	93	4		82	62	4052	12568
河口	180			567	—				21100			78	131	521	25		381	29	22832	4110
海草/海藻	200				—				19002						2				19004	3801
珊瑚礁	62			2750	—					58		5	7	220	27		3008	1	6057	375
大陆架	2660				—				1431			39		68	2			70	1610	4283
陆地	15323																66		804	12319
森林	4855		141	2	2	3	96	10	361	87		2		43	138	16	112	2	696	4706
热带林	1900		223	5	6	8	245	10	922	87				32	315	41	36	2	2007	3813
温带/北方林	2955		88		0			10		87		4		50	25		2	2	302	894
草原/牧场	3898	7	0		3		29	1		87	25	23		67		0	574		323	906
湿地	330	133	4	4539	15	3800				4177			304	256	106		658	881	14785	4879
潮汐带/红树林	165		1	1839						6696			169	466	162		491		9990	1648
沼泽/泛滥平原	165	265	7	7240	30	7600				1659			439	47	49		230	1761	19580	3231
湖泊/河流	200				5445	2117				665				41					8498	1700
荒漠	1925																			
苔原	743																			
冰层/岩石	1640																			
农田	1400										14	24	—	54				—	92	128
城市	322	—	—	—	—	—	—	—	—	—	—	—	—	—	—	—	—			
总计	51625	1341	684	1779	1115	1692	576	53	17075	2277	117	417	124	1386	721	79	815	3105		33268

效益占 2.71%。但我国生态系统在授粉、水分供给、干扰调节、庇护、侵蚀控制与沉积物保持、生物控制、遗传资源、原材料、食物生产、废弃物处理、土壤形成、气候调节和休闲等生态服务功能方面对全球的贡献，超过平均水平；而在气候调节、水分调节、养分循环和文化功能等方面，对全球的生态贡献略小于面积比重（表 7-3）。但生态系统文化功能方面，采用的评价方法可能对我国生态系统的文化价值估计偏低。

表 7-2 我国生态系统效益的整体评价

生态系统类型	面积 /km^2	单位价值 /USD·$(hm^2 \cdot a)^{-1}$	总价值 /10^8 USD·a^{-1}	总价值 /10^9 RMB·a^{-1}
陆地	9600000	678	6508.92	56098.46
森林	1291177	1387	1790.75	15433.98
热带亚热带森林	821595	2007	1648.94	14211.73
温带森林/针叶林	469582	302	141.81	1222.25
草地	4349844	232	1009.16	8697.68
红树林	575	9990	5.74	49.51
沼泽湿地	158597	19580	3105.33	26763.90
河流/湖泊	50843	8498	432.06	3723.83
荒漠	1499473			
冻原	4120			
冰川/裸岩	442461			
耕地	1802910	92	165.87	1429.56
海洋	4730000	533	2521.96	21736.02
开阔洋面	4380000	252	1103.76	9512.98
海岸带	350000	4052	1418.20	12223.04
全国	14330000	630	9030.88	77834.48

表 7-3 我国生态系统效益和生态系统功能与全球比较

生态系统效益	生态系统价值/10^8 USD·a^{-1}		
	中国	全球	中国与全球比值(%)
1. 气体调节	273.18	13410	1.77
2. 气候调节	224.54	6840	3.28
3. 干扰调节	1184.05	17790	6.66
4. 水分调节	297.40	11150	2.67
5. 水分供给	1319.54	16920	7.80
6. 侵蚀控制与沉积物保持	324.44	5760	5.63
7. 土壤形成	18.13	530	3.42
8. 养分循环	2561.30	170750	1.50
9. 废弃物处理	791.54	22770	3.48
10. 授粉	133.99	1170	11.45
11. 生物控制	178.65	4170	4.28
12. 庇护	72.52	1240	5.85
13. 食物生产	503.12	13680	3.63
14. 原材料	279.81	7210	3.88
15. 遗传资源	33.69	790	4.26
16. 休闲	234.53	8150	2.88
17. 文化	636.45	30150	2.11
总计	9030.88	332680	2.71

我国生态系统服务效益在空间上存在分异，南方省份由于植被条件良好，生物多样性高，因此比北方省份可以提供更大价值的生态系统服务效益；湿地具有较大的生态系统服务功能，所以土地面积较大的省份也具有高的生态系统服务价值，如黑龙江省；边远省份由于和生态环境破坏较轻，所以具有相对高的生态系统服务，如新疆、内蒙，云南；农业开发较长时间的黄河中下游省份具有低的生态系统服务价值，这与大面积开垦和耕作有关，损伤了自然生态系统原有的功能，降低了生态系统的效益，进一步证实了人类农业活动对生态系统效益的强烈影响。

7.5 生态系统服务研究展望

为了深入研究生态系统服务、结构、过程之间的复杂性与关联性，建立生态服务综合评价的理论与技术方法，研究人类社会经济活动胁迫与生态系统服务的响应机制，分析生态系统服务变化对人类社会的影响，以下几个方面成为今后研究的重点。

1. 生态系统服务与生态系统结构及生态过程之间的关系

生态系统结构和过程是生态系统服务供给的物质基础。传统生态学的研究内容不能满足对生态系统服务综合评估的需求，需要以生态系统服务为研究对象，以生态服务的生物、物理过程与系统功能、结构为主线，补充进行基础生态学的研究与观测，研究生态系统服务与生态系统结构之间的关联关系，分析生态过程与服务表现的动态变化与相互作用，揭示这些复杂过程之间的关联特征与定量关系。

2. 人类干扰与生态系统服务的响应与反馈

人类对生态系统的干扰强度越来越大，生态系统为人类提供的服务随着对人类干扰产生响应和反馈而变化。因此，研究人类活动胁迫与生态系统服务的响应与反馈特征，探究生态系统服务变化的系统结构与生态过程根源，建立生态系统服务、需求、压力、响应、调节的因果链，分析人类活动对生态系统服务产生影响的不同驱动作用。

3. 生态系统服务变化对人类福利的影响

生态系统服务的强化或削弱将会导致以其为基础的人类社会福利的变化，特别需要研究生态系统服务的两种变化模式：大规模小尺度变化和小规模大尺度变化。衡量生态系统服务变化对人类福利的影响需要定量评价生态系统服务变化程度，在此基础上估算其经济价值的变化。生态系统服务在空间上是不均匀的，研究生态系统服务的空间转移规律和规模，分析生态系统服务空间转移产生的生态公平问题，提出生态系统服务跨区占用或不公平占用的补偿机制与补偿的定量评价方法也将是生态系统服务研究的一个重要问题。

4. 政策机制对生态系统服务的影响

国家或地方相关政策的实施、人们生活方式和价值取向将会对生态系统服务产生重要的影响。所以，研究社会经济以及环境保护决策对生态系统服务产生的政策效应，研究我国现有生活方式及价值取向对生态系统结构及其服务产生的长远影响，可以有助于制定可持续消费的制度与政策法规，构建可持续的消费模式。

思 考 题

7-1 结合我国生态环境现状，分析生态系统服务功能评价的意义。

7-2 归纳总结生态系统服务功能评价的方法。

7-3 结合个人理解，分析生态系统服务功能与绿色 GDP 的关系。

7-4 选择自己熟悉的一个区域，进行生态系统服务功能的评价。

推荐阅读文献

[1] 陈仲新，张新时. 中国生态系统服务功能的经济价值[J]. 科学通报. 2000，45：17-22.

[2] 欧阳志云，王效科，苗鸿. 中国陆地生态系统服务功能及其生态经济价值的初步研究[J]. 生态学报. 1999，19：607-613.

[3] 欧阳志云，王如松，赵景柱. 生态系统服务功能及其生态经济价值评价[J]. 应用生态学报. 1999，10(5)：635-640.

[4] 盛达元. 生物多样性经济价值股评[M]. 北京：中国环境科学出版社. 1997.

[5] 盛连喜. 环境生态学导论[M]. 北京：高等教育出版社. 2002.

[6] 谢高地，肖玉，鲁春霞. 生态系统服务研究：局限和基本范式[J]. 植物生态学报. 2006，30 (2)：191- 199.

[7] Costanza R，de Arge R，de GrooL R，Farher S，Grasso M，Hannon B，Naeem S，Limburg K，Paruelo J，O Neill RV，Raskin R.，Sutton P，van den Belt M，Sutton P. van den Belt M. The value of the world's ecosystem services and natural capital[J]. Nature. 1997，387：253- 260.

第 8 章

8

生 态 监 测

8.1 生态监测的概念和理论依据

8.1.1 生态监测的概念、特点和基本要求

1. 生态监测的概念

在环境科学中，环境监测是研究和测定环境质量的学科，它是环境科学研究的基础和必要手段。生态监测（ecological monitoring）是环境监测的组成部分。它是利用各种技术测定和分析生命系统各层次对自然或人为作用的反应或反馈效应的综合表征来判断和评价这些干扰对环境产生的影响、危害及其变化规律，为环境质量的评估、调控和环境管理提供科学依据。形象些说，生态监测就是利用生命系统及其相互关系的变化反应做“仪器”来监测环境质量状况及其变化。

目前，关于生态监测的定义尚不统一，归纳起来大体有以下几种看法：

生态监测是生态系统层次的生物监测（biological monitoring）。持这种观点的认为，生态监测就是观测与评价生态系统对自然变化及人为变化所做的反应，包括生物监测和地球物理化学监测两方面内容（刘培哲，1989 年）。

生态监测是比生物监测更复杂、更综合的一种监测技术。其观点是，从学科上看，生态监测属于生物监测的一部分，但因它涉及的范围远比生物学科广泛、综合，因此可把生态监测独立于生物监测之外（王焕校等，1986 年）。

生物监测包括着生态监测。持这种观点的理由是，生物监测就是系统地利用生物反应以评价环境的变化，并把它的信息应用于环境质量控制的程序中去。从生物学组建水平（hierarchical levels of biological organization）观点出发，各级水平上都可以有反应，但重点放在生态系统级的生物反应上（沈韫芬等，1990 年）。

实际上，无论是生物监测还是生态监测，都是利用生命系统各层次对自然或人为因素引起环境变化的反应来判定环境质量，都是研究生命系统与环境系统的相互关系，这无疑又都属于生态学研究范畴。从这种意义上说，凡是利用生命系统（无论哪一层次）为主进行环境监测的方法和手段都可称为生态监测。就是被视为生物监测开创者的科尔克威茨和马森（Kolkwiz and Marsson）也不主张简单地使用他们的生物表，强调不要根据某种生物，而应该根据其生物群落来评价环境。目前人们所说的生物监测，实际上大多都是生态监测。基于

上述看法，本章将两者统称为生态监测。

2. 生态监测的特点和意义

生态监测是20世纪初发展起来的，其标志是科尔克威茨和马森提出的污水生物系统，为运用指示生物评价污染水体自净状况奠定了基础。其后，克列门茨（Clements，1920年）把植物个体及群落对于各种因素的反应作为指标，应用于农、林、牧业。他（1924年）还主张把植物作为高效的测定仪器，积极提倡植物监测器（plant monltor）。20世纪50年代后，经许多学者（如Liebman，1951年；津田松苗等，1964年）的深入研究，到20世纪70年代后使生态监测成为活跃的研究领域，并在理论和监测方法上更加丰富，在环境监测中占有了特殊的地位。生态监测有物理和化学监测所不能替代的作用和所不具备的一些特点，主要表现在：

（1）能综合地反映环境质量状况　环境问题是相当复杂的，某一生态效应常是几种因素综合作用的结果。例如，在受污染的水体中，通常是多种污染物并存，而每种污染物并非都是各自单独起作用，各类污染物之间也不都是简单的加减关系。理化监测仪器常常反映不出这种复杂的关系，而生态监测却具有这种特征。例如，在污染水体中利用网箱养鱼进行的野外生态监测，鱼类样本的各项生物学指标状况就是水体中各种污染物及其之间复杂关系综合作用的结果和反映。

（2）具有连续监测的功能　用理化监测方法可快速而精确测得某空间内许多环境因素的瞬时变化值，但却不能以此来确定这种环境质量对长期生活于这一空间内的生命系统影响的真实情况。生态监测具有这种优点，因为它是利用生命系统的变化来“指示”环境质量，而生命系统各层次都有其特定的生命周期，这就使得监测结果能反映出某地区受污染或生态破坏后累积结果的历史状况。例如，大气污染的监测植物，真实地记录着污染危害的全过程和植物承受的累积量。事实证明，植物这种连续监测的结果远比非连续性的理化仪器监测的结果更准确。例如，利用仪器监测某地的SO_2，其结果是四次痕量、四次未检出、仅一次为0.06mg；但分析生长在该地的紫花苜蓿叶片，其硫含量却比对照区高出0.87mg/g。有些生态监测结果还有助于对某地区环境污染历史状况的分析，这也是理化监测所办不到的。

（3）具有多功能性　理化监测仪器的专一性很强，测定O_3的仪器不能兼测SO_2，测SO_2的也不能兼测C_2H_4。生态监测却能通过指示生物的不同反应症状，分别监测多种干扰效应。例如，在污染水体中，通过对鱼类种群的分析就可获得某污染物在鱼体内的生物积累速度以及沿食物链产生的生物学放大情况等许多信息。植物受SO_2、PAN（过氧乙酰硝酸酯）和氟化物的危害后，叶的组织结构和色泽常表现出不同的受害症状。

（4）监测灵敏度高　生态监测灵敏度高包含着两种含义。从物种的水平上说，是指有些生物对某种污染物的反应很敏感。有的敏感植物能监测到含量为十亿分之一的氟化物污染，而现在许多仪器也未达到这样的灵敏度水平。例如，一种唐昌蒲，在体积分数为0.01×10^{-6}的氟化氢下，20小时就出现反应症状。另外，对于宏观系统的变化，生态监测更能真实和全面地反应外干扰的生态效应所引起的环境变化。许多外干扰对生态系统的影响都因系统的功能整体性而产生链锁反应。如大气污染可影响植物的初级生产力，采用理化的方法可对此可以定量分析。然而，初级生产力变化使系统内一系列生态关系的改变才是大气污染影响的全部效应，也是干扰后该系统的真实的环境质量状况，只有通过生态监测才能对宏观系统的复杂变化予以客观的反映。

当然，从整体上看，生态监测在理论的方法上仍有许多问题亟待解决，也还有一些缺陷。其主要表现在：

1）不能像理化监测仪器那样迅速作出反应，在较短时间内就能获得监测结果，也不能像仪器那样能精确地监测出环境中某些污染物的含量，通常反映的只是各监测点的相对污染或变化水平。

2）外界各种因子易影响生态监测结果和生物监测性能。例如，利用斑豆（phaseolus vulgaris L.）监测 O_3，其致伤率与光照强度密切相关，SO_2 对植物的危害受气象条件影响很大等。

3）生物生长发育、生理代谢状况等都制约着外干扰的作用。相同强度的同种干扰对处于不同状态的生物常产生不同的生态效应。例如，水稻在抽穗、扬花、灌浆时期对污染反应最敏感、危害最大，而成熟期的敏感性就明显降低。

4）指示生物同一受害症状可由多种因素造成，增加了对监测结果判别的困难。例如，许多植物的落叶、矮态、卷转、僵直和扭曲等，大气氟化物的污染和低浓度除草剂的施用均可造成上述异常现象。SO_2 对植物的伤害往往与霜冻或无机盐缺乏的症状也很相似。

但是，尽管生态监测还存在着一定的局限性，它在环境监测中的地位和作用仍然是非常重要的。首先，通过生态监测可揭示和评价各类生态系统在某一时段的环境质量状况，为利用、改善和保护环境指出方向；其次，由于生态监测更侧重于研究人为干扰与生态环境变化的关系，可使人们搞清哪些活动模式既符合经济规律又符合生态规律，从而为协调人与自然的关系提供科学依据；另外，通过生态监测还能掌握对生态环境变化构成影响的各种主要干扰因素及每种因素的贡献，这既能为受损生态系统的恢复和重建提出科学依据，也可为制定相应的环保管理计划，增强环保工作的针对性和主动性，进而提高措施的有效性服务；最后，由于生态监测可反馈各种干扰的综合信息，所以使人们能依此对区域生态环境质量的变化趋势作出科学预测。

3. 生态监测的基本要求

与理化监测不同，生态监测有些特殊要求，明确和掌握这些基本要求对于工作的顺利开展是有益的。

（1）样本容量应满足统计学要求　因受环境复杂性和生物适应多样性的影响，生态监测结果的变异幅度往往很大，要使监测结果准确可信，除监测样点设置和采样方法科学、合理和具有代表性外，样本容量应该满足统计学的要求，对监测结果原则上都需要进行统计学的检验。否则，容易得出不符合客观实际的结论。表 8-1 是东北、安徽、贵州等地区黄鼬冬季针毛的长度，从表中项看，地区间有一定差异，但同一地区的不同样本间也有差异。如果对结果的分析停留在这个水平上，就容易得出“黄鼬冬季针毛长度的地区差异与气候条件无关”的结论。而研究者正是通过采用统计学方法处理以及各区之间的相互比较，证实了我国黄鼬冬季针毛长度不同的原因是地区气候差异造成的。这个结论显然符合客观实际。

（2）定期、定点连续观测　生物的生命活动具有周期性特点，如生理节律、日、季节和年周期变化规律等。这就要求生态监测在方法上应实行定期、定点的连续观测。每次监测最好都要保证一定的重复，切不可用一次监测结果作依据对监测区的环境质量给出判定和评价。例如，在水生态系统中，浮游生物受光照、水温等因素的影响而有垂直移动的生态习性，一天内的不同时间采样其密度往往差别很大。所以，监测时间的科学性和一致性是结果可比性的重要条件。

表 8-1 不同地区的黄鼬冬季针毛长度 （单位：mm）

样本数	东北	内蒙古	河北	安徽	贵州	总计
1	32.0	29.2	25.2	23.3	22.3	
2	32.8	27.4	26.1	25.1	22.5	
3	31.2	26.3	25.8	25.1	22.9	
4	30.4	26.7	26.7	25.5	23.7	
$\sum x$	126.4	109.6	104.1	99.0	91.4	530.5
n	4	4	4	4	4	20
x	31.6	27.4	26.03	24.75	22.85	26.53
$\sum x^2$	3997.44	3007.98	2709.99	2453.16	2089.64	14258.21

(3) 综合分析　综合分析过程既是对监测结果产生机理的解析，也是对干扰后生态环境状况对生命系统作用途径和方式以及不同生物间影响程度的具体判定。例如，通过对热污染水体（thermal pollution water）多年的生态监测发现，严重的热污染会对水库的渔业资源造成破坏，渔产量明显减少。但构成渔获物的五种主要经济鱼类中，白鲢和鲫鱼（carassius auratus）数量减少最多，生长速度减慢、疾病增多。而鳙鱼（aristichthys nobilis）和草鱼（ctenopharyngodon idellus）的数量增加，生长速度也加快。这个结果表明，热污染对水体渔业资源的影响与鱼类种群的生态特性有关，其影响程度、方式与鱼类的生态位有关（盛连喜等，1990 年）。

(4) 要有扎实的专业知识和严谨的科学态度　生态监测涉及面广、专业性强，监测人员需有娴熟的生物种类鉴定技术和生态学知识。根据国家环保部门的有关规定，凡从事生态监测的人员，必须经过技术培训和专业考核，必须具有一定的专业知识及操作技术，掌握试验方法，熟悉有关环境法规、标准等技术文件。要以极其负责的态度保证监测数据的清晰、完整、准确，确保监测结果的客观性和真实性。

8.1.2 生态监测的理论依据

生物与其生存环境是统一的整体，环境创造了生物、生物又不断地改变着环境，两者相互依存、相互补偿、协同进化，是生态学最重要的理论基础之一，同时也是生态监测理论依据的核心。

1. 生态监测的基础——生命与环境的统一性和协同进化

生物与环境之间的相互依存和协同进化的内在关系是自然界长期发展中形成的，生物的变化既是某一区域内环境变化的一个组成部分，同时又可作为环境改变的一种指示和象征。生物与环境间的这种统一性，正是开展生态监测的基础和前提条件。

2. 生态监测的可能性——生物适应的相对性

生物对环境的适应实际上就是各种生物能够很好地生活在各种环境的适宜现象。适应是普遍的生命现象，生物的多样性其中就包括了适应的多样性。适应是长期进化的结果。因此，在一定环境条件下，某一空间内的生物群落的结构及其内在的各种关系是相对稳定的。当存在人为干扰时，一种生物或一类生物在该区域内出现、消失或数量的异常变化都与环境条件有关，是生物对环境变化适应与否的反映。在欧洲的若干种尺蛾中都有两种类型的分化。一种为常态型，体呈灰色；一种为突变型，体为黑色。灰色尺蛾在非工业区占优势，黑色尺蛾在工业区占优势。有人曾用一种尺蛾（*biston betulartia*）的上述两种类型在工业区和非工业区进行了标记重捕试验（表 8-2）。结果是两个区内两类尺蛾的回捕率完全相反。这个结果说明，生物生存的机会不完全是随机的，生存有选择性。生物与其生存环境的统一与否，是生存选择结果的条件。

表 8-2　不同类型尺娥在不同条件的回捕结果

地　　点	总数量/只	灰色数/只	黑色数/只	总数/只
非工业区	释放数	496	473	969
	回捕数	62	30	92
	回捕数/释放数	12.5%	6.3%	
工 业 区	释放数	137	447	584
	回捕数	18	123	141
	回捕数/释放数	13.1%	27.5%	

（转自方宗熙，1973 年）

但是，生物的适应又具有相对性。相对性的一层含义是生物为适应环境而发生某些变异，上述的尺蛾类型分化就是生物适应环境的一种变异；另一种含义是生物适应能力不是无限的，而是有一个适应范围（生态幅），超过这个范围，生物就表现出不同程度的损伤特征。以群落结构特征参数，如种的多样性、种的丰度、均匀度以及优势度和群落相似性等作为生态监测指标就是以此为理论依据的，正是生物适应的相对性才使生物群落发生着各种变化。

3. 污染生态监测的依据——生物的富集能力

生物学富集（biological enrichment）是指生物体或处于同一营养级上的许多生物种群，从周围环境中浓缩某种元素或难分解物质的现象，亦称为生物学浓缩（biological concentration）。通过生物富集，元素或某种难分解物质在生物体内的含量可以大大超过该物质在环境介质中的含量。在长期的进化历程中，生物对环境中某种元素或各类物质的需求与其生活环境条件间的“供需”关系基本是协调的。然而，人类的干扰如农药的使用、某些人工合成化学物质等进入环境后，也必然要被生物吸收和富集，而且还会通过食物链在生态系统中传递和被放大。当这些物质超过生物所能承受的含量后，将对生物乃至整个群落造成影响或损伤，并通过各种形式表现出来。污染的生态监测就是以此为依据来分析和判断各种污染物在环境中的行为和危害的。

4. 生态监测结果的可比性——生命具有共同特征

生态监测结果常受多种原因的影响而呈现出较大的变化范围，这就为同一类型（如森林或草地）的不同生态系统间生态监测结果的对比增加了困难，但这并不等于生态监测结果没有可比性。从根本上说，生态监测结果的可比性是因为生命具有共同的特征，如各种生物（除病毒和噬菌体外）都是由细胞所构成的，都能进行新陈代谢、具有感应性和生殖能力等。这些共同特征决定了生物对同一环境因素变化的忍受能力有一定的范围，即不同地区的同种生物抵抗某种环境压力或对某一生态要素的需求基本相同。例如，在我国有广泛分布的白鲢鱼（hypophthalmichthys molitrix）的性成熟年龄和产卵时间南、北方差别较大，但达到性成熟所需的总积温却基本相同（表 8-3)。人为干扰（如人为增温）可使其性成熟年龄或产卵时间提前（表 8-4)。这是人为干扰作用存在的表现和水体增温的结果，但并没有改变鱼类性成熟对总积温的需求。所以，生命具有共同特征是生态监测结果可比性的基础。

表 8-3 不同地区白鲢性成熟总积温对比

项　目	广　西	江　苏	吉　林	黑　龙　江
生长期/月数	12	8	5.6	5.5
生长期平均水温/℃	27.2	24.1	20.5	20.2
生长总积温/(℃・d)	9792.0	5780.0	3485.0	3333
性成熟年龄	2	3～4	5～6	5～6
性成熟总积温/(℃・d)	19584.0	17340～23120	17425～20910	16665～19998
性成熟总积温均值/(℃・d)	19584.0	20230	19167	18331

表 8-4 人为增温对鲤鱼产卵期影响的监测

水体与样站		最早产（见）卵时间			年总积温/(℃・d)
		1973 年前	1984 年	1985 年	
增温水体	增温＞3℃	每年 4 月下旬或 5 月上旬	4 月 14	4 月 17	6478.4
	增温＜3℃		4 月 18	4 月 15～17 日	4857.4
	自然水区		4 月 23	4 月 18 日	
邻近自然水体		与增温水体相同		5 月 7 日	4013.6

另外，各类生态系统的基本组成成分是相同的。采用结构和功能指标可以对不同生态系统的环境质量或人为干扰效应的生态监测结果进行对比，如系统结构是否缺损、能量转化效率、污染物的生物学富集和生物学放大效应等均可用做比较的指标。只要方法得当、指标体系相同，不同地区同一类型生态系统的生态监测结果也具有可比性。

8.2 野外生态监测的基本方法

8.2.1 指示生物法

指示生物法自古有之。早在两千多年前，我国劳动人民就懂得用植物的特征来指示土壤的肥瘠、地下水的深浅、气候变化和地下有无矿藏等。人们在下枯井或矿井前，先用绳子缚一只鸡于井中，以鸡的死活来探查井中是否存有毒气。国外有人在矿井坑道或可能产生毒气的地方喂养金丝鸟，经常观察鸟有无异常反应，以此来指示井中有无毒性发生。与上述方法相比，现代的指示生物法则向着更细致、确切和定量化的方向发展。

1. 指示生物及其基本特征

指示生物法是利用指示生物（indicator organism）来监测环境状况的一种方法。所谓指示生物，就是对环境中某些物质，包括污染物的作用或环境条件的改变能较敏感和快速地产生明显反应的生物，通过其所作的反应可了解环境的现状和变化。生态监测中所说的指示生物通常都具有以下的基本特征：

(1) 对干扰作用反应敏感且健康　即对某种异常干扰作用在绝大多数生物尚未作出反应的情况下，指示生物中健康的个体却出现了可见的损害或表现出某种特征，有着“预警”的功能。由于生物种类很多，不同生物甚至同种生物不同品种和亚种对同一干扰的反应都不同，因此，要根据监测对象和监测目的挑选相应的敏感种类和指示生物。

(2) 具有代表性　从指示效果的角度要求，指示生物的适宜性越狭越好。但这样的生物在群落中的数量和分布区很小。因此，指示生物除具有敏感性强的特点外，还应是常见种，最好是群落中的优势种。

对干扰作用的反应个体间的差异小、重现性高：许多生物个体差异很大，若以此作为指示生物往往会影响监测结果的准确性。指示生物应是个体间差异小的种类，方能保证监测结果的可靠性和重现性。用作指示生物的植物，最好选用无性植物。这类植物在遗传性上差异甚小，可保证获得较为一致可比的监测结果。

要具有多功能：即尽量选择除监测功能外还兼有其他功能的生物，达到一举多得的目的。如有的有经济价值，有的有绿化或观赏价值等。国内外在大气污染的监测上，常选用唐菖蒲、秋海棠、牡丹、兰花、玫瑰等，都达到了既可观赏和获得经济效益，又能报警的目的。

2. 指示生物的选择方法

(1) 生物敏感性的划分　指示生物的选择，首先涉及到生物敏感性（或抗性）的分级标准问题，即敏感性的确定问题。同一种生物，由于采用的标准不同，所归入的敏感性等级就不同。如在植物敏感性的标准划分上，有时是根据植物最后的经济效益来断定，有时则根据叶片的受害程度来划分。目前有的采用“三级制”，即敏感（或抗性弱）、抗性中等和抗性强；也有的采用“四级制”，即把抗性中等再细划分为较敏感和抗性较强两级。

1) 敏感。这类植物不能长时间生活在一定浓度的有害气体污染环境中。否则，植物的生长点将干枯；全株叶片受害普遍、症状明显，大部分受害叶片迅速脱落；生长势衰弱，植物受害后生长难以恢复。

2) 抗性中等。这类植物能较长时间生活在一定浓度的有害气体环境中。在遭受高浓度有害气体袭击后，生长恢复慢，植株表现出慢性中毒症状，如节间缩短、小枝丛生、叶形缩小以及生长量下降等。

3) 抗性强。这类植物能较正常地生活在一定浓度的有害气体环境中，基本不受伤害或受害轻微。慢性受害症状不明显。在遭受高浓度有害气体袭击后，叶片受害轻或受害后生长恢复较快，能迅速萌发出新枝叶，并形成新的树冠。

江苏省植物研究所曾对60余种木本植物的实生苗进行过 SO_2 人工熏气试验，按照体积分数为 20×10^{-6} SO_2 熏气后受害叶面积的百分比，把植物的敏感性分为四级：Ⅰ级——抗性强，受害叶面积为0～7%；Ⅱ级——抗性较强，受害叶面积为7%～25%；Ⅲ级——抗性中等，受害叶面积为25%～65%；Ⅳ级——抗性弱，受害叶面积为65%～100%。美国学者曾对300余种植物进行了多年试验，对 SO_2 最敏感的紫花苜蓿的指数作为1.0，指数在1.5以下的植物为敏感植物；指数在2.6以上的定为抗性植物；多数植物的指数在1.6～2.5之间，属于反应中等植物（表8-5）。

表8-5　植物对 SO_2 毒害反应的比较

敏感植物		反应中等植物		抗性植物	
植物名称	指数	植物名称	指数	植物名称	指数
紫花苜蓿	1.0	蒲公英	1.6	美人蕉	2.6
紫茉莉	1.1	番茄	1.7	马铃薯	3.0
莴苣	1.2	苹果	1.8	蓖麻	3.2

（续）

敏感植物		反应中等植物		抗性植物	
燕麦	1.2	黄金树	1.9	紫藤	3.3
向日葵	1.3～1.4	包菜	2.0	忍冬	3.5
南瓜	1.4	豌豆	2.1	木槿	3.7
小麦	1.5	秋海棠	2.2	黄瓜	4.2
		桃	2.3	芹菜	6.4
		鸢尾	2.4	女贞	15.0
		李子	2.5		

（引自江苏省植物所，1978年）

生物对污染或其他因子作用强度的抗性与其生物学特性有关。就植物而言，抗性强的通常有以下特征：

1）叶片较厚、革质，外表皮角质化或表面具有蜡质层，气孔较少，叶背面多毛等。这些结构特征都不利于有害气体的进入而有利于植物对有害气体的抵抗。

2）特殊的生理特性。有些植物抵抗 SO_2 和 HF 的能力强，是由于它们在生理上具有积累、转移、消耗、抗御污染物的能力；有的植物在不利条件下能关闭气孔，暂停气体交换等，均可使其抗性增加。

3）较强的再生能力。有些植物（如构树和女贞等）在受到气体危害后易于恢复，因此在污染区可以表现出顽强的生存能力。

各种植物（包括动物）对污染的抵抗能力是不相同的，但有些植物对不同污染物的抗性往往是一致的。例如，对 SO_2 抗性强的植物通常对氯气、氟化物等的抗性也比较强。另外，也有些植物对不同污染物具有不同的抗性（表8-6）。

表8-6 植物对不同污染气体抗性比较

植物	SO_2	HF	NO_2	O_3
柑橘	强	中	-	-
木槿	强	-	弱	-
银槭	强	中	-	弱
杏	中	弱	-	-
葡萄	中	弱	-	弱
梨	弱	强	-	-
紫花苜蓿	弱	弱	-	弱
唐菖蒲	强	弱	-	-

（引自张志杰，1982年）

（2）指示生物选择方法

1）现场比较评比法。该法适用于植物或运动性很小的生物。选取排放已知单一污染物的现场，对污染源影响范围内的各类生物进行观察记录。对用于大气污染监测的植物来说，特别要注意叶片上出现的伤害症状特征和受害面积，比较后评比出各自的抗性等级，凡敏感植物（即受害最重者）就可选作指示植物。动物具有一定的运动能力，在种类的选择上，人们更注重迁移较慢的陆生种类，在水体中则注重底栖动物；在受害程度的衡量上，多注重生长和生理方面的变化。相对说来，这种方法简单易行，其缺点是受野外条件下各种因子复杂作用的影响，易造成个体间的不一致性从而影响选择结果。另外，对专业知识和工作经验要求高。

2）栽培或饲养比较试验法。将各种预备筛选的动、植物进行栽培或饲养，然后把这些生物放置在监测区内观察，并详细记录其生长发育状况及受害反应。经一段时间，评定各种生物的抗性，选出敏感生物。这种方法可避免现场评比法中因条件差异造成的影响，虽难免仍有一些干扰因子影响指示生物选取的准确性，但由于环境条件比较一致，对敏感种类的筛选效率比现场评比法高。

3）人工熏气法。将需要筛选的动、植物移植或放置在人工控制条件的熏气室内，把所确定的单一或混合气体与空气掺混均匀后通入熏气室内，根据不同要求控制熏气时间。动态熏气室是用抽吸的方法，使污染气体不断地进入熏气室，接着又不断被抽出，始终让室内保持浓度一定的污染气体的动态平衡。人工熏气法的优点在于能人工控制试验条件，能较准确地把握生物的反应症状或观察的其他指标，受害的临界值（引起生物受害的最低浓度和最早时间）以及评比各类生物的敏感性等。

4）蘸浸法。人工配制某种化学溶液、浸蘸生物的组织或器官。如蘸浸亚硫酸可产生二氧化硫的效果；蘸浸氢氟酸可产生氟化氢的效果等。试验证明，这种方法所获结果与人工熏气法基本相符，而且具有简便省时和快速的优点，在没有人工熏气装置时可采用此法。蘸浸法适用于植物，特别是适用于对大量植物的初选。

3. 指示生物的指示方式和指标

污染或其他环境变化对生物的形态、行为、生理、遗传和生态等各个方面都可能产生影响。因此，生物在这些方面的反应均可作为指示或监测环境的指标。指示生物法常用的指示方式和指标主要有以下几个方面。

（1）症状指示指标　指示生物的这类指标主要是通过肉眼或其他宏观方式可观察到的形态变化。如大气污染监测中指示植物叶片表面出现的受害症状和由此建立的评价系统（表8-7）；重金属污染水体中水生生物和鱼类的致畸现象等均属这类指标。

表8-7　以菜豆（Phusolus Vulgaris L.）对周围O_3反应受害症状建立的评价系统

受害估计	评价指数	叶受害百分率（%）
无	0	0
轻微	1	1～25
中度	2	26～50
中度—严重	3	51～75
严重	4	76～99
完全受害	5	100

（引自王勋陵，1987年）

（2）生长势和产量评价指标　生物生长发育状况是各种环境因素的综合作用，即使一些非致死的慢性伤害作用，最终也将导致生物生产量的改变。因此，对于植物而言，各类器官的生长状况观测都可用作指示指标。如植物的茎、叶、花、果实、种子发芽率、总收获量等。其中，果树和乔木等木本植物还可采用小枝、茎干生长率、胸径、叶面积、座果率等；动物的指标也基本雷同，如生长比速、个体肥满度等。

（3）生理生化指标　这类指标已被广泛应用于生态监测中，它比症状指标和生长指标更敏感和迅速，常在生物未出现可见症状之前就已有了生理生化方面的明显改变。例如，大气污染对植物光合作用有明显影响，在尚未发现可见症状的情况下，测量光合作用却能得到植物体短暂的或可逆的变化。植物呼吸作用强度、气孔开放度、细胞膜的透性、酶学指标（如硝酸还原酶、核糖核酸酶、过氧化氢酶等）以及某些代谢产物等也都能用作监测指标。用于水污染监测的生理生化指标也很多，采用得最普遍、同时又比较成功的是鱼类脑胆碱酯酶对有机磷农药的反应；转氨酶、糖酵解酶和肝细胞的糖朊等也是常用指标。生化指标的突出优点是反应敏感。但由于酶反应所具有的一些特点，同一种酶对不同污染物往往都能产生反应。所以，多数生化指标只能用来评价环境的污染程度，而无法确定污染物的种类。

（4）行为学指标　在污染水域的监测中，水生生物和鱼类的回避反应（avoidance reaction）也是监测水质的一种比较灵敏、简便的方法。回避反应是指水生生物、特别是游动能力强的水生生物避开受污染的水区、游向未受污染的清洁环境的行为反应。这是生物“趋利避害”的本能之一。生物回避性能是由于外干扰作用于其感官系统，信息再传递到中枢神经所引起的。回避反应试验的目的是阐明水生生物对污染物是否回避以及引起回避反应的浓度。利用生物这种反应进行生态监测，可检出水环境中低浓度的污染物，其结果是制定水质标准的重要依据。另外，污染水体中生物群落结构的破坏，污染物引起的中毒死亡和对生长、繁殖的危害固然是重要因素，但生物回避反应的作用也不可低估，它可使水生生物的种类组成、区系分布随之改变，进而打乱原有的生态平衡。尤其是具有洄游习性的种类，常因洄游通道上某一河段遭受污染而无法完成正常的生殖活动。因此，生物回避反应的试验或监测结果，也是分析和判断群落结构状况，指导生物资源保护以及水利工程兴建的重要科学依据。对我国第二松花江的多年调查结果也证明，在不同污染带，鱼的种类组成差别很大。

8.2.2 群落和生态系统层次的生态监测

室内进行的各种试验结果最终还要经过野外和现场的验证。因此，近年来十分重视野外和现场的生态监测，而且重点放在群落和生态系统水平上。群落和生态系统水平上的生态监测方法以水域监测为多，近几年来关于陆地生态系统人为干扰的生态监测方法和指标体系也有了迅速发展。

1. *污水生物系统*（saprobien system）

科尔科威茨和马森在 1909 年提出了污水生物系统，后又经许多学者不断完善，成为一种用于河流污染、尤其是有机污染的一种监测方法。这种方法的理论基础是，当河流受到污染后，在污染源下游的一段流程里会发生自净过程，即随着河水污染程度的逐渐减轻，生物的种类组成也随之发生变化，在不同河段将出现不同的物种。据此可将河流划分成多污带、α-中污带、β-中污带和寡污带。每个带都有其各自的物理、化学和生物学特征。污水生物系统各带的划分以及生物学特征可概括成表 8-8。

表 8-8　污水生物系统各带的化学和生物学特征

	多　污　带	α-中污带
化学过程	由于还原及分解作用而明显发生腐败现象	水及底泥中出现氧化作用
溶氧	很低或者为零	有一些
BOD	很高	高
H_2S的生成	多，有强烈硫化氢臭味	硫化氢臭味不强烈
水中有机物	有大量的有机物，主要是未分解的蛋白质和碳水化合物	由于蛋白质等有机物的分解，故氨基酸大量存在

（续）

	多 污 带	α-中污带
底泥	由于有黑色硫化铁存在，故常为黑色	硫化铁被氧化成氢氧化铁，因而底泥不呈黑色
水中细菌	大量存在，有时每毫升达数十万个到数百万个	通常每毫升水中达10万个以上
栖息生物的生态学特征	所有动物无例外地皆为细菌摄食者；均能耐pH值的强烈变化；耐低溶氧的厌气性生物；对硫化氢和氨有强烈的抗性	以摄食细菌的动物占优势，出现肉食性动物，对溶氧及pH值变化有高度适应性；对氨大体也有抗性，但对硫化氢的抗性则相当弱
植物	无硅藻、绿藻、接合藻以及高等水生植物出现	藻类大量生长，有蓝藻、绿藻、接合藻及硅藻出现
动物	以微型动物为主，其中原生动物占优势	仍以微型动物占大多数
原生动物	有变形虫、纤毛虫，但无太阳虫、双鞭毛虫及吸管虫	逐渐出现太阳虫、吸管虫，但仍无双鞭毛虫
后生动物	仅有少数轮虫、环节动物和昆虫幼虫出现。水螅、淡水海绵、苔藓动物、小型甲壳类、贝类、鱼类不能在此带生存	贝类、甲壳类、昆虫有出现，但仍无淡水海绵及苔藓动物，鱼类中的鲤、鲫、鲶等可在此带栖息

用群落中优势种群来划分污染带的方法，实际上是污水生物系统法的另一种形式。这种方法已被用于河流和湖泊的监测中，如福杰丁格斯德（Fjerdingstad，1964）根据污染水体中优势种群的不同，把污染水体（主要是河流）划分为9个污水带，其中各带的优势藻类分别是：①粪生带（coprozoic zone），无藻类优势群落；②甲型多污带（α-polysaprobic zone）裸藻群落，优势种为绿裸藻 *E. virids*；③乙型多污带（β-polysaprobic zone）裸藻群落，优势种为绿裸藻和静裸藻 *euglenadese*；④丙型多污带（γ-polysaprobic zone）绿色颤藻 *oscillatoria chorina* 群落；⑤甲型中污带（α-mesosaprobic zone）环丝藻 *ulothrix zonata* 群落或底生颤藻 *oscillatoria benthonicum* 等群落；⑥乙型中污带（β-mesosaprobic zone）脆弱刚毛藻 *cladophora* 或席藻等群落；⑦丙型中污带（γ-mesosaprobic zone）红藻群落，优势种群为串珠藻 *batrachospermum moniliforme*，或绿藻群落，优势种为团刚毛藻 *cladophora glomerata* 或环丝藻；⑧寡污带（oligosaprobic zone）绿藻群落，优势种群为簇生竹枝藻 *draparnaldia glomerata*；或环状扇形藻 *meridion circulare* 群落；或红藻群落；⑨清水带（katharobic zone）绿藻群落，优势种群为羽状竹枝藻 *draparnaaldia plumusa*；或红藻群落，优势种为胭脂藻 *hildenbrandia rivularis* 等。不同污染带特征与生物群落关系见表8-9。

表8-9 不同污染带特征与生物群落关系

β-中污带	寡 污 带
氧化作用更为强烈	因氧化使矿化作用达到完成阶段
较多	很多
较低	很低
少量	没有
蛋白质进一步矿质化，生成氨盐、硝酸盐和亚硝酸盐，有机物含量很少	有机物几乎全被分解
有三氧化二铁存在	底泥几乎全被氧化
细菌数量减少，每毫升在10万个以下	细菌数量少，每毫升只有数十个到数百个
对pH值及溶氧变动的耐受性很差，而且也不能长时间耐受腐败性毒物	对溶氧及pH值的变动耐性均很差，对腐败性产物，如硫化氢等无耐受性

（续）

β-中污带	寡污带
出现许多种类的硅藻、绿藻、接合藻，此带为鼓藻类主要分布区	水中藻类较少，但着生藻类较多
多种多样	多种多样
出现耐污性差的太阳虫和吸管虫种类，开始出现双鞭毛虫	仅有少量鞭毛虫和纤毛虫
淡水海绵、苔藓动物、水螅、贝类、小型甲壳类、两栖类、水生昆虫及鱼类等均有多种出现	除有各种动物外，昆虫幼虫种类也很多

2. PFU（polyurethane foam unit）法

PFU 是指用聚氨酯泡沫塑料块采集水域中微型生物和测定其群集速度来监测和评价环境质量状况的一种方法。它是由美国弗吉尼亚工程学院及州立大学环境研究中心的 Cairns 等人于 1969 年创立的。微型生物（主要是原生动物）群落是水生生态系统内的重要组成部分，近几年来的研究结果表明，微型生物群落结构特征与高等生物群落特征相类似，如果环境受到外界的严重干扰，群落的平衡被破坏，其结构特征也随之发生变化。国内自 20 世纪 80 年代起也将这种方法用于污染水体的监测和评价。

Cairns 等人认为，河流、湖泊、海洋等各种类型水体中的石子、泥沙表面、沉水木块、人工基质（载玻片、PFU 等）都可以认为是一个生态上的“岛”。对于微型动物来说，悬挂在水中的 PFU 就是一个小岛。用 PFU 法得到的原生动物群集过程是群集速度随着种类上升而下降，其交叉点即是种数的平衡点（图 8-1）。达到平衡点的时间取决于环境条件。据 Cairns 等人（1979 年）对弗吉尼亚、密执安、科罗拉多三个州内 40 个以上的湖、河、溪流的研究，发现静水在 2～5 星期内 PFU 上的原生动物种数就能达到平衡。在河流中由于水的流速，群集速度会加快，3～7d 就达到平衡，时间超过 7d 以上，PFU 会淤塞，种类反而会减少。沈韫芬等人在武昌东湖中心获得两星期能达到平衡，河流 1～3d 就达到平衡的结果。

根据 Henebry 等（1980 年）的报道，PFU 的孔径 100～150μm 为好、厚度为 5cm，其规格为 5cm×6.5cm×7.5cm 的小块。PFU 可放在监测水体的任何部位，如浮在水面或在不同深度分层悬挂。但无论放在什么部位，均须有垂坠物，以免漂浮。据沈韫芬等（1985 年）的研究，PFU 挤出液中可见到水体中大约 85%原生动物的种类，可以反映出整个群落动态变化的全过程和基本趋势。图 8-2 是他们对鸭儿湖氧化塘的野外监测和室内毒性试验结果。图 8-2a的Ⅰ号塘是污水进口处，毒物含量高，原生动物群集速度慢，种类最低；Ⅳ号塘的原生动物群集速度最快，种类最多，说明此处的水质已有了明显的改善。野外这些监测结果与室内毒性试验结果基本相同（图 8-2b）。

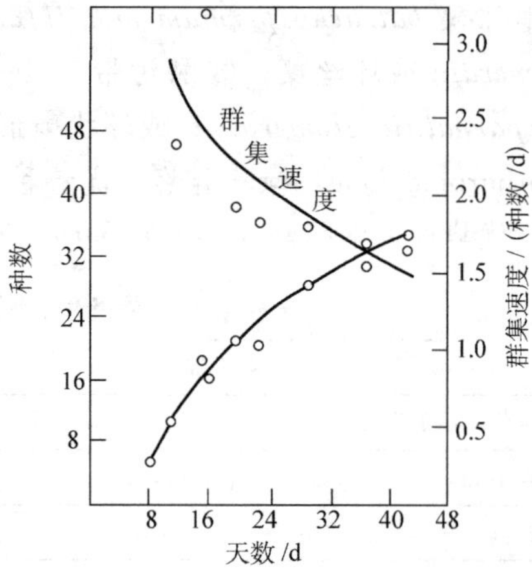

图 8-1 PFU 上原生动物集群过程
（引自 Cairns 等，1969 年）

PFU 法的优点是，克服了用单一生物种类的监测结果扩大到评价整个群落层次的不足，使监测水平提高到群落层次，因此能更附合客观事实和真实环境。另外，PFU 的方法简便易行，仅用一小块 PFU 的挤出液就能测出微型生物群落结构与功能的各项参数。

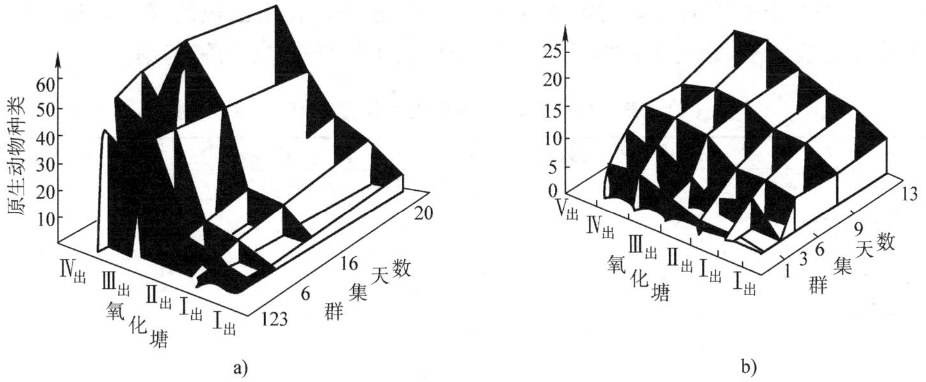

图 8-2 鸭儿湖氧化塘原生动物集群过程的野监测和室内试验（引自沈韫芬等，1985 年）

a）鸭儿湖氧化塘Ⅰ、Ⅱ、Ⅲ、Ⅳ野外生态效应试验中原生动物群集过程

b）鸭儿湖氧化塘室内毒性试验中的原生动物群集过程

3. 生物指数法

生物指数（biotic index）是指运用数学公式反映生物种群或群落结构的变化以评价环境质量的数值。W. M. 贝克（1955 年）提出了一个简易的数量指标——“生物指数”。他将调查发现的动物分成 A 和 B 两大类：A 为敏感种类，在污染状况下从未发现；B 为耐污种类，是在污染状况下才有的动物。然后采用下式表示生物指数

$$\mathrm{BI} = 2nA + nB$$

式中 BI——生物指数；

n——底栖大型无脊动物的种类。

按此公式计算，指数为 0 时属重污染区；1～6 时为中等有机污染；10～40 时为清洁水区。日本津田松苗对贝克指数作了多次修改，提出不限于在采样点采集，而是在拟评价或监测的河段把各种大型底栖无脊椎动物尽量采到，再用贝克公式计算，所得数值与水质的关系为：BI>30 为清洁水体，15～29 为较清洁水体，6～14 为不清洁水体，0～5 为极不清洁水体。

库德奈特和惠特（1960 年）提出了污染生物指数，这项指数以颤蚓类数量占整个底栖动物的数量比表示，即

$$\text{污染生物指数} = \frac{\text{颤蚓类个体数量}}{\text{底栖动物个体数量}} \times 100\%$$

所得数值小于 60%为良好水质，60%～80%为中等污染水质，大于 80%为严重污染水质。

用作计算生物指数的生物一般为底栖大型无脊椎动物，但也有用浮游藻类的，如硅藻指数

$$\text{硅藻指数} = \frac{2A + B - 2C}{A + B - C} \times 100\%$$

式中 A——不耐污染的种类数；

B——对有机污染耐污力强的种类数；

C——在污染区内独有的种类数。

皮尔姆（Palmer，1969 年）提出的藻类污染指数法很有实用价值。他对能耐受污染的 20 属藻类，分别给予不同的污染指数值（表 8-10）。根据水样中出现的藻类，计算总污染指数。如总污染指数大于 20 为重污染，15～19 为中污染，低于 15 为轻污染。

表 8-10 Palmer 的藻类污染指数值

属 名	污染指数值	属 名	污染指数值
组囊藻 anacystis	1	微芒藻 micractinium	1
纤维藻 ankistrodesmus	2	舟形藻 navicula	3
衣藻 chlamydomonas	4	菱形藻 nitzschia	3
小球藻 chlorella	3	颤藻 osciliatoria	5
新月藻 closterium	1	实球藻 pandorina	1
小环藻 cyclotella	1	席藻 phormidium	1
裸藻 euglena	5	扁裸藻 phacus	2
异极藻 comphonema	1	栅藻 scenedesmus	4
鳞孔藻 lepocinclis	1	毛枝藻 stigeoclonium	2
直链藻 melosira	1	针杆藻 synedra	2

对于水体富营养化程度的生态监测，多采用卡尔森（Carlson）的营养状态指数（trophiostate index，TSI）。其方法是根据水体透明度、浮游植物现存量（以叶绿素 a 值代表）、水体总磷浓度间存在的相关关系，以透明度作基准计算求得的。值的变化范围为 0 到 100 间。

根据叶绿素 a 值（chl）计算 TSI（chl）的公式为

$$TSI_{(chl)} = 10\left(6 - \frac{2.04 - 0.68\ln chl}{\ln 2}\right)$$

其他 TSI 值计算公式为：

$$TSI_{(SD)} = 10\left(6 - \frac{\ln SD}{\ln 2}\right)$$

式中 SD——透明度（m）。

$$TSI_{(TP)} = 10\left(6 - \frac{\ln(48/TP)}{\ln 2}\right)$$

式中 TP——总磷浓度（mg/m^3）。

日本相崎守弘等以叶绿素值作基准，根据日本湖泊的资料，求出修正的卡尔森营养状态指数（TSI_m）。

$$TSI_{m(chl)} = 10\left(2.46 + \frac{\ln chl}{\ln 2.5}\right)$$

$$TSI_{m(SD)} = 10\left(2.46 + \frac{3.69 - 1.53\ln SD}{\ln 2.5}\right)$$

$$TSI_{m(TP)} = 10\left(2.46 + \frac{6.71 + 1.15\ln TP}{\ln 2.5}\right)$$

TSI 值可单项使用，也可用几个单项 TSI 值求总的 TSI 值，如

$$总\ TSI = \frac{TSI_{(chl)} + TSI_{(SD)} + TSI_{(TP)}}{3}$$

TSI＜37——贫营养型；TSI＝38～53——中营养型；TSI＞54——富营养型。利用浮游生物进行生态监测的其他方法，可参阅沈韫芬等著的《微型生物监测新技术》，中国建筑工

业出版社，1990。

4. 群落和生态系统层次的其他监测指标

人为干扰或污染对生态系统胁迫的结构-功能反应，从理论上讲有三种类型：一是结构改变并没有伴随着功能的改变。如群落中执行同种生态功能的种类多，某一种群的消失并没有使群落的这一功能改变或消失，即生态系统的后备力强；二是功能改变而结构不变，如某些亚致死性的压迫效应，使系统的功能发生了改变但结构仍是完整的；三是系统的结构与功能同时改变（Cairns，1977 年）。生态监测中常用结构的信息来判断外干扰对生态系统的压迫强度，主要是以第三种类型为基础的。

从系统结构的角度所进行的生态监测已有很多方法，积累的资料也很多，如群落的物种多样性指数等。这方面的内容在本书第四章中已作了介绍。另外还可参考前面曾推荐的沈韫芬等著的《微型生物监测新技术》一书。结构上的各类指标的明显优点是易于对比，需要注意的问题是指标参数的选取应尽量考虑与功能的联系。从系统功能的角度进行生态监测的方法目前尚不成熟。现仅就人们常采用的几种方法作一简介。

（1）以测定有生命成分的结构信息为基础的指数　这类指数当中使用较多的有：①营养指数（trophic index），叶绿素 a 估算的有机碳与去灰分干重的有机碳量比值；②功能性营养指数（functional trophic index），叶绿素 a 估算的有机碳与 ATP 估算的有机碳量比值；③活性指数（viability index），ATP 估算的有机碳与去灰分干重的有机碳量比值；④异养性指数（heterotrophy index，HI），以 ATP 确定的活体的生物量与叶绿素 a 的比值。一般认为，HI 在 40 以下是清洁水，而在富营养化的水体中，HI 值升高。由于 HI 指数中的 ATP 是活体生物所含，可代表生物群落中有生命成分的变化，与生态系统的功能息息相关。

（2）以功能信息为基础的指数　这类指数主要是些生态效率指标，如 P/R 比率、P_N/P_G 比率等。

（3）以结构与功能联合的信息为基础的指标　如转换率（turnover ration）、P/B 比率；群落同化作用等级（community assimilation number），如净初级生产量与叶绿素 a 之比。

在水生态系统的生态监测中，模拟生态系统的方法越来越受到了人们的重视。例如，L. 林德尼尔（Landner，1988 年）曾介绍了这种方法在评价环境中危险化学品危害的应用。试验模拟生态系统选择了三种重要的水环境：①深海底部软底微观环境；②沿海浅海区域底部微观环境；③淡水湖泊围栏式环境。这三种模拟生态系统都与自然界的生物密切相关，并引入了一些额外的生物种类。所有系统都保持恒定的流水量，以提供足够的营养物，并连续一年以上不断考察系统的稳定性、再生产性和与自然环境的相似性。这些较大规模的微环境模拟系统的主要优点之一是，能确定对化学品最敏感的系统组成，也能确定初始系统的结构变化或系统的破坏，掌握生物之间的相互作用、相互影响的状况。

8.3 水污染的生态监测

水污染也是全世界普遍存在的主要环境问题之一。水污染基本上可分成两种主要类型，即无机污染和有机污染。尽管在多数情况下两类污染同时存在于一个水体，但认识两类污染生态效应的差别是重要的。有机污染引起生物群落结构的变化（图 8-3），它与无机污染并不相同。无机污染一般不形成富营养-过营养区域，随着污染的发展，生物种类减少，生物指数（个体数/种类数）呈下降趋势。

前面所介绍的生态监测方法，基本上都适用于污染水体的生态监测。除此外，由于水生生物种类组成的一些特点，还常采用其他的一些监测方法。

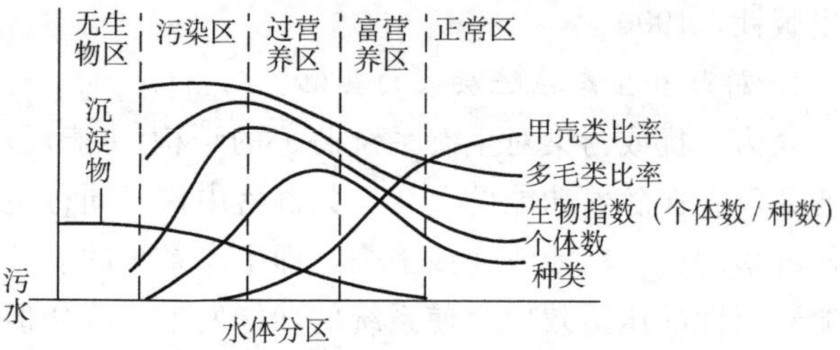

图 8-3　有机污染水体底栖动物群落结构变化和污染程度区分的模式图（引自北森良之介，1987 年）

1. 细菌在水污染生态监测中的作用。

细菌能在各种不同的自然环境下生长，而且具有繁殖速度快、对环境变化能快速发生反应等特点。近年来以细菌对环境变化反应的研究有了很大进展。应用细菌作为环境变化的指标，有两种基本方法。其一是调查种类组成、优势种以及依赖于环境特性而存在的特定细菌及其数量；其二是研究细菌群落的现存量、生产力同环境的关系。细菌的现存量一般是根据细菌数量的测定，有时也采用换算系数变为质量，由菌数换算为干重的系数为 106 细胞/mL＝50mg/m^3。细菌数量的测定方法，一是通过镜检计数总菌数；二是通过培养测定异养细菌的活菌数。

利用异养细菌的活菌数可以判断水质的有机污染程度和营养状况。日本学者（林，1973 年）曾调查了不同水体底泥的 BOD 和活细菌数的关系，证实了湖泊底泥中的易分解有机物的含量同活细菌数之间有相关性（图 8-4）。渡边仁治对河流的研究也证实，河水中有机物含量与活细菌数有相关性（图 8-5）。异养活细菌的数量也是水体营养状况的指示指标，富营养化的水体，异养活细菌的数量较多（表 8-11）。

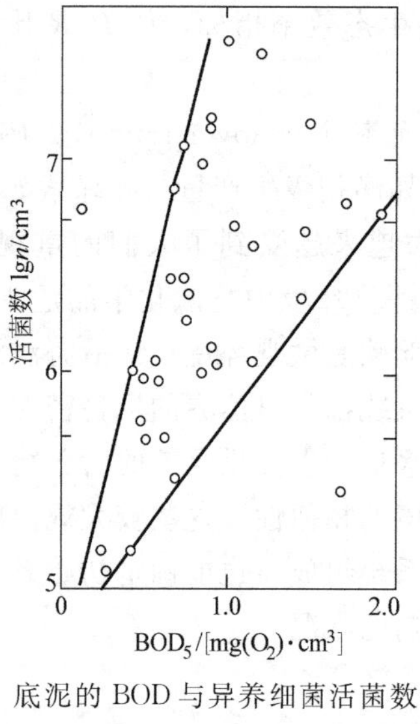

图 8-4　底泥的 BOD 与异养细菌活菌数的关系

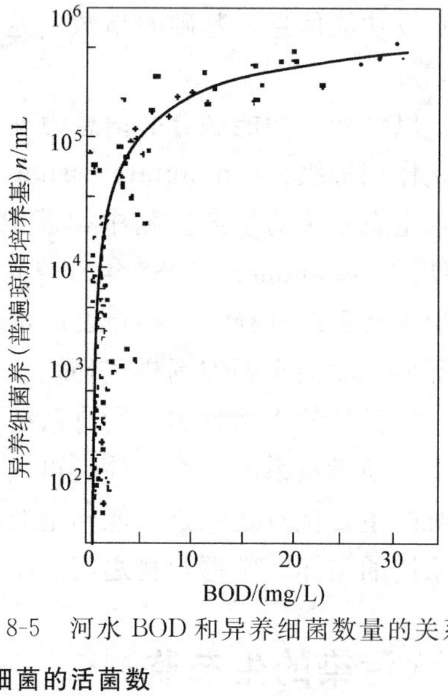

图 8-5　河水 BOD 和异养细菌数量的关系

表 8-11　不同类型湖沼异养细菌的活菌数

湖沼类型	活菌数
贫营养湖	$<10^2$ 个/mL
富营养湖	$10^4 \sim 10^5$ 个/mL
养鱼池	$10^5 \sim 10^6$ 个/mL
酸性营养湖	10^2 个/mL
腐植营养湖	10^2 个/mL

（引自：渡边佐治，1987 年）

但是，细菌种类鉴定和计数上的困难在某种程度上限制了它在环境监测中的应用。在水污染的细菌学测试中，应用最普遍的是利用大肠杆菌群检测天然水的细菌性污染。所谓大肠杆菌群是指一群好氧或兼性厌氧，能发酵乳糖，在乳糖培养基中经37℃、24h培养能产酸产气，革兰氏阴性，无芽孢的杆菌。大肠杆菌群寄生于人和动物的肠道中，它在水体中的出现意味着水体可能或已经被病原菌所污染。我国生活饮用水水质标准中规定1L水中总大肠杆菌群数不超过3个，这是以37℃下培养生长的“总大肠杆菌群”作为指标菌来规定的。

水中大肠杆菌群的量既可用1L水中大肠杆菌群数量表示，也可用大肠杆菌类指数或大肠杆菌类值表示。大肠杆菌类指数是指1L水中所含的大肠杆菌类细菌的数目；大肠杆菌类值是指水样中可检出1个大肠杆菌类细菌的最小水样体积（mL），此值越大表示水样中大肠杆菌类越少，生活饮用水的大肠杆菌类值不得小于333。

大肠杆菌指数和大肠杆菌值的关系可用下式表示

$$\text{大肠杆菌值}=\frac{1000}{\text{大肠杆菌指数}}=\frac{1000}{3}\approx 333$$

2. 浮游生物的指示作用

自20世纪初提出了指示河流有机污染的污水生物系统后，对浮游生物“指示种”的研究作了大量工作，如帕姆尔（Palmel，1969年）根据大量文献，对具有指示作用的700多种藻类和100多个变种进行评分，列出了耐有机污染评分最高的80个种。名列前五名的属依次为裸藻属（euglena）、颤藻属（oscillatoria）、衣藻属（chlamydomonas）、栅藻属（scenedesmus）和小球藻属（chlorella）。许多指示生物的指示效果是很理想的，如睫毛针杆硅藻（synedra ulna）、簇生竹枝藻（draparnaldia glomerata）等只能在DO含量高，未受污染的水体中大量繁殖，是清洁水体的指示生物，而舟形硅藻（wavicula aecomoda）、小颤藻（oscillatoria minima）等浮游藻类却是受有机污染十分严重的水体中的优势种，是水体严重污染的指示生物。

原生动物是单细胞浮游动物，它通过细胞膜与周围的环境接触，作为监测生物对环境的微小变化是很敏感的，因而是水污染监测中的一类重要生物类群。可作指示生物的单细胞浮游动物种类特别多，如污水性种类小口钟虫（vorticella microstoma）、寡污性指示种匣壳虫（centropyxis）等。王家楫（1983年）根据国内外学者的研究结果，提出了198种可作为指示种类的原生动物。贝克（Bick，1967年，1971年）根据生态位理论和原生动物在天然水体分布状况，提出了纤毛虫类的生态值，即附有每个种采集时的理化因子条件。如果在水样中发现了某种纤毛虫，就可以从生态值中推知水质的状况。表8-12是几种原生动物的生态值。

表8-12　几种原生动物的生态值

水质指标	旋毛草履虫	豌豆形虫	沟钟虫	小口钟虫	绿草履虫
温度/℃	2～25	4～30	2～23	0～30	0～25
pH值	6.4～8.3	4.0～8.9	5.5～9.0	7.6～9.4	6.4～8.2
DO	0～7.5	0～11.0	1～13	0～10	0.1～11.0
CO_2（游离）	20～93	0～200	0～15	0～60	0～48
NH_4	0～60	0.2～160	0～17.5	0～65	0～60
NH_3（游离）	0～3	0～15	0～30	—	0～3
H_2S	0～1	0～15	—	0～40	0～1.1
NO_2	—	—	—	0～50	—

注：除pH值外，其他指标的单位为mg/L。（引自Bick，1967—1969年；Nusoh，1970年）

浮游动物中的其他种类，如轮虫、桡足类和枝角类等，也都有许多能够反映水质污染程度的指示生物。如轮虫中的没尾无柄轮虫、桡足类的太平指镖水蚤、枝角类的长刺溞等都是寡污性或未受污染水体中的优势种；而近邻剑水蚤、短尾秀体溞、萼花臂尾轮虫等都是污染水体的指示种。

3. 大型底栖无脊椎动物在监测中的应用

在种类众多的水底生物中，大型无脊椎动物因其行动能力差、寿命长、体形相对较大，易于辨认和分布广泛，已成为水污染指示生物的主要选择对象。大型无脊椎动物包括水生昆虫（aquatie insects）、大型甲壳类（macrocrustaceans）、软体动物（mollasks）、环节动物（annelids）、圆形动物（roundworms）、扁形动物（flatworms）等（图 8-12）。在这些生物中，有些类群是不耐污的，如某些幼虫阶段的蜉蝣类（mayflies）、石蝇类（stoneflies）、石蚕类（caddistlies）和浅滩甲虫类（briffle beetles）对许多污染物都是敏感的。耐污的类群，如水蚯蚓类（sludgeworms）、某些摇蚊幼虫（chironomid larvae）、蛭类（leeches）和肺螺目的螺类（pulno nate snails）通常在有机物丰富的条件下数量大增。等足目（sowbugs）、端足目（scuds）的幼虫多见于中度污染的水体中。耐污的种类既可在清洁水体中，也可在污染水体中出现。因此，有耐污种类出现的水体并非都是污染的水体。只有耐污种类大量存在而不耐污种类却消失时，才是水质发生变化的反映。

在污染水体的监测中，摇蚊幼虫得到了广泛的应用，它是双翅目昆虫摇蚊科幼虫的总称。全世界已鉴定的约 3500 种，它们为完全变态昆虫，一年繁殖 1～2 代。卵、幼虫和蛹生活在水中，成虫营空中生活。摇蚊幼虫是许多鱼类的重要饵料，也是摇蚊的越冬虫态。摇蚊幼虫对各类污染物的耐受能力不同。如摇蚊属（chironomus）的种类耐有机污染；前突摇蚊属（procladius）的种类耐重金属污染；双线环足摇蚊（cricotopus bicinctus）的幼虫对电镀废水的污染物（包括六价铬、氰和铜离子）的耐受力很高。

思 考 题

8-1 简述生态监测的概念和理论依据。

8-2 简述污染物在生物体内的吸收、分布和排泄特征。

8-3 污染物在生物体内转化主要表现形式有哪些？

8-4 简述污染物在食物链中的传递与放大特征。

8-5 环境污染物毒性的评价方法主要有哪些？

8-6 简述环境污染物的毒理学安全评价程序。

8-7 什么是指示生物？它有什么作用？

8-8 如果要分别监测污水、土壤、大气，应注意什么？主要监测物应如何确定？

推荐阅读文献

[1] 何增耀. 环境监测[M]. 农业出版社，1990.

[2] 沈蕴芬等. 河流的污染监测[M]. 中国建筑工业出版社，1994.

[3] 王华东，薛纪瑜等. 环境影响评价[M]. 高等教育出版社，1989.

[4] 王华东. 环境质量评价[M]. 科学技术出版社，1991.

[5] 徐镜波. 环境毒理学[M]. 东北师范大学出版社，2000.

[6] 金岚. 环境生态学[M]. 高等教育出版社，1992.

[7] 黄玉瑶. 内陆水域污染生态学——原理与应用[M]. 科学出版社，2001.

[8] 毛文永. 生态环境影响评价概论[M]. 中国环境科学出版社，1998.

[9] 陆书玉等. 环境影响评价[M]. 高等教育出版社，2001.

[10] Vannote，R. L. etal. The river continuum concept[J]. Can. J. Fish. Aqua. Sci.，1980.

[11] Hart，D. D. and N. L. Poff，eds. Dam removal and river restoration：special section[J]. BioScience，2002.

[12] ASCE River Restoration Subcommittee on Urban Stream Restoration. Urban stream Restoration [J]. Journal of Hydraulic Engineering ASCE，2003.

[13] Brookes，A，Shields JR，F D . River Channel Restoration[M]. Lodon：John Wiley & Sons，2001.

第 9 章

生态工程设计

9.1 生态工程的概念与特点

9.1.1 生态工程的概念

生态工程的概念是美国著名生态工程学家 H. T. Odum 及我国学者马世骏教授于 20 世纪中期提出来的。H. T. Odum 首先使用了生态工程（ecological engineering）这一术语，定义为“为了控制生态系统，人类应用来自自然的能源作为辅助能对环境的控制”。20 世纪 80 年代后期，生态工程在欧洲及美国逐渐发展起来，并提出了生态工艺技术，即在环境管理方面，根据对生态学的深入了解，花代价最小的措施，对环境的损害又是最小的一些技术。在我国，马世骏教授于 1984 年将生态工程定义为：生态工程是应用生态系统中物种共生与物质循环再生原理、结构与功能协调原则，结合系统分析的最优化方法设计的促进分层多级利用物质的生产工艺系统；生态工程的目标就是在促进自然界良性循环的前提下，充分发挥资源的生产能力，防治环境污染，达到经济效益与生态效益同步发展。它可以是纵向的层次结构，也可以发展为几个纵向工艺链索横向联系而成的网状工程系统。熊文愈于 1986 年提出：生态工程即生态系统工程，是系统工程和生态系统的结合，即利用分析、调整、规划、模拟、预测、设计实施、管理和评价等系统工程技术，对生态系统进行设计和管理的技术。

现阶段我国面临的生态危机，不单纯是环境污染，而是由于人口激增、环境与资源破坏、能源短缺等共同形成的综合效应。因此我国的生态工程不仅要保护环境与资源，还应协调社会经济效益和生态环境效益的一致性，改善与维护生态系统，最终获得自然-社会-经济系统的综合高效益。

生态工程中目前最活跃的研究领域，一是生物物质循环利用生态工程，将生活垃圾、秸秆、人畜粪便及各类食品工业的废弃物深层利用，循环再生，为社会提供合理的饲料、燃料、肥料和工业原料等系列服务；二是废水治理、系统回用生态工程，将雨水、污水、地表水、地下水、海水的合理开发利用形成一个系统工程，从源、流的各个层次进行废水资源分散处理、系统回用的生态规划、设计、管理及建设；三是绿色化学工程，研制和生产各种可自然降解、于环境无害且可循环利用的塑料包装品、洗涤剂、化妆品等人工合成材料；四是生物多样性保护和持续利用工程，合理开发、持续利用丰富的生物多样性资源，才能促进有效的自然保护。

9.1.2　生态工程的特点

我国与国外的生态工程各有其自己的特点，我国生态工程独特的理论和经验主要是：在系统生态学理论的基础上，吸收我国传统哲学精华，结合传统的生态工程实践经验，集中在保护资源和环境的同时，最大限度利用自然景观的生态工程的途径和方法上。我国生态工程所研究与处理的对象是社会-经济-自然复合生态系统（social-economic-natural compound e-cosystem）。

国外的生态工程研究与处理的对象是按照自然生态系统，如各类湖泊、草原、森林等，在自然生态系统中加入或构造原本没有的人为结构，如水利设施等工程。西方生态工程在研究方法与应用上，特别是定量化、数学模型化及系统组分与机制的分析方面具有自己的特色。

9.2　生态工程的基本理论

9.2.1　生态工程的系统原理

生态工程原理是实施生态工程的重要理论基础，国外的生态工程原理主要强调了自然属性，如生态系统结构和化学成分一致性、生物和化学多样性对生态系统缓冲能力的贡献，具有脉冲形式的生态系统常具有高生产力和生态系统具有与其先前进化的关系相一致的反馈机制、复原及缓冲的能力等；我国的生态工程主要从系统论出发，将生态工程原理总结为整体、协调、自生、再生循环、社会-经济-自然复合生态系统等。

1. 整体优化原理

生态工程研究与处理的对象是作为有机整体的社会-经济-自然复合生态系统，而不仅是其中某个组成部分的各种生物或某种无机成分，因此生态工程建设应具有整体优化的观念。生态工程是以整体观为指导，在系统水平上来研究，以整体调控为处理手段。一个生态系统或社会经济自然复合生态系统，在自然和经济发展中往往有多种功能，但其各种功能的主次和大小常因地、因时而异。应按自然、经济和社会的情况和要求，确定其主次功能，在保障与发挥主功能的同时，兼顾其他功能。统一协调与维护当前与长远、局部与整体、开发利用与环境和自然资源之间的和谐关系，以保障生态平衡和生态系统的相对稳定性。防止片面追求当前的局部利益产生一些不利于坚持发展的问题与后果。实践表明，整体优化原理符合系统论总体设计的思想，在生态工程建设中有着强大的生命力和现实的意义。

2. 协调与平衡原理

在一定时期内，自然界中任何稳态（homeostatic）的生态系统均具有相对稳定而协调的内部结构和功能。任何超越一个生态系统自我调节能力的外来干扰，破坏结构间协调、或功能间协调、或结构与功能间协调，势必破坏与改变该生态系统的原有性质及整体功能。在任何一个正常的生态系统中，物质循环和能量流动总是不断地进行着，但在一定时期内，生态系统各组成部分通过相生相克、转化、补偿、反馈等相互作用，结构与功能达到协调并保持着一种动态的平衡，包括结构平衡，功能平衡和收支平衡。生态工程需要保持生态系统的协调和平衡能力，只有这样形成的社会-经济-自然系统才能保持持续发展。

3. 自生原理

自生原理（self-resiliency）包括生态系统的自我组织（self-organization）、自我优化（self-optimum）、自我调节（self-regulation）、自我再生（self-regerenation）、自我繁殖（self-reproduction）和自我设计（self-design）等一系列机制。生态系统的自生作用能维护系统相对稳定的结构和功能、动态的稳态以及可持续发展。

4. 循环再生原理

生态系统中的物质和能量不断地进行着循环和再生。循环和再生的原理必须成为污染生态学研究的主要目标之一。例如，水的循环与再生，为生态系统中化学物质和能量交换提供了基础，同时还可起到调节气候、清洗大气和净化环境的作用。因此，从广义上来说，自然资源和生态环境保护的目的，就是使生态系统中的非循环过程成为可循环的过程，使化学物质的循环和再生的速度能够得以维持或加大。

5. 区域分异原理

生态系统在其特征上存在着地域差异，从而导致污染物质在迁移转化和生态行为上的区域分异。这种区域分异不但表现为空间位置的不同，也表现为污染物的毒性、循环通量、作用时间、积累或降解等生态行为上的差异，还包括时间分异等，如污染的森林生态系统和污染的农田生态系统有明显的差异。

9.2.2 生态工程的生物学原理

1. 物种共生原理

没有任何一种生物能离开自然界其他生物而单独生存和繁衍，生物之间存在正的相互作用和负的相互作用，合理利用生物之间的这些相互作用是生态工程的基础。

2. 生态位原理

在生态工程设计、调控工程中，合理运用生态位原理，可以构成一个具有多样化种群的稳定而高效的生态系统。在特定的生态区域内，自然资源是相对恒定的，提高人工生态系统效率的关键是合理调节生物种群匹配，充分利用生物对环境的影响，增加转化固定效率，使有限资源合理高效利用。通常所讲的“乔、灌、草”结合，实际就是按照不同植物种群地上地下部分的分层布局，充分利用多层次生态位，使有限的光、气、水、热、肥资源得到合理利用，最大限度地减少资源浪费，增加生物产量和发挥防护效益的有效措施。生态工程设计中，在考虑植物多层次布局的同时，还应当考虑众多动物、低等生物生存和生活的适宜生态位，从而形成了一个完整稳定的复合生态系统。

3. 食物链原理

生物圈中各种生物基于生产者和各级消费者间的营养关系，构成了生态系统中的食物链。各种食物链互相交错，形成食物网。生态学研究的物质、能量就是在这种网络中转化和传递的。林业生态工程实施中应用食物链原理，用人工食物链和环节（对社会有益的种群）取代自然食物链和环节，就可以大大提高人工林生态系统的效益。食物链与食物网是生态学的重要原理，也是生态工程的重要原理。

4. 物种多样性原理

生态系统越复杂，其稳定性越强。处于演替初级阶段或人工生态系统的生物种类单一，其稳定性就很差。复杂生态系统由于生物组成种类繁多而均衡，食物网纵横交织。其中一个种群偶然增加与减少，其他种群就可及时抑制补偿，从而保证系统具有很强的自组织能力，稳定性较强。我国过去的一系列林业生态工程中，种群结构越来越单纯，系统完全失去或大部分失去了自我调节能力，很大程度上要依赖人工投入能量和物质来维持其稳定机制。特别在林业生态工程中，应当根据这一原理采取以生物技术为主、人工投入为辅的基本方针，尽量造成稳定性较强的复合群体。

5. 物种耐性原理

任何生物的生长和繁衍离不开适宜的环境因子，环境因子在量上的不足和过量都会使该生物不能生长、生存或繁衍受到限制，以致被排挤而消退。一些生物耐性范围广阔，一些则狭窄，耐性越广阔，分布通常会越宽。

6. 耗散结构原理

耗散结构理论认为一个开放系统，它的有序性来自非平衡态。生态系统是耗散结构系统，一定限度的外力干扰会使系统内部产生相应的反应变化，使系统可以进行自我调整。而当外力干扰超过一定限度时，系统就能从一个状态向新的有序状态变化。

7. 限制因子原理

一种生物的生存和繁荣，必须得到其生长和繁殖需要的各种基本物质，在“稳定状态”下，当某种基本物质的可利用量小于所需的临界最小量时，该基本物质便成为限制因子。限制因子是可以变动的。例如，在水体富营养化进程中，氮、磷等因子可以迅速地相互取代而成为限制因子。

8. 环境因子的综合性原理

自然界中众多环境因子都有自己的特殊利用，每个因子都对生物产生影响，同时众多相互关联和相互利用的因子构成了一个复杂的环境体系，对生物产生综合影响。这种影响与单因子影响有巨大的差异。比如，年降水量同是500mm的森林群落，年平均温度在30℃以上的地带可能形成荒漠，10～30℃的地带可以形成热带灌丛或温带草地，而2～5℃的地区则可以形成泰加林。

9.2.3 生态工程设计原则

生态工程的设计和实施要按照生态工程的原理，按照物质在自然界迁移、转化、流动与循环的规律，积极地调控其食物链，联结在物流中已断了联系的或本不联系的亚系统，疏通物流、能流及信息流的通路，调节及维护各亚系统的收支平衡。同时根据生态工程实施的地方自然条件、社会条件和经济条件等，优化组合各种技术，使之相互联系成一个有机系统，达到多层次、多目标分级利用物质，促进良性循环，同步增加与兼顾经济、生态和社会效益。组合的技术可包括物理的、化学的、生物的。生态工程的创新性不在于组成的各单项技术，而在于因地、因类制宜的优化组合。优化组合后的生产技术系统可变废为宝，化害为利，多层分级利用产品、副产品、废物（水），促进良性循环。组合的方法有加环或减环（生产环、增益环、减耗环、加工环、复合环），增加或改变接合点，改善或加强食物链网及生产流程中各环节的系列联接与协调比量，疏通物流、能流通路；联结原本平行、独立的、无或少联系的一些系统，使之成为互利共生的网络系统；通过组合，促进多系统内空间、时间及所有生产过程的产品、副产品及废物，充分发挥物质生产潜力，促进与加速物质在比生物圈小的范围内循环，恢复受污染或破坏的生态系统。

1. 因地因类制宜原则

因地因类制宜原则是依据当地自然、社会和经济条件进行生态工程设计的基本原则。生态工程的基础是生态系统的合理运行，而生物种群是生态系统的核心，生物的分布、生存、生活和繁育，不可避免地受到其自然环境条件的制约。在设计过程中，必须依据当地的管理水平和社会要求（如劳动力剩余问题），提出其力所能及的生态工程类型。生态工程作为一种生态经济活动，在发展中国家和经济不发达的地区，其经济效益的高低决定着它的命运。因此，生态工程设计初期，必须对其产品的市场情况进行调查和对比分析，以确定生态工程的目标产品和辅助产品类型，同时，考虑当地的经济条件，如资金状况、经济环境、风险承受能力等。

生态工程着眼于社会-经济-自然生态系统的整体效率、效益与功能，将各种单一的、孤立的生物环节、物理环节、化学环节和社会环节及常规适用技术，优化组合，纵连横结，以生态建设促进产业发展，将生态环境保护融于产业工程及有关生产之中，而非单一产品、部门、单种废弃物和单一问题的解决。由于各地的自然条件、废弃物种类、数量、经济状况、市场需求及社会条件并不全同，因此这种组合不能生搬硬套某个地区的成功经验，而需根据所要进行生态工程地区的自然条件、经济条件、社会状况，因地因类制宜优化组合才能达到资源得以充分利用，变废为宝的目的。

2. 生态学原则

生态工程的设计，应根据生态工程的整体、协调、自生及再生良性循环等理论，按预期目标，因时因地因类制宜地调整复合生态系统结构和功能；联结原本无直接联系的不同成分和生态系统形成互利共生网络；分层多级利用物质、能量、空间、时间；促进系统良性循环，以达到经济、生态和社会的综合效益。包括：

（1）适当输入辅助能的原则　生态工程的主要能源均是太阳能。而适当地输入辅助能，建立辅助能流路线，可以人为改变生态系统的网络结构，增加反馈机会，提高生态系统主要能流途径的效率，同时也可以获得多种经济产品。

（2）生物多样性原则　我国的生态工程要求充分利用各类生态位和多层分级利用物质，因此必须保护与增加生物多样性。

（3）环境的时间节律与生物的机能节律原则　环境因子与生物的机能变化规律十分明显，对环境因子来讲称为环境因子的时间节律，对生物的机能变化称为生物的机能节律。在生态工程种群的选择与匹配过程中合理地利用不同生物的机能节律，与当地环境节律合理配合，就可以做到环境资源的合理利用。

（4）生物种群选择原则　生态工程的生物种群选择的原则：一是根据生态工程建设的主要目的来选择，同时，在同样可以达到主要目的的种群抉择中，要尽量选择兼有其他功能的种群。二是根据工程所处自然环境特征来选择，因地因类制宜地选定适生种群。这两条原则是处于同等重要地位的。

（5）种群匹配原则　由于复合种群稳定性强，当一项生态工程的主要种群选定后，如何匹配次要种群本身就成为一门技术。可以根据生物共生互生、生态位等原理，选择匹配次要种群，建造互惠共存复合群体。

（6）人工压缩演替周期原则　生态系统形成和演替是一个漫长的过程，有的长达百万年。生态工程是通过人工建造一个新的生态系统。因此，应采取适量人工投入，使人工生态系统加速演替，即模拟自然生态系统形成演替规律，人工压缩更替周期。

（7）种群置换原则　自然生态系统的生物种群是野生自然种群，这些复合群体的群落组成是经过长期的种间斗争逐渐达到和谐与平衡的。而生态工程是要建造高效的人工复合生态系统。在种群选择上就要本着以人工选择的组分代替自然种群。

3. 再生循环及商品生产原则

我国生态工程的目标是同步取得生态环境、经济和社会三方面效益，故参照市场状况，通过再生循环，不仅要求迁移、转化、去除一些内源和外源的污染，而且要依靠再生与循环尽量高产、低耗、优质、高效地生产适销对路的商品或可利用的原料，化废为利，收到经济效益；当一个生态系统中积累过多的某些物质时，如有机质、氮、磷等，生态工程要求开始时输出大于输入，即增支节收，降低过量的积累，防止二次污染，待该生态系统中物流及循环的各环节间的物质通量间比量协调后，再调整输出量，保持物质的输入与输出平衡，同步收到生态环境及社会效益。

4. 经济效益原则

在西方，生态工程是自然环境保护和自然景观的美化，其市场价值与经济效益很少直接挂靠。我国生态工程的价值是实利，在净化与保护的同时，还要产出农、牧、水产、林、副业及工业等商品，有直接的经济效益。

9.2.4　生态工程技术在环境保护中的应用

生态工程在环境保护中的研究与应用较为广泛，特别是在污染物的处理与利用，如污水处理与湖泊、海湾的富营养化防治上更为突出。例如，在美国的俄亥俄州，应用蒲草为主的湿地生态系统处理煤矿所排含有 FeS 酸性废水的生态工程。在瑞典也建立了若干污水处理生态工程，利用污水作为原料经处理后进行农田灌溉。在德国、荷兰、奥地利等国也结合生态技术建立了各种各样的污水处理与净化工程。

我国长期以来在废物利用、再生、循环等方面积累了许多的经验。例如，生活污水及粪便经多级处理后，用作农田肥料或养殖蚯蚓；马世骏等运用生态学的理论与生态工程，在20世纪50年代首先提出利用调控湿地生态系统的结构与功能来防治蝗虫灾害的方法。在我国环境生态工程建设有五种类型：①无废（或少废）工艺系统，主要用于内环境治理；②分层多级利用废料生态工程，使生态系统中的每一级生产中的废物变为另一级生产过程的原料，使废料充分利用；③复合生态系统内的废物循环，再生系统，如桑基鱼塘生态工程；④污水自净与利用生态系统；⑤城乡（或工、农、牧、渔、副）结合生态工程，是在一定区域内，应用生态工程理论与技术来分层、多级利用废料实现生态、经济效益的良好协调统一。

9.3　城市生态园林工程

9.3.1　植物配置及其造景基础理论

园林三要素中植物具有山水、建筑两要素所不具备的特征。植物是活的有机体，具有生命力，给人以活力，极易与人类融为一体；其次植物所占据的空间是变化着的，不同种类其外形不同。同一种植物在不同的年龄阶段其外形亦有变化，构成了极为丰富的园林植物空间。植物在色彩上的变化，不同种类的植物叶色有不同，花更是多姿多彩，如颜色、形态的缤纷各异。果实中既有色泽的变化还有形状、大小、质感的不一。植物的这种春花、夏绿、秋色（实）、冬姿的四季变化给人的感受远不只是空间和时间上的，更微妙的是心灵和情绪上的感触，类似于人的心与心之间的交流，也就有了植物的拟人化。

植物造景就是应用乔木、灌木、藤本及草本植物来创造景观，充分发挥植物本身形体、线条、色彩等自然美，配植成一幅幅美丽动人的画面，供人们观赏。植物除了运用它本身的外形与色彩进行造景和美化环境的功能之外，还具有与人在心灵上互感的环境功能，这也是绿色植物独有的。利用植物造景，必须考虑到以下几点。

1. 植物的生态要求

植物是有生命力的有机体，每一种植物对其生态环境都有特定的要求，在利用植物进行造景时必须先满足它的生态要求。主要满足植物对光的要求、对土壤中水分的要求、对大气的要求及对土壤的要求等。

2. 植物种间关系

在寒冷的温带植物群落中，苔藓、地衣常附生在树干、枝桠上；在亚热带，尤其热带雨林的植物群落中，附生植物种类更多，如藻类、天南星科、兰科、萝藦科植物。这种附生景观不仅增加了单位面积中绿叶的数量，增大了改善环境的生态效益，还可形成各种各样美丽的植物景观。有些植物如松树、云杉、柏、雪松、红豆杉、杨、杜鹃等具有菌根，这些菌根有的可固氮，为植物吸收和传递营养物质，有的能使树木适应贫瘠不良的土壤条件。豆科与禾本科植物、松与蕨类种植在一起，可相得益彰。

植物分泌的物质对种间组合有影响。例如，刺槐、丁香两种植物的花香会抑制邻近植物的生长，配植时可将两种植物各自丛植、片植；榆属与栎树、白桦与松、松与云杉之间具有对抗性。在风景林人工栽培群落配植时尽量不放在一起；核桃叶分泌大量核桃醌对苹果有毒害作用，这两种不宜配植在一起。

3. 充分发挥植物本身的美

（1）构成各种园林空间　园林植物种类繁多，每一种都有特定的外貌形态，可以充分利用植物的不同形态组合出丰富多彩的园林空间。由植物组成的空间与其他园林要素组成的空间相比，具有柔和的特点，没有生硬、冷冰的感觉。如落叶树形态随季节而变化，具有浓密树冠的遮荫树构成顶部覆盖而四周开敞的空间；大植物组合成方向直立、朝天开敞的室外空间。

（2）变化多端的植物外形　植物中木本植物的外形变化较多，构成空间和形成各种氛围多用树木。如尖塔形、回锥形：规则式应用时多形成庄严、肃穆的气氛；圆柱形：具有向上的方向感，或与其他形状的树木配植形成多变的林冠线；圆球形：规则式种植时也可形成整齐、规则的形态，有着较严肃的气氛，但较尖塔、圆锥形形成的气氛要活跃一些；伞形：分枝点较高，枝下可活动，外形活泼；垂枝形：如垂柳，形态较盈、优雅活泼；拱枝形：枝条长而略下垂，可形成拱券式或瀑布式的景观；钟形（卵形）：大多数树木为此类，外形雄伟、浑厚、朴实。

（3）丰富多彩的颜色　植物的花、果、叶、枝、树皮是植物色彩的源泉。一般来说，树叶色彩是主要的、大面积效果的。对落叶树来说，树枝、树干的色彩在冬季便成了重要因素。大多数植物的叶色为绿色，少数栽培品种具有其他颜色。绿色叶用肉眼又可分为：深绿色，如常绿阔叶树、针叶树，深绿色稳重但显阴沉，能与建筑很好的配置；浅绿色，如落叶树、芭蕉，浅绿色能使空间范围明显扩大，使光线不足的地方明亮起来；同时还是深色雕塑、紫色花的背景；灰绿色，如胡颓子、日本五针松、银桦，灰绿色能使空间范围显得扩大，与色彩鲜明的建筑物相配合效果好，但给人以寒冷的感觉；蓝绿色，如绒柏、蓝按、云杉，蓝绿色能与其他叶色很好配合，有凉爽和宁静的气氛；红绿色，如欧洲山毛榉、红花檵木、红叶桃，红绿色能提供活泼的气氛，使该地区产生温暖感，但有缩小空间的感觉；黄绿色，如金边大叶黄杨，黄绿色能与其他颜色很好调和，使阴暗地区明亮起来，给人愉快的效果。植物叶除以上的颜色外，较主要的还有秋色叶（如银杏、马褂木）、春色叶（如槭类、擦木），终年红叶（如红枫、紫叶小檗）。这些植物应用则成丛植、林植或点缀，主要依据色彩对比或调和取得配植效果。

（4）植物的质感　在城市景观中，有效地应用质感，能开拓和提高树木的特点和视觉效果。树木（植物）的质感依植物被看到的距离远近（视距）而不同。近看时，质感是指枝叶的大小、枝叶所占据的空间、树干的表皮、叶的形状及叶面性质、叶柄长度和硬度所产生的效果，如毛白杨的皮孔，香樟树皮的裂纹，泡桐叶的粗糙，柠檬桉光滑的树皮，乌桕、垂柳的纤细叶等；远看质感细节消失，质感成了整株树木或树丛的亮度和阴影所产生的效果，如树木远处的识别。质感粗的与粗重的材料协调，即使从远处看去仍很醒目，不过有缩小区域面积的倾向，可与外观处理细腻的建筑物或小品搭配。

4. 景点的协调

在运用植物造景时应充分体现整个园林设计的意图，与建筑、山石、水体、园路进行搭配时更应考虑到与其协调性。

（1）植物与建筑的配植　建筑在形体、风格、色彩等方面是固定不变的，没有生命力，需用植物衬托、软化其生硬的轮廓，因植物的季相变化和树体的变化而产生活力，主景仍然是建筑，配植植物应恰到好处。体形较大的建筑物，较为庄重，视野宽阔，多用树体高大、树冠开阔的树种，如雪松。老树体太小会显得极不相衬。体形不大的建筑物小巧玲珑、形态轻盈，选用姿态雅致、色彩较艳或具芳香的树种。在色彩上，植物的颜色与建筑的色彩对比越明显，观赏效果越好。灰白色墙面前，宜植开红花或红叶植物如紫荆、紫玉兰、榆叶梅、红枫，而红色墙面则宜种植开白花或黄花的树木如连翘、迎春、玉兰。在建筑南面，为了不影响室内采光，在离建筑较近的距离内不宜植高大乔木，以花灌木和地被植物为主；建筑北面，因环境荫蔽植一些耐荫的地被植物如玉簪、万年青、杜鹃、山茶等。在建筑角隅部分，面积较小，常植一丛灌木，或加几块山石，如丛生竹、南天竹、芭蕉、含笑、大叶黄杨等。窗外植姿态雅致的树木，与窗构成框景，如竹、芭蕉、梅、腊梅、碧桃、南天竹。

（2）植物与水体的配植　水给人以明净、清澈、柔和开怀和亲近的感受，从水面大小可分为湖、池、泊、溪、泉，前三者为静态，后两者为动态的。在水边配植时宜加强水面的宁静效果，创造更为幽静、含蓄的气氛。选择植物要满足以下要求：

1）生态要求。对于水边为自然驳岸的水体边缘植树，应选择耐水湿的种类。

2）树木形体。以线条柔和的树形为宜，如垂柱形、拱枝形、圆球形或钟形等，如垂柳、迎春、龙爪槐、乌桕。树冠外形峭立的不宜孤植，应丛植，如水松、地杉、落羽杉。

3）色彩。植物的色彩应突出水边周围宁静的气氛，宜以绿色为主，色彩不宜太丰富，花灌木点缀其中。

溪边植物的配植与流动的水体呼应，宜植有落花景观的花木，如桃、杏、李、梨、樱花、梅花。

9.3.2 植物造景方法

1. 国外园林中的植物运用

日本庭园对植物配置追求简单、含蓄，植物配置常绿树、花木稀少。松树是任何庭园不可或缺的树种，常被安置在主要地位成为构图中心，且常加以整形而具有不同风格。在树木种植时，丛植中的各株间距使人们从任何角度都能看到全丛的各株树木，往往采取二对一、三对一、五对一等种植方式。池畔的树木不宜生长过高，不然会影响到湖边赏月。树丛本身不宜过密而影响通风、或不利于地形起伏的显出，也不宜过于稀疏导致树间关联中断。多株树或每个树丛不仅本身应是优美的，而且要使全园增色。

意大利地处亚热带，夏季炎热，因此台地园林中的植物要求具有避暑功能。园内的植物以不同深浅的绿色为基调，尽量避免一切色彩鲜艳的花卉，使人在视觉上感到凉爽宁静。树形独特高耸的意大利柏是意大利园林的代表象征，往往在大道旁种植，形成浓荫夹道。此外还有石松、月桂、夹竹桃、冬青、紫杉、青栲、棕榈等，其中石松冠圆如伞，与意大利柏相形成纵横及形体上的对比，往往作背景用。其他树种多成片、成丛种植，或形成树畦；月桂、紫杉、黄杨、冬青等是绿篱用植物雕塑的主要材料，阔叶树运用较多的有悬铃木、榆、七叶树等。

英国属温带海洋性气候，缓坡牧场和孤立的树构成了优美的自然景观。在英国规则式园林中，广泛应用造型植物且造型也更加丰富多彩，有圆、方、锥、塔形和多层式、波浪式等，高低不一。功能上作为绿篱、绿墙、绿色的拱门、壁龛、门柱等，或作为雕塑物的背景、露天剧场的舞台侧幕等，也有的修剪成各种形象的绿色雕塑物，起着装饰庭园的作用。多用生长慢、寿命长、一经修剪成形后可维持长时间都不变形的紫杉，还有黄杨、水蜡、迷迭香等。英国整形园的园路上常覆盖着爬满藤本植物的拱廊称为覆盖散步道，或以一排排编织成篱垣状的树木配植在路旁。英国风景园林中的植物多采用树林草地形式。

2. 我国古典园林中的植物运用

我国传统造园历来重视植物造景。植物的枝叶花果色彩丰富，姿态各异，足以构成千姿百态的画面，再经过造园家精心选择，巧妙配植，契合时间空间变化，则可形成充满诗情画意，强烈感染游人的园林景观。主要表现在：

（1）以植物来划分景区　我国古典园林中以植物为主题的景观极其丰富。承德避暑山庄72景中，以树木花卉为景观主题的多达18处。以油松为骨干，广植乔木，采用多单元、多层次构图，用各种植物材料构成若干独具特色的单元，组合起来，即构成一幅节奏强烈、五彩缤纷的植物风景画卷。

（2）植物的拟人化　植物拟人化作用在我国古典园林中强调较为突出，运用比拟与联想，可以少胜多，多用在建筑景名、题咏、楹联等，或名胜古迹处。最典型的例子：梅兰竹菊喻为四君子，松竹梅喻为岁寒三友。

3. 现代园林中的植物造景方法

现代城市园林中，在不同区域根据当地条件选择不同类型的植物，模拟自然植物群落进行艺术组合。常用的几种造景方法有：

（1）孤植　多为欣赏树木的个体美而采用此法。适合孤植的树木要求有较高的观赏价值。姿态优美或体形高大雄伟需要选择大叶黄杨、苏铁、雪松、冷杉、云杉、凤凰木、龙爪槐、香樟、榕树等。叶色方面则选择红枫、紫叶李、银桦、银杏、金钱松、金心之类。花大色艳芳香者如广玉兰、玉兰、樱花、梅花、海棠、桂花。果实形状奇、巨、丰的种类，如枸骨、接骨木、金银木、柚子、柿子等。树干颜色突出的为柠檬桉、红端木等。孤植树一般设在空旷的草地上、宽阔的湖池岸边、花坛中心、道路转折处、角隅、缓坡等处。

（2）规则式种植　在纪念性区域、入口、建筑物前、道路两旁等地方一般需要规则式布置，以衬托或严谨、或肃穆、或整齐的气氛。①对植，选用圆球形、尖塔形、圆锥形的树木，如海桐、圆柏、黑松，多数在建筑物前或入口处；②列植，行道树或绿篱的种植形式，行道树一般选用冠大荫浓、耐修剪、发芽早而落叶迟、病虫害少、根系深的树种。

（3）丛植（群植）　丛植或群植在园林中应用最多，属自然布置的人工栽培模拟群落。在种类搭配上除考虑生态习性、种间关系以外，以叶色为主进行组合，一般采用针、阔叶树搭配，常绿与落叶树搭配，乔、灌、草搭配。群落上层选喜光的大乔木如针叶树、常绿阔叶树、秋色叶树等，群落中层选耐半荫的小乔木，下层多为花灌木。

（4）林植　在森林公园中表现为风景林，有纯林和混交林两种形式。纯林一船形成整齐、壮观的整体效果，但缺少季相变化，如杉木、银杉等；混交林由多种树种组成，往往有明显的季相变化。城市园林中林植一般出现在大的公园、林荫道、较大水面的边缘等，多选具秋色叶特性、树干光滑，无病虫害的种类如杨、白桦、银杏等。

（5）花坛、花镜、花丛及花群　花坛一般多设于广场和道路的中央、两侧及周围等处，主要在规则式布置中应用，多作为主景，有单独或连续带状及成群组合等类型。花境以树丛、树群、绿篱、矮墙或建筑物作背景的带状自然式布置，这是根据自然风景林中林缘野生花卉自然散布生长的规律，加以艺术提练而应用于园林。花丛及花群是将自然风景中野花散生于卓地的景观应用于园林，常布置于开阔草坪的周围，在林缘、树丛群与草坪之间起联系和过渡的效果。

9.3.3　植物配置及其造景实例分析

1. 广州园林植物配置及其造景

广州为我国亚热带至热带北缘的代表地区，植被丰富，自然群落中层次较多，有大量附生植物加藤本植物，形成我国北方地区见不到的层间层这一独特景观。利用华南地区植被的优势，组成具有多层次热带景观的人工群落，榕树独恃的景观、茎花植物、附生植物、具有板状根植物、棕榈科、竹类、木质大藤本及蕨类植物，大量花大、色艳、芳香的木本植物种类的运用，增添了热带植物景观的气氛。

2. 杭州园林植物配置及其造景

杭州地处亚热带季风气候区及华中亚热带湿润地区，长江中下游北区的南缘，植被种类具有华中、华东地区代表性。杭州园林除了湖光山色的自然因子外，最大特点是以植物景观取胜。以当地自然群落为模本，乔木、灌木、草本、地被各层植物均成片种植，气势很大，充分运用丰富多彩的乡土植物资源，组成各种专类园，并以植物结合地形起伏来分隔空间，使园林景色更趋自然，在植物空间中配置出各种植物景观如孤立树、树丛、树群、树坛，各种类型的草地及五光十色的宿根、球根花卉等，尤其是在植物造景中艺术性运用非常高超。

3. 北京园林植物配置及其造景

北京地处华北地区，属暖温带大陆性季风气候，在北方园林植物应用中具有代表性，植物种类远不如南方的丰富，但有其独特之处，大量选用华北的乡土树种，配置成针阔叶混交的人工群落。

9.4 道路绿化工程

9.4.1 道路景观与植物造景

道路是人们在户外滞留时间最多的空间，道路绿化是改善道路环境最常用、最有效的方法之一。道路绿化在景观、功能和生态三个方面有其他手段无法替代的意义和作用。

1. 道路景观

道路绿化是道路景观的重要组成部分，绿地植物在道路景观建造中的作用主要有两个方面。一是丰富、统一道路立面，弥补道路立面在色彩、质感上的不足。植物在形态、大小、色彩上的日间变化、季相变化、年季变化，能给人以时间变迁的印象，弥补了道路立面严谨的不足。二是通过绿地的形状和植物的形态，配植方式，对道路空间进行实的或虚的分割，结合其他因素，把各空间组织成一流畅合理的整体。绿地植物作为软质景观材料，同时还在建筑与道路之间起着缓冲作用。人对植物有一种天生的亲近性，用植物装点的街道空间更具有人情味。

2. 道路绿化的功能

道路绿化除了满足景观上的需要外，还有其他一些功能：①组织交通，通过绿地在平面上的分割，植物在立面的摭拦，达到人车分流，各行其道，如绿化隔离带、行道树、绿篱、草地、花池等；②荫棚效应，行道树所形成的绿荫，可使行人免受夏日炎热，也由于树荫覆盖，可使路面温度降低；③隐蔽作用，有些道路在路旁有不好的地形地物，如矿山、厕所等，这些可以通过种植树木、花卉、绿篱等使之隐蔽起来，减少视觉污染；④防护作用，道路绿化可以起到减弱风力，降低噪声、遮挡灰尘的作用；⑤生态效应，道路绿地增加了空气湿度又降低了大气温度，起到了改善城市小气候的作用；吸收汽车尾气排出的有害气体，对空气起到了净化作用。

3. 道路绿地造景植物的选择

道路绿地造景植物的选择是城市绿化中的重要内容，直接关系到城市绿化的成败、绿化效果的快慢、绿化质量的高低，以及绿化效应的发挥和城市街道景观特色的形成。在进行道路绿化树种规划时，通常要考虑以下几个方面的问题：树种选择时要考虑植物是否易成活、寿命长、萌发力强、抗污染、抗病害虫、易养护等，另外还应考虑各种不同植物在空间分割和道路立面结合形成景观如何、从整个城市生态系统考虑其植物的多样性问题等。

9.4.2 道路绿地植物造景的设计方法

依街道道路横断面的不同，街道绿地可分为一板两带、两板两带、三板四带、四板五带四种类型，依此可以把道路的几个绿化带分为人行道绿地（包括行道树、建筑与人行道之间的缓冲绿地）、分车带绿地（包括快慢车道隔离带、中央隔离带）。另外，街道绿地还包括防护绿地、街头休闲绿地（滨水绿地、步行街、广场绿地）。

（1）人行道绿地　从车行道边缘至建筑红线之间的绿地统称为人行道绿地。它包括人行道与车行道之间的隔离绿地以及人行道与建筑之间的缓冲绿地，也称基础绿地。人行道与车道之间的隔离绿地，人流较大时简化成只有行道树，以满足交通的需求。当人行道相对较宽敞时，人行道与车道之间设置隔离带。其宽度一般在1.5～4.5m，随着宽度的增加，植物配置相对复杂一些，有时采用封闭形式。行道树下植物多采用图案形式栽植，有时采用开放式，可供行人休息，植物配置更注重细节。

（2）分车带绿地　分车带绿地也称隔离带绿地，用来分离同向或对向的交通。起着分隔、组织交通和保障安全的作用。它包括快慢车道隔离带和中央隔离带。快慢车道隔离带一般为2.5～6.0m宽，根据交通安全的要求，多规定快慢车道之间的植物高度不超过1m，且禁止列植成墙，以利驾驶员的视线通透。若要在此处栽植乔木，则其主干分枝必须在2m以上，株距大于5m才安全。目前，隔离带的绿化植物多选用矮小的小乔木或花灌木，如圆柏、豆瓣黄杨、水芙蓉、茶花、棕榈等，目的在于减少视线障碍。中央隔离带一般很少栽植乔木，多采用地被植物，与低矮花灌木或花卉结合，片植成图案。

（3）街头休闲绿地　街头休闲绿地主要指那些面积相对较大，具有休闲功能的街头开放绿地，包括城市广场绿地、滨水绿地、步行街绿地等。

1）城市广场绿地。其功能相对道路要复杂得多，广场是行人形成城市印象的重要组成部分。其中集散型广场，为满足集散功能，往往铺装面积大于绿地面积，其中的植物造景力求简洁明了，壮观大气。纪念性广场，一般带有很重的文化内涵，在景观上要求壮观、气派。植物造景上多以规则式出现，注重整体效果。休闲性广场，规模上相对要小，主要侧重休憩、观光功能。在植物造景上讲究细部处理，形态、色彩的搭配。

2）滨水绿地。一面滨水、一面临街，有得天独厚的景观资源和宽敞的空间，巧妙利用这些有利的条件是建设滨水绿地造景的关键。

3）步行街绿地。步行街地处繁华区，人流量大，购物、旅游、观光、休闲等功能对其景观上的要求也特别高。步行街中的绿化由于受步行空间的限制，比较零散，大多以花坛、花池、棚架等形式出现，所以步行街的植物造景都与相应的景观设施相配合。

（4）防护绿地　防护绿地以其防护功能为主，兼顾观赏功能。防护绿地大多采用树林形式，交通干道两侧防护绿地对景观的要求相对要高些。往往采用由草坪向灌木小乔木、乔木过渡，形成层次，起到良好的防护作用和景观效果。

9.4.3 道路绿化生态工程实例分析

长沙市黄兴南路位于五一广场与南门口之间，曾是长沙市具有一定影响的商业街。黄兴南路呈南北走向，全长1245m，宽20～50m，其间与之相通的小巷11条，其中有解放路与之形成丁字交叉。根据规划方案，把街道分为交通区、停留休息区及楼前广场区。在进行设计时，充分体现各区的性质及特点，创造出各具特色的环境气氛。

在整个街道的交通区域，行道树作为区域环境风格的决定性因素，按照因地制宜和形式新颖相结合，选择了树形优美，且有异国情调的棕榈树，并适当以花灌木、小品、花地作点缀，使其既具有整体性又具有灵活性。在相对宽敞地带，设置花坛及休息座椅成为休息停留区。在大单位、商场前的空旷地，设置绿地、花坛、水池配以小品、雕塑，成为楼前广场区。通过利用植物的空间分割，做到建筑的个性与街道的共性有机结合。黄兴路现有行道树主要为法桐。由于街道不宽，已成年的法桐枝叶过于茂盛，街道显得阴暗狭窄、拥挤。计划用乡土树种棕榈替换法桐。棕榈树干直立，冠幅不大，适合于街道两侧宽窄不一，容易成排成行种植。保留部分现有树种，以提供宽大的绿荫，也展示街道昔日的历史，同时栽植与摆放相结合，尽可能增大绿化面积。

由于黄兴南路旨在改造为商业为主的步行街，定时禁止车辆通行，故要在其两端考虑停车问题。在道路及广场铺装设计中，主要从安全性、艺术性、观赏性、功能性来考虑，体现简洁明快风格。

9.5 建设项目生态工程设计

9.5.1 城市污水土地处理生态工程

以生态建设原理为基础的生态工程及生态工艺技术已经应用于我国工农业生产与环境治理的各个方面，现以天津市城市污水处理与利用生态工程为例进行介绍。

1. 污水土地处理生态工程的特征

天津城市污水土地处理系统以一级沉淀池加三级稳定塘为预处理系统，包括慢速渗滤系统在内的复合湿地处理系统为主体，要求复合生态系统突破冬季运行的难关。预处理系统要求对 BOD_5、COD、SS（总悬浮固体颗粒物）、N、P 等主要指标的处理能力优于二级生化处理，接近或达到三级处理水平。渗滤湿地、慢速渗滤和人工苇床，在天津日平均温度低于 −4℃、旬平均温度为 −7℃、进水水温大于 7℃时，实现了全年达标运行。BOD_5、SS、TN（总氮）等各项出水水质与温暖季节相比无明显差异。自由水面湿地和天然湿地在流程大于 130m、水层深度为 40cm 的条件下，也能全年运行。出水水质在最冷的 12 月下旬至 2 月上旬为：BOD_5 的浓度低于 50mg/L；其余时间 BOD_5 出水低于 30mg/L。

2. 污水土地处理生态工程设计

该土地处理系统工程设计流程如图 9-1 所示。

3. 污水土地处理系统主要技术参数

该系统的主要设计参数如下：

(1) 稳定塘预处理系统设计参数　在稳定塘预处理系统中，有机物降解速率 K 值是衡量与评价该工艺去除有机污染物的重要指标。它与光照、温度、有机负荷、生物量、藻类浓度等多种因素有关。设计时，K 值在冬季时（$T<5℃$），有冰层取 $0.025 \sim 0.034 d^{-1}$；在暖季（$T>10℃$）取 $0.043 \sim 0.099 d^{-1}$。不同停留时间的 BOD_5 去除率与去除负荷见表 9-1。

表 9-1　BOD_5 负荷设计参数

停留时间/d	7	13	20
去除率 (%)	45.4～48.0	57.5～64.5	67.0～75.4
BOD_5 负荷/kg/($hm^2 \cdot d$)	137～151	114～137	95～113

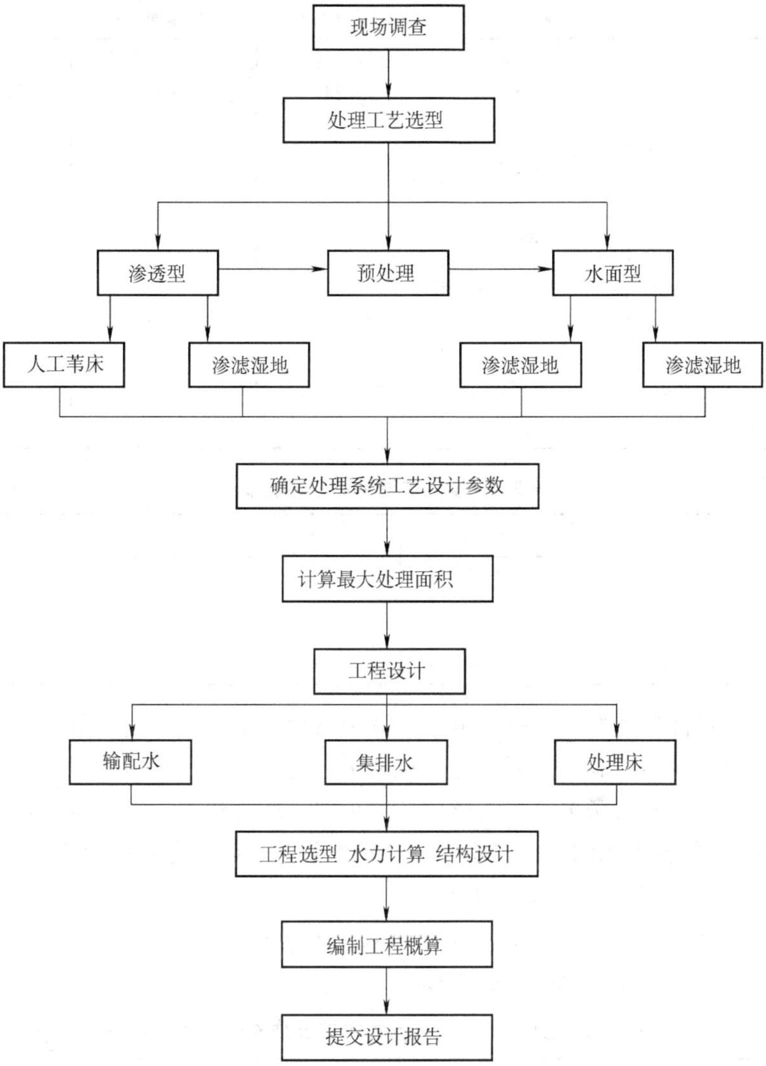

图 9-1 城市污水土地处理生态工程设计图

设计时，不同温度 BOD_5 负荷取值：冬季（$T<5$℃）为 34.2～48.4kg/(hm^2·d)，暖季（$T>10$℃）为 85～110kg/(hm^2·d)。稳定塘系统的进水标准：当出水 $BOD_5<30$mg/L 时，进水标准 $BOD_5<200$mg/L；当出水 $BOD_5<60$mg/L 时，进水标准 $BOD_5<260$mg/L。为了提高预处理效率，在预处理系统中设计了风力曝气机。运行试验证明，风力曝气不仅能节约电能而且可提高净化效率。在有风力曝气条件下，BOD_5 净化效率可提高 10%～21%。在日处理量为 200t 时，全年节约电能 9034kW·h。

（2）湿地系统各工艺类型的主要设计参数　天津湿地系统各工艺类型的主要工艺设计参数见表 9-2。

（3）慢速渗滤系统参数　污水类型为城市污水（工业废水 70%、生活污水 30%）；预处理要求一级处理；水力负荷为 150cm/a；污水投配频率为 2 次/月；污水投配量每次为 9cm。慢速渗滤系统技术指标见表 9-3。

表 9-2 天津湿地系统各工艺类型主要工艺参数的适宜范围

工艺类型	渗滤湿地	人工苇床湿地	自由水面湿地	天然湿地
气温/℃	−7～35	−7～35	−7～35	−7～35
进水水温/℃	7～25	7～25	7～25	7～25
出水水温/℃	2～25	2～25	0～28	0～27
水力负荷/(cm/d)	3.4～6.7	3.3～8.2	2.4～5.8	2.4～4.0
运行时间/(d/a)	365	365	300	300
水层厚度/m	0.1～0.4	0	0.1～0.4	0.2～0.8
停留时间/d	<10	4～5	1.5～4	>10
每星期布水天数/d	6～7	6～7	6～7	6～7
投配时间/(h/d)	8～24	8～24	8～24	8～24
有机负荷/(kg/(hm^2·d))	80～130	64～150	65	60
氮负荷/(kg/(hm^2·d))	25	28	16	11

表 9-3 慢速渗滤系统技术指标

水质指标	BOD_5	COD	SS	TN	IP
进水/(mg/L)	200～300	<400	150～200	30～40	10
出水/(mg/L)	<2	<20	<10	<3	<0.1
去除率(%)	>90	>90	>90	>90	>90

通过对本系统准降解的有机物进行卫生学评价、地下水监测、发光菌毒性试验的残毒分析、恶臭监测，以及养鱼试验，证明湿地系统的运行是安全的，对周围环境和生态群落结构未产生不良影响。系统对大肠菌、粪大肠菌、蛔虫卵、肠道病毒、噬菌体虽有很高的去除效果（99.9%以上），但排出水的总体卫生学质量仍然较差，必须在系统中设置消毒设施。

4. *污水土地处理系统的经济效益分析*

天津城市污水土地处理系统的工程投资和效益分析见表 9-4～表 9-6，分别为不同处理系统的工程费用、运行费用及经济效益指标。

表 9-4 天津城市污水土地处理不同处理系统的工程费用

处理类型	单位处理面积工程费用/（元/hm^2）	单位污水处理量工程费用/（元/m^3）
人工苇床	57945.75	197.18
渗滤湿地	23454.00	78.18
自由水面湿地	17235.00	68.94
天然湿地	15444.75	64.35
慢速渗滤	3780.90	92.00
稳定塘	76538.25	76.50

表 9-5 天津城市污水土地处理不同处理系统的运行费用 （单位：万元/a）

处理类型	电费	维修费	折旧费	行政费	其他	年费用
天然湿地	0.63	0.13	0.63	1.08	0.19	2.66
自由水面湿地	0.63	0.14	0.71	1.08	0.19	2.75
渗滤湿地	0.63	0.16	0.81	1.08	0.19	2.87
人工湿地	0.63	0.28	1.41	1.08	0.19	3.59
慢速渗滤	0.74	0.18	0.92	0.72	0.26	2.82
稳定塘	0.41	0.15	0.64	1.08	0.19	2.48

表 9-6 天津城市污水土地处理不同处理系统经济效益指标

处理类型	工程投资/万元	年收益/万元	经济效益指标	
			回收年限/a	总效益系数
天然湿地	12.87	1.35	10	0.11
自由水面湿地	13.79	2.29	6	0.17
渗滤湿地	15.64	2.26	7	0.14
人工苇床	39.44	2.19	18	0.06
慢速渗滤	18.40	4.92	4	0.25

9.5.2 城郊土地利用生态恢复工程

位于内蒙古包头市西郊的全巴图地区，由于受包钢尾矿坝和包头一电厂储灰场渗漏水的污染，加之不合理的黄河水资源的利用，生态系统遭到严重破坏，植被退化，耕地被废弃。由于环境污染、生态恶化，人民生活极度贫困，八个村庄的村民被迫迁到他乡。为了解决这一社会、生态、环境问题，采用了生态恢复的方法与途径，对该地区进行了生态重建示范的研究。

1. 自然与社会经济概况

全巴图示范区位于包头市西郊，总面积 100km^2。它地处温带季风气候区，年平均温度 6.5℃；降水量小，年平均降水量仅 273.3mm；蒸发量大，年平均蒸发量为 2342.2mm，是降水量的 8.6 倍，属典型内陆半干旱地区。该地区土壤以非地带性土壤-浅色草甸土和灰色草甸土为背景，盐渍化土和沙化土交错分布，58%为盐渍化土，60%为沙化土。原土以壤土为主，土地总面积为 10000hm^2，其中可耕地面积 4270hm^2。承压水贫乏，潜水含水层为细沙，富水性差，径流条件不好，稀释能力弱，水力活动以垂直蒸发和下渗为主，生态、水文、地理条件均很差。该地区植物种类贫乏，以旱生、中旱生和盐生植物为主，植被由盐生和沙生植物群落组成。该地区共有人口 7358 人，其文化素质均较低，高中以上文化水平的人数 500 多人，占总人口的 7.2%，初中以上文化水平的有 2600 人，占总人口的 36.6%。人均收入 1991 年仅 311 元，是包头郊区最为贫困的地区，可耕地数量较少，产量又低，1991 年平均产量仅 600kg/hm^2，农、林、牧、工业发展水平都很低。

2. 生态恢复的决策分析与实施方案

(1) 决策分析　应用复合生态系统理论和生态经济学原理，对该地区的自然、经济、社会复合体进行系统分析，开发治理的不利因素是自然生态系统脆弱、生态系统破坏严重、经济实力很差、居民的文化素质不高。开发治理的有利因素是光热资源丰富，黄河水可供利用，改造利用的土地面积较大，近郊城乡结合带的市场广阔，有利于引进人才、资金和技术。根据该地的具体情况，在决策上应以大农业为主体，采用贸、工、农一体化发展的低投入生态恢复与重建工程，工程的实施主体是当地居民，必须协调好市场经济条件下保护生态环境与发展经济的辩证关系，将污染治理、改善环境与发展经济、脱贫致富有机结合，生物措施与生态工程措施并举，技术措施与组织管理并重。采用先进运行机制、实施生态农业、综合发展三大产业，是该地区恢复生态、脱贫致富的根本出路。

(2) 实施方案的建立　根据区域当地的条件及生态适宜性，依据生态工程建设方法，将其划分为六大开发利用亚区，即生态农业开发亚区、林业经济开发亚区、林牧结合亚区、污染防护亚区、水产养殖亚区及生态旅游亚区。

3. 典型示范的实施及其效果

该工程从1992年开始在全巴图地区实施，具体包括抗逆植物园建设、高效益立体水产养殖、打井治盐、沙产业开发、枸杞引种试验、罗布麻引种试验、昭君岛旅游区建设等项目。特别是污染土地和污水的治理，采用对污染物具有强烈吸收和破坏机制的抗逆植物及水污染土地处理系统等生态工程方法进行；与此同时，运用农业生态工程原理，着重于种养加工一条龙，进行农工贸一体化的建设。经过几年的实践，已取得了明显的经济效益、环境效益和社会效益。

经过生态工程建设，1995年，该地区粮食产量、牧畜头数和人均收入逐年下降的趋势已彻底扭转。其中，粮食产量和牧畜头数分别增加了1.16和1.17倍，服务业收入增加了38倍，财政收入增加了8.7倍，人均收入增加了2.68倍（表9-7）。该地区的污染源得到了明显的控制，地下潜水位不同程度开始回落，生物治盐使示范区内盐渍化程度明显降低，表土盐含量平均降低30%～70%。防污示范林内8月份平均气温较林外降低0.2℃，平均湿度提高3%；植物种类由原来20多种盐生植物转变为现有的130多种中旱生植物，生物量增加了3倍；动物，特别是鸟类数量激增。其他指标见表9-8。从社会效益上看：

1）工厂和农村联手参加生态恢复工程，彻底消除了工农矛盾，促进了社会的安定。工厂由被告转为主动投入，农民由吃污染赔款饭变为积极承包荒沙地、盐碱滩，真正成为生态恢复工程建设的主体。

2）由于生态恢复工程的实施，此间包钢的钢铁产量虽由原来的200万t翻了一番，电厂的发电量增加了三倍，而该地区的污染却没有加剧。

3）示范工程从思想观念上、技术上、组织实施上给这一地区的综合治理和经济腾飞奠定了基础，起到了以点带面的示范作用。同时也给工业污染胁迫下的城乡交错带可持续发展提供了经验、方法和技术。

表9-7 包头市全巴图示范工程所取得的经济效益

	粮食产量/万元	牧畜头数/只	服务业收入/万元	人均收入/元	财政收入/万元
1991年（实施前）	255	7545	10	311	17
1995年（一期示范工程完成后）	550	16400	390	1146	165
比值（倍）	2.16	2.17	39	3.68	9.7

表9-8 包头市全巴图示范工程环境效益指标

名称	防污林	罗布麻	枸杞	治理盐碱地	治理沙荒地	新增耕地	新造林地
数量/hm^2	70	37	167	127	27	300	288

9.5.3 苏南经济发达地区地表水有机污染缓解的生态工程调控

苏南地区地表水属于有机营养物污染。该地区地表水的有机污染来自有毒有害的工业污染和生活污染。从具体情况看，在短期内因需巨大的投资而很难彻底解决生活污水的处理问题，宜采用生态工程建设方法来缓解该地区日益严重的地表水有机污染。

1. 污水资源化生态技术体系

对城市综合污水（生活污水和工业可降解有机污水）进行集中处理，以生态工程为手段，与城市菜篮子工程相结合，形成缓解污染与开发的良性循环，根据已有研究成果，提出适合当地的污水资源化生态技术体系，如图 9-2 所示。

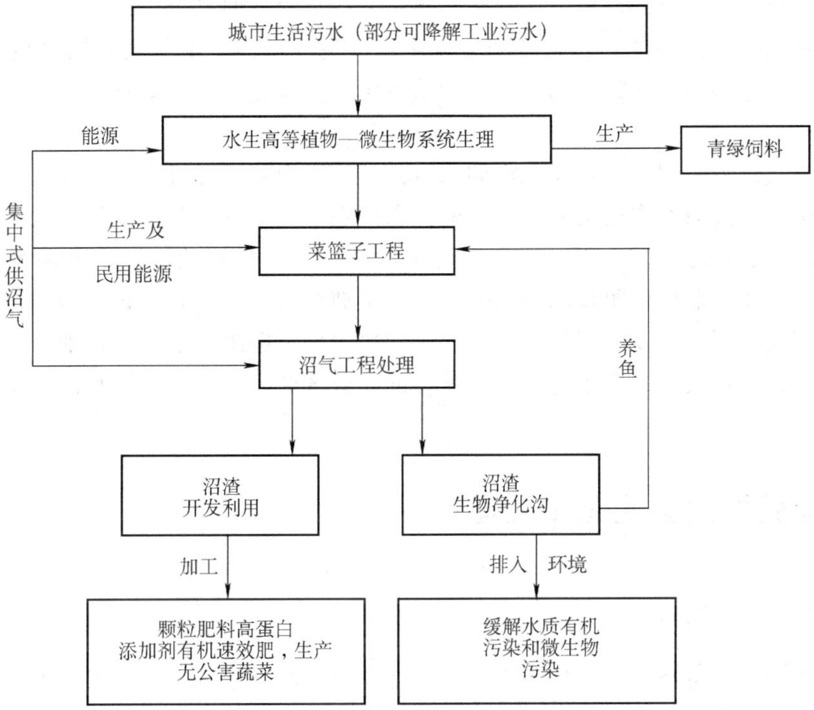

图 9-2　小城镇污水资源化生态技术

此设计在最后是发展组建一个产业集团的经济开发实体，开发污水资源，这与传统的污水治理不同。传统的污水治理技术以无害化为治理目标，在经济上只有投入而无产出，治理单位视之为负担而无积极性，甚至建成废水处理设施而不运行。为此我们应改变传统观念，视污水废弃物为资源，对其进行开发，形成治污与开发的良性循环。

2. 污水资源化生态技术体系的示范效益

松江县五里塘生态农场进行有机废弃物资源化工艺与技术的研究与开发，运用生态工程手段，有效地控制了对城镇水源河流的有机污染。以沼气为纽带，将场内养猪、养鸭、养鸡、养鱼和种植等各单元联系起来，实现物质多层利用。一个子系统的废弃物，经沼气环节和沼液生物净化沟处理后，变成另一个子系统的能量和物质输入，彼此之间构成了一种复杂的物质和能量不断流动的网络。

沼气池每年消耗猪粪 136.875 万 kg、鸡粪 182.5kg，年产沼气 39420m^3、沼液 3528kg、沼渣 170kg，沼气地产出的沼液中，有 450kg 用于鱼塘肥水养鱼（占沼液总量的 12.8%），其余的通过沼液生物净化沟得到了净化处理。沼液生物净化沟就是利用鱼池塘一类的零星土地而建造的一条长 330m、容积 1650m^3 的沼液生物净化系统。沟内利用天然的高等水生植物水草净化沼液，随着沟内水草生长，其净化能力成倍增长。现日处理水量约为 10t，COD_{cr} 去除率 96.2%，BOD_5 去除率 96.2%，NH_3—N 去除率高达 99.4%，在出水口的含量均大大低于上海市畜禽粪便污水的排放标准。

沼渣用作家畜的部分添加饲料，用这种沼渣取代10%的精料秆物质量喂猪，日增重高出10.8%，取得了很好的效益。每年清除一次沼气池的沼渣，大部分用以肥田，培养无公害蔬菜，不仅对植株生长、成熟、结实产生积极的影响，使产量增加30%左右，可以提前1～2个月向市场供应新鲜的茄子、西红柿、黄瓜和冬瓜等，而且由于植物吸收了沼渣中的活性物质，能增强植株御害能力，减少病害发生，并免施农药。沼气是利用有机废弃物作原料，经厌氧发酵获得的新能源，用作燃料清洁卫生，直接经济效益基本平衡，投入产出比为1∶7。

上述以沼气工程、沼液生物净化沟和沼渣开发利用为主的有机废弃物资源化技术，在缓解地表水有机污染方面的作用是非常显著的。它的建立，减少了菜篮子工程发展中对水环境的压力，使松江县水源河段BOD_5近几年削减了95.8%，异养菌数量下降两个数量级，疾病指示菌不再检出，取得了明显的环境效益。五里塘试验点的生态工程，是对污水中的有机污染物进行转化利用，在发展沼气工程的同时，也很好地解决了沼渣，特别是沼液的后处理问题，避免了二次污染，开发了为社会所需要的无公害商品，形成缓解水污染与开发的良性循环。

9.6 环境脆弱地区生态工程建设

9.6.1 生态脆弱区的特征

生态脆弱地区是生态学上的群落交错区和环境敏感的不稳定地区，人地关系矛盾是造成这种不稳定性的主要原因。不稳定的空间特征表现为环境波动性强、敏感、适应范围窄，并具有灾变的特点。脆弱地区最终表现为生产力不能持续稳定发展；生态性表现为土地退化、荒漠化加重、人类生存空间减小等。生态脆弱区的自然生态系统长期处于失衡状态，如何处理好生态脆弱地区的经济发展、环境保护生态建设与可持续发展问题是生态恢复工程与技术所要考虑的。

生态脆弱地区就时间尺度特征来看，主要表现在脆弱带组成要素的变化速率上，脆弱带组成要素的变化速率取决于脆弱带的空间尺度；空间尺度越大，脆弱带的组成要素变化越慢。此外，生态脆弱地区的组成要素变化受到了农牧业生产方式的改变和气候变化的影响，而且其影响程度受到了空间尺度的制约。例如，我国北方农牧交错带有着高的异质性和缓冲性，不仅包括了黄土、沙区、平原、山地等，而且也包括了河流、湖泊、沼泽等，这些地理条件不仅可减缓气候变化对它的总体影响，而且也制约了农牧业生产方式的变化速度和范围。而小尺度的农牧交错脆弱生态系统，异质性低，短时期内的生产方式变更和年度间的干湿变化都可影响其组成要素的变化速度和范围（表9-9）。

表9-9 生态脆弱带的空间、时间特性

脆弱带	空间特征	时间特征
我国北方农牧交错脆弱带	农牧业生产活动区域在空间上交错分布，其空间分布受气候条件和大地结构、构造影响极大、空间尺度一般在10^5～10^6 km²	空间组成要素在时间尺度上的变化受人为经营活动方式改变和长周期气候波动的影响较大，组成要素发生显著变化要相当长的时间（几百年）

（续）

脆弱带	空间特征	时间特征
农牧交错生态系统	交错带的最基本单位，由农田和牧场形成的界面和它延伸区代表了农田和牧场界面的物理量特征，数据间的差异极小，空间尺度可以从 $1\sim100km^2$	年度内农牧业从生产方式和气象要素（降水多少）的变化直接影响到农牧布局，组成要素在1年内就可发生显著的变化

9.6.2 生态脆弱地区的类型

脆弱生态环境的类型多种多样，从成因上分，脆弱生态环境主要有以下几类：

（1）界面性脆弱带 由不同的要素如温度、水分、水陆接触在界面处形成水平梯度变化较大的区域。我国沿海地带、青藏高原的冻地界带、绿洲与沙漠交界带、西伯利亚冻原与泰加林接触带均属此类。

（2）波动性脆弱带 一般为干湿过渡带，在时间特征上其组成要素的波动与剧烈变化表现为时间上系统要素变率高，在空间边界上的移动幅度大。通常是系统输入条件强烈的波动变化所造成的，如我国北方的农牧交错区。

（3）基质性脆弱带 以水土流失为成因的荒漠化为主要特点，流水侵蚀作用于各种岩石风化壳（花岗岩、红色岩系第三纪红土，碳酸岩类岩石）或黄土，产生面蚀、沟蚀、溶蚀及崩塌，使土地生产力下降，可利用的土地资源丧失。

（4）特殊的敏感地带 如南极、北极部分山区及海岛。这些地区人类直接影响小，但因在地球系统中的作用特殊，生态系统对环境的变化非常敏感。

9.6.3 生态脆弱地区生态工程技术

1. 基质性脆弱带的生态恢复技术

红壤地区为我国仅次于黄土高原的第二大土壤侵蚀区，此类地区侵蚀剧烈，产沙量大，形成红色沙漠，危害严重。如何恢复红壤侵蚀区植被、生态重建，控制水土流失的途径与方法具有现实意义。

李先琨（1997年）在广西苍梧县所做的生态恢复试验，提供了一个较好的模式。试验区为花岗岩风化壳受侵蚀后形成的崩岗，平均坡度为24°，土壤为赤红壤，上部抗蚀性强的红色粘土层已侵蚀殆尽，深厚疏松的砂土碎石层出露为表层，崩塌面积占坡面的65%左右，属强度流失类型。植被生长极差，分散着马尾松、桃金娘、铁芒萁、岗松等，覆盖度约10%。

（1）植被恢复工程 水平梯地措施用来控制水土流失，可减少流失量的40%。而植物措施配置乔木层，分别种植山黄皮、油梨、橄榄、澳洲坚果四种经济果木，各级梯地按株距2.0～5.0m品字形穴植，乔木之间、梯地外侧、内侧分别开挖宽15～20cm、深约25cm的水平沟，布置灌草植物带，采用山毛豆、木豆、银合欢等豆科植物材料，崩岗壁中下部扦插藤本攀缘植物——葛藤，护坡防塌。

（2）生态恢复的效应 经过四年的生态重建和恢复，花岗岩崩岗区的植被覆盖率由10%提高到60%～80%，植被结构也由层次单一的次生植被演变为多层次的乔灌藤草复合型植被，没有花岗岩风化壳裸露，其中乔木层植物覆盖度为20%～50%，灌草层植被覆盖度为 40%～55%，种植的豆科灌草，按水平梯地设置种植带，年均生产量可达 3.12～9.63 t/(hm^2·a)，覆盖度增加，结构层次多，有效地缓解了降水对土壤的冲刷。

通过人为的合理配置植物并辅以一定的工程措施，应用农林复合生态模式 3～5 年，植被覆盖度可以大幅度提高，生态系统的功能得以恢复增强。地表径流削减达 70%以上，泥沙产量消减 90%以上，土壤养分增加明显，结构改善。生态恢复后，各小区径流削减 51.43%～95.45%，产沙量减少 92 .9%～99 .32%，崩岗区地表径流量明显减少，径流系数由治理前的 1990—1991 年的 0.10～0.64 下降到 0.01～0.51，产沙量也由治理前的每次 523～14359 t/km^2 下降到 1995 年的几乎为零，在降雨 10～15mm 时不造成地表径流。经过生态恢复，土壤的 N、P、K 含量及有效量、有机质均比对照区大幅度提高。含 N、P_2O_5、K_2O 分别增加 70%～123%，速效 N、P、K 分别比对照区增加 12%～900%，有机质的含量提高 4.94%～34.3%。

2. 青藏高原生态脆弱带的恢复与重建

青藏高原的农牧交错带主要位于四川西部，为长江上游的重要组成部分，面积为23.6×$10^4$$km^2$，共有约 31 个县。该区是四川省藏族和羌族少数民族聚居区，地域辽阔，为长江上游的重要水源涵养和水土保持区。该区地理垂直分异明显，由西北向东南的倾斜面，相对高差达 4000m，山地与高原面积占土地总面积的 90%以上。该地区为典型的生态脆弱带，山坡陡峻，坡面坡度一般超过 15°，风化作用强烈，崩塌、滑坡、泥石流频繁发生，以变质岩发育为主的土壤，结构不良，粘性差，极为脆弱，保水保肥力弱，受自然条件和人类活动的干扰，易发生态环境的失调，降低农业生产力。但它不同于我国北方的农牧交错带，是一种在不同海拔高度差上的交错带，特别是川西地区东西向农牧交错带比北方农牧交错带更复杂，进一步可以分为如下几种：①林草（林牧）交错带，分布于亚高山带，海拔在 3600～4200m 左右，草地为高寒草甸；②农牧交错带，分布于河谷和高原地带，海拔范围在 900～2600m，农业以粮食、蔬菜等为主，牧业为饲养山羊、牦牛和绵羊等；③农林交错带，分布于高山峡谷地带，海拔范围 900～3000m，种植业以粮食和蔬菜等生产为主；④小流域农林牧交错带，分布于河流的支流谷地，海拔范围通常在 1500～2600m 左右，包含了种植业、林业、养殖业。

该地区自然植被遭到严重破坏，由于草地过度放牧及干旱化、沙化严重，草地退化面积已达 40%～60%，水土流失与泥石流灾害频繁，人多地少，缺乏对农田起码的基本建设，而只能依靠扩大耕地面积和增加复种指数的广种薄收方式。针对当地具体情况，生态恢复与重建的措施主要措施有：

1）人工群落结构优化与调控，提高生物生产力。采用果粮间作模式可以大大提高对环境资源尤其是光能资源的利用率。一般果园四周都设 3～5 行不等的防护林带，以杨树为主，边行配有柳树或沙棘，以保护果树免遭风沙之害和防止牲畜破坏，果园初期多实行果草（主要是豆科牧草或草本绿肥）间作，果树为核桃（juglansregia）和处于半野生状态的毛桃（光核桃 prunus mira）。在后期可以实行果粮或粟经间作。

2）干旱河谷造林减少水土流失。经研究，适应于干旱河谷地区的生态环境经济型造林树种 60 余种，如油松、连香树、薯蓣等。采用保留带与种植带按等高线交叉配置技术的各种生态经济型防护林，如油松（华山松）、连香树（槭树）＋灌丛植物、药用薯蓣、连香树（糙皮桦）＋唐古特大黄。

3）改良草场，提高草地承载力，发展区域经济。通过对川西高寒草地生态系统结构和功能的影响研究，了解了高寒草地演变和退化的成因、过程。因此通过改良草场或是进行林草建设，提高草场的承载力。林草带间种可以作为一种比较好的复合生产模式。

3．湿地脆弱系统的生态恢复

湿地的生态脆弱化主要是环境自然变化和人类活动的叠加结果，在过去的几个世纪，人类对湿地的利用主要集中在湿地排水和围垦造田，湿地面积的减少、湿地水质的改变、湿地生物多样性的降低已成为湿地退化的主要过程。湿地的生态恢复与重建，必须克服或消除自然的或是人为的干扰压力，恢复的最终目标就是再现一个自然的、自我维持的生态系统。

（1）湿地生态恢复的生态工程　湿地生态系统的设计涉及生态学、地理学、环境学等多门学科，其生态设计恢复应形成植物、动物、微生物、土壤和水流组成的，花费最小，能够自我维持、保护与发展的系统。系统设计中应利用自然能量，包括脉动水流以及其他的潜在能量作为系统发展的驱动力；强调适用性与目标性，如洪水分流与控制、废水处理、非点源污染控制、渔业生产等。在湿地生态恢复过程中拟采用的关键技术与过程对恢复工程的成效与时效起着很大作用。对不同的湿地类型，恢复的指标体系及相应的技术手段也不相同。目前国内外对各类湿地恢复项目研究的进展来看，可概括出以下几项技术：废水处理的技术（物理、化学、生物氧化塘技术）、生物修复技术（原位或异位修复、生物操纵、生物控制和生物收获技术），表9-10和表9-11对湿地类型和恢复方式进行了总结。

表9-10　湿地类型及其恢复方式

湿地类型	恢复的表现指标	恢复策略
低位沼泽	水文（水藻、水温、水周期） 营养（N、P）物 动物（珍稀及濒危动物） 植被（盖度、优势种） 生物量	减少营养物输入 恢复高地下水位 草皮迁移 割草及清除灌丛 恢复对富含Ca、Fe地下水的排泄
湖泊	富营养化 溶解氧 水质 沉积物毒性 鱼体化学品含量 外来物种	增加湖泊的深度和广度 减少点源、非点源污染 迁移富营养沉积物 消除过多草类 生物调控
河流、河缘湿地	河水水质 混浊度 鱼类毒性 沉积物	疏浚河道 切断污染源 增加非点源污染净化带 防止侵蚀沉积
红树林湿地	溶解氧 潮汐波 生物量 碎屑 营养物循环	禁止矿物开采 严禁滥伐 控制不合理建设 减少废物堆积

表 9-11 湿地生态系统恢复与设计类型及应用范围

类型	分类	应用范围	技术措施
用于废水处理的湿地生态设计	表层流湿地设计 渗漏湿地设计	城市、工业污水	物理、化学及生物处理技术；土壤生物自净技术
调整湿地的生态系统设计	就地湿地调整 异地湿地调整	湿地丧失区 湿地开发区	湿地恢复与重建；就地保护；生态系统构建与生态工程集成术
作为洪水及非点源污染控制的湿地生态设计	洪水控制湿地设计 非点源污染控制湿地设计	流域农业区及农场区 流域农业区	生态工程设计技术；水土保持林、草技术；非点源控制技术；水土流失控制与保护技术

（2）鄱阳湖湿地生态功能恢复案例分析　鄱阳湖是我国最大的淡水湖，鄱阳湖的湿地在蓄洪防旱、调节气候、控制土壤侵蚀、促淤造地、降解环境污染物等方面起着极其重要的作用。自 1949 年以来，鄱阳湖围垦面积增加 1466.9km^2，使该湖调蓄能力锐减，洪涝灾害频繁，超出鄱阳湖警戒水位（19m）的次数逐年增多，达到 21m 的水位在 20 世纪 90 年代出现了 3 次。鄱阳湖年入湖泥沙量为 2.28×10^7t，年输出泥沙量为 1.16×10^7t，年淤泥沙积达 1.12×10^7t，年平均淤积速度为 2862t/km^2。不断的泥砂淤积使湖床抬高，使湿地的原有物理性状恶劣，生产力下降。同时水禽栖息地缩小，生物资源减少。由于湖泊水面及湿地的减少，水禽栖息地空间缩小，影响着湖区的生物多样性。湖区的渔获量也锐减，捕获的鱼群体结构出现低龄化和小型化的现象严重，鄱阳湖的银鱼已成为稀罕之物。

鄱阳湖湿地生态恢复对策为：一是保护好湿地资源，处理好田湖矛盾。湖泊湿地及滩地的围垦造地，蓄洪能力降低，对生态带来严重影响。因此对这类地区要加以保护利用，对于严重影响行洪的垦区应退田还湖、还湿地。二是加强流域的水土流失治理，防止湖床的淤积抬高。鄱阳湖流域水土流失重发区是赣江、抚河中上游及九江地区。应对水土流失严重地区开展植树造林、封山育林活动，调整林种结构，对于坡度＞25°坡耕地应退耕还林，控制新的水土流失区的发生，做好生态修复与恢复的基础工作。三是在湿地资源的利用保护中，发展高效农林渔生产体系及“避灾”农业。应在维护湿地生态系统健康的基础上，对湿地加以利用，以满足人们生活、生产的需求，建立适应洪、涝灾害发生规律的避灾、耐渍的多种高效复合农业生态工程、生产体系及“避灾”农业。四是提高对湿地生态功能与效益的认识，强化政策与法规管理。鄱阳湖及其湿地对调蓄长江洪水，在长江流域防灾与减灾中占据极其重要的地位。因此，必须加强人们对于湿地资源的认识，强化湿地资源的管理与利用，控制不合理的无序开发。必须加强对其政策、法律条例上的保护与维护，使之能得到长久持续的执行。

4. 污染湖泊的生物修复

目前，我国 80%以上的湖泊受到污染，湖泊污染的主要特征是由人类经济活动引起的人为富营养化。从技术上，消除湖泊富营养化的关键在于削减湖泊水体的氮、磷以及底泥有机碳和氮、磷的负荷，消除水体中藻类疯长的基础，达到降低水体中藻类生物量、提高水体透明度的目的。最常见的有机械清淤法，另外引水冲洗和生物修复法也是有效的方法。湖泊生物修复包含微生物修复、水生植物修复、生态修复等几类，它们相辅相成。

（1）富营养化的微生物修复　富营养化湖泊的生物修复分为以强化土著微生物功能的曝气修复和添加外来微生物的投菌剂修复。

1）深水曝气修复，通过机械搅拌（包括深水抽取、处理和回灌）、注入纯氧或注入空气，有效地增加深层水的溶解氧，一般可以达到7mg/L；厌氧环境可以转变为好氧环境，氨氮和硫化氢能够得到降低。内源性的磷负荷的降低通常不太理想，控制效果也不稳定，一旦停止曝气，内源性磷含量就重新增加至曝气前的水平。深层水由于从厌氧转变为好氧，相应生物种类发生比较大的变化，增加了诸如食草生物的生存空间。某些大型食草生物的增加可能有助于控制藻类等富营养化生物的生长。

2）生物试剂添加修复，通过添加由乳酸菌、酵母菌、放线菌、光合细菌等有效微生物（effective microorganisms，EMs）复合菌剂修复富营养化湖泊。李雪梅等在重度富营养化的人工湖（约1000m^2）进行投加多糖EMs制剂试验，1998年4～6月在湖中均匀投加60个固定了高浓度EMs的泥球，使得湖水菌剂浓度达到187mg/L。自投菌之日起经75d，湖水透明度提高，透明度提高的原因在于EMs抑制了水体藻类的生长。投菌75d后，总氮降低；总磷在投菌35d后降低，停止投菌起又回升。COD在投菌75d后，从29mg/L降为13mg/L，停止投菌45d又回升到24mg/L。可喜的是停止投菌后，尽管各项指标有所反弹，但再未见“水华”发生。所以，从这个案例看EMs修复湖泊富营养化是有效的。

（2）富营养化的水生植被修复　湖泊水生植被（aquatic vegetation）由生长在湖泊浅水区和湖周滩地上的沉水植物群落、浮叶植物群落、漂浮植物群落、挺水植物群落及湿生植物群落共同组成。湖泊水生植被的恢复是湖泊环境综合整治的一个重要环节，我国许多城市湖泊、游览型湖泊和水源型湖泊都已经过治理，但尚没有一个湖泊脱离富营养水平，关键问题在于缺乏水生植被的恢复环节。

水生植被修复包括人工强化自然修复与人工重建水生植被两条途径。前者是指通过对湖泊环境的调控来促进湖泊水生植被的自然恢复。后者则是对已经丧失了自动恢复水生植被能力的湖泊，通过生态工程途径重建水生植被。重建水生植被绝非简单的“栽种水草”，也并非要恢复遭受破坏前的原始水生植被，而是在已经改变了的湖泊环境条件基础上，根据湖泊生态功能的现实需要，依据系统生态学和群落生态学理论，重新设计和建设全新的能够稳定生存的水生植被和以水生植被为核心的湖泊良性生态。水生植物的生长以年为周期，水生植被的建设要经过从无到有、从有到优、最后达到稳定的过程，需要比较长的时间。在水生植物的基本生存条件遭到严重破坏的湖泊或湖区，重建水生植被还需要改造环境，创建适合水生植物生长的生态环境条件，这就需要借助某些工程措施，进行水生植被修复的优化设计，并且进行水生植被的收割利用。

（3）富营养化的生物操纵修复　生物操纵（biomanipulation）就是用调整生物群落结构的方法控制水质。主要原理是调整鱼群结构，保护和发展大型牧食性浮游动物，通过食物链控制藻类的过量生长。Shapiro等总结了一个简化的水生食物链模式，即肉食性鱼吃小型滤食性鱼、小鱼吃鱼虫；另外，底层鱼类促进营养物质的再循环，促进藻类的发展。生物操纵与营养级联关系（trophic cascade）相似，都是指次级或三级消费者的改变对生物群落的影响，但生物操纵更强调对水质的管理，而不是单纯揭示水域生态系统的食物网关系。

近年来随研究工作的深入，Shapiro重新定义生物操纵是应用湖泊生态系统内营养级之间的关系，通过对生物群落及其生境的一系列调整，从而减少藻类生物量，改善水质。生物操纵与生态工程的概念相似，都是研究对生态系统的优化管理技术与方法。但生态工程强调的是通过不同营养级生物的调整组合，使生态系统结构功能趋于协调，最大限度促进物质的循环再生和多级利用，达到防治污染、化害为利、促进经济持续发展的目的。生物操纵则强调对种群及其生境的调控，主要是控制藻化的发展，防止水体发生富营养化，没有涉及系统的协调、物质的循环再生与多级利用问题，因此生物操纵的范围较窄。

生物操纵的主要途径有：

1）人为去除鱼类。先将湖泊中的鱼类全部捕出或用鱼藤酮（rotenne）杀灭后，重新投放以肉食性鱼类为主的鱼类群落，控制浮游生物食性鱼类，保护浮游动物，进而控制藻化的发生。

2）投放肉食性鱼类。引入肉食性鱼类控制浮游生物食性鱼类，进而促进大型浮游动物发展，借以抑制藻化发生，是生物操纵的主要途径之一。许多实验表明这种方法对改善水质有明显效果。引用的肉食性鱼类有河鲈、北方狗鱼、虹鳟和大嘴黑鲈等。

3）水生植被管理。国内外应用草鱼控制水草的工作做得很多，大部分都证明有效，而且费用低、长期有效，对环境无害。草鱼成鱼专吃水草，食量大，生长快，喜温性，耐低氧，是控制水草疯长的优良鱼种。温暖季节，成年草鱼口食水草量相当于体重的50%～60%。美国依阿华和佛罗里达几个长满水草或水草丰盛的湖泊引入草鱼，三年后水草去除91%～94%，草鱼喜食的苦草、茨藻、眼子菜和金鱼藻减少最多，甚至全部消失，而草鱼不喜食的一些水草如孤尾藻等可能继续发展成为优势种。中国科学院水生生物研究所等单位，针对长江中下游许多湖泊水生植被破坏、富营养化日益发展问题，着重研究水产养殖与湖泊环境保护的关系，提出减轻水产养殖强度，保护和重建水生植被，以养殖名优特种水生动物来补偿因养殖规模减少造成的产值损失。

4）投放微型浮游动物。微型动物直接以藻类为食，通过投放微型浮游动物，能够抑制藻类的疯长。微型动物通常在专用的水池中，通过人工培养液，大量快速繁殖，然后直接投放目标水域中。主要内容包括食藻微型动物的大规模培养条件、捕食速率、投加数量和方法等。目前，投放微型动物主要限于实验室规模的研究。

5）投加细菌微生物。投加预先培养的细菌微生物，能够迅速吸收和转化水体中高浓度的氮磷污染物质，抑制藻类的疯长。而且，这些细菌一般都是专一性地或者说有选择性地，不影响其他动物群落和植物群落，不破坏水质和设备。但是目前的研究主要局限于实验室，现场实验很少。

6）投放植物病原体和昆虫。投放植物病原体和昆虫是一种有效地控制水生植物的方法。利用植物病原体和昆虫具有如下优点：植物病原体多种多样包括病毒、病菌、真菌、支原体和线虫等，多达10万余种，昆虫种类更是繁多，而且大多数是有针对性的，容易散播，自我繁殖维持。

思 考 题

9-1 简述生态工程的概念及基本原理。

9-2 植物造景在生态工程中有什么作用？请应用实例分析。

9-3 如何进行污水土地处理生态工程设计？

9-4 简述生态脆弱带的概念、特征及生态工程技术。

9-5 总结富营养化湖泊的生物修复技术。

推荐阅读文献

[1] 柳劲松等．环境生态学基础[M]．北京：化学工业出版社，2003.

[2] 钦佩等．生态工程学[M]．南京：南京大学出版社，2002.

[3] 程胜高等．环境生态学[M]．北京：化学工业出版社，2003.

[4] 王如松等．城市生态调控方法[M]．北京：气象出版社，2000.

[5] 马光等．城市生态工程学[M]．北京：化学工业出版社，2003.

[6] 何平等．城市绿地植物配置及其造景[M]．北京：中国林业出版社，2001.

[7] 杨京平等．生态恢复工程技术[M]．北京：化学工业出版社，2002.

[8] 陈玉成．污染环境生物修复工程[M]．北京：化学工业出版社，2003.

[9] 朱宛华．水环境污染的植物修复技术[J]．地学前沿．2001，8(1).

[10] 张金霞，徐王华．生物修复技术在污染处理中的应用[J]．环境保护．2000，25(9).

[11] 金相灿．湖泊富营养化控制和管理技术[M]．北京：化学工业出版社．2001.

[12] 崔保山，刘兴土．湿地生态系统设计的一些基本问题探讨[J]．应用生态学报，2001，12(1)：145-150.

[13] 刘桃菊，陈美球．鄱阳湖区湿地生态功能衰退分析及其恢复对策[J]．生态学杂志，2001，20(3)：74-77.

[14] 王学雷．江汉平原湿地生态脆弱性评估与生态恢复[J]．华中师范大学学报，2001，35(2)：237-240.

10

第 10 章

城市生态环境保护工程

10.1 城市生态系统结构与功能

10.1.1 城市与城市生态系统

1. 城市

城市是以空间和环境资源利用为基础，以人类社会进步为目的的一个集约人口、集约经济、集约科学文化的空间地域系统，它是一个经济实体、政治社会实体、科学文化实体和自然环境实体的综合体，是一个地区的政治、经济和文化中心。城市又是一定空间内组织生产力，实现社会分工和推动社会生产力发展的空间存在形式。它集中了一个地区生产力最先进、最重要的部分，代表着一个国家或一个地区国民经济的发展水平与方向。因而城市的发展状况可以作为一个国家或一个地区社会经济发展水平的重要标志。早期的城市是在农业居民点的基础上分化出来的，所以城市之间的区别也不显著，而且大都是建在农业发达的大河流域，如尼罗河、恒河、黄河等河流沿岸。城市产生后，随着社会的发展也有了迅速的发展与显著的变化。虽然由于西方和东方的地理与人文环境、习惯的不同，城市的发展在形态结构上有一定的差异，但城市的基本系统组成和功能是基本一致的。

城市是一个复杂的社会形态系统，由许多子系统组成，如经济、人口、金融、交通、城建、科学、教育、文化、法律等。随着城市规模的扩大和各种设施的发展与完善，城市具有越来越多的功能，单一功能的城市很少。我国的城市一般都是依赖城市自身的经济活动支撑和发展的，各种不同的城市有自己独特的优势行业，在全国或一个地区内的社会劳动分工中起到一定的作用。城市及其周围广大农村、城市与区域之间有着相互联系、相互制约与依存的关系，这种关系也是城市与其周围环境的关系。

2. 城市生态系统

城市生态系统（urban ecosystem）是人类生态系统的主要组成部分之一，既是自然生态系统发展到一定阶段的结果，也是人类生态系统发展到一定阶段的结果。城市生态系统是指城市空间范围内的居民与自然环境系统和人工建造的社会环境系统相互作用而形成的统一体，属人工生态系统，而且是以人为主体的、人工化环境的、人类自我驯化的、开放性的生态系统。城市生态系统由城市居民和城市环境系统组成，是具有一定结构和功能的有机整体。城市环境包括自然环境和社会环境，如图 10-1 所示。在城市生态系统中，自然环境系统包括大气、水体、土壤、岩石、矿产资源、太阳能等非生物系统和动物、植物、微生物等生物系统；社会环境系统包括人工建造的物质环境系统（包括各类房屋建筑、道桥及运输工具、供电、供能、通风和市政管理设施及娱乐休憩设施等）和非物质环境系统（包括城市经济、文化与群众组织系统，社会服务系统、科学文化教育系统等）。

目前还没有统一的城市生态系统结构的划分准则，从不同的研究出发点与方向划分的系统结构也就不同，除将城市生态系统划分为城市居民系统和城市环境系统之外，还将城市生态系统划分为自然生态系统、经济生态系统和社会生态系统三个部分（图 10-2）。这种划分方式主要强调了城市居民的社会与自然双重属性。

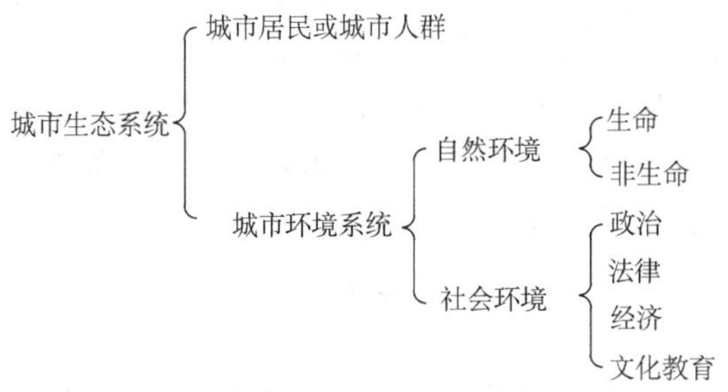

图 10-1　城市生态系统的组成结构

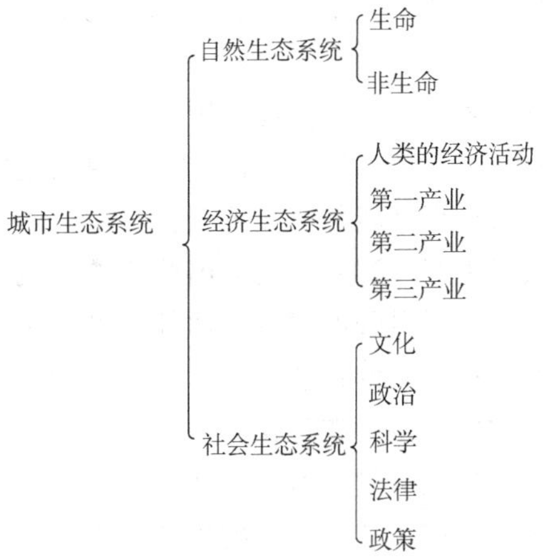

图 10-2　城市系统中的三个子系统

城市生态系统是人类生态系统经过漫长的发展时期才产生的。由于从奴隶社会到封建社会的漫长历史时期内，全世界城市人口只是很小的比例，而且城市人口发展缓慢，城市生态系统发展缓慢。19 世纪开始的资本主义工业化使人类生态系统的发展进入了新的发展阶段，全世界多数工业发达地区，城市人口的增长超过了农村人口的增长，有些国家城市人口的数量逐渐超过了农村人口的数量。如今，城市生态系统已经成为人类生态系统的主体。

10.1.2　城市生态系统的基本功能

城市生态系统的功能是指系统及其内部各子系统或各组成成分所具有的作用。城市生态系统是一个开放型的人工生态系统，它具有两个功能，即外部功能和内部功能。外部功能是联系其他生态系统，根据系统的内部需求，不断从外系统输入与输出物质和能量，以保证系统内部的能量流动和物质流动的正常运转与平衡；内部功能是维持系统内部的物流和能流的循环和畅通，并将各种流的信息不断反馈，以调节外部功能，同时把系统内部剩余的或不需要的物质与能量输出到其他外部生态系统去。外部功能是依靠内部功能的协调运转来维持的。因此，城市生态系统的功能表现为系统内外的物质、能量、信息、货币及人流的输入、转换和输出。研究城市生态系统功能实质上就是研究这些流。为了维持城市生态系统稳定而有序的发展，实现人类追求的社会、经济与环境目标，必须人工调控这些流，使之协调与畅通。

1. 城市生态系统生产功能

城市生态系统的生产功能是指城市生态系统能够利用城市内外系统提供的物质和能量等

资源生产出产品的能力，包括生物生产与非生物生产。

城市生态系统的生物生产功能是城市生态系统所具有的，包括人类在内的各类生物交换、生长、发育和繁殖过程。城市生态系统中的绿色植被包括农田、森林、草地、果园和苗圃等人工或自然植被，在人工的调控下，它们生产粮食、蔬菜、水果和其他各类绿色植物产品。由于城市是以第二、第三产业为主的，故城市生物生产粮食、蔬菜和水果等的空间所占的城市空间比例并不大，植物生产不占主导地位。例如，1992 年我国城市的耕地面积仅占全国耕地面积的 23.6%。应该指出的是，虽然城市生态系统的绿色植物的物质生产和能量储存不占主导地位，但城市植被的景观作用功能和环境保护功能对城市生态系统来说是十分重要的。因此，尽量大面积地保留城市的农田系统、森林、草地系统等的面积是非常必要的。

城市生态系统的生物初级物质生产与能量的储备是不能满足城市生态系统的生物（主要是人）次级生产的需要量的，所需要的生物次级生产物质有相当部分从城市外部输入，表现出对城市外部环境的明显依赖性。同时，城市的生物次级生产主要是人，故城市生态系统的生物次级生产过程主要受人的行为的影响，具有明显的人为可调性，即城市人类可根据需要使其改变发展过程的轨迹。此外，城市生态系统的生物次级生产还表现出社会性，即城市次级生产是在一定的社会规范和法律的制约下进行的。为了维持一定的生存质量，城市生态系统的生物次级生产在规模、速度、强度和分布上应与城市生态系统的初级生产和物质、能量的输入、分配等过程取得协调一致。

城市生态系统的非生物生产是人类生态系统特有的生产功能，具有创造物质与精神财富满足城市人类的物质消费与精神需求的性质，分为物质的与非物质的非生物生产两类：

1）物质生产，指满足人们的物质生活所需的各类有形产品及服务。它包括各类工业产品、设施产品（各类为城市正常运行所需的城市基础设施）、服务性产品（服务、金融、医疗、教育、贸易、娱乐等各项活动得以进行所需要的各项设施）。

2）非物质生产，指满足人们的精神生活所需的各种文化艺术产品及相关的服务。如城市中具有众多人类优秀的精神产品生产者，包括作家、诗人、雕塑家、画家、演奏家、歌唱家、剧作家等，也有难以计数的精神文化产品出现，如小说、绘画、音乐、戏剧、雕塑等。这些精神产品满足了人类的精神文化需求，陶冶了人们的情操。

城市生态系统的物质生产产品不仅仅为城市地区的人类服务，更主要的是为城市地区以外的人类服务。因此城市生态系统的物质生产量是巨大的，其所消耗的资源与能量也是惊人的，对城市区域及外部区域自然环境的压力也是不容忽视的。城市生态系统的非物质生产实际上是城市文化功能的体现。从城市发展的历史看，城市起到了保存与保护人类文明与文化进步的作用。城市的建设和发展反映了人类文明和人类文化进步的历程，城市既是人类文明的结晶，又是人类文化的集中体现。城市又始终是文化知识的“生产基地”，是文化知识发挥作用的“市场”，同时城市又是文化知识产品的消费空间。城市非物质生产功能的加强，有利于提高城市的品味和层次，有利于提高城市人类及整个人类的精神素养。

2. 城市生态系统能量流动与能源结构

城市生态系统所需的能量主要靠城市之外的环境输入，输入的能量通过人类的生产、生活产生流动，图 10-3 是城市生态系统能量流动的一种主要方式。城市生态系统所需的能量流动主要指能源在满足城市多种功能过程中在城市生态系统内外的传递、流通和耗散过程。

能源结构是指能源总生产量和总消费量的构成及比例关系，一个国家或一个城市的能源结构是反映该国或该城市生产技术发展水平的一个重要标志。从总生产量分析能源结构，称能源的生产结构，即各种一次能源如煤炭、石油、天然气、水能、核能等所占比重；从消费量分析能源结构，称能源的消费结构，即能源的使用途径。

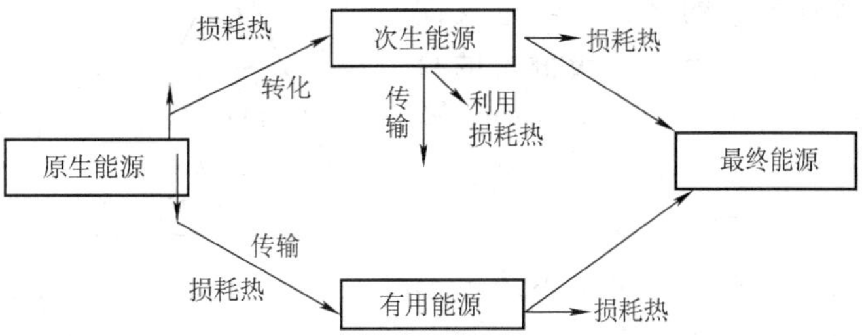

图 10-3　城市生态系统的能量流动基本过程

在我国，目前能源的生产结构为煤炭约占 70%；石油天然气约占 26%，其他能源所占的比重较低；能源的消费结构为工业用能约占 63%，农业约占 8.3%，商业与民用约占 18%，交通运输约占 2.4%。

城市是一个国家消耗能源的主要区域。城市的能源结构与全国的能源生产结构、消费结构、城市经济结构特征和环境特征等有着密切的关系。我国城市能源中，煤占的比例接近 80%。例如，兰州市区 1990 年耗煤总量为 509 万 t，其中工业耗煤 420 万 t，民用及取暖耗煤 89 万 t；上海市区 1995 年总耗能源为 4500 万 t 标煤，其中煤为 3512 万 t，占到所需能源的 78%。城市中工业尤其是重工业是能源消耗的大户，如 1992 年上海的重工业消耗了全部能源的 72.5%，几乎全部的焦炭、将近一半的汽油、83.6%的柴油和 75%的电力。由于天然气热值高、污染少并且成本低，早已经成为城市燃气现代化的主导方向；天然气和电力消费及一次能源用于发电的比例成为反映城市能源供应现代化水平的两个指标。美国早在 20 世纪 50 年代初天然气就占了燃气气源总量的 90%，而我国主要城市 20 世纪 90 年代这一比例仅为 6%；另外在电力消费及一次能源用于发电的比例方面，发达国家这两个指标一般分别为 24%和 35%左右，而我国上海仅为 11.1%和 23.4%。

10.1.3　城市生态系统的主要特征

1）同自然生态系统和农村生态系统相比，城市生态系统中的生命系统主体是人类，而不是各种植物、动物和微生物，次级生产者与消费者都是人。所以，城市生态系统最突出的特点是人口的发展代替或限制了其他生物的发展。在自然生态系统和农村生态系统中，能量在各营养级中的流动都是遵循“生态学金字塔”规律的。在城市生态系统中却表现出相反的规律（图 10-4）。因此，城市生态系统要维持稳定和有序，必须有外部生态系统的物质和能量的输入。

2）城市生态系统的环境主要部分为人工环境，城市居民为了生产、生活等的需要，在自然环境的基础上，建造了大量的建筑物及交通、通信、供排水、医疗、文教和体育等城市设施。这样，以人为主体的城市生态系统的生态环境，除具有阳光、空气、水、土地、地形地貌、地质、气候等自然环境条件外，还大量地加进了人工环境的成分，同时使上述各种城市自然环境条件都不同程度地受到了人工环境和人的活动的影响，使得城市生态系统的环境变化显得更加复杂和多样化。

3）城市生态系统是一个不完全的生态系统，是分解功能不充分的生态系统。由于城市生态系统大大改变了自然生态系统的生命组分与环境组分状况，因此，城市生态系统的功能同自然生态系统的功能相比较，两者有很大的区别。经过长期的生态演替处于顶级群落的自然生态系统中，其系统内的生物与非生物、生物与环境之间处于相对平衡状态。而城市生态系统则不然，由于系统内的消费者有机体也多是人类为美化绿化城市生态环境而种植的树木花草，不能作为营养物料供城市生态系统营养物质的消费者（人）的使用。维持城市生态系统所需要的大量营养物质和能量，需要从系统外的其他生态系统中输入。城市生态系统所产生的各种废物，也不能靠城市生态系统的分解者完全分解，而要靠人类通过各种环境保护措施来加以分解，所以城市生态系统是一个不完全、不独立的生态系统。如果从开放性和高度输入的性质来看，城市生态系统又是发展程度最高、反自然程度最强的人类生态系统。

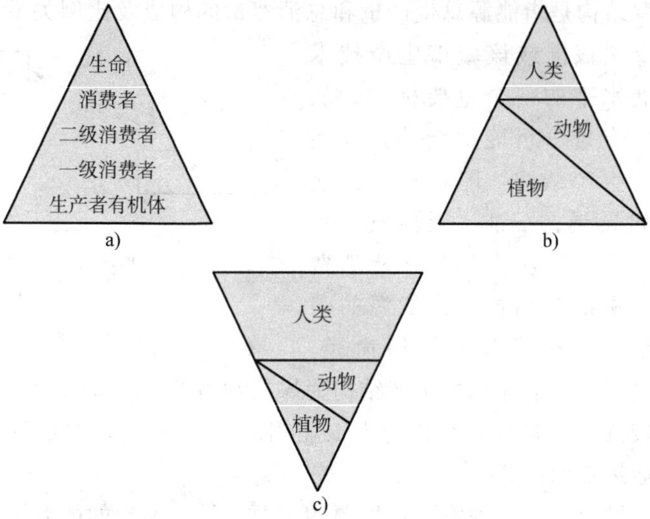

图 10-4 不同类型生态系统的组成结构示意图

a）自然生态系统 b）农村生态系统 c）城市生态系统

4）城市生态系统是自我调节和自我维持能力很薄弱的生态系统。当自然生态系统受到外界干扰时可以借助于自我调节和自我维持能力以维持生态平衡；城市生态系统受到干扰时，其生态平衡只有通过人们的正确参与才能维持。

5）城市生态系统在能量流动方面具有明显的特点。①自然生态系统的能量流动类型主要集中在子系统内各生物物种间所进行的动态过程，反映在生物的新陈代谢过程之中；城市生态系统大部分的能量是在非生物之间的变换和流转，反映在人力制造的各种机械设备的运行过程之中。并且随着城市的发展，它的能量、物资供应地区越来越大，从城市所在的邻近地区到整个国家，直到世界各地。②在能量传递方式上，城市生态系统的能量流动方式要比自然生态系统多。自然生态系统主要通过食物网传递能量，而城市生态系统可通过农业部门、采掘部门、能源生产部门、运输部门等传递能量。③在能量流运行机制上，自然生态系统能量流动是自为的、天然的，而城市生态系统能量流动以人工为主，如一次能源转换成二次能源、有用能源等。④在能量生产和消费活动过程中，有一部分能量以三废形式排入环境，使城市环境遭到污染。

10.2 城市景观及其演变

10.2.1 城市景观的概念

1. 景观与景观要素

景观是在不同尺度上具有异质性的空间单元，包括空间上彼此相邻、功能上互相联系、发展上有一定特点的若干个生态系统的聚合。景观应该具备下述四个特征：①生态系统的聚合；②各生态系统之间和物质能量流动的相互关系；③具有一定的气候和地貌特征；④与一定的干扰状况的聚合相对应。因此，从结构上说，一个景观是若干生态系统所组成的镶嵌体；从功能上说，所含有的各种生态系统互相起着相互作用。

景观的组成单元（各生态系统或亚系统）称之为景观要素（element），景观和景观要素的概念既有本质区别也有其相对性。景观这个概念强调的是异质镶嵌体，而景观要素强调的是均质同一的单元。景观和景观要素这个地位转换反映了景观问题与时间空间尺度密切相关。景观和景观单元或景观要素的关系是相对的。我们将包括村庄、农田、牧场、森林、道路和城市的异质性地域称之为景观，而将它们每一类称之为景观要素。但是我们亦可以称整片森林为景观，而将每一种森林型视为景观要素。如海南五指山的原始森林景观要素有热带低地雨林、热带山地雨林和山地矮林等。同样，可把城市视为景观，各个功能区为景观要素等。

以景观的形成来说，要受两方面的影响，一是地貌和气候条件，二是干扰因素。气候和地貌会对一地区的自然条件综合起着决定性的影响，所以一个景观必然具有一定的气候地貌特征；干扰是引起景观或生态系统的结构、基质发生重大变化的离散性事件。这类事件可能是自然的，也可能是人为的。一定的干扰状况聚合造成一定的景观，城市景观就是人类干扰状况聚合而形成的特殊景观类型。

2. 城市景观

城市景观指城市所有空间范围，或者说是城市布局的空间结构和外观形态，包括城市区域内各种组成要素的结构组成及外观形态。在城市景观中，人与环境的相互作用关系是核心，城市景观由若干个以人与环境相互作用关系为核心的生态系统所组成。从城市景观生态的角度对城市这一人类活动的中心进行研究探讨，为认识和解决当代城市问题开辟了新的思路。目前，城市所面临的交通问题、住房问题、土地紧张问题、环境污染问题等一系列所谓的“城市通病”，很大程度上是由于不合理的景观生态布局，造成城市内容各要素之间不能相互协调，从而削弱了城市生态系统的功能。

10.2.2　城市景观要素的基本类型

景观要素或景观单元主要有斑块（patch）、廊道（corridor）与基质（matrix）三种。

1. 斑块

斑块（嵌块体）指在外貌上与周围地区（本底）有所不同的一块非线性地表区域。按照起源，可将斑块分为干扰斑块（disturbance patch）、残留斑块（remant patch）、环境资源斑块（environmental resource patch）和引入斑块（introduced patch）四类。在一个本底内发生局部干扰，就可能形成一个干扰斑块。例如，在一片森林里，发生森林火灾，形成一个或多个火烧迹地，这种火烧迹地就是干扰斑块。残留斑块是由于它周围的土地受到干扰而形成的。它的成因与干扰斑块相同，都是天然或人为干扰引起的。干扰斑块和残留斑块虽然地位不同，但都起源于干扰。环境资源斑块则不同，它起源于环境的异质性。例如，在很多林区，森林是本底，在本底的背景下，有不少沼泽地分布于其中，这些沼泽多分布于河谷低地，那里水分过多，不适于森林植被。这样，沼泽就是相对森林本底的环境资源斑块。当人们向一块土地引入有机体，就造成引入斑块。引入的物种，不管是动物、植物或人，对周围环境都有很大影响。

2. 廊道

廊道亦称走廊，是两边均与本底有显著区别的狭带状土地。它既可能是一条孤立的带，也可能与属于某种植被类型的斑块相连。例如一条树篱（成行状或带状的树木丛集，也包括防护林带，既可能是天然的，也可能是人为营造的），可能四周均是空旷地，也可能某一头与林地相连。

廊道有着双重的性质，一方面它将景观不同部分隔离开；另一方面它又将景观另外某些不同部分连接起来。例如，一条铁路或公路可将相距甚远的甲、乙两地连接起来，但如果你要垂直地穿越它，它却成为一个障碍。廊道起着运输、保护资源和观赏的作用。同时廊道本身也是一种资源，有一些廊道地带，野生动物特别丰富，并且是食用肉的来源。

廊道最重要的特征之一是它的弯曲度（curvilinearity）或通直度，可以用一段廊道中两点间的实际距离与它们之间的直线距离之比来表示弯曲度。廊道越通直，景观中两点间的实际距离越短，物体在廊道中移动得越快。廊道另一个重要的特征是它的连通性（connectivety），它以廊道单位长度中裂口（break）的多少来表示。无论从管道功能和障碍功能来说，连接度均是很重要的。对有的廊道来说，不允许出现裂口，否则就完不成管道作用或障碍作用。

廊道在景观的美学中起着重要的作用。我国传统园林中讲究“曲径通幽”，指的是要把园林中的观赏路径设计成为弯曲的形状，以便使一些景点藏在幽静之处，并从而使人感到有出乎意料之外的效果。公园中也有一些人工建筑的廊道，如颐和园昆明湖东侧的长廊，就有很高的艺术价值，一方面，它把颐和园北部和南部连接起来，另一方面在这个廊道中前进时，既可俯视昆明湖的宽广湖面，又可仰观万寿山的起伏山峦和佛香阁等金碧辉煌的建筑。杭州西湖的苏堤，长 2.8km，是西湖上的一条彩带，它既是著名的廊道式风景点，也是连接南北两山的重要通道。

3. 基质

基质是景观中面积最大、连接度最强，连接度最高并且在景观功能上起着优势作用的景观要素类型。斑块和基质在概念区分明显，但实质上区分有很多困难。当一种景观要素类型在一个景观中占的面积最广时，认为它是该景观的基质，一般基质的面积应超过所有任何其他的总和，或应占总面积的 50%以上。

斑块—廊道—基质模式有利于考虑景观结构和功能之间的相互关系，比较它们在时间上的变化。但在实际研究所中，要确切地区分斑块、廊道和基质是困难的也是不必要的。斑块、廊道和基质的区分是相对的，在某一尺度上的斑块可能成为较小尺度上的基质，也可能成为较大尺度上廊道的一部分。

10.2.3 城市景观要素特征

由于人类活动的强烈影响，城市中自然条件发生了很大变化。不同地区的城市景观面貌，在一定程度上反映了当地的社会经济发展状况和历史文化特点。城市内部以及城市与其外部系统之间物质、能量信息的交换主要靠人类活动来协调和维持。随着社会经济的发展，以及政治、文化等因素的变动，城市景观变化极快，表现出不稳定性，这是城市景观区别于其他景观的最重要特点。城市景观的不稳定性在其边缘区表现尤为明显。在这一范围内，城市具有动态扩展的特征，相邻城市可因此而联接成为“城市带”或“城市群”。同时，城市生态系统的高度对外依赖性，也是造成城市景观不稳定的一个重要因素。城市景观与自然景观相比，破碎性较高。城市内四通八达的交通网，贯穿整个市区景观，将其切割成许多大小不等的引进斑块，这与大面积连续分布的农田、自然景观形成鲜明的对比。城市景观的破碎性是与城市人口的工作、生活相适应的。许多小斑块体依其性质、功能的不同，组合成大小不一的“功能团”，也可把这些“功能团”看成规模较大的斑块。

城市景观主要由街道和街区构成，它们共同构成城市景观的基质，城市中的基质、斑块与廊道之间没有严格的界限。城市景观中，占主体的组成部分是建筑群体，建筑物出现在城市的有限空间内，构成一幅城市的主体景观。廊道贯穿其间，既把它们分割开来，又把它们联系起来。基质本身也是由不同大小的斑块和廊道组成的，而且可以按地域、功能和行政单位等进行划分，如居民区、商业区、工业园、重工业区等。城市景观中的斑块，主要指的是连续岛状镶嵌分布的不同功能分区。最明显的斑块像残存下的森林植被、公园等，由于植被覆盖好，外观、结构和功能明显不同于周围建筑物密集的其他区域。学校、机关单位、医院、工厂、农贸市场等，也可视为不同规模的功能斑块体。城市廊道可以分为人工廊道和自然廊道两大类，前者是以交通为目的的铁路、公路、街道等，后者有以交通为主的河流以及环境效益为主的城市自然植被带等。城市内有些廊道往往具有特殊的功能，如各大城市的商业街，不仅交通繁忙，而且是许多商品的重要集散地。

10.2.4 城市景观异质性

1. 城市景观异质性

城市景观是以人为干扰为主形成的景观，在空间格局是由异质单元所构成的镶嵌体。城市景观的异质性来源主要是人工产生的，如城市中的道路、街道、建筑物、广场、行道树、运河、护城河等都是人工兴建、栽植和开挖的。除此之外，还有自然原因形成的，如城市中的过境河流、残留下来的自然植被和国家森林公园等。

城市景观的异质性首先表现为二维平面的空间异质性，公园、绿地、水面、建筑物、街道性质各异，功能各不相同。公园绿地中多为人工栽植的观赏植物及人工挖掘的水面为主，它们是城市中的“大自然”成分，起着制造氧气、净化空气、供人娱乐、美化城市的作用，是城市景观中的“肺”。即使作为绿地的斑块，由于植物种类不同，也形成了各具相貌的绿地异质性。道路网络主要起通道作用，它们贯穿于整个城市景观，形成了许多大小不等的引进斑块。正是街道及道路网络，增加了城市景观的破碎性及异质性。柏油、水泥路面及楼群顶部由于其组成物不同于自然地表，因而使城市下垫面发生了变化，改变了下垫面的热力水文状况，因而道路、建筑物等水泥覆盖区的热力水文状况不同于绿地、水面及未被水泥砖瓦覆盖区。同时城市景观功能区的存在，使得城市景观分为商业区、工业区、住宅区、文化区等，而各功能区的性质不同，对城市景观的效应亦不同。如工业区，特别是重工业区，污染严重，从而使得重工业区上空的空气透明度低，悬浮物多，二氧化硫等污染物含量高，而住宅区、文化区较低。对于道路廊道而言，由于汽车流量大，所以道路街道附近的铅等汽车尾气污染物含量高于其他景观要素附近，同时噪声污染也是如此。城市景观的某一要素而言，其内部亦存在着异质性。如公园内有湖泊水面、树林草坪、房屋、活动场地等，这些不同功能的地块组合在一起形成了供人们娱乐、休息、消遣的公园。道路廊道同样存在着异质性，组成道路廊道的要素可归为两类，一类是绿地，二类是车行道，各自有着不同的功能，它们有机地结合在一起，构成了执行物流、能流及信息流功能的道路廊道。

城市景观的异质性同时还表现为垂直的空间异质性。垂直异质性一方面表现为建筑物因高度不同，而表现出的垂直方向上的参差不齐，另一方面表现为空气的构成上。城市景观中车多人多，使得近地面空气中尘埃、二氧化碳多，而高空少。如前所述，垂直的异质性导致了水平的异质性，如高楼两侧接受太阳辐射的多少、气温高低不同使植物开花、萌芽时间也不同。

2. *廊道效应*

在城市景观中，除划分为自然廊道和人为营造的廊道外，亦可分为产生经济效益的廊道和产生环境保护效益作用的廊道等。一般来说，在城市景观中廊道效益由中心向外逐步衰减，遵循距离衰减率，如公共汽车的载客量从市中心向市郊区的行驶过程中，公共汽车效应亦逐渐衰减。可以用指数衰减函数表示这一过程

$$V = F(D) = \begin{cases} 0 & D < 0 \\ e^{-KD} & D \geqslant 0 \end{cases}$$

式中 V——效益；

D——距离；

K——系数。

不同廊道产生的效益不同，效益衰减率亦不一样。其函数图形如图 10-5 所示。

为使问题简化，假定城市人工廊道产生的经济效应为 V，自然廊道产生的环境效应为 E，两种廊道效应产生的曲线交点，即最佳效益点 F。在 F 点经济与环境产生的综合效益最大，F 点的两侧都会减少综合效益，因此 D_1 就是两种廊道效应最佳分界点（图 10-6）。和谐的城市景观结构应该既保持发达的人工廊道又保留合理的自然廊道，或者说在人工廊道建设中，要考虑廊道的经济效益和环境效益。

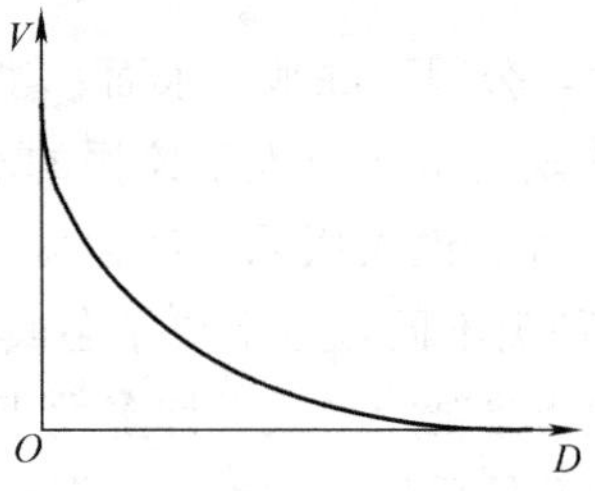

图 10-5 城市廊道距离衰减函数曲线

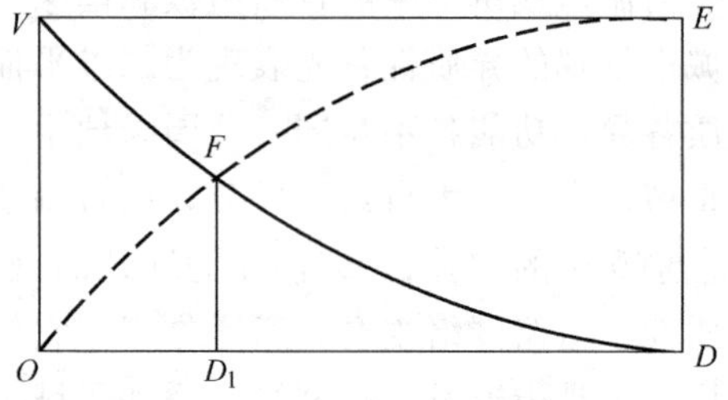

图 10-6 人工与自然廊道两种效益曲线

在城市实际发展中，存在对人工廊道不断强化与扩展的过程。图 10-7 表示城市某一方向人工廊道不断强化，如道路等级的提高，多种道路干线的组合，使得人工廊道经济效应提高，假设在这一变化过程中形成 L_1、L_2、L_3 三条等效益曲线，与自然效益曲线分别相交于 F_1、F_2、F_3 点，因而产生最佳效益点的位移。在城市景观中表现为建城区由 D_1 扩展到 D_3。

发达国家的城市化经验教训表明，如果在提高廊道的经济效益的同时，不注意提高廊道的环境与社会效益，那么就会严重破坏城市生态系统中人与城市环境的平衡，同时会加速市中心的衰亡，使城市进一步向外蔓延，造成土地资源的极大浪费，或造成其他的环境问题。

廊道在城市建设和发展中是不可缺少的，但必须规划合理，主要原因有四点：

1）街道在景观中亦称廊道，主要职能是交通运输，是城市生态系统能流、物流、信息流、人口流、金融流的必经之路，街道通畅才能保证城市功能的完善与通畅。

2）城市街道是线形污染源，汽车排放的尾气、噪声、尘埃等污染物沿街道分布与扩散，街道的长度、宽度、方向与污染的扩散程度有密切的关系。在此同时，街道的走向影响着城市风的走向，合理的街道对空气的流通、污染物的稀释扩散起一定的作用。

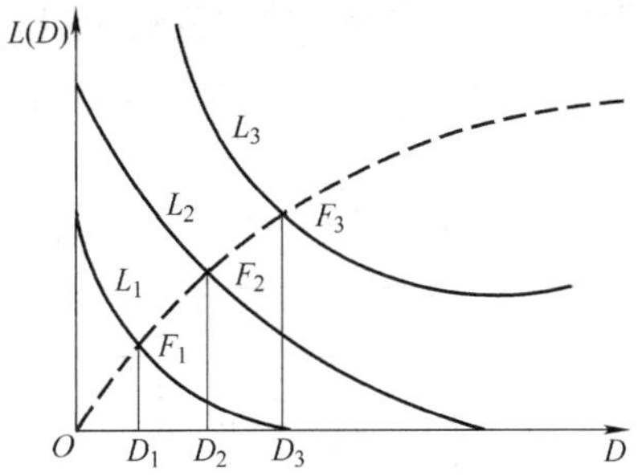

图 10-7 人工廊道效益提高的最佳效益位移点

3）城市的街道直接起人流导向作用。风景旅游点、商业区、行政中心、车站码头、居民区、仓库等都要靠城市街道联系，是捷径还是绕道，是引导还是阻止，主要靠城市街道起作用。

4）城市的社区组织或居民委员会等城市的街坊小区都靠街道分隔划界与彼此联系，有利于城市社区的管理。

10.2.5 城市景观的演变

城市自然景观是城市发展或居民点体系赖以维持生存与发展的重要资源，但随着城市化的发展，城市自然景观的变化加快，数量减少，保护城市自然景观成为城市景观生态的重点。城市的建设与发展，就是人类对该地域自然景观的深刻、强有力的干扰，而使之发生不同程度的变异。了解一个城市自然景观的变异特点和规律，掌握人为干扰影响的尺度，有利于对城市自然景观开发利用、保护及提供定向调控的依据。只有充分地提高自然景观的环境效益，才能使城市在有限的空间内得以进一步发展。

人文景观是人类为了满足生存与发展的需要而建造的新实体。人文景观的主要成分是人造地物与实体，如工厂、房屋、交通等人工实体均是以当地自然景观为基础或背景进行改造、加工和建造的。在大多数的城市景观中，被改造修复的自然景观和人类建造的景观并存，在很多地区自然景观与人文景观的界线是较难确定的。但自然景观是人文景观的基础和后备资源条件。

城市化地区（中心城市、外城、城郊）的自然景观与人文景观的综合称为城市化景观。城市化景观是以景观与城市人群或城市社会的关系为联系纽带而形成的具有时空序列的实体。城市自然景观的变异大都是城市化过程的产物。城市化过程分为的三个阶段（表 10-1）。集中式城市化引起的景观生态问题主要有：低劣住宅、土地对人口、产业的负载量过大、煤烟型大气污染严重；发展到郊区化阶段的城市，则是由原有的城市中心和新城市化的郊区形成一个“大城市圈”，由此产生一系列过密的景观生态问题，如高层建筑之间失去日照、城市中心的居住环境恶化、汽车流通量增大、大气污染与公路噪声危害加剧等；逆城市化象征着城市的衰退，城市中心人口开始减少，失去过去的繁荣而变成所谓透明地带（空腔地区）和灰色地带（灰色地区），城市景观的空间格局已由过密转向过疏，导致住房质量下降，公共设施破旧，因此城市的重新开发在城市政策中就占有相当重要的地位。工业化国家大城市目前多处于第二发展阶段，有的（如日本的大板市）则由于城市中心空屋率高达10%（占全国第一位），住房质量下降，公共设施破旧而处于从第二阶段走向第三阶段的状态。

表 10-1 城市化阶段及其景观生态问题

阶段型		人口变化			景观生态问题
		中心城市	郊区	城市圈	
Ⅰ集中城市化	A	+	+	−	城市中心空间过密，土地负载量过大，烟煤型大气污染，住房低劣
	B	++	++	+	
Ⅱ郊区化	C	+	++	++	空气过密过挤、高层建筑之间的日照变弱，大气污染、噪声危害加重
	D	−	+	+	
Ⅲ逆城市化	E	−	−	+	城市中心人口、土地的负载减小、环境质量下降
	F	−−	−−	−	

城市景观是自然景观与人文景观的综合，其质量的变化必然是自然因子与社会经济活动因子相互作用所产生的叠加效应。城市中自然景观作为空间实体，它对自然环境变迁以及人为影响所引起的景观质量变化都有一定的承载能力。为了维持和促进城市社会经济的健康发展，可以通过对人口、生产量、污染发生量、消费量、土地利用控制规划以及加强社会资本投放的定向化等方面来调节与控制景观质量的恶化，也就是说从城市景观的结构和成分组装的方法上来改善其功能，使之有利于提高景观对城市的服务水平。

10.3 城市生态系统调控与生态环境保护

10.3.1 城市生态环境系统调控

1. 城市生态环境系统调控的基本原理

从生态学的观点来看，城市是一个人、物、空间融为一体，生产生活相辅相成的新陈代谢体，具有系统性、有机性、决策性。它以人为中心，以人的根本利益为目的，能自我调节，有再生和决策能力，与周围环境协同进化，是运动着的有机体。城市人口流动、物质循环及环境变化产生了城市系统中生产的数量与生活的质量之间、资源利用与环境负载能力之间、城市内部各职能部门之间、城区与郊区之间、眼前利益与长远利益之间的矛盾，这些矛盾的解决需要通过人的决策行为进行调节控制，提高城市的综合效益，减少城市的生态风险，创造城市的发展机会。

城市生态环境系统行为具有不确定性、滞后性、非线性、反直观性。城市生态环境系统现时发展状况与将来发展方向、城市发展的优势与劣势、城市内部反馈关系与调节机制、城市发展的利导与限制因子、城市的能流物流是否畅通等都是不确定的、非线性的复杂问题。城市生态环境系统的生产着眼于局部而不是整体功能，条块间缺乏必要的共生关系和物质能量的多层分级利用功能，物质循环系统基本上是线状而不是环状，系统的自我调节能力差、多样性低。根据不同问题，利用生态学原理和最优化方法分别进行过程与政策等多种模拟方法结合，进行城市内部各等级、各组分间的关系调控，提高物质转化和能量利用的生态效率，开发城市未被利用的人力、物力和环境资源，达到平衡协调持续发展是城市生态系统调控的最终目的。

城市生态系统调控是依据自然生态系统的高效、和谐原理，达到系统整体功能最优。城市生态系统主要依靠计划决策部门，通过规划、计划、法规、制度、管理来人为调控。城市生态环境系统调控的基本原理主要有生态工艺原理和生态协调原理。

（1）生态工艺原理　城市生态系统作为一个以人为中心的社会-经济-自然复合生态系统，其内部的物质代谢、能量流动和信息传递关系，是一个环环相扣的复杂网络，物质能量得到多层次分级利用，废物循环再生，部门行业之间共生关系发达，系统的功能、结构充分协调，要求系统能量损失最小、物质利用率最高。其高效的生态工艺原理包括：循环再生、协同共生和生态选择三种。

循环再生是依据生态系统食物链结构原理，对原料、产品和废物的多重利用和循环再生，在生态系统内部必须形成一套完善的生态工艺流程。城市环境污染、资源短缺问题的内在原因就在于系统内部缺乏物质和产品的这种循环再生机制，而把资源和环境当作外生变量处理，致使资源利用效率和环境效益都不高。只有将城市生态环境系统中的各条“食物链”连接成环，使物质在系统内尽量循环利用，减少废物的排放，在城市废物和资源之间、内部和外部之间搭起桥梁，才能提高城市的资源利用效率，改善城市生态环境。

协同共生是依据共生协同进化原理，节约原材料、能量和运输环节，使城市生态系统获得多重效益。要提高城市生态系统的经济效益就要发展共生关系，变单一功能性的土地利用和单一经营的产业、条块式的管理系统为多种生态模式，提高系统的多样性，产生高的社会经济效益。

生态选择是依据因时因地制宜、占领生态位原理，尽可能抓住一切可以利用的机会，占领一切可利用的生态位，包括生物、非生物（理化）环境、社会环境的选择。要有灵活机动的战略战术，善于用现有的力量和能量去控制和引导系统，善于将系统内外一切可以利用的力量和能量（包括自然的及人工的，合作的和对抗的）转到可利用的方向。通过生态选择整合系统功能，控制和引导系统，以便为系统整体功能最优服务。

生态工艺原理的基本思想是变对抗为利用，变征服为驯服，变控制为调节，以退为进，化害为利，顺应自然，尊重自然，因位制宜。

（2）生态协调原理　依据自然生态系统生物与生物之间、生物与环境之间的协同共生、相生相克、自生趋适、最适功能与最小风险的原理，利用生态管理的方法，通过行为引导、生态规划、调整关系、解决城市生态系统不协调和自我调节能力低下的问题；用生态协调原理增强调节能力，达到系统和谐协调，整体生命力增强的目标。

城市协调发展是城市生态环境调控的核心。城市生态系统的协调关系包括：生产与生活协调、市区与郊区协调、城市的人类活动强度与环境负载能力协调、城市的眼前利益与长远利益协调、局部利益和整体利益协调、城市发展的效益与风险协调、机会与失误之间关系的协调等。维持城市生态平衡的关键在于增强城市的自我调节能力，协调各种关系。城市协调发展利用的主要生态学规律有正负反馈和限制因子定律、整体优化和最适功能原理、最小风险。

在城市生态系统中，系统组分之间可能有很多个关系环，其中有一个是起主导作用的主导环；在城市生态系统演替中存在着很多生态因子，其中有一个是对系统发展起决定作用的主导因子。对于稳定的城市生态系统来说，其主导环一定是负反馈环；否则通过该环持续的放大或衰减，系统组分将无限增长或萎缩，从而导致系统崩溃。城市生态系统的主导因子一定是限制因子，否则，系统将不受限制地发展下去，直到一个新的阻尼因子起作用才抑制住它的发展。这个阻尼因子即取代原来的主导因子，而成为新的主导因子。主导因子是城市发展的瓶颈，决定了城市的环境容量或负载能力。由于受瓶颈的限制，城市生产数量与生活水平的增长呈组合S形，即在开始时需要开拓环境，发展很缓慢，继而是适应环境，近乎直线或指数上升，最后受瓶颈的限制而接近某一饱和水平。一旦主导因子变化，瓶颈扩展，容量即可加大，城市活动又会呈现S形增长，并出现新的主导因子和瓶颈。城市正是在这种缩颈和扩颈或正反馈与负反馈的交替过程中不断发展壮大，实现动态平衡的。

城市生态环境系统是一个自组织系统，其演替的目标在于整体功能的完善，而不是其组分结构的增长。要求一切组织增长必须服从整体优化和最适功能原理，随着环境的变化，生产部门应能及时调整产品的数量、品种、质量和价格，以适应系统的发展。

在自然系统中，现存的物种是与环境关系最融洽、世代风险最小的物种。城市密集的人类活动给社会创造了高效益，同时也给生产与生活的进一步发展带来了风险。要使经济持续发展，生活稳步上升，城市也必须采取自然生态系统的最小风险对策，调整人类活动让其处于与上、下限风险值相距最远的位置，使其风险最小，城市长远发展的机会最大。

城市生态环境学的任务就是利用自然生态的原理和最优化方法去调节城市内部各组分的关系，提高物质转化和能量利用效率，促进城市持续高速发展。

2. 城市生态环境系统调控的目标

根据生态控制论原理，城市生态环境调控的目标有三，一是高效，即高的经济效益和发展速度；二是和谐，即和谐的社会关系和稳定性；三是舒适优美，即优美的生态环境和高质量的生活条件。经济目标高效主要用广义的经济效益来衡量；社会目标和谐通过协调社会发展的各种冲突关系，调节社会和自然环境的和谐程度、完善城市的生活和还原功能，将其机会及风险调节或控制在一定的范围内；环境优美意境成为现代化文明城市的重要标志，直接影响城市的整体形象和综合竞争力。

城市经济效益、社会效益、环境效益的统一协调发展，是我们所要追求的城市生态效益，也是城市生态调控的根本目标。城市生态调控的目的就在于利用一切可以利用的机会，充分提高物质能量利用效率，使系统风险最小，而综合效益最高，社会、经济、环境三大子系统得到协调发展。

3. 城市生态环境系统调控的手段和方法

近年来出现的生态系统工程，就是模拟生态工艺原理并利用系统分析方法来分析、设计、规划和调控人工生态系统的结构要素、工艺流程、信息反馈关系及控制机构，使其最大限度地符合人类的整体和长远利益的一种“巧夺天工”的系统工程技术。

（1）生态工艺设计与改造　生态工艺设计是根据自然生态系统最优化原理，设计和改造城市生产生活和还原再生的工艺流程，以疏浚物质、能量流通渠道，开拓未被占用的生态位，提高系统的经济效益。其基本的内容包括：能源结构的改造、生物资源的利用；物质循环与再生；共生结构的设计；化学生态工艺；景观生态设计等。

（2）生态关系规划与协调　上述生态工艺与设计是根据生态调控原理，用物理、化学和工程手段对城市生态潜力和机会的局部优化，属于硬技术范畴。而生态关系规划则运用系统分析手段、生态控制论原理以及专家经验对城市机会、风险及效益进行模拟与决策，属于软科学范畴。

城市生态规划就是利用现代系统科学和计算机的先进手段以及生态学的原理和专家经验，去调节和改造城市各种复杂的系统关系，在城市现有的社会、经济和自然的约束条件下，寻找开拓机会、扩大效益、减少风险的可行性对策。它包括形态分析以及系统管理两大步骤。其最终结果应给城市有关部门提供简便、易行、有效的决策支持系统。

（3）生态环境意识的普及与提高　当今许多城市问题很大程度上是由于决策者、规划者、管理者缺乏生态环境意识而引起的。因此，必须从普及生态环境意识着手，通过各种教育及宣传渠道向各级决策者和各类群众普及生态学基础知识。

10.3.2　城市生态调控决策支持系统

1. 城市生态调控决策支持系统的概念

城市生态调控决策支持系统是以计算机技术为基础，应用城市生态系统的动力学原理与控制论方法，综合系统科学、管理决策科学而设计的一种人机交互系统，可为城市管理决策部门提供信息、方法与知识支持，帮助决策者在规划管理城市系统时综合考虑社会、经济、自然等复杂因素，协调人口、资源与环境关系，寻求城市可持续发展的途径。

城市生态调控决策支持系统支持半结构化与非结构化的决策制定过程，决策过程有决策者参与，决策支持系统支持决策而不作出决定。决策支持系统内容包括理论、方法和应用等密切联系的三个方面。

2. 系统设计与软件实现

系统设计与软件实现的原则是目标要明确，利用现有资源，尽快设计出覆盖用户最基本要求的交互式系统；在应用中与决策者不断讨论，不断修改，逐步完善。软件实现应充分利用开发环境下成功的软件、硬件资源，如成功的数据库、图形生成与显示软件、专家系统、交互界面等。组织者最好是跨学科的专家，因为他们对计算机技术及其应用领域有足够的了解。成员应由软件开发者和决策者组成。

城市生态调控决策支持系统的人机交互方式有菜单驱动或情景分析。通过信息查询方法、知识调用进行决策分析。根据决策者满意与否决定分析是否继续进行。城市生态调控决策支持系统的软件结构由控制模块与决策支持部件组成。控制部分由人机界面管理，支持部件有数据库、模型库、图形与图像模块以及知识系统，用于支持以上模块。各模块之间有很大的独立性。一方面是保证易修改与易扩充，另一方面亦即更重要的是由于决策任务极为复杂，较为“宽松”的结构有利于灵活地通过人机交互纳入决策过程，从“决策支持”的角度组成“系统”。

系统软件是在微机上实现，控制模块用 C 语言写成，以保证其良好的移植性与灵活性。数据库采用 dBASE，图形部分采用地理信息系统（GIS）。模型主要用 Fortran 写成，知识系统用 C 与 LISP 语言写成。在工作站上，以地理信息系统（GIS）为图形和数据管理核心，管理模块用 C 语言编写，其他模型用 Fortran 语言编写。

3. 城市生态环境系统的人机交互式模拟

城市生态环境系统模拟的基本特征是用定性与定量分析的方法，把城市环境系统的结构与功能加以模仿、简化与抽象。运用模拟模型把复杂的城市生态环境系统转换为简单与可视的定性与定量关系，研究系统的反馈机制，找出影响系统行为的关键反馈回路与关键因子。通过改变模型的输入与参数，观察模型的输出与响应，可以预测城市生态环境系统的动态变化，寻求促进城市发展的生态对策。

（1）城市生态环境系统的模拟方法　城市生态环境系统模拟方法与模型有很多，如概念模型、物理模型、数学模型、计算机规划模型及其组合等。由于城市生态环境系统的非直观性、非线性与复杂性，不可能用单一的方法与模型来精确地模拟，只能采用模型群的技术。对于城市这样复杂的系统，常用的模拟方法是列昂捷夫的投入-产出模型及其扩充模型——SAM（social accounting matrix，社会核算矩阵），这些模型是在考虑系统内部门（子系统）关系的基础上，依据供需均衡的原理建立的。由于这些模型的结构是线性的。因此，极易把它们置于优化的框架内运行。

另一种常用于复杂系统模拟的方法是福雷斯特（J. W. Forrester）的系统动力学方法，它把控制论中的反馈控制机制引入系统模拟分析中，通过勾划系统的反馈关系流程，找出系统中存在的问题，然后运用差分方程来描述与模拟系统的状态。这种思想方法适合模拟动态、非线性、时滞性的复杂大系统。

20 世纪 70 年代末，德国的 F. 维斯特（F. Vester）等在研究法兰克福城市生态系统时曾提出一种以动力学为基础的“灵敏度模型”。该模型的特点是把生态控制论的原理应用于城市生态系统的模拟与调控，定性描述系统组分间的相互关系的动态、结构与功能变化趋势。根据情景的变化提供相应的城市发展对策。由于这些鲜明的特点，它非常适用于城市生态系统关系的模拟与调控。我国北京、天津等城市生态系统研究也曾经成功地应用过这种方法。

（2）城市生态环境系统人机交互式模拟过程　城市生态环境系统人机交互式模拟是以文字或图形方式在计算机上描述整个城币生态系统内部子系统、因素间的关系、状态及动态变化特征，包括系统所包含的因素、系统的边界、因素间的相互作用关系模式、关键因素及反馈回路的确定等。他们可以借助专家知识与经验，通过灵活的人机交互方式，选择因素进行相互关系、正负反馈回路的分析，定性地选取系统的关键因素与反馈回路。模拟过程可分以下几个步骤：①通过系统描述过程选取需要模拟的关键性问题、过程与政策；②对选取的模拟子系统或问题进行因素间关系的定性与定量分析；③选取合适的模拟方法进行模拟；④对模拟结果进行综合分析；⑤推荐城市发展的对策方案。

10.4　生态城市建设的理论与实践

人类正面临着生存环境的危机，建设生态城市正逐渐成为全球的热点。我国很多大中小城市在发展建设的过程中，都提出建设生态城市的目标。我国从 20 世纪 80 年代开始生态城市建设和实践的探索，据不完全统计，提出或正在进行生态城市建设的各类城市超过 100 个。

10.4.1　生态城市的概念和内涵

生态城市的概念产生于人们面对 20 世纪 60 年代以来全球、区域和地方的环境污染和生态退化现实的反思，是人类自工业革命以来对城市发展与建设模式的重新选择。生态城市是基于生态选择和组织作用，由意识定位、资本驱动和制度调制下的人与自然和谐发展的地球表层人居形态。生态城市是一种理想的城市模式，是技术与自然充分融洽，人的创造力和生产力得到最大限度的发挥，居民的身心健康和环境质量得到最大限度的保护，物质、能量、信息高效利用，生态良性循环的一种理想栖境（扬诺斯基）。理查德·瑞杰斯特等认为，生态城市是追求人类与自然的健康与活力，即生态健康的城市，是紧凑、充满活力、节能并与自然和谐共存的聚居地，并于 1990 年提出了“生态结构革命”的倡议和生态城市建设的十项计划，强调物种多样性，土地开发、城市交通要顺应自然特征，社会公平，经济发达、技术先进等原则。我国著名生态学家马世骏认为，生态城市是自然系统合理、经济系统有利、社会系统有效的城市复合生态系统。王如松认为生态城市是社会、经济、自然协调发展，物质、能量、信息高效利用，生态良性循环的人类聚居地。黄光宇认为生态城市是人、自然、环境融为一体，互惠共生，和谐发展，物质文明与精神文明高度发达的城市。李文华提出生态城市是具有经济高效、生态友好的产业，系统可靠、社会和谐的文化，环境优美、功能完善的景观一类的行政单元。

综上所述，生态城市是结构合理、功能高效、关系协调的城市，是人类居住的理想模式。具体而言，是指城市空间布局合理，基础设施完善，人的建设与自然的选择相统一，环境清洁优美，生活安全舒适，物质能量高效利用、信息传递流畅快速，经济发展、社会进步、环境保护三者保持高度协调，人与自然互惠共生和谐发展，生态良性循环的城市复合生态系统。它由社会、经济和环境三个子系统构成，是按生态学原理建立起来的人类聚居地。

生态城市是社会-经济-自然复合生态系统，从不同角度来看生态城市，即从不同的侧面反映了生态城市的内涵。从生态哲学角度看，生态城市实质是实现人-自然的和谐，即天、地、生、人动态合一，人的自然化与自然的人化选择均衡。从生态经济学角度看，生态城市的经济增长方式是“集约内涵式”的，不仅强调人的经济财富丰富，而且强调生物和环境的经济性。从生态社会学角度看，生态城市的教育、科技、文化、道德、法律制度等都将“生态化”。从城市生态学角度看，生态城市的社会-经济-自然复合生态系统，结构合理、功能稳定，达到动态平衡状态。从城市规划学角度看，生态城市空间结构布局合理，基础设施完善，生态建筑广泛应用，人工环境与自然环境融洽，城市景观成为城市文化的空间构成与表现。从城市地理空间角度看，生态城市是一个城市化区域，城乡复合体，城市与乡村融合，互为一体。

10.4.2 生态城市的特征

生态城市是一个符合生态规律的城市复合生态系统，具有如下特点：

（1）整体性与复合性　城市是人、物、空间三位一体，以人为主体的复合生态系统。人、物、空间（自然、经济、社会）相互依存，互相制约，形成一个互惠共生不可分割的有机的整体，它的结构和功能在人类与环境之间相互易化中协同演变。

（2）和谐性与耦动性　和谐是生态城市的核心内容，包括人与人的和谐、人与自然的和谐、自然系统的和谐三个方面的内容。人、生物与环境之间在交感耦合的基础上演变。生态城市是营造满足人类自身进化需求的环境，充满人情味、文化气息浓郁、互助协作的人居环境，人与自然共生共荣，各行业、各部门之间的共生关系协调，社会和谐稳定，经济发展持续。

（3）高效性与内源性　生态城市科学高效地利用各种资源，提高一切资源的利用效率，不断创造新的生产力，物尽其用，地尽其利，人尽其才，各施其能，各得其所。物质能量得到多层分级利用，废弃物循环再生。

（4）可持续性与协调性　生态城市是以可持续发展为根本，坚持可持续发展，充分体现自然资源与人力资源的合理配置和可持续的开发利用。兼顾不同时间、空间的合理配置资源，公平地满足现代与后代在发展和环境方面的需求。

（5）均衡性与安全性　生态城市是一个系统，是由相互依赖的经济、社会、自然等生态子系统组成，各子系统在“生态城市”这个大系统整体协调下均衡发展。生态城市在形态、构造和功能上是集中与分散的均衡，任何一个组分（或要素）在时空上的过度密集或分散，都会造成生态城市的过度发展或衰退，危及生态系统的安全。在一个生态城市中，人、物、理化空间环境之间各要素的相对量比关系都有一个安全范围，即生态安全范围，超出这个范围生态城市可能衰退或受损害。

（6）区域性与开放性　生态城市是在一定的区域空间范围内，人类活动与自然环境资源利用完美结合的产物，具有很强的区域性，是建立在区域平衡协调基础之上。只有平衡协调的区域，才有平衡协调的生态城市。但它与周围城市保持密切的联系，形成互惠共存的融洽关系，与国内外其他城市也保持较强的关联度，加强全球合作，共享技术与资源，维护全球生态平衡。因此，它也是一个开放性系统。

生态城市最明显的特征也是其最基本的条件是绿色，拥有广阔的自然空间、花园、公园、农场、河流或小溪、郊野以及与人类共存的生物。

10.4.3 城市生态化过程

在人类社会的发展过程中，每一次文明更替都是一次社会变革，促进了社会经济的大发展、大进步。目前的工业文明虽然极大地促进了社会经济的发展，但也带来了严重的环境问题。生态文明作为工业文明的替代力量正在兴起，人类社会将从工业社会向生态社会转化，从工业化发展模式向生态化发展模式转变。生态化发展模式是在工业化发展模式的基础上发展起来的，是人与自然环境之间相互选择、和谐相处、相互易化、协同演进的共同发展模式，是对工业化发展模式的辩证否定。它兼顾人口、社会、经济、环境和资源持续发展，以提高人的生活质量为目标的模式，是一种注重复合生态系统整体效益的发展模式。生态化发展模式是人们对人类进入工业文明以来所走过的道路进行深刻反思的结果。这是人类文明进化的历史性的重大转折，是人类改变传统模式和开拓新文明的一个重要的里程碑。

生态城市是城市生态化发展的结果，强调社会、经济、自然协调发展和整体生态化，即实现人-自然共同演进、和谐发展、共生共荣，它是可持续发展模式。自然生态化是生态城市的基础，表现在强调保护生命支持系统、发展以保护自然为前提、发展与环境的承载能力相适应，实现自然环境与其演进过程得到最大限度的保护，合理利用自然环境和自然资源。经济生态化是生态城市的条件，经济生态化表现为强调低消耗、高效益，低投入、高产出的经济增长方式，实现清洁生产和文明消费，对经济增长不仅重视增长数量，更追求质量的提高，提高资源的再生和综合利用水平，采用可持续的生产、消费、交通发展模式。社会生态化是生态城市的目的，表现为自觉的生态意识和环境价值观，生活质量、人口素质及健康水平与社会经济发展相适应，有一个保障人人平等、自由、教育、人权，免受暴力的社会环境，强调社会进步与经济发展相适应。复合生态化是生态城市的前提，实现城市生态化，使社会、经济、自然协调发展，整体优化，人与自然共同演进、共生共荣和谐发展。

我国城市发展面临两种选择，一是走传统工业化发展道路，生产和生活方式不发生根本改变，进行部分调整。另一是对传统发展模式进行根本性变革，探索一条符合我国国情的生态化发展之路。城市走生态化发展道路，是实现城市可持续发展，走出“城市病”困境的必然选择。我国综合国力、科技水平、人口素质、意识观念与发达国家相比都有一定的差距，这些因素都将影响到城市生态化发展。底子薄、人口多的国情决定了必须开辟一条非传统方式，又非西方化的“中国式”城市生态化发展之路。实现城市生态化要加强宣传教育，普及和提高公众的生态意识；制定行动计划，实施符合城市生态化发展的政策；加强城市生态化立法；设立城市生态化发展的管理机构；重视生态技术的开发和应用；重视城市间、区域间的合作。

10.4.4　生态城市规划的原则与内容

1. 生态城市建设的内涵

2002 年 8 月，在深圳举行的第五届国际生态城市大会，通过了生态城市建设的《深圳宣言》，明确提出了 21 世纪城市发展的目标和生态城市建设原则与行动措施。该《宣言》阐述了建设生态城市包含的主要内容和必须采取的措施或行动。

生态城市的建设涉及五个层面的问题，最基础是生态卫生，最尖端是生态文化，五个层面像金字塔似的自下而上构成（图 10-8）。生态卫生是一个巨大的基础层，通过生态的手段对“源”——食物、水、能量；“汇”——臭气、粪便、垃圾；“流”——物理、化学、生物等工程净化功能；“库”——厨房、洗澡间、厕所等污水进行处理回收的生态复合体系；生态安全包括水、食物、空气、土壤、生命等安全；生态产业强调与传统生产、消费、运输不同的生态转型产业；生态景观强调通过景观生态规划与建设，优化景规格局，从而减少热岛效应等对环境的影响；生态文化以整体、和谐、还原和自生的生态学原理为基础，培养具有较高生态意识和继承历史文化的群体，包括认知文化、体制文化、物态文化（建筑等）、规范或准则（道德等）、行为（消费方式等）。这是生态城市建设中最重要和最难于建造的一个层面。

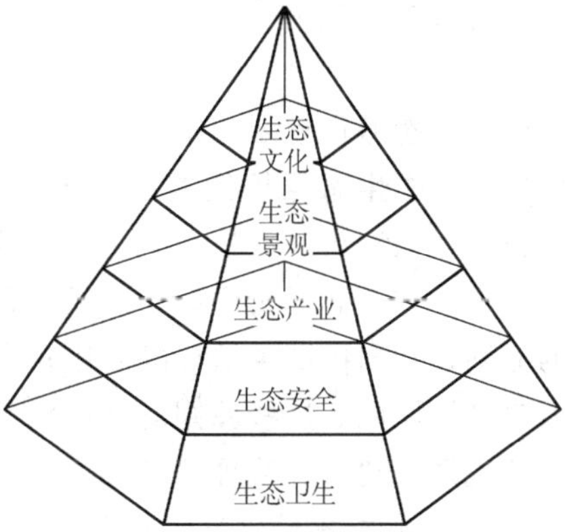

图 10-8　生态城市建设的五个层面

生态城市建设可分为四个阶段：概念启动与综合规划；景观规划和立法；生态工程设计与建设；生态系统调控与管理。生态城市建设的动力主要是：政府引导；科技催化；企业赞助；公众参与；舆论监督。

2. 生态城市规划

生态城市规划是对城市生态要素的综合整治目标、程序、内容、方法、成果、实施对策的全过程进行规划的一种方法，同时也是实现城市生态系统动态平衡、调控人与环境关系的一种有效手段，在具体工作中是以生态学原理和可持续发展理论为指导，应用系统科学、环境科学、城市规划学等学科手段，辨识、模拟和设计城市生态系统内的各种生态关系，确定资源开发利用与保护的生态适宜度，探讨改善系统结构和功能的生态建设对策，以促进人与环境关系的协调发展。

(1) 生态城市规划的指导思想　生态城市规划得指导思想主要包括与自然协调、以人为本和因地制宜。从历史发展来看，我国古代的“天人合一”、“阴阳五行”，“道天地将法”，“金、木、水、火、土”等；西方的“理想国”、“乌托邦”、“田园城市”等，都反映了人与自然共存共荣的生态哲学思想。近代美国的美化城市运动、英国的大伦敦绿圈规划、法国的巴黎规划设想、日本的东京都规划等，出发点都是与自然协调，让人们生活得更好。以人为本是21世纪城市建设的主旋律。以人为本，一是要充分考虑人的行为待征，善解人意，尊重人格；二是要努力满足人的基本需求，从人的生理和心理感受要求出发，目的也是让人们生活得更美好。我国幅原广大，地域辽阔，生态环境条件千差万别，城市与区域发展水平也相差悬殊，因此生态城市的规划建设不可能是单一的发展类型和模式，应根据不同地区、不同城市的具体条件，来制定适合于自身特点的生态化发展战略与创建各具特色、多种类型的生态城市发展模式。

生态城市建设力求为城市居民创造多种多样的自由生存空间，建立和恢复野生生物生境，调整和完善经济生态结构，加强旧城改造，恢复废弃地的生态，建立完善的公共交通系统，鼓励个人和企业参与生态城市建设，实行政策倾斜，设立生态城市建设管理部门，普及提高生态意识等都是生态城市建设的内容。我国生态城市规划与建设仍处于初始发展阶段，有关生态城市的理论、规划、设计、方法、手段和管理机制等都还很不成熟，还需要不断实践、探索。

(2) 生态城市规划的基本原则　1984年，《人与生物圈》报告中提出了生态城规划的五项原则是：①生态保护策略；②生态基础设施；③居民的生活标准；④文化历史的保护；⑤将自然融入城市。我国学者在生态城市规划建设的实践中，总结出如下八项基本原则：①生态保护和生态平衡原则；②循环再生原则；③生态基础设施建设原则；④将自然融入城市的原则；⑤居民的生活标准原则；⑥具有最大的多样性原则；⑦历史文化保护原则；⑧优化人口结构原则。这些原则对任何一个城市生态系统都很重要，如何把这些原则付诸于生态城市的规划、建设和管理的实践中，是生态城市建设成败的关键。

3. 生态城市规划的原理和方法

(1) 以生态学原理为指导　生态城市建设是一项极其复杂的系统工程，必须以生态学基本原理和方法为指导，努力遵循生态学的基本规律，依据生态控制论原理，调节城市系统内部各种不合理的生态关系，提高城市生态系统的自我调节能力，确定资源开发利用与保护的生态适宜程度，提出改善系统结构与功能的生态建设对策，使城市规模和城市地域空间的生态环境和资源供给相适应，实现城市生态系统的良性循环。

(2) 以协调人与自然的关系为核心　协调人与自然之间的关系是生态城市建设首要任务和中心议题。城市建设偏离了这个轨道，则导致各种环境和生态问题的产生，使人类面临生存与发展的严峻挑战。生态城市建设就是要处理好人与自然之间的关系，使城市发展和建设的对象不仅关注人，更强调人与自然是一个密切相连的有机整体。

(3) 以提高生态能力建设为重点　生态城市建设是城市生态能力持续提高的过程。生态能力建设远比治理环境污染、保护自然生态等问题复杂得多，它要寻求城市作为复合生态系统的健康与活力。生态城市必须以能力建设为重点，解决生态意识薄弱、生态观念淡薄、生态道德水准低下等深层次的生态冲突，实现从消极的生态环境保护到积极的生态建设，从被动性的生态环境运动到自觉性的社会行为的质的飞跃。

（4）以现代科学技术为手段　科学技术是生态城市建设的重要手段。科学技术进步可以有效地为生态城市的规划建设提供依据和手段，促进生态决策、管理水平的提高，加深人类对自然规律的理解，开拓新的自然资源领域，提高资源综合利用率，提供保护自然资源和生态环境的有效手段，从而缓解城市人类与经济增长和资源有限性之间的矛盾，扩大生存空间，提高生存质量。

（5）以城市可持续发展为目标　生态城市的规划应遵循自然生态规律与城市发展规律，以持续发展为目标，综合协调城市及其所在区域的社会、经济、自然复合生态系统，以促进健康、高效、文明、舒适、可持续的人居环境的发展。

4. 生态城市规划的内容

生态城市规划的对象是一个由自然生态要素和人工生态要素共同构成的复合生态系统。因生态城市规划的要素众多，复杂多变，其规划内容可大致概括为以下十个方面：①城市生态要素的调查、评价与预测；②分析环境容量和生态适宜度；③研究确定规划目标和评价的指标体系；④划分生态功能区和土地利用布局；⑤环境污染综合防治规划；⑥人口适宜容量规划；⑦产业结构与道路、交通运输布局调整规划；⑧园林绿地系统规划；⑨资源利用与保护规划；⑩生态城市管理决策研究。

5. 生态城市规划的设计

在城市设计中大力倡导节能、使用可更新能源、提高资源利用效率和物质的循环再生；将城市建成以安全步行和非机动交通为主的，并具有高效、便捷和低成本的公共交通体系的生态城市；为企业参与生态城市建设和旧城的生态改造项目提供强有力的经济激励手段；鼓励社区群众积极参与生态城市设计、管理和生态恢复工作。

10.4.5 生态城市的建设

1. 生态城市建设的总体目标

（1）追求城市社会-经济-自然和谐协调发展　生态城市是应用生态工程、环境工程、系统工程等现代科学与技术手段，协调现代城市建设中社会经济系统与自然环境系统的关系，实现经济效益、社会效益、环境效益的统一，在发展社会经济的同时，保持良好的生态环境。单纯追求自然环境的美化，以建设“花园城市”为目标，简单地增加绿地，只是建设生态城市的一项内容，不等于就是生态城市。

（2）追求城市自维持、自修复、自组织、自发展　生态城市建设是一个渐进的过程，从初级阶段到高级阶段会经历一个较长的时期，而建设生态城市最关键的就是必须做到城市内部资源的再生。

追求城市与区域的协调发展，城市生态建设与区域生态建设是联系在一起的。单纯追求城市环境的清洁，将不发达地区作为发达地区的“垃圾站”和资源的供应地，致使不发达地区不仅经济上不发达，更成为环境破坏最严重的地区。发达地区利用不发达地区廉价资源的同时向不发达地区倾倒垃圾，绝不意味着它们已建成了“生态城市”。

（3）追求节能、节水、节地和使用新能源　提倡利用太阳能、风能、潮汐能等新型能源；使用可再生材料；建设具有“智能性”的生态建筑。大量利用现代科技的全部潜力制造高效、节能的、对环境不产生污染或污染很少的新型灯具。对于城市建筑垃圾，应尝试将新的生态技术运用到建筑设计与建造过程中。

2. 生态城市建设的主要内容

生态城市建设工程包括城市生态环境工程建设、城市郊区农村生态环境建设、城市自然保护区建设和生态景观保护、生态文明建设、生态城市管理机制建设、生态消费建设和生态技术创新七个方面。

（1）城市生态环境工程建设 城市绿化工程建设是生态城市建设的重点。传统的“绿化设计”往往只是注重面积指标和服务半径，使“绿地”常常只能处于交通和建筑规划后填空插缝的消极地位，因而不能在生态意义上起到积极的作用。城市绿化工程建设包括城市园林绿化，街道景点、行道树绿化，城市山林绿化，城市农业、果林基地建设，城市花卉基地建设等。按可持续发展原则将这些绿化工程建设有机组合和分布。避免大建草坪不种树，急功近利种“老树”，讲究排场建大广场，毁良田、填埋水域造地搞绿化等不良倾向。

城内环境污染治理工程建设是生态城市建设的基础，包括城市污水处理工程建设、城市废气治理工程建设（工业锅炉废气治理、工厂烟囱烟气治理、机动车尾气治理、饮食业油烟废气治理、燃气工程、清洁能源等）、垃圾治理工程建设（垃圾分类收集、垃圾填埋场建设、垃圾焚烧发电厂建设等）、噪声治理工程建设（加强道路系统建设和交通管理，调整空间布局，强化工业噪声防治，加强对施工工地和第三产业的噪声管理）等。

城市生态住宅建设是生态城市建设的发展趋势，生态住宅有严格的技术标准，它要求在能源和水、气、声、光、热、环境以及绿化、废物处理、建筑材料等九个方面，符合国家有关标准。

城市江河水体整治、生态恢复和河岸绿化工程建设均是城市生态环境建设的重要内容。

（2）城市郊区农村生态环境建设 森林资源保护和林业建设是重要的社会性、公益性事业，又是重要的基础产业，是改善生态环境和促进经济发展的重要行业，在生态城市建设中具有重要作用。生态农业是按自然生态规律和经济生态规律进行经营和管理的集约化农业体系，是现代化农业的新模式。因此，生态城市的郊区应大力推广生态农业的建设，进行农田、果木生态保护和水利建设，水土保持。大力推广无公害生产技术，如无公害生物农药、生物防治技术，建设无公害蔬菜生产基地、集约化养殖场，建立农业生态监测管理体系。

调整乡镇企业产业结构，解决因为乡镇企业分散型、粗放型经营带来的资源浪费和污染环境问题。建设主题工业区，相近类型的企业集中布局，引进高新技术，污染集中处理，淘汰落后设备和生产技术，对污染严重的企业限期整改至关、停、并、转。

（3）城市自然保护区建设和生态景观保护 建设各种类型的自然生态保护区，如温泉保护区、水库水源林保护区、野生动植物保护区、鸟类保护区、鱼类保护区、文物古迹保护区等。

（4）生态文明建设 生态文明是一种尊重自然，人与自然和谐发展的文明。人类在改造利用自然的过程中，既获利于自然又还利于自然；既改造自然生态又保护自然生态，人与自然协调和谐，互惠共荣的双向运动。城市生态文明建设主要有：生态道德建设、生态意识建设、生态文化建设。

（5）生态城市管理机制建设 管理是生态城市建设成败的关键，是营造生态城市的基础。更新城市管理观念，完善生态城市管理体制，强化高科技在生态城市建设与管理中的应用，实现生态城市管理智能化，建立生态城市管理信息系统。

为了从根本上解决城市生态问题，需要从宏观层次上对重大决策进行生态环境影响评价，控制生态问题的政策源头。因此，对城市国民经济和社会发展重大决策开展环境影响评价，并使之成为政府决策中的一项必经程序。它既是从决策源头防止环境污染和生态破坏的有效措施，也是实现环境与发展综合决策的根本途径，更是在城市建设过程中转变政府职能和决策方式的必然选择，是实行决策科学化的重要保障。

（6）生态消费建设　城市是巨大的需求中心和消费中心，所以城市消费结构是否合理对生态城市建设影响很大。生态消费的消费观念是提倡合理消费、勤俭节约，从追求物质享受转向追求精神享受、生态需求。生态需求是人对优美环境的需求、对清洁食物的需求。它不仅是最基本、最重要的生存需要，也是享受需要和发展需要。生态消费的消费行为从对自然的过度依赖、严重污染和直接破坏转向节约资源、能源，减少废物排放、消费污染、破坏生态环境，禁止对濒危物种的掠夺与消费。尽可能使用可回收利用的新产品或对环境无害的产品；生活方式注重特色和多样化，物质生活生态化，提倡舒适而非豪华的生活环境，大量使用社区设施、公共交通和天然能源，反对资源垄断和浪费，把保护环境作为自己的生活准则；饮食生态化，优化饮食结构，提升饮食质量，反对过剩消费和攀比消费；禁止食用国际和国家保护的野生动植物，减少对初级农产品的消耗总量，增大深加工产品的需求量。此外，在税收政策上应当限制高消费，鼓励合理治费、储蓄和投资。满足人类的生态消费，就必须培育良好的生态环境，开拓生态消费品。我国从1999年开始实施“三绿工程”，即“提倡绿色消费”、“培育绿色市场”、“开辟绿色通道”，建立食品安全保障体系。

（7）生态技术创新　模拟自然生态系统的生态工艺原理，利用系统分析方法设计、分析、规划和调控各类生态系统的结构要素、工艺流程、信息反馈关系及控制机构，使其最大限度地符合人类整体和长远利益。把城市经济活动组织成“自然资源-产品和用品-再生资源”的反馈式流程。所有的原料和能源都能在不断循环的经济运行中得到最合理的利用，从而使经济活动对自然环境的负面影响控制在尽可能小的程度。

思　考　题

10-1　简述分析城市生态系统结构与功能的特点。

10-2　简述景观的概念、景观要素的基本类型及城市景观要素特征。

10-3　什么是生态城市？我国应如何发展生态城市？

10-4　简述城市生态化过程与生态城市建设。

推荐阅读文献

[1]　杨士弘，等．城市生态环境学[M]．北京：科学出版社，2003.

[2]　杨小波，等．城市生态学[M]．北京：科学出版社，2001.

[3]　宋永昌．城市生态学[M]．上海：华东师范大学出版社，2000.

[4]　王祥荣．生态建设论[M]．南京：东南大学出版社，2004.

[5]　杨京平，等．生态系统管理与技术[M]．北京：化学工业出版社，2004.

[6]　张坤民，等．生态城市评估与指标体系[M]．北京：化学工业出版社，2003.

[7]　王祥荣．生态与环境—城市可持续发展与生态环境调控新论[M]．南京：东南大学出版社，

2000.

[8] 吴人坚，等．生态城市建设的原理和途径—兼析上海市现状和发展[M]. 上海：复旦大学出版社，2000.

[9] 邢嘉明，等．京津地区生态系统特征与污染防治研究[M]. 北京：科学出版社，1988.

[10] 杨士弘．论城市生态环境可持续发展[J]. 华南师范大学学报，1997(1)：89-91.

第 11 章

11

生态系统管理

生态环境问题一直伴随着人类文明的演进而存在和发展。20 世纪后半期以来，在世界经济的高速发展过程中，地球温暖化、臭氧层破坏、大气污染与酸雨、土地退化和沙漠化、森林资源退化、陆地水域和海洋污染、生物多样性破坏、发展中国家的公害等环境问题对全球生态系统和自然资源更新构成了极大的威胁。在这种情况下所提出的可持续发展归根结底是一个生态系统的管理问题。如何科学地管理地球生态系统和自然资源，维持生物圈的良好结构、功能和全球经济的可持续发展，是生态系统管理的目的。生态系统管理概念的提出是科学家对全球规模的生态、环境和资源危机的一种响应，它作为生态学、环境学和资源科学的复合领域，自然科学、人文科学和技术科学交叉的新型学科，不仅具有丰富的科学内涵而且具有迫切的社会需求和广阔的应用前景。

11.1 生态系统管理的内涵

11.1.1 生态系统管理的概念

生态系统管理是指在充分认识生态系统整体性与复杂性的前提下，以持续地获得期望的物质产品、生态及社会效益为目标，并依据对关键生态过程和重要生态因子长期监测的结果而进行的管理活动。

在生态系统管理的发展过程中，由于不同的生态学者和机构所关心生态问题的不同、研究对象的不同，关于生态管理的定义也存在差异。

美国林业局（1992—1994）认为生态系统管理是一种基于生态系统知识的管理和评价方法，这种方法将生态系统结构、功能和过程，社会和经济目标的可持续性融合在一起。而美国内务部和土地管理局（1993 年）则认为，生态系统管理要求考虑总体环境过程，利用生态学、社会学和管理学原理来管理生态系统的生产、恢复或维持生态系统整体性和长期性的功益和价值；它将人类、社会需求、经济需求整合到生态系统中。美国环境保护署（EPA，1995 年）着重强调生态系统管理是指恢复和维持生态系统的健康、可持续性和生物多样性，同时支撑可持续的经济和社会。这些定义主要强调了生态系统管理的社会功能。

一些专业团体主要强调了生态管理对生态过程、生态系统结构和功能的影响。美国森林学会（SAF）的生态系统管理关注生态系统的状态，目的在于保持土地生产力、基因保护、生物多样性、景观格局和生态过程的组合。美国生态学会（ESA）认为生态系统管理有明确的管理目标，并执行一定的政策和规划，基于实践和研究并根据实际情况作出调整，基于对生态系统作用和过程的最佳理解，管理过程必须维持生态系统组成、结构和功能的可持续性。美国东部森林健康评估研究组认为生态系统管理是对生态系统的社会价值、期望值、生态潜力和经济的最佳整合性管理。

个体研究者关于生态管理更关注于自己的研究领域。Agee 和 Johnson (1988 年) 认为生态系统管理涉及到调控生态系统内部结构和功能，输入和输出，并获得社会渴望的条件。Overbay (1992 年) 认为生态系统管理利用生态学、经济学、社会学和管理学原理仔细地和专业地管理生态系统的生产、恢复，或长期维持生态系统的整体性和理想的条件、利用、产品、价值和服务。Goldstein (1992 年) 强调生态系统的自然流 (如能流、物流等)、结构和循环，在生态系统管理过程中要摒弃传统的保护单一元素 (如某一种群或某一类生态系统) 的方法。部分研究者认为，以顶极生态系统管理为主，保护当地 (顶极) 生态系统长期的整体性，维持生态系统结构、功能的长期稳定性是生态系统管理的主要目标和内容 (Grumbine，1994 年)。Wood (1994 年) 提出综合利用生态学、经济学和社会学原理管理生物学和物理学系统，以保证生态系统的可持续性、自然界多样性和景观的生产力。Christensen (1996 年) 则集中在根本功能复杂性和多重相互作用的管理，强调诸如集水区等大尺度的管理单位，熟悉生态系统过程动态的重要性或认识生态过程的尺度和土地管理价值取向间的不相称性。Dale 等 (1999 年) 的生态系统管理是考虑了组成生态系统的所有生物体及生态过程，并基于对生态系统的最佳理解的土地利用决策和土地管理实践过程，包括维持生态系统结构、功能的可持续性，认识生态系统的时空动态，生态系统功能依赖于生态系统的结构和多样性，土地利用决策必须考虑整个生态系统。Maltby (1999 年) 在生态管理中指出了人的作用，认为生态系统管理是一种物理、化学和生物过程的控制，它们将生物体及其非生命环境及人类活动的调节连接在一起，以创造一个理想的生态系统状态。

对上述定义进行综合，生态系统管理的内涵主要包括以下几个方面：①生态系统管理要求将生态学和社会科学的知识和技术，以及人类自身和社会的价值整合到生态系统的管理活动中；②生态系统管理的对象主要是受自然和人类干扰的系统；③生态系统管理的效果可用生物多样性和生产力潜力来衡量；④生态系统管理要求科学家与管理者确定生态系统退化的阈值及退化根源，并在退化前采取措施；⑤生态系统管理要求利用科学知识作出最小损害生态系统整体性的管理选择；⑥生态系统管理的时间和空间尺度应与管理目标相适应。

生态系统管理是人类以科学理智的态度利用、保护生存环境和自然资源的行为体现。可持续发展主要依赖于可再生资源特别是生物资源的合理利用，因而生态系统管理是实现可持续发展的手段和重要途径。

11.1.2 生态系统管理的发展

从 20 世纪 30～60 年代是生态管理思想的萌芽阶段。早在 1932 年，美国生态学会的植物与动物委员会就提出了“综合自然圣地计划”。该计划中提出了保护生态系统和特殊生物种，正确处理自然干扰，建议自然保护区设计采用“核心保护区＋缓冲带”的思想。该委员会还认为机构间的合作对计划成功很重要，生态学家有必要采取一切手段去说服和教育公众，让他们认识“圣地计划”的价值。Wright 和 Thompson (1935 年) 通过观察指出，由于边界和面积大小的限制，黄石国家公园不是一个完整的生态系统，Wright 极力游说政府官员，要求扩大黄石国家公园的规模，重新划定能够反映大哺乳动物生物需求的公园边界。1950 年美国生态学会的植物与动物委员会又提出了实施“自然圣地目录”的建议。可惜，这些早期将资源管理与生态学、景观尺度相联系的系统管理思想，未能在实践中得到应用和实现。

20 世纪 70～80 年代进入了生态系统管理的早期研究阶段。1970 年美国的政策分析家 Caldwell 提倡公共土地管理政策的制定应该放弃现行的政治框架而采用一种新的方式，应该把生态系统作为土地管理政策制定的依据。1971 年，人与生物圈计划（MAB）开始启动，极大地推动了保护生态学的发展。Craighead（1979 年）通过对大灰熊种群生态学研究得出结论，仅仅黄石国家公园是不能满足大灰熊种群的需求，他建议保护区面积设定必须能够满足维持最大的食肉动物栖息地的要求，为生态系统管理的定界问题奠定了一个基本标准。80 年代，用生态系统的理论和方法管理土地的思想得到了许多科学家、经营者的支持，大量关于生态系统管理的论文出现，生态学研究开始强调长期定位、大尺度和网络研究。与此同时，生态系统管理与保护生态学、生态系统健康和恢复生态学相互促进和发展（曾德慧等，1999 年）。1988 年 Agee 和 Johnson 出版了第一部关于生态系统管理学的专著（公园和野生地的生态系统管理）。在该书中，作者给出了生态系统管理的理论框架，讨论了生态系统管理要有适当的边界划定、明确的目标、管理机构间的合作、管理效果的监测以及政府决策层的参与等。

20 世纪 90 年代以后是生态系统管理学的发展阶段。Agee 和 Johnson（1998 年）的专著出版以来，关于生态系统管理的论文涌泉般地发表出来。在 1991 度美国科学发展协会（AAAC）年会上，美国生态学会（ESA）提出了“可持续生物圈建议（SBI）”，美国农业部森林局（USDA）提出了“关于自然森林系统管理的新设想”。这两个倡议对生态系统管理科学的发展起到了十分重要的推动作用，提出了通过对生态系统的基础研究来达到合理管理自然资源，实现保持地球-生物圈持续性的设想。SBI 认为生态学优先研究领域应该是全球变化、生物多样性和可持续生态系统，并且强调了生态学基础研究在可持续发展中的重要地位。1993 年 Ludwig 等指出“人类的短视和贪婪总是导致对资源的过度开发和消耗，依据科学数据对生态系统的管理，必然要受到自然过程的大尺度、高度的自然变异性、复杂的生态系统和人类行为所固有的不可预测性所制约”。因此，他主张：应该把人的动机和响应作为研究和系统管理的组成部分；在取得科学的一致性之前，我们就必须对生态系统采取相应的管理行动；要依靠科学去认识问题，但是不可能依赖科学去医治它们；人们所寻求的应该是对资源开发过程中所遇到的问题如何解决。Grumbine（1994 年）在“何为生态系统管理”一文中，论述了生态系统管理概念的历史演变、结构框架，同时他认为这些主题构成了生态系统管理工作的基础。1996 年美国生态学会（ESA）发表了“关于生态系统管理的科学基础的报告”，报告中全面地论述了生态系统管理的定义，生态系统管理的生态学基础，人在生态系统管理中的作用，生态系统管理原则和基本科学观点以及行动步骤等科学命题。

11.1.3 生态系统管理的基本原则

人类干扰是自然生态系统退化的一个主要因素，而生态系统的管理又是以人为主体的活动，因此人在生态系统管理中具有双重作用。只有规范人的行为，提高环境保护意识，树立可持续发展观，才能真正实现可持续的生态系统管理。为了进行有效的管理，必须遵循综合生态系统管理的一些原则。

（1）整体性原则　整体性是生态系统的基本特性，在生态系统管理中要遵循系统的整体性原则，切忌人为切割。

（2）动态性原则　划分生态系统管理边界时必须综合考虑，合理划分自然管理区有助于实现生态系统的功能监测和管理目标。

（3）再生性原则　在管理中重视生态系统的生产能力和再造性，保证生态系统提供充足的资源和良好的服务。

（4）循环利用性原则　生态系统中部分资源存在有限性，在生态管理时要遵循经济、生态规律，进行物质循环利用。

（5）平衡性原则　需要对生态系统各项功能指标（功能极限、环境容量等）加以认真分析和计算，通过合理的人为管理，减缓外界压力，以保持系统的健康和平衡。

（6）多样性原则　生态多样性是生态系统稳定和生产力的核心，维护生物多样性是生态系统管理中不可缺少的组成部分。

11.1.4　生态系统管理的目标

生态系统是一自然系统，具有时空尺度上的可变性。自然过程维持着自然系统的有效性，如森林、草地、湿地、农田等生态系统的生态特征，有一系列时空尺度上的自然演化过程所控制。重要的管理问题是如何协调人类的需要与自然资源的平衡关系。自然环境生态属性长期的持续性要求维持好自然变化的环境体；当这种环境体遭到改变，生态系统为适应新入侵的外来有机体条件而进行调整，在综合生态系统管理中如何认识和量化物种和生态过程的持续性和入侵性十分重要。管理必须考虑连接性和不确定性，生态系统管理的目标是让人类活动和自然系统之间保持一种相对的动态平衡，在多个尺度上充分认识到社会和环境的联系。由于管理连接性的数量方法还不十分精确，在考虑社会环境问题时所作出的决定仍存在一定的风险，也即是不确定性。生态系统管理必须将人类文化、生活方式考虑进去，发展一个综合的、可持续的社会环境系统。

生态系统管理的目标就是要维持健康的生态系统，保证其各项生态系统服务功能的正常发挥。围绕此目标需要建立诸多评价因子，在常规监测的基础上对流域生态系统的现状进行客观评价；用生态学原理调节各个生态因子的关系和比例，在考虑到人类正常需求和生态可持续发展前提下提出各种协调措施，作为管理决策的重要依据（曾德慧等，1999 年）。综合生态系统管理对人类社会来说是一个全新的挑战，是一个有生态学基本原理和对未来的认识所指导的正在进行中的试验，它将利用多种方法来完成一个综合的、平衡的社会环境系统。为了有效完成这一工作，大量的方法需要探索。

11.2　生态系统管理的内容及途径

11.2.1　生态系统管理的基本要求与框架

生态系统管理是“一个用以制定政策和管理战略，以解决资源利用和环境保护冲突，控制人类活动对区域环境影响的持续的、动态的过程”。其总体目标是确保区域自然资源达到最佳的持续利用，持久地维持高度的生物多样性和确实保护至关重要的生境。由于综合管理通常需要有效的政策和管理战略来实现，这种管理往往以一种政府行动来体现，是一种所谓的“集中式”生态系统综合管理。这种管理的基本要求有：①可持续性，生态系统管理将长期的可持续性作为管理活动的先决条件；②在生态系统可持续性的前提下，具体的目标应具有可监测性；③在生态学原理的指导下，不断建立适宜的生态系统功能模型，并将形态学、生理学及个体、种群、群落等不同层次上生态行为的认识上升到生态系统和景观水平，指导管理实践；④生态系统复杂性和相关性是生态系统功能实现的基础；⑤生态系统管理并不是试图维持生态系统某一种特定的状态和组成，动态发展是生态系统的本质特征；⑥生态系统过程在广泛的空间和时间尺度上进行着，并且任何特定的生态系统行为都受到周围生态系统的影响，因此，管理上不存在固定的空间尺度和时间框架；⑦人类不仅是生态系统可持续性问题的因素，也是在寻求可持续管理目标过程中生态系统整体的组成部分；⑧通过生态学研究和生态系统监测，人类不断深化对生态系统的认识，并据此及时调整管理策略，以保证生态系统功能的实现。生态系统管理的主要框架如图 11-1 所示。

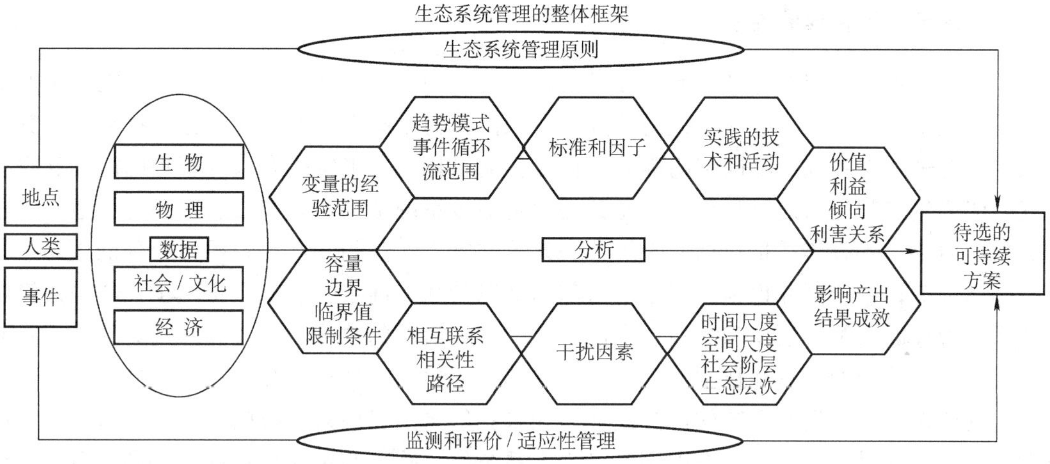

图 11-1 生态系统管理的主要框架

11.2.2 生态系统管理的尺度与层次

生态系统具有不同的尺度和层次，在不同的尺度和层次存在不同的生态问题，生态系统管理也具有不同的尺度层次，因此在不同尺度和层次上生态管理所需要的数据类型是不同的（表 11-1）。

表 11-1 不同尺度上的生态系统管理所需的生态学模型、数据、知识及时间尺度

生态系统类型	主要生态学模型	数据/知识	时间尺度
个体及种群	动植物的生理生态模型，个体或种群生长模型，种群竞争模型，土壤-植物-大气的物质能量交换模型	气候与群落微气象、生物气象、地形与微地形、生理、生态特性、植物营养和水分吸收、种群与环境的物质和能量交换、种群动态	秒、分、小时、天、月、年

（续）

生态系统类型	主要生态学模型	数据/知识	时间尺度
群落与生态系统	生态系统生产力模型，生物化学循环模型，食物链（网）模型，物种迁移与演替模型，物种分布格局模型	气候和微气候与气候变化、地形地貌及其空间分布、土壤的理化性质与空间分布、动植物的生理生态特性与环境适应性、物种组成与多样性、消费者的层次结构、物种互作关系	年或几年
景观生态系统	区域经济模型，社会发展模型，土地利用模型，资源变化模型，生态系统景观格局模型	气候、地形条件、土壤理化特性的空间分布、群落与生态系统类型、生态系统的空间格局、人文和社会条件	几年或几十年
生物圈与地球生态系统	地球化学循环模型，生物圈水循环模型，中层大气循环模型，生物圈植被演替模型，生物圈生产力演化模型，全球变化模型	气候变化与植被类型演替、地形、地貌与地质变化、人类活动与资源利用、人口和社会经济、科技进步、文化教育	几十年、几百年以上

（引自于贵瑞．生态学报，2001年）

11.2.3 生态系统管理的要素

根据生态系统管理的定义、要求和目的，人类活动是生态系统管理的重点。在管理时应该考虑的主要要素有：①必须把人类及其价值取向作为生态系统的一个成分，把人类及其价值取向整合进生态系统；②确定明确的、可操作的目标；③确定生态系统管理的时间和空间尺度，明确生态管理的边界和单位，尤其是确定等级系统结构，以核心层次为主，适当考虑相邻层次内容；④收集适量数据，理解生态系统的复杂性和相互作用，提出合理的生态模式及生态学理解；⑤监测并识别生态系统内部的动态特征，确定生态学限定因子；⑥确定影响生态系统管理的政策、法律和法规；⑦确定影响管理活动的政策、法律和法规，仔细选择和利用生态系统管理的工具和技术，选择、分析和整合生态、经济和社会信息，并强调部门与个人间的合作，实现生态系统的可持续性。如果我们将上述要素进行归结，主要从系统角度出发，在广泛的时空尺度上，考虑到人对生态系统的影响，制定社会目标，共同决策，达到系统的可持续发展（表11-2）。

生态系统管理的科学基础是生态系统生态学、景观生态学、保护生物学、环境科学，还包括社会学、经济学和管理学等学科。要求生态学家、社会经济学家和政府管理人员的通力合作，使生态系统管理更为有效，真正实现资源与环境的可持续发展。

表11-2 生态系统管理要素的综合

基本要素	要素含义
可持续性	生态、社会、经济和文化的可持续发展是生态系统管理的前提，理解生态系统和构建生态模型，来了解和描述生态系统的下述特征，实行生态系统管理
系统视角	多尺度性：生态系统涉及基因、物种、种群和景观等多个层次，且层次间存在着相互作用关系 复杂性和相关性：多尺度间的相互关系及其导致的复杂系统结构，以及复杂结构支持的重要生态过程 动态性：生态系统不是静止不变的，始终处于变动和进化过程中

（续）

基本要素	要素含义
广泛的时空尺度	生态系统过程发生在一系列不同的时空尺度上，应该在生态边界内实行生态系统管理——传统的资源管理面对的时空尺度都不足够大。生态系统管理往往是跨越行政、政治和所有权尺度的
人是系统的一部分	人影响着生态系统，不应该将人从自然中分离出来，而应该在寻求生态系统可持续发展的过程中将人类作为一分子考虑进来
制定社会目标	生态系统管理是一个社会过程，人类的价值取向在管理目标的设定过程中起到决定性的作用
共同决策	生态系统管理的空间大尺度特性使得管理必然是一个共同决策的过程，涉及到政府机构、民间组织、非政府机构和私营主与工业企业

（引自于贵瑞，应用生态学报，2001 年）

11.2.4　生态系统管理的主要技术与途径

1. 生态风险评估

生态风险评估是利用生态学、环境化学及毒理学的知识，定量确定环境危害对人类负效应的概率及其强度的过程。其目的在于通过对某种环境危害效应的科学评价，为生态环境和生态系统的保护和管理提供决策依据。生态系统管理中最重要的是风险管理，风险管理是指对生态风险评估的结果采取的对策与行动，是一个决策过程，又称为风险控制。风险管理的水平依赖于生态风险评价的质量和人类可使用的手段。风险管理者根据风险评估的结果，综合考虑各种因素，来决定这种风险是否可接受，还是需要减少或阻止。图 11-2 是生态风险管理的过程图，必须根据风险评估的结果，综合考虑各种因素进行决策。

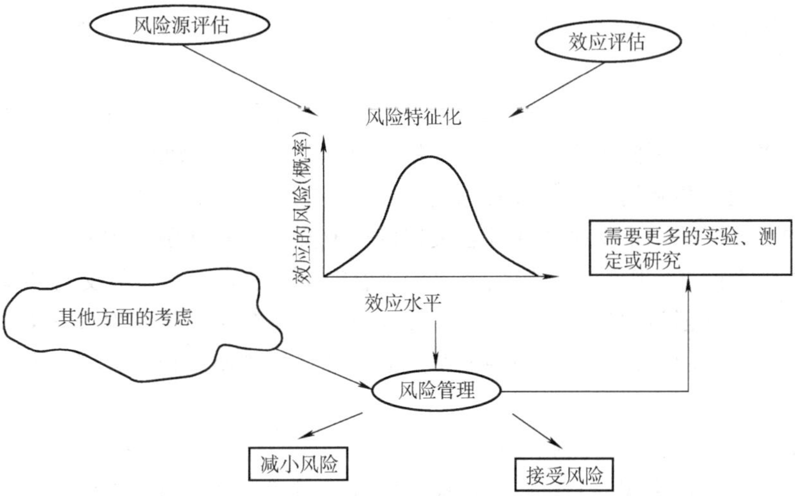

图 11-2　生态风险管理的过程图示（引自 SuterII，1993 年）

2. 适度干扰与恢复重建

根据中等干扰理论，对生态系统的中等程度的干扰能维持较高多样性。对生态系统的适度干扰不仅不会使生态系统受损，反而会使系统的结构和功能进一步完善，系统更加稳定。受损害生态系统的恢复和重建一般可采用两种模式途径：一种是当生态系统受到的损害没有超过系统的阈值，并且是在可逆的情况下，外来的干扰和破坏解除后，生态系统自然恢复。

另一种是生态系统受到的损害超过系统的承载力，并且发生了不可逆的变化，在这种情况下，仅靠自然过程不能使系统恢复到初始状态，必须加以人工措施才能迅速恢复。中等干扰理论是目前生态系统管理实施的重要理论依据。

3. 清洁生产

清洁生产被称为“无公害工艺”、“无污染生产”、“废料减量化”等。它的目标是：通过资源的综合利用、替代作用、多次利用以及节能、省料、节水等方式，实现合理利用资源，减缓资源的耗竭。其主要途径有：①用无污染、少污染的产品替代毒性大、污染大的产品；②用无污染、少污染的能源和原材料替代毒性大、污染重的能源和原材料；③用能耗少、效率高、无污染、少污染的工艺设备替代消耗高、效率低、产污量大、污染重的工艺设备；④最大限度地利用能源和原材料，实现物料最大限度的厂内循环；⑤对少量的、必须排放的污染物，采用低费用、高效能的净化处理设备和“三废”综合利用措施进行最终的处理、处置。

4. 废物资源化管理与5R方法

目前，我国城市居民人均每日产生垃圾0.8～1.5kg，目前全国已有200多座城市陷入垃圾的包围之中，存放的垃圾达66×10^8t。垃圾堆放不仅加剧环境污染，而且侵占土地面积达5亿m^2。为了改变仅仅依赖填埋或焚烧处理废物的状况，提出了减少废物数量的5R方法：抵制（reject）、减少（reduce）、修复（repair）、回收（recycle）、响应（react）。

5. 生态工业园区（EIP）

工业园区是工业化国家中作为一种促进、规划和管理工业发展的手段。由于园区内各种工业相对集中，污染问题特别突出。各种有毒有害气体的排放，导致酸性降水、臭氧耗损和全球变暖等；各种废水的排放，造成水质恶化，危害人体健康；大量工业废料的堆放，污染地表水和地下水；另外，运输、储藏和处置油类、溶剂、特种金属和溶液也会增加对环境的损害。

生态工业园区是在生态学、生态经济学、工业生态学和系统工程理论指导下，将在一定地理区域内的多种具有不同生产目的产业，按照物质循环、生物和产业共生原理组织起来，构成一个从摇篮到坟墓利用资源的具有完整生命周期的产业链和产业网，以最大限度地降低对生态环境的负面影响，求得多产业综合发展的产业集团。目前国外主要有三种类型的生态工业园区：①现有改造EIP，它强调大企业与政府密切配合，通过市场交易共享水、气、废气、废物，建立一种创新的生态共生关系；②全新规划型EIP；③虚拟型EIP。生态工业园区在我国也进行有益的尝试。如广西糖业基地之一的贵港市率先提出采用生态工业园区建园的思路。

6. 实施标准化环境管理系列标准

目前由世界标准化组织（ISO）最新推出的环境管理系列标准为ISO14000，该标准从14001～14100，共100个标准号。ISO14000具有以下主要特点：它确定了环境保护的有效的新机制；具有很强的操作性；倡导预防为主的原则和使用的广泛性。

7. 大力开展生态工程和生态建设

开展以生态工程为主的生态环境建设是我国环境建设的主要内容。“三北”防护林、长江中上游防护林、沿海防护林等生态工程，使我国的生态建设进入了新的发展时期。国家实施西部大开发战略，把以“退耕还林、还草”为核心的生态建设提到了举足轻重的地位，为西部地区生态环境的改善提供了千载难逢的机遇。增加荒漠区的林草植被，综合生产、工程和农艺措施，治理草地退化、沙化和碱化，控制荒漠化扩大；采取人工种草、飞播种草等措施，变草地粗放经营为集约经营，实现草场和畜牧业的可持续发展，则是生态建设的有益实践。

8. 加强自然保护的管理和研究，建立各种类型自然保护区

从 1956 年我国第一个自然保护区在广东肇庆鼎湖山建立开始，截至 2004 年共有国家级自然保护区 226 个，省级 733 个，国家、省市县各级自然保护区总数达 2194 个；总面积占到国土面积的 14.8%。这些保护区的建立，对于环境保护政策的落实、生物多样性的保护起了重大的作用。自然保护主要有两种方式，一种直接保护目标生物或特殊类群，可在自然状态下或人工环境条件下进行；另一种对生物与生物资源禁止任何形式的利用，建立物种的长期种子库、基因库、植物园、动物园、水族馆等，保持生物的正常生长与有效繁殖。

9. 信息技术的应用

以 3S（RS，遥感；GIS，地理信息系统；GPS，全球定位系统）为主的信息技术在区域与全球资源的探测、预测与评价；全球性环境要素的动态监测与分析，获取全球变化的信息；区域可持续发展提供信息及决策以及土地资源、农业资源、水资源等的管理方面起到重要的作用。

以现代数据库技术为核心，将环境信息存储在计算机中，在计算机软、硬件支持下，实现对环境信息的输入、输出、修改、增加、删除、传输、检索和计算等各种数据库技术的基本操作，并结合统计数学、优化管理分析、制图输出、预测评价模型、规划决策模型等应用软件，构成一个复杂而有序的、具有完整功能的环境管理信息系统（EMIS），在全面准确地查询和检索各种环境信息、分析各种空间数据、进行环境决策支持等方面也有力地促进了生态系统管理的开展。

11.3　生态影响评价

在《环境影响评价技术导则——非污染生态影响》中，生态影响评价被定义为：通过定量揭示和预测人类活动对生态影响及对人类健康和经济发展的作用，分析确定一个地区的生态负荷或环境容量。非污染生态评价是对开发建设项目在建设和运行过程中对生态系统造成的非污染型影响评价，通常称为生态影响评价。开发建设项目生态影响评价的主要目的是认识区域的生态环境特点与功能，明确开发建设项目对生态环境影响的性质、程度，确定应采取的相应措施，以维持区域生态环境功能和自然资源的可持续性。通过环境影响评价，可明确开发建设者的环境责任，同时为区域生态环境管理提供科学依据，为改善区域生态环境提供建设性意见。开发建设活动对生态环境的影响，无论是项目建设还是区域开发，都具有区域影响性质和影响效应积累的特点。

11.3.1　生态影响评价的指导思想与原则

生态环境评价指导思想是贯彻可持续发展思想与战略，达到资源的可持续利用和区域生态环境功能的可持续性；执行国家关于环境保护的政策和法规，包括环境政策与法规、资源政策与法规和社会经济政策与法规。

生态环境评价应当遵循生态科学原理，强调生态评价的针对性，针对具体建设项目、针对具体生态系统（生态环境）、针对具体影响和特点进行评价。由于生态系统具有较强的地域性特点，相同的开发建设项目也会有完全不同的评价结果；因此，建设项目的生态评价应该以实际调查为主，评价结论应负荷项目建设的环境特点，生态环境保护措施应做到因地制宜、因害设防、重点建设、保证效益。生态评价的范围、内容、标准、等级和评价方法，需根据开发建设活动的影响性质、影响程度和生态环境条件具体分析和确定。

11.3.2 生态影响评价的程序

依据《环境影响评价技术导则——非污染生态影响》，生态影响评价大致可分为生态环境影响识别、现状调查与评价、影响预测与评价和减缓措施和替代方案等部分。在环境影响识别中包括工程资料的收集、评价等级的划分、评价范围和评价期限的确定、评价标准的选取、生态环境影响识别和评价因子的筛选。生态环境影响技术工作流程图如图 11-3 所示。

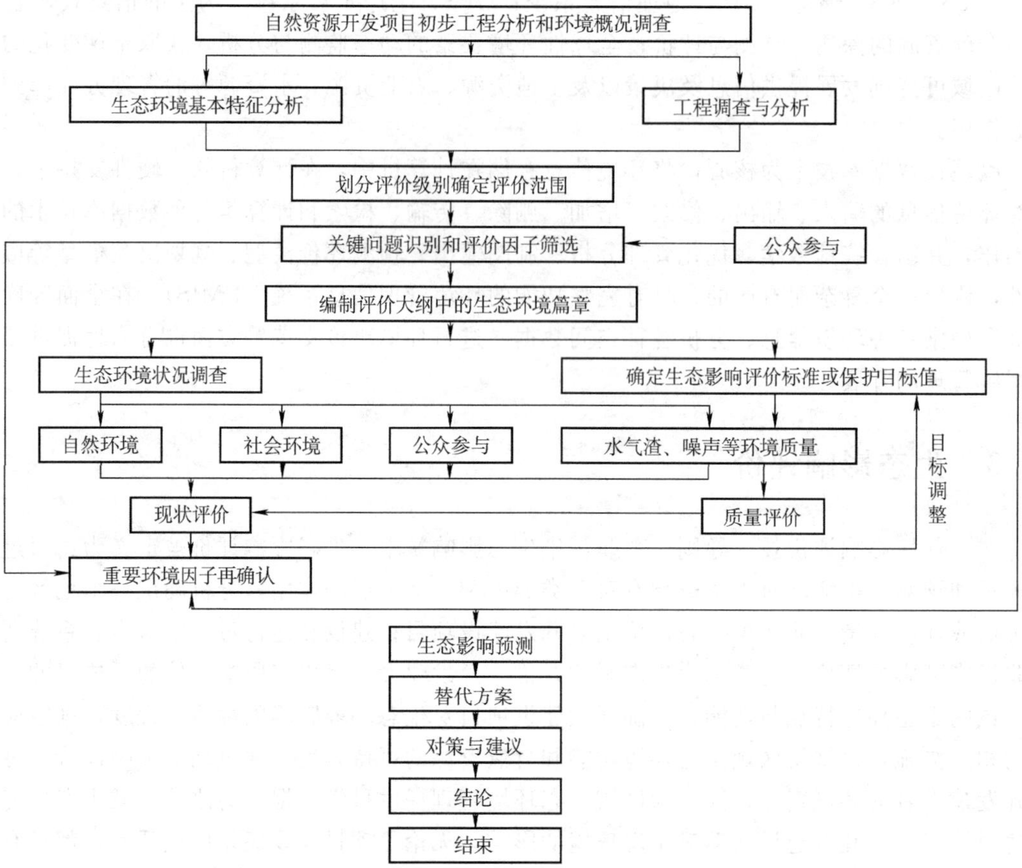

图 11-3 生态环境影响技术工作流程图

11.3.3 生态影响评价的方法

生态影响评价方法正处于探索和发展阶段，在方法上不成熟，各种生物学方法都可用于生态环境影响评价。常用的几种方法为：

1. 图形叠置法

该方法把两个或更多的环境特征重叠表示在同一张图上，构成一份复合图，用以在开发行为影响所及的范围内，指明被影响的环境特性及影响的相对大小。该方法使用简便，但不能作出精确的定量评价。其基本意义在于说明、评价或预测某一地区的受影响状态及适合开发程度，提供选择的地点和线路。目前该方法被用于公路或铁路选线、滩涂开发、水库建设、土地利用等方面评价，也可将污染影响程度和植被或动物分布叠置成污染物对生物的影响分布图。图形叠置法的实施步骤如下：

1）用透明纸作底图，在图上标出开发项目的位置及即将受项目影响的地区范围。

2）在底图上描出植被现状、动物分布或其他受影响因子的特征。

3）绘出每个影响因子影响程度的透明图。

4）将影响因子图和底图重叠，用不同的色彩和不同的色度表示不同的影响和不同的影响程度。

该方法的特点是预测结果直观，容易被人理解，如用带方格的透明纸还可以定量地估测受影响的地区的面积。但不易预测影响的时间上的延续。此外，此种方法需要大量的资料、经费和人力，使其应用受到一定的限制。由于其表达的环境特征大多为自然地理方面的，本方法应与计算机作图、地理信息系统等新技术结合起来，其应用范围必然更加广泛，效果也将得到提高。

2. 生态机理分析法

动物或植物与其生长环境构成有机整体，当开发项目影响植物生长环境时，对动物或植物的个体、种群和群落也产生影响。按照生态学原理进行影响预测的步骤如下：

1）调查环境背景现状和搜集有关资料。

2）调查植物和动物分布，动物栖息地和迁徙路线。

3）根据调查结果分别对植物或动物按种群、群落和生态系统进行划分，描述其分布特点、结构特征和演化等级。

4）识别有无珍稀濒危物种及重要经济、历史、景观和科研价值的物种。

5）观测项目建成后该地区动物、植物生长环境的变化。

6）根据兴建项目后的环境（水、气、土和生命组分）变化，对照无开发项目条件下动物、植物或生态系统演替趋势，预测动物和植物个体、种群和群落的影响，并预测生态系统演替方向。评价过程中有时要根据实际情况进行相应的生物模拟试验，如生物习性模拟试验、生物毒理学试验、实地种植或放养试验等，或进行数学模拟，如种群增长模型的应用。该方法需要较翔实的生态学知识，有时还需要与生物学、地理学、水文学、数学及其他多学科合作评价，才能得出较为客观的结果。

3. 类比法

类比法可分为整体类比和单项类比。整体类比是根据已建成的项目对植物、动物或生态系统产生的影响来预测拟建项目的影响。该方法需要被选中的类比项目在工程特性、地理地质环境、气候因素、动物和植物背景等方面都与拟建项目相似，并且项目建成已达到一定年限，其影响已基本趋于稳定。在调查类比项目的植被现状，包括个体、种群和群落的变化以及动物分布和生态功能的变化情况，之后再根据类比项目的变化情况预测拟建项目。由于自然条件千差万别，在生态环境影响评价时很难找到完全相似的两个项目，因此，单项类比或部分类比可能更实用一些。

4. 列表清单法

该方法是 Little 等人在 1971 年提出，目前已被许多国家的 EIA 人员用于各种各样的 EIA 工作中。其基本做法是将实施的开发活动和可能受影响的环境因子分别列于同一张表格的列与行，在表格中用不同的符号判定每项开发活动与对应的环境因子的相对影响大小。该方法使用方便，但不能对环境影响程度进行定量评价。

5. 质量指标法（综合指标法）

质量指标法是环境质量评价中常用的综合指数法的拓展形式。基本原理是：通过对环境因子性质及变化规律的研究与分析，建立其评价函数曲线，通过评价函数曲线将这些环境因子的现状值（项目建设前）与预测值（项目建设后）转换为统一的无量纲的环境质量指标，由好至差用 1～0 表示，由此可计算出项目建设前、后各因子环境质量指标的变化值。最后，根据各因子的重要性赋予权重，再将各因子的变化值综合起来，便得出项目对生态环境的综合影响。环境质量指标法的基本公式是

$$\Delta E = \sum_{i=1}^{n} (E_{hi} - E_{qi}) \times W_i$$

式中 ΔE——项目建成前、后环境质量指标的变化值，即项目对环境的综合影响；

E_{hi}——项目建设后的环境质量指标；

E_{qi}——项目建设前的环境质量指标；

W_i——权重值。

该方法的核心问题是建立环境因子的评价函数曲线，通常是先确定环境因子的质量标准，再根据不同标准规定的数值确定曲线的上、下限。对于已被国家标准或地方标准明确规定的环境因子，如水、大气等，可以直接用标准值确定曲线的上、下限；对于一些无明确标准的环境因子，需要对其进行大量工作，选择其相对的质量标准，再用以确定曲线的上、下限。权重值的确定大多采用专家咨询法。

6. 景观生态学方法

景观生态学对生态环境质量状况的评判是通过两个方面进行的，一是空间结构分析，二是功能与稳定性分析。景观斑块的优势度反映了自然组分在区域生态环境中的数量和分布，因此能较准确地表示生态环境的整体性。景观的功能和稳定性分析包括如下四方面内容：①生物恢复力分析，分析景观基本元素的再生能力或高稳定性斑块能否占居主导地位；②异质性分析，异质化程度高的基质有增强景观稳定性的作用；③种群源的持久性和可达性分析，分析动、植物物种能否持久保持能量流、养分流，物种流可否顺利地从一种景观单元迁移到另一种单元，从而增强共生性；④景观组织的开放性分析，分析景观单元与周边生境的交流渠道是否畅通，开放性强的景观单元可以增强抵抗力和恢复力。景观生态学方法既可以用于生态环境现状评价也可以用于生境变化预测，是目前国内外生态影响评价学术领域中较先进的方法。

7. 系统分析法

系统分析法可妥善地解决一些多目标动态性问题，在进行区域规划或解决优化方案选择问题方面显示出其他方法所不能达到的效果。在生态系统质量评价中使用系统分析的具体方法有专家咨询法、层次分析法、模糊综合评判法、综合排序法、系统动力学、灰色关联等方

法，这些方法原则上都适用于生态环境影响评价。

8. 生产力评价法

生产力评价法主要采用生物生产力、生物量以及物种量为指标对生态影响进行评价。生物生产力和生物量是一个生态系统维持的基础，它反映了生态系统的功能是否稳定，物种量从总体上反映了生物多样性，生物多样性高，结构复杂，系统也就稳定。生长量、生物量、物种量是环境质量生态学评价的三个重要的生物学参数。而与这三者密切相关的还有非生物学参数，如土壤中的有机质和有效水分含量等，这些参数分别导出来的标定生长系数、标定相对生物量、标定相对物种量、标定土壤有机质相对储量、标定土壤有效水含量，均是环境质量生态学评价的重要分指数，它们的综合（等权相加）便是生态学评价的综合指数。

11.3.4　生态风险评价

生态风险是种群、生态系统或整个景观的正常功能受外界胁迫，从而在目前和将来减小该系统健康、经济价值和美学价值的一种状况。生态风险评估为科学地评价某种人为活动或自然活动对环境的影响及其生态效应提供了一种工具，从而为环境资源的持续利用提供了一条途径。其目的在于通过对某种环境危害效应的科学评价，为生态环境和生态系统的保护和管理提供决策依据。生态风险评价包括预测性风险评价和回顾性风险评价；生态风险评价的范围包括点位风险评价和区域风险评价。

1. 生态风险评价的程序

生态风险评价包括四个主要的步骤，即问题的形成、分析过程、风险特征化以及风险的管理（图 11-4）。在问题的形成中主要包括三点，一是选择评价的问题是决策者及公众所关心并认为有价值的问题，二是要具有生物学重要性，三是要具有实际测定的可行性。分析过程包括两方面的内容，一种是对灾难本身的评价，即风险源评价；另一种是对生态效应评价。风险特征化是将风险源评价和生态效应评价综合起来、总结危害物导致的生态危机过程，进行综合风险评价，将评价结果定量化是风险特征化的中心任务。风险管理是对生态风险评价的结果应采取的对策与行动，这是一个决策过程。

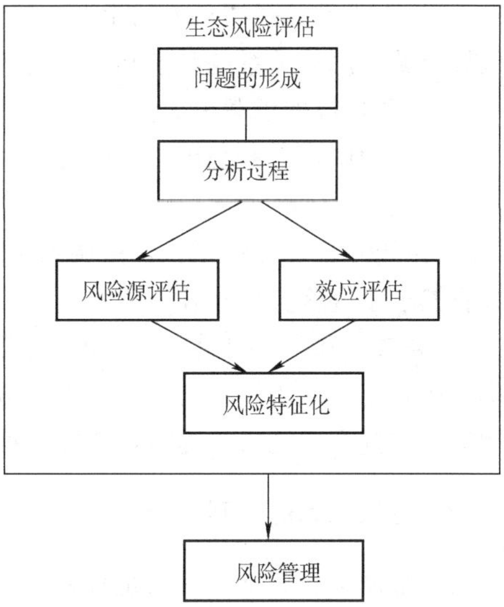

图 11-4　生态风险的评价框架

2. 生态风险评价的基本方法

生态风险评价中的方法包括如何建立和选择模型以对风险源的暴露特征及其生态效应进行定量化；如何检验模型的有效性；以及怎样对生态风险评价中的不确定性进行定量分析。

（1）模型建立　常用的模型主要有物理模型、统计学模型及综合数学模型。通常用于环境评价的物理模型是实验室内各种毒性试验数据，如水蚤类、鱼类毒性试验的结果。这些实验生物代表某些生物或整个水生生物的反应情况。统计学模型是应用回归方程、主成分分析和其他统计技术归纳和表述所获得的观测数据之间的关系，作出定量估计。综合数学模型是综合不同时间和空间观测到的资料，根据易于观察到的数据预测难以观察或不可能观察到的参数变化，包括归宿模型和效应模型。归宿模型模拟污染物在环境中的迁移、转化与归宿，包括生物与环境之间的交换模型、生物食物链（网）中迁移、积累模型等。效应模型模拟污染物质对生物的影响与胁迫作用，有个体效应模型、种群效应模型和群落与生态系统模型。

（2）模型的有效性检验　将模型得出的结果与直接观测结果或理论推导结果进行比较，确定模型的有效性。

（3）模型不确定性的定量分析　在每一个生态风险评价中均有不确定性来源，这种不确定性受到现有知识的不完整性、自然界固有的随机性、评价过程中的误差影响。在生态风险评价中的不确定性分析主要指随机和评价误差引起的不确定性，定量描述这些不确定性是生态风险评价的核心。

11.4 生态规划

11.4.1 生态规划的概念与内涵

生态规划的概念是：以生态学原理和城乡规划原理为指导，应用系统科学、环境科学等多学科的手段辨识、模拟和设计人工复合生态系统内的各种生态关系，确定资源开发利用与保护的生态适宜度，探讨改善系统结构与功能的生态建设对策，促进人与环境关系持续协调发展的一种规划方法。它的科学特点和主要内涵有：

1）以人为本，强调从人的生产、生活活动与自然环境和自然生态过程的关系出发，追求区域及城市总体关系的和谐和各部门、层次之间的和谐，人与自然关系的和谐。

2）资源环境的承载力为控制因子，强调区域与城市的发展应立足于当地资源环境的承载力，充分了解生态系统内自然资源和自然环境的性能与环境容量，以及自然生态特征与人类活动的关系。

3）系统开放、优势互补，强调系统的开放，形成区域与城市生态经济优势与社会子系统和自然子系统优势的互补。

4）高效、和谐、可持续，主要强调经济发展的高效、和谐与可持续性，而非简单的高速率。生态规划认为区域与城市的发展应是社会、经济与生态环境的改善与提高，系统自我控制能力与抗干扰能力的提高，旨在全面改善区域与城市可持续发展的能力。

11.4.2 生态规划的原则

（1）整体优化原则　从系统分析的原理出发，强调生态规划目标与区域或城乡总体规划目标的一致性，追求社会、经济和生态环境的整体最佳效益，创造一个文明、高效、和谐和洁净的社会-经济-生态环境的人工复合生态系统。

（2）协调共生原则　人工复合生态系统具有多元、多层次、多介质、生态为分化的特点，各要素之间互相制约、相互影响，不仅影响到系统的稳定性，而且关系到系统结构和整体功能的发挥。保证各层次、子系统、各要素和环境之间的协调、有序和动态平衡，保持生态规划与总体规划近远期目标的协调一致，有利于系统整体功能的发挥。共生主要指系统的合作共存、互惠互利的现象，可节约原材料、能量和运输量。部门之间的互惠合作，有利于搞好产业结构的调整和生产力的布局。

(3) 区域分异原则　在了解区域生态要素的功能、现状及发展趋势的基础上，综合考虑区域规划、城市总体规划和城乡现状，做好生态功能分区，有效利用环境系统的优势与容量，实现社会、经济和环境效益的统一。

(4) 高效和谐原则　生态规划的目的是将人类居住地建成高效和谐的社会-经济-自然复合系统，内部的物质代谢、能量流动和信息传递形成一个环环相扣的网络，物质和能量得到多层分级利用，废物资源化和循环再生，部门之间和行业之间形成共生关系，系统的功能、结构充分协调，系统能量的损失最小，物质利用率最高，经济效益最高。高效和谐原则中又包括了循环原则、相生相克原则、最适功能原则、相生相克原则。

(5) 相互制约原则　生态系统中任意两个组分之间可能存在不同类型的生态关系，合理利用这种促进和抑制的关系，形成负反馈，保证社会经济自然系统的稳定。

(6) 最小风险原则　在长期的生态演替中，只有在最适生态位上生存的几率最大、风险最小。因此在生态规划中必须采取自然生态系统最小风险对策，使人类的各项活动处于一定的强度范围，保证生态风险最小。

(7) 可持续发展原则　生态规划必须遵循可持续发展原则，强调在发展中合理利用自然资源，为后代维护、保留较好的资源条件，使人类社会得到公平发展。

11.4.3　生态规划的程序与内容

1. 生态规划的工作程序

生态规划的核心在于根据区域自然环境与自然资源的属性，对其进行生态适宜性分析，以确定土地利用方式与发展规划，从而使自然资源定额利用、开发与人类其他活动与自然特征、自然过程协调统一。包括五个主要的步骤：

1) 确立规划范围与规划目标。

2) 广泛收集规划区域的自然与人文资料，包括地理、地质、气候、土壤、野生动物、自然景观、土地利用、人口、交通、文化、人的价值观调查，并分析描绘在地图上。

3) 根据规划目标综合分析，提取第二步所收集的资料。

4) 对各主要因素及各种资源开发（利用）方式进行适宜度分析，确定适宜性等级。

5) 综合适应图的建立。

生态规划的工作流程图如图11-5所示。

2. 生态要素的调查与评价

收集规划区域内的社会、经济、自然资料数据，特别是与人类活动所导致的资源衰竭、土地退化、大气与水气污染、自然生境和景观破坏等问题。

(1) 生态调查　生态调查中多采用网格法，即在筛选生态因子的基础上，按网格逐个进行生态状况的调查与登记。调查登记的主要内容有：规划区内的气象条件、水资源、绿化、地形地貌、土壤类型、人口密度、经济密度、产业结构与布局、土地利用、建筑密度、能耗密度、水耗密度和环境污染状况等，并进行评价分析。

(2) 生态评价　生态评价包括生态过程分析、生态潜力分析、生态敏感性分析、土地质量及区位评价。生态过程分析主要了解评价区域自然生态过程的特点以及现状条件下人为活动对生态过程的影响。生态潜力分析主要是规划区潜在的生产力，通过比较潜力与实际的

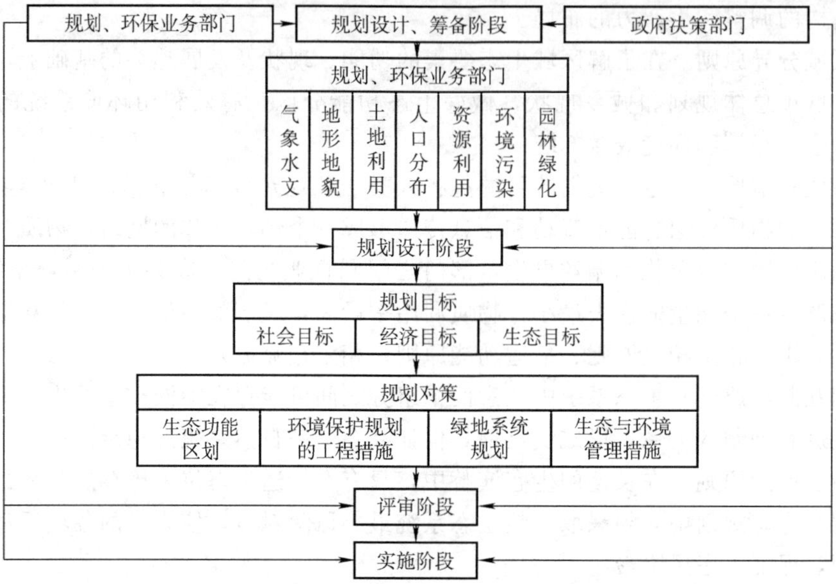

图 11-5 生态规划的工作流程图

生产现状，可找出制约区域发展的限制因素，为生态规划提供科学依据。生态敏感性分析主要分析生态敏感脆弱地区，以及人类活动产生的生态风险评价。土地质量及区位评价是对复合生态系统评价的综合，为城市发展、产业布局和城镇建设提供依据。区位评价的方法有两种，一种是根据变量之间的相互关系，通过机理模型综合而成的综合指标；另一种是专业知识与专家经验形成的土地质量及区位特征评价图。

3. 环境容量和生态适宜度分析

环境容量是指在人类生存、自然生态不致受害的前提下，并在环境质量标准的约束下，某一环境所能容纳的污染物最大负荷量。生态适宜度是指在规划区内确定的土地利用方式对生态要素的影响程度，是土地开发利用适宜程度的依据。生态适宜度是在网格调查的基础上，对所有网格进行生态分析和分类而得到的；进行生态适宜度分析时，必须注意是何种地块的生态适宜度和对地块的何种利用方式的生态适宜度。生态适宜度分析程序如图 11-6 所示。

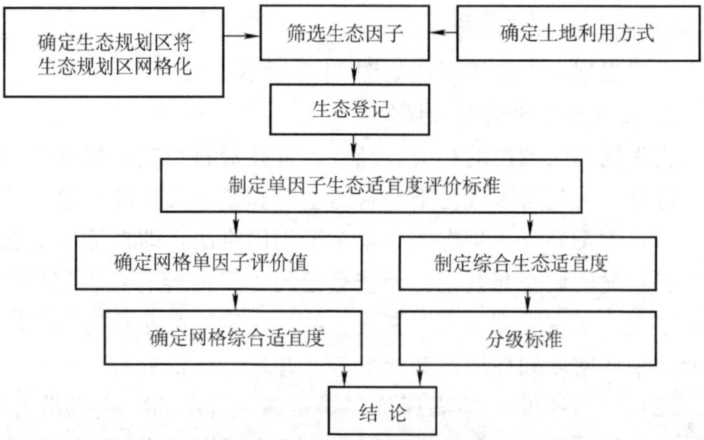

图 11-6 生态适宜度分析程序

在生态适宜度分析中，关键是评价因子的筛选和评价标准的制定。所筛选的评价因子必须对给定的利用方式有较显著的影响；同时所选择的因子在各网格的分布中存在着较显著的差异。生态适宜度的评价标准包括单因子评价标准和综合评价标准。单因子评价的依据是：因子对给定土地利用方式影响的作用规律、生态区划的时机情况，一般分为不同的等级。综合评价的依据是单因子的评级标准、生态规划区生态适宜度综合评价值、区域的经济社会发展规划、区域的整体规划。

4. 生态规划的指标体系及目标

重点考虑生态指标、规划目标和规划年度，生态指标包括人口密度、土地利用强度、绿地覆盖率、人均公共绿地、建筑密度、经济密度、能耗强度与密度、污染负荷密度和交通量等。

5. 生态功能区的划分及土地利用

生态功能区划应综合考虑生态要素的现状、问题、发展趋势及生态适宜度，提出工业、农业、生活居住、对外交通、仓储、公建、园林绿化、游乐功能区的综合划分以及大型生态工程布局的方案，充分发挥生态要素功能及对城市功能分区的反馈调节作用，以能动地调控生态要素功能朝良性方向发展。在进行生态功能区划分时，必须遵循有利于经济、社会发展，有利于居民生活、生态环境建设的原则，以使规划区域的环境容量得到充分利用。

6. 人口容量规划

研究区域内人口分布、规模、自然增长率、机械增长率、男女性比、人口密度、人口组成和流动人口基本情况等，在生态规划编制工作中确定近远期的人口规模，提出人口密度调整意见，提高人口素质对策以及实施人口规划对策。

7. 区域产业结构与布局规划

产业结构是经济结构的主体，影响着区域与城市生态系统的功能，产业结构的不同比例对环境质量有很大影响。为促进物质良性循环和能量流动，必须改进区域与城市的产业结构。调整、改善老城市产业布局，搞好新建城市产业的合理布局，是改善城市生态结构、防治污染的重要措施。

8. 生态绿地系统规划

生态绿地在城市生态系统中有重要作用，如调节城市气候，改善城市的热岛效应；调节城市碳氧平衡，保持大气中氧平衡；净化空气，减轻污染，吸收、阻滞、过滤灰尘，吸收有毒气体，降低噪声、杀菌；防风、固沙，保持水土。生态园林绿地的布局对于发挥其生态效应有重要的影响，在生态规划时，必须注意城市绿地指标与布局、卫生防护生态林带布设，提出重点规划的示意图和方案。

9. 自然资源合理利用与保护的规划

生态规划与设计还应根据国土规划和区域规划的要求，依据区域与城市社会经济发展趋势和环境保护目标，制定对水土资源、生物多样性与矿产资源等的合理开发利用与保护的规划。在开发与保护的关系中，必须考虑经济、社会和生态效益的结合，生物资源开发量应与其生长、更新相适应，当前利用与长远利益的结合，因地制宜、统筹兼顾和资源的综合利用。

11.5 产业生态学与生态工业园

11.5.1 产业生态学

1. 产业生态学的概念

产业生态学是一门新兴学科，Frosch 和 Gallopoulos 在 1989 年在 Scientific American 发表文章认为需要建立一个产业生态系统（industrial ecosystem），在其中使能量和物质的利用达到最优化，废物和污染最小化。该文模拟生物的新陈代谢过程最先提出了“工业代谢”的概念，指出工业生产过程与生物的新陈代谢过程一样，都是一个吸收原料、能源并将其转化为产品的过程，因而就可以利用生物学中的相关理论来指导产业的发展，最终使得产业走上可持续发展的道路。后来，Gallopoulos（1990 年）等又进一步发展了这个概念，从生态系统的角度提出了“产业生态系统”和“产业生态学”的概念。后来，美国国家科学院和贝尔实验室于 1991 年共同组织了全球首次“产业生态学论坛”，对产业生态学的概念、内容和方法及其应用前景进行了全面、系统的总结，基本上形成了产业生态学的概念框架。

产业生态学是研究各种产业活动及其产品与环境之间相互关系的科学。产业生态学是一门技术科学，是人类在经济、文化和技术不断发展的前提下，有目的、合理地去探索和维护可持续发展的方法。产业生态学是一门交叉学科，是生态、环境、能源、经济、信息技术、系统工程等多学科的交叉融合，它注重人类文化、个人选择和社会组织对技术社会与环境的相互关系的重要影响，因此，产业生态学在某种程度是一门社会科学。但产业生态学在本质上属于应用生态学的范畴，是生态学原理在产业领域内实践的总结。相对于传统的工业管理科学，产业生态学是一门关注未来的科学，一门研究可持续发展能力的科学。众多的学者认为，正是有了产业生态学，可持续发展才不仅仅停留在宣传口号上，才有了变为现实的可能。所以，产业生态学被认为是 21 世纪最有发展前景的生态学分支学科之一。

2. *研究领域*

产业生态学包括了三个层次上的研究：

1）微观层次。研究可减轻产业对环境影响的具体技术措施，包括绿色工艺、原子节约工艺、废物零排放系统、物质替代、物质渐量化和功能经济等。

2）中观层次。研究对整个产业生态过程进行分析、检测和评价方法，包括物流平衡分析、工业代谢、产品或过程的生命周期分析与评价、工业生态指标体系的建立等。

3）宏观层次。在一定的区域范围内，通过代谢分析、资源分析工具的运用，掌握区域内部的物质、能量的流动状况，研究产业系统集成方法，包括物质集成，能量集成、水集成、信息集成和数学优化模型等。通过运用分析和预测工具所获得的信息，对整个国家或区域内能源结构、经济结构和产业结构生态化研究。

除此之外，产业生态学还包括对可促进生态产业实现的制度上的措施，包括如何在市场规则、财务制度、法律法规方面作出相应调整以使生态产业的思想可以贯穿整个产业和生活过程。

3. *研究方法*

产业生态学的多学科交叉特性决定了产业生态学研究方法具有多样性的特点。早期研究方法包括：过程设计和综合、过程整合、过程运作、产品设计和评价。上述方法大部分用于设备和过程层面，在以环境和安全法规或废弃物处理作为限制因子的前提下寻求经济效益的最大化。目前新发展了：

1）生命周期评价（life cycle assessment，LCA）。它实现了研究步骤的标准化，即确定范围和目标、清单分析、影响评价和优化评价四步，是当前产业生态学研究的主要工具。

2）系统分析与模拟。以用数学模型去确定和模拟复杂系统的重要特征，强调从全局的角度出发解决问题，目的是寻找其数学模型的最优解，以实现最佳的系统目标功能，是一种有助于决策者将所有因素集中于单目标功能的设计工具。

3）总成本评估法。

4）能值分析法。该法已广泛用于产业系统内能量利用效率和提高可能的评价。能值分析通过能值转换率（energy transformity），即形成每单位某种能量或物质、信息所需的另一种能量（实际应用中常用太阳能）之量，对各种生态流价值进行统一的单位转换评价，从而突破了能量分析在数量研究上长期难以攻破的“能质壁垒”，通过能值（通常是太阳能值）这一统一的客观标准，实现了不同能量等级上不同质能量的统一度量。

11.5.2 生态工业园

1．生态工业园的概念与特征

生态工业园是依据循环经济理论和产业生态学原理设计而成的一种新型工业组织形态。其根本目标是使整个工业园区和环境之间做到高效、和谐发展；其考察指标是生态效率的高低，即单位经济产出的资源消耗和环境排放；其实施手段包括生态规划、废弃物交换、循环利用和清洁生产等。

生态工业园具有如下特征：

1）具有明确的主题，但不仅仅只是围绕单一主题而设计、运行，在设计工业园的同时考虑了社区要求。

2）通过毒物替代、二氧化碳吸收、物质交换和废弃物综合治理来减少环境影响和生态破坏；但生态工业园不单纯是环境技术公司或绿色产品生产企业的集合。

3）通过共生或层叠实现能量效率的最大化。

4）通过回用、再生和循环对材料进行可持续利用。

5）与生态工业园所在的社区以供求关系形成更大的网络，而不是单一的副产品或废弃物交换模式或交换网络。

6）通过各成员自己和作为整体社区来持续改进环境性能。

7）拥有调控体系，允许一定灵活性而鼓励成员适应整体运行目标。

8）使用经济型设备和手段来抑制废弃物和污染。

9）使用信息管理系统，促进园区内物质和能源的闭路循环。

10）准确定位生态产业园及其成员的市场，利用市场地位吸引能填补园区空缺生态位和能与之互补的公司加入。

11）创建一种机制，对管理人员和职工开展有关新政策、新工具和新技术等方面的培训和教育，以改进系统。

2．生态工业园的类型

1）从原有基础看，可以划分为现有改造型和全新规划型。现有改造型通过对现已存在的工业企业通过适当的技术改造，在区域内成员间建立起废物和能量的交换关系。全新规划的生态工业园在良好规划和设计的基础上，从无到有地进行建设，并创建一些基础设施使得企业间可能进行废水、废热等的交换。图11-7是现有改造性的生态工业园区，图11-8是全新规划型的生态工业园区。

2）从产业结构看，可以划分为联合企业型与综合园区型。

3）从区域位置看，可以划分为实体型和虚拟型。虚拟型的生态工业园不严格要求其成员在同一地区，它通过建立系统的模型和数据库，利用计算机网络建立成员间的物资、能量

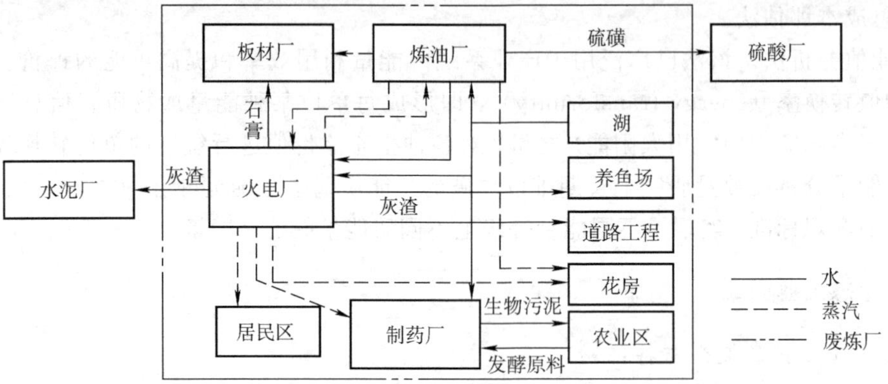

图 11-7 丹麦现有改造型的 Kalundborg 生态工业园

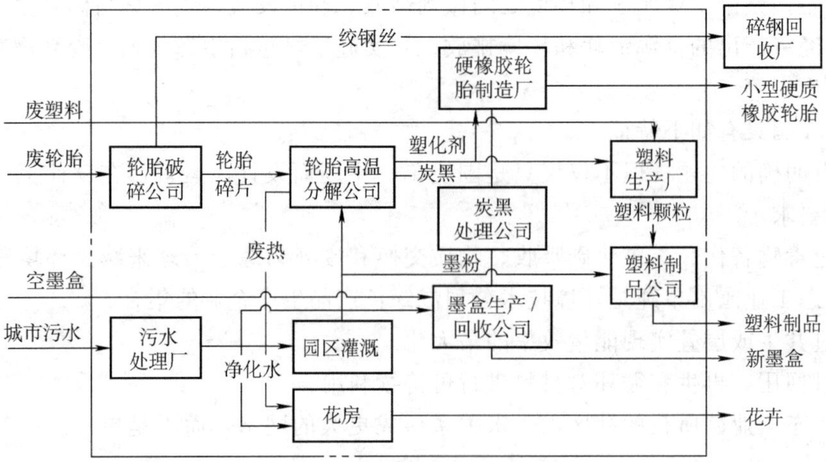

图 11-8 美国全新规划型的 Chocataw 生态工业园

和信息的联系。虚拟型模式可以节省建立生态工业园所需的昂贵的购地费，或避免困难的工厂迁址，具有灵活、方便、优势互补等优点；其缺点是可能需承担较高的运输费用。虚拟型生态工业园如图 11-9 所示。

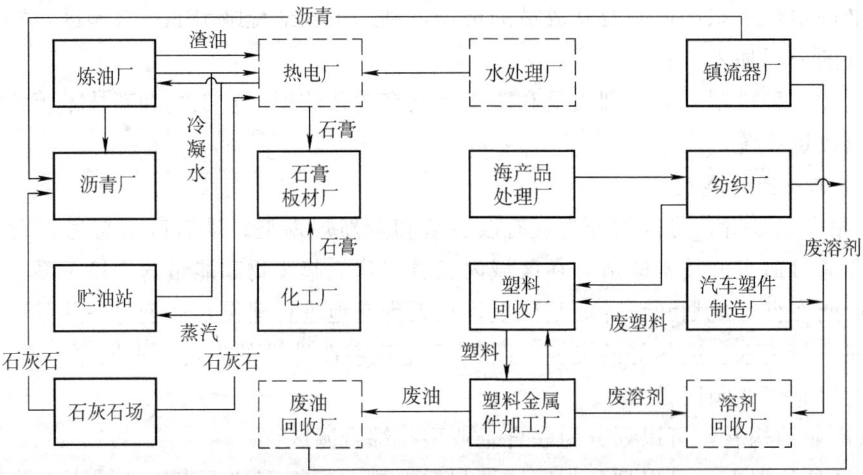

图 11-9 美国/墨西哥虚拟型的 Brownsville 生态工业园

生态工业园是一个市场共同体，其中各部分相互合作，并有效地分享资源（信息、原料、水、能源、基础设施和自然环境），从而导致经济的增长和环境质量的改善，使市场和区域共同体发展所需资源合理配置。生态工业园是一个计划好的原材料和能源交换的工业体系，它寻求能源、原材料使用以及废物的最小化，并建立可持续的经济、生态和社会的关系。

思考题

11-1 什么是生态系统管理？简述生态系统管理的主要原则。

11-2 生态系管理的技术与途径有哪些？

11-3 生态风险评估中的最基础部分是什么？

11-4 生态影响评价现状调查的内容有哪些？如何进行预测评价？

11-5 如何理解生态规划的概念？

11-6 产业生态的特点是什么？

11-7 根据你对钢铁企业的了解，设计一个生态工业园模式。

推荐阅读文献

[1] 盛连喜．环境生态学导论[M]．北京：高等教育出版社，2002.

[2] 李博．生态学[M]．北京：高等教育出版社，2002.

[3] 程胜高，罗泽娇，曾克峰．环境生态学[M]．北京：化学工业出版社，2003.

[4] 毛永文．生态影响评价概论．北京：中国环境科学出版社，2003.

[5] 李国旗．生态风险研究述评[J]．生态学杂志．1999，18(4)：57-64.

[6] 傅在毅，许学工．区域生态风险评价[J]．地球科学进展，2001，16(2)：267-271.

[7] 于贵瑞．生态系统管理学的概念框架及其生态学基础[J]．应用生态学报，2001，12(5)：787-794.

[8] 赵士洞，王业瑁．生态系统管理的基本问题[J]．生态学杂志，1997，16(4)：35-38，46.

[9] 田慧颖，陈利顶，吕一河，等．生态系统管理的多目标体系和方法[J]．生态学杂志，2006，25(9)：1147-1152.

12

第 12 章

生态设计工程案例剖析

从 20 世纪 60～70 年代开始，Rachel Carson 的《寂静的春天》把人们从工业时代的富足梦想中唤醒；Lynn White 揭示了环境危机的根源来自西方文化的根基，即“创世纪”本身，而 Garrett Hardin 的《公有资源的悲剧》则揭示了资源枯竭来源于人类的本性和资本主义经济的本质；Donella Meadows 则计算出地球资源的极限，警示了人类生存的危机。所有这些都把设计师们从对美与形式及优越文化的陶醉中引向对自然的关注，引向对其他文化中关于人与自然关系的关注。设计师开始懂得用植物而非人工大坝更能有效地防治水土流失，微生物而非化学品能更持久地维持水体干净；太阳能比核裂变更安全；泥质护岸比水泥护岸更经济而持久；自然风比人工空调更健康。这是对自然和文化的一种全新的认识。在此背景下，产生了 In McHarg 的“设计尊重自然”（design with nature，1969 年），也产生了更为广泛意义上的生态设计，包括建筑的生态设计、景观与城市的生态设计、工业及工艺大生态设计等。本文将着重讨论景观与城市的生态设计。

景观与城市的生态设计反映了人类的一个新的梦想，它伴随着工业化的进程和后工业时代的到来而日益清晰，从社会主义运动先驱欧文的新和谐工业村，到霍华德的田园城市和 20 世纪 70～80 年代兴起的生态城市（eco-city，eco-community），以及可持续城市（sustainable cities，sustainable communities）（Walter，Arkin，et al，1992 年；Aberley，1994 年；Register，1994 年；Roseland，1997 年；王如松，1988 年；黄肇义，杨东援，2001 年；宋永昌等，1999 年；黄光宇，陈勇，1997 年；沈清基，2000 年；李团胜，石铁矛，1998 年；王军待等，1999 年；欧阳志云，王如松，1995 年；宗跃光，1999 年）。这个梦想就是自然与文化、设计的环境与生命的环境，美的形式与生态功能的真正全面地融合，它要让公园不再是孤立的城市中的特定用地，而是让其消融，进入千家万户；它要让自然参与设计，让自然过程伴随人们的日常生活，让人们重新感知、体验和关怀自然过程和自然的设计。

“设计”是有意识地塑造物质、能量和过程，来满足预想的需要或欲望，设计是通过物质能流及土地使用来联系自然与文化的纽带。参照 Sim Van der Ryn 和 Stuart Cown（1996 年）的定义：任何与生态过程相协调，尽量使其对环境的破坏影响达到最小的设计形式都称为生态设计，这种协调意味着设计尊重物种多样性，最少对资源的剥夺，保持营养和水循环，维持植物生境和动物栖息地的质量，以改善人类及生态系统的健康。

生态设计不是某个职业或学科所特有的，它是一种与自然相作用和相协调的方式，其范围非常之广，包括：建筑师对其设计及材料选择的考虑；水利工程师对洪水控制途径的重新认识；工业产品设计者对有害物的节制使用；工业流程设计者对节能和减少废弃物的考虑。生态设计为我们提供一个统一的框架，帮助我们重新审视对景观、城市、建筑的设计，以及人们的日常生活方式和行为。简单地说，生态设计是对自然过程的有效适应及结合，它需要对设计途径给环境带来的冲击进行全面的衡量。对于每一个设计，我们需要问：它是有利于改善或恢复生命世界还是破坏生命世界，它是保护相关的生态结构和过程呢？还是有害于它们？

如果我们把景观设计理解为对一个任何有关于人类使用户外空间及土地问题的分析、提出解决问题的方法以及监理这一解决方法的实施过程（Newton，1971 年），而景观设计师的职责就是帮助人类使人、建筑物、社区、城市以及人类的生活同生命的地球和谐相处（西蒙兹，2000 年）。那么，景观设计从本质上说就应该是对土地和户外空间的生态设计，生态原理是景观设计学（landscape architecture）的核心。从更深层的意义上说景观设计是人类生态系统的设计（design for human ecosystem，Lyle，1985 年），是一种最大限度地借助于自然力的最少设计（minimum design），一种基于自然系统自我有机更新能力的再生设计（regenerative design，Lyle，1994 年），即改变现有的线性物流和能流的输入和排放模式，而在源、消费中心和汇之间建立一个循环流程。其所创造的景观是一种可持续的景观（sustainable landscape，Thayer，1989 年，1993 年）。然而，就国内目前的景观设计现状来说，无论是五一、十一的花坛，还是景观大道或是城市广场，也无论是郊野"自然公园"还是整治一新的市区水系；从普通的住宅绿地设计，到号称"花园城市"、"山水城市的建设"，人们所看到的却是非生态的设计引导着不可持续的景观的创造（俞孔坚，吉庆萍，2000 年；俞孔坚，2001 年）。所以，有必要对生态设计的原理加以认识，以指导正确的景观设计。

地方性是生态设计中需要特别注意的原理，也就是说，设计应根植于所在的地方。对于任何一个设计问题，设计师首先应该考虑的问题是，我们在什么地方？自然允许我们做什么？自然又能帮助我们做什么？我们常常惊叹桃花源般中国乡村布局及美不胜收的民居，实际上它们多半不是设计师的创造，而是居者在与场所的长期体验中，在对自然深刻了解的基础上与自然过程相和谐的当地人的创造性设计。这一原理可从以下几个方面来理解：

其一，尊重传统文化和乡土知识。当地人的经验，他们依赖于其生活的环境获得日常生活的一切需要，包括水、食物、庇护、能源、药物以及精神寄托。其生活空间中的一草一木，一水一石都是有含意的，是被赋予神灵的。他们关于环境的知识和理解是场所经验的有机衍生和积淀。所以，一个适宜于场所的生态设计，必须首先应考虑当地人的或是传统文化给予设计的启示，是一个关于天地-人神关系的设计。例如，在云南的哀牢山中，世代居住这里的哈尼族人选择在海拔 1500～2000m 左右的山坡居住，这里冬无严寒夏无酷暑，最适宜于居住；村寨之上是神圣的龙山，丛林覆盖，云雾缭绕，村寨之下是层层梯田。丛林中涵养的水源细水长流，供寨民日常生活所用，水流穿过村寨又携带大量牲畜粪便，自流灌溉梯田。山林里丰富多样的动植物，都有奇特的医药功能。所以山林是整个居落生态系统的生命之源，因而被视为神圣。哈尼梯田文化之美，也正因为她是一种基于场所经验的生态设计之美。皖南的村落，如宏村，也可见同样的生态设计经验（俞孔坚，1992 年）。

其二，适应场所自然过程。现代人的需要可能与历史上本场所中的人的需要不尽相同。因此，为场所而设计决不意味着模仿和拘泥于传统的形式，生态设计告诉我们，新的设计形式仍然应以场所的自然过程为依据，场所中的阳光、地形、水、风、土壤、植被及能量等。设计的过程就是将这些带有场所特征的自然因素结合在设计之中，从而维护场所的健康，同时也是设计物本身的健康。

其三，当地材料。乡土植物和建材的使用，是设计生态化的一个重要方面。乡土物种不但最适宜于在当地生长，管理和维护成本最少，还因为乡土物种的消失已成为当代最主要的环境问题。所以保护和利用乡土物种也是时代对景观设计师的伦理要求。

12.1 永宁公园生态设计

项目完整名称：浙江黄岩永宁公园生态设计

主要设计人：俞孔坚、刘玉杰、刘东云、宁维晶、凌世红、李鸿、金园园、张蓓、阕镇清、蔡红梅、葛旻昱

设计单位：北京土人景观规划设计研究院，北京大学景观设计学研究院

建设地点：浙江台州市黄岩区

设计时间：2002 年 3 月—2004 年 1 月

竣工时间：2004 年 3 月

建筑面积：$10000m^2$

公园面积：$21.3hm^2$

这是一个关于河流生态恢复与重建的案例。把一个以防洪为单一目的的硬化河道，用最经济的途径，恢复重建为充满生机的现代生态与文化游憩地。永宁公园方案提出 6 大景观战略，核心思想是用现代生态设计理念来形成一个自然的、“野”趣的基底，然后在此基底上，设计体现人文的“图”；基底是大量的、粗野的，它因为自然过程而存在，并提供自然的服务，而“图”是最少量的、精致的，它因为人的体验和对自然服务的接受而存在。

12.1.1 概述

永宁公园位于永宁江右岸，总用地面积约为 $21.3hm^2$。

永宁江孕育了黄岩的自然与人文特色，堪称山灵水秀，自古以来为道教胜地，鱼米丰饶，盛产黄岩蜜桔；现代则有“小狗经济”之源、模具之乡等美誉。然而，近几十年来，人们并没有善待这条母亲河。由于人为的干扰，特别是河道硬化和渠化，导致河流动力过程的改变和恶化，水质污染严重，河流形态改变，两岸植被和生物栖息地被破坏，休闲价值损毁。永宁江公园对黄岩的自然、社会和文化有很多的意义。如何延续其自然和人文过程，让生态服务功能与历史文化的信息继续随河水流淌，是设计的主要目标。

12.1.2 设计战略

为实现此目标，永宁江公园方案提出以下六大景观战略。

1. 保护和恢复河流的自然形态，停止河道渠化工程

设计开展之初，永宁江河道正在进行裁弯取直和水泥护堤工程，高直生硬的防洪堤及水泥河道已吞啮了场地 1/3 的滨江岸线（图 12-1、图 12-2）。实现设计目标的关键是能否立即停止正在进行的河道渠化工程。考察完场地后，设计组即向当地政府提出了停止工程的建议，并向有关人员进行了一次系统的生态防洪和生物护堤的介绍，列出河道渠化的害处。最终使当地政府认同了生态设计的理念，并通过行政途径停止了“水利工程”。

接着，进行了流域的洪水过程分析，得出洪水过程的景观安全格局，提出通过建立流域

图 12-1 生态保育和恢复前后的永宁江段对比

图 12-2 公园场地现状：硬化的防洪堤

的湿地系统，来与洪水为友，把洪水作为资源而不是敌人（图 12-3、图 12-4）。

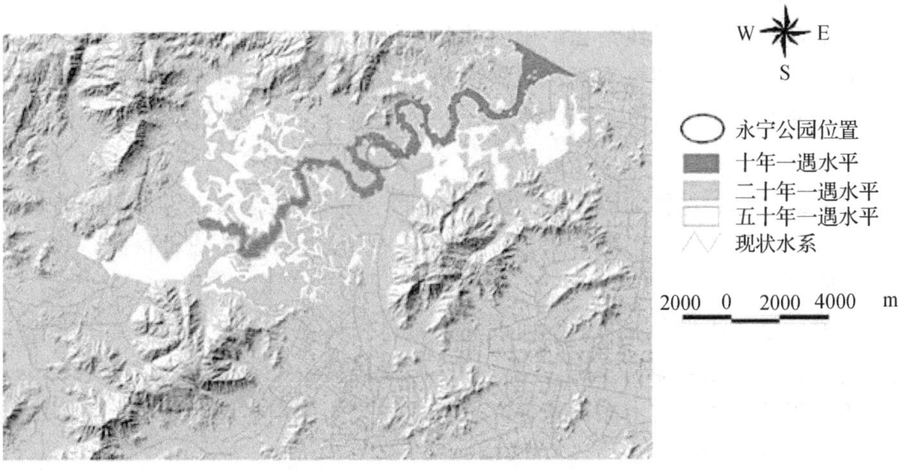

图 12-3 洪水泛滥安全格局分析——防洪设计的依据

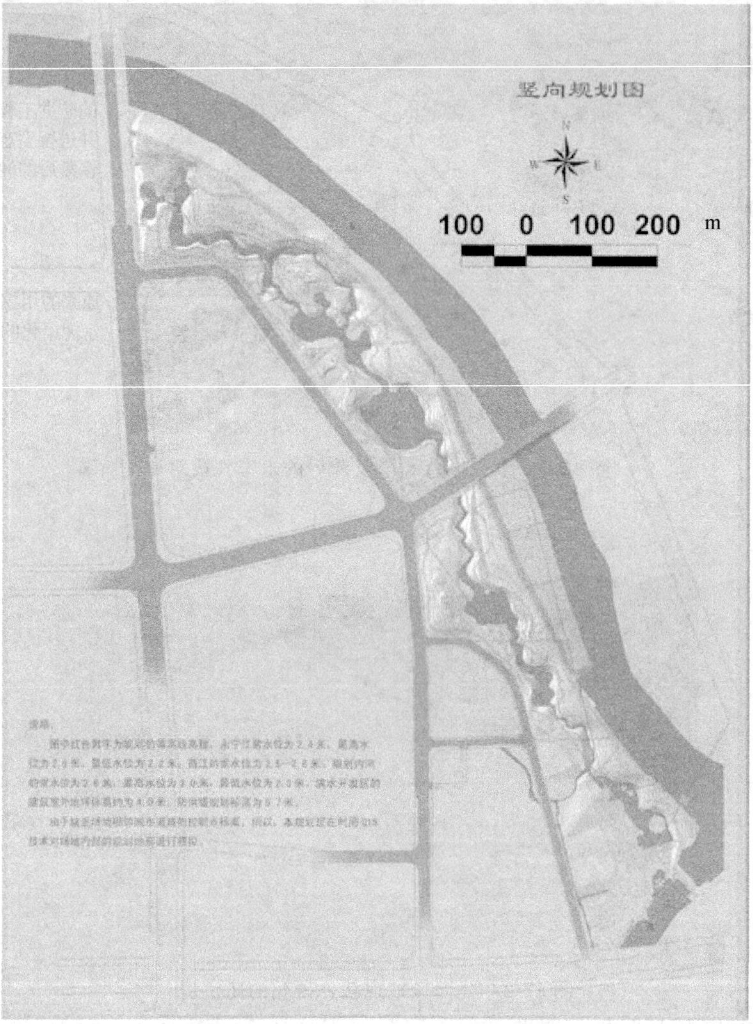

图 12-4 公园高程设计和内河湿地系统

在此前提下，用三种方式改造已经硬化的防洪堤：

江堤改造方式之一：保留原有水泥防洪堤基础，在保证河道过水量不变的前提下，退后防洪堤顶路面，将原来的垂直堤岸护坡改造成种植池，并在堤脚面一侧铺设亲水木板平台。

江堤改造方式之二：保留原有水泥防洪堤基础，在保证河道过水量不变的前提下，放缓堤岸护坡，退后防洪堤顶路面，将原来的垂直堤岸护坡堆土，改造成种植区，并在堤脚铺设卵石，形成亲水界面。

江堤改造方式之三：保留原有水泥防洪堤基础，在保证河道过水量不变的前提下，放缓堤岸护坡，退后防洪堤顶路面，全部恢复土堤，并进行种植。

三种软化江堤的改造方式由东向西逐渐推进，与人的使用强度和城市化强度的渐变趋势相一致。

剩余的西部江堤设计是在没有经过渠化的江堤上进行的，方式如下：

江堤改造方式之四：根据新的防洪过水量要求，保留江岸的沙洲和苇丛作为防风浪的障物，并保留和恢复滨水带的湿地；完全用土来作堤，并放缓堤岸护坡至 1∶3 以下；部分地段扩大浅水滩地，形成滞流区或人工湿地、浅潭，为鱼类和多种水生生物提供栖息地、繁育环境和洪水期间的庇护所；进行河床处理，造成深槽和浅滩，在形成的鱼礁坡上种植乡土物种，形成人可以接近江水的界面。

江堤的设计改变了通常单一标高和横断面的做法，而是结合起伏多变的地形，形成亦堤亦丘的多标高和多种断面的设计，形成丰富的景观感受（图 12-5～图 12-11）。

图 12-5　总平面图

图 12-6 恢复后的堤外生态湿地

图 12-7 恢复后的堤外生态湿地

图 12-8 恢复后的堤外生态湿地

图 12-9 当地乡土茅草作为固堤材料，成为自然游憩地

图 12-10 漂浮于湿地之上、与洪水相适应的景观盒

图 12-11 当地乡土茅草作为固堤材料

2. 一个内河湿地，形成生态化的旱涝调节系统和乡土生境

本公园设计的第二大特点，是在防洪堤的外侧营建了一块带状的内河湿地。它平行于江面，而水位标高在江面之上，旱季则开启公园东端的西江闸，补充来自西江的清水，雨季可关闭西江闸，使内河湿地成为滞洪区。尽管公园的内河湿地只有 $2hm^2$ 左右，相对于永宁流域的防洪滞洪来说，无异于杯水车薪，但如果沿江能形成连续的湿地系统，必将形成一个区域性的、生态化的旱涝调节系统。

这样一个内河湿地系统同时为乡土物种提供了一个栖息地，同时创造了丰富的生物景观，为休闲活动提供场所（图 12-12～图 12-17）。

图 12-12　内河湿地，具有滞洪功能，同时是乡土物种的栖息地和优美的游憩地（一）

图 12-13　内河湿地，具有滞洪功能，同时是乡土物种的栖息地和优美的游憩地（二）

图 12-14 内河湿地上的栈桥（一）

图 12-15 内河湿地上的栈桥（二）

图 12-16 公园中的美术馆，引借远山风景（一）

图 12-17　公园中的美术馆，引借远山风景（二）

3. 一个由大量乡土物种构成的景观基底

应用乡土物种形成绿化基底，整个绿地系统平行于永宁江分布如下几种植被类型：

第一带，河漫滩湿地，在“一年一遇”的水位线以下，由丰富多样的乡土水生和湿生植物构成，包括芦苇、菖蒲、千屈菜等。

第二带，河滨芒草种群，在“一年一遇”的水位线与“五年一遇”的水位线之间，用当地的九节芒构成单优势种群，是巩固土堤的优良草本，场地内原有大量九节芒杂乱无章地分布，可进入性较差。经过设计的芒草种群疏密有致，形成安全而充满野趣的空间。

第三带，江堤疏树草地，在“五年一遇”的水位线和“二十年一遇”的水位线之间，用当地的狗牙根作为地被草种，上面点缀乌桕等乡土乔木，形成一条观景和驻足休憩的边界场所，在其间设置一些坐椅和平台广场。

第四带，堤顶行道树，结合堤顶道路，种植行道树。

第五带，堤内密林带，结合地形，由竹林、乌桕、无患子、桂花等乡土树种，构成密林，分割出堤内和堤外两个体验空间：堤外面向永宁江，是个外向型空间，堤内围绕内河湿地形成一个内敛式的半封闭空间。

第六带，内河湿地，由观赏性较好的乡土湿生植物构成，如睡莲、荷花、菖蒲、千屈菜等。

第七带，滨河疏林草地，沿内河两侧分布，给使用者一个观赏内湖湿地和驻足休憩的边界场所。

第八带，公园边界，在公园的西边界和北边界，繁忙的公路给公园环境带来不利的影响，为减少干扰，设计了用香樟等树种构成的浓密的边界林带，使公园有一个安静的环境。

4. 水杉方阵——平凡的纪念

水杉是一种非常普通而不被当地人关注的树种，它们或孤独地伫立在水稻田埂之上，或排列在泥泞不堪的乡间机耕旁，或成片分布于沼泽湿地和污水横流的垃圾粪坑边。本设计通过方格网状分布的树阵，在一个自然的乡土植被景观背景之上，将这种平凡的树按 5×5 棵种在一个方台上，给它们一个纪念性的场所，重显高贵典雅。树阵或漂于水上、或落入繁茂的湿生植物之中、或嵌入草地，无论身处何地，独特的水杉个性都会显露无疑。

5. 景观盒——最少量的设计

在自然化的地形和林地、以及乡土植物所构成的基底之上，分布了 8 个 5m 见方的景观盒。它们是公园绿色背景上的方格点阵体系，融合在自然之中，构成了“自然中的城市”肌理。同时，野生的芦苇、水草、茅草等自然元素也渗透进入盒子，使体现人文和城市的盒子与自然达到一种交融互含的状态。这些盒子由墙、网或柱构成，以最简单的方式，给人以三维空间的体验（图 12-18～图 12-21）。

图 12-18 景观盒与乡土野草（一）

图 12-19 景观盒与乡土野草（二）

图 12-20 景观盒与乡土野草（三）

图 12-21 景观盒与黄岩石

相对于中国古典园林中的亭子，景观盒同样具有借景、观景、点景等功能，但亭子的符号意义是外向的，而盒子的符号意义是内敛的。因此，通过景观盒，体验的是“大中见小”和“粗中见细”，相悖于中国传统园林中的小中见大。现代城市公园和自然地的大尺度和非精致，要求用对比的手法来营造小空间和精致感，这就是采用景观盒的主要原由。

空间本身是带有含意的，盒子的尺度、色彩和材料，以及盒子中的微景观设计，都传达了这种含意。它在两个层面上被赋予含意，第一个层面是直觉的、建立在人类生物基因上的、是先天的，是通过空间和构成空间的物理刺激所传达的；第二个是文化的，可以通过文字和文化的符号传达。这两层含意都是本公园的设计者想通过盒子来传达的。

在第一个层面上，盒子给人一种穿越感和在自然背景中对“人”的定义和定位。面对盒子，挑战和危险同时存在，由此产生美感：远望盒子时，它具有吸引人前往的诱惑力，因为里面潜藏着一个未知的世界，即所谓的可探索性或神秘性。另一个指标是可解性．而当人可迫近盒子时，这种可探索性和神秘性会急剧增强，并伴随着产生危险感，唤起紧张和不安的情绪；而当突然跨入只有一墙之隔的盒子内的时候，一个外在者变成了内在者，探索者变成了盒子的拥有者和捍卫者，盒子变成了“领地”。这种“神秘—危险—安宁”的变化，是盒子的穿越美感的本源。当然，作为公共场所，“危险”感的创造是以实际上的安全保障为基础的。所以，盒子的选址都在主要人流交通道路边或由道路穿越。

在第二个层面上，作为一种尝试，设计者希望通过盒子来传达地域特色和文化精神。因此，8 个盒子被赋予 8 个主题，它们是分别被称为：山水间、石之容、稻之孚、橘之方、渔之纲、道之羽、武之林、金之坊。

实际上，这种文化含义是否能被理解并不重要，重要的是各个盒子因此而有不同的形式和产生不同的体验，并显示了设计和文化的存在。从这个意义上说，盒子就像黄岩盛产的模具，人一旦穿越了一个盒子，就接受了某种塑造人的信息或符号，它将永远地附着在人脑中，成为塑造其未来状态的一种元素。

6. 延续城市的道路肌理，最便捷地实现公园的服务功能

公园是为市民提供生态服务的场所，因此，公园不应该是封闭式的，而应该为居民提供最便捷的进入方式。为此，公园的路网设计是城市路网的延伸，当然公园的边界以内机动车是不允许进入的。直线式的便捷通道穿过密林成为甬道，越过湖面湿地成为栈桥，穿越水杉树阵成为虚门，穿越盒子成为实门，并一直延伸到永宁江边，无论是游玩者还是行路者，都可以获得穿越空间的畅快和丰富的景观体验（图 12-22～图 12-24）。

图 12-22　柱阵与乡土野草

图 12-23 竹径

图 12-24 水杉阵

12.1.3 总结

永宁公园于 2003 年 5 月正式建成开园，由于大量应用乡土植物，在短短的一年多时间内，公园呈现出生机勃勃的景象。设计之初的设想和目标已基本实现，2004 年夏天还经受了 25 年来最严重的台风破坏，也很快得到了恢复。作为生态基础设施的一个重要节点和示范地，2006 年获 ASLAz 设计大奖。永宁公园的生态服务功能在以下几个方面得到了充分的体现：

(1) 自然过程的保护和恢复　长达 2km 的永宁江水岸恢复了自然形态，沿岸湿地系统得到了恢复和完善；形成了一条内河湿地系统，对流域的防洪滞洪起到积极作用。

(2) 生物过程的保护和促进　保留滨水带的芦苇、菖蒲等种群，大量应用乡土物种进行河堤的防护，在滨江地带形成了多样化的生境系统。整个公园的绿地面积达到 75%，初步形成了物种丰富多样的生物群落。

(3) 人文过程　为广大市民提供了一个富有特色的休闲环境。无论是在江滨的芒草丛中，还是在横跨在内河湿地的栈桥之上，或是在野草掩映的景观盒中，我们都可以看到男女老幼在快乐地享受着公园的美景和自然的服务，远山被引入公园中的美术馆，黄岩的历史和故事不经意间在公园中传咏着、解释着；不曾被注意的乡土野草突然间显示出无比的魅力，一种关于自然和环境的新的伦理犹如润物无声的春风细雨在参观者的心中孕育，爱护脚下的每一种野草，它们是美的；借着共同的自然和乡土的事与物，更便于人和人之间的交流。

永宁公园通过对生态基础设施关键地段的设计，改善和促进自然系统的生态服务功能，同时让城市居民能充分享受到这些服务。

12.2 德国巴伐利亚州环保部新楼

德国巴伐利亚州环保部新楼位于奥古斯堡市南部，占地 $5hm^2$，它由三座东西向的长条形主楼组成，并在东西两侧与南北向的附楼相连接。

建筑由 Wimmer＋Wimmer 事物所设计；外部环境由 Valentien＋Valentien 事物所，瓦伦汀教授主持设计。

以下是该生态型景观设计的主要理念：

1. 维护自然界本身的缓冲和调节功能

生态设计的关键之一就是要把人类对环境的负面影响控制在最小程度。因为自然界在其漫长的演化过程中，形成一个自我调节系统，维持生态平衡。其中水分循环、植被、土壤、小气候、地形等在这个系统中起决定性作用。因此在规划设计时，应该因地制宜，利用原有地形及植被，避免大规模的土方改造工程，尽量减少因施工对原有环境造成的负面影响。

在总体规划设计时，设计师把建筑用地控制在最小比例，只占总用地面积的 20%；另外 35%用作交通用地，其中一半是露天停车场和附属维修用地；其余约 45%为绿地。并且对 60%的屋顶进行绿化，使其发挥绿地功效，露天停车场种植高大冠密的落叶乔木（0.45 乔木/车位）以降低地面温度（图 12-25）。

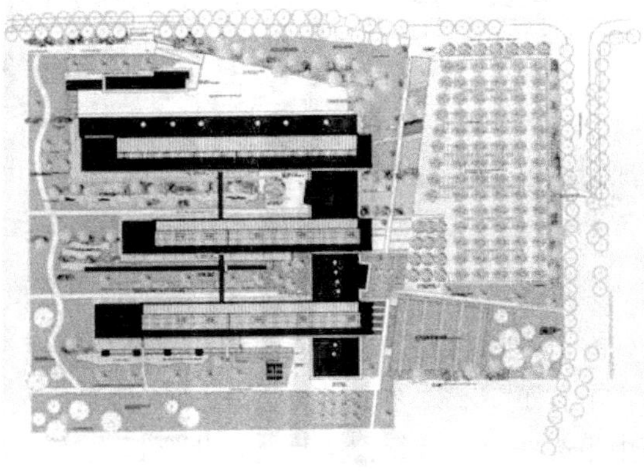

图 12-25　德国巴伐利亚州环保部新楼平面图

对交通用地地面材料，则根据具体情况进行选择。对地下水源可能产生污染的地段，如附属维修用地及主要车行道，采用硬质材料，通过地面排水管道系统向地下排送雨水，并且在排水管出口设置过滤装置，防止地面的油污污染地下水源。硬质地面面积仅占交通用地总面积的 20%左右，其余 60%为半硬质地面，15%为软质地面。

2. 为动植物创造出丰富多样的生存空间

在最大限度保护好原有生境条件的前提下，根据具体情况，创造出不同的小生境，丰富植物群落景观。设计师在有限的空间内共设计了十种不同的草地群落景观。运用碎石、卵石或块石矮墙来分隔组织空间，矮墙经钢丝网加固定形、石料填充而成，极尽自然之美，其中空隙又能为昆虫、蜘蛛及小爬行动物提供了一个良好的栖息空间。

3. 植被设计理念

根据不同的立地条件，选择本地植物，形成多样的地带性植物群落景观。

（1）草地景观　该地区历史上典型的植被为平坦的牧场草地。与之相适应，设计师根据立地条件，选择不同的乡土草种进行种植，形成主要的植被景观，其面积占整个绿化面积的 70%。在边缘地带，由于多为沙质土壤，土壤养分贫乏，故种植耐干旱或半干旱的草种。

建筑物附近，因土壤经过改良，并利用雨水渗透系统使其湿润，从而选择多花且喜湿的草种。在该区总共形成了十种不同的草地植物群落，它们的生长和演替情况将为环保部门的科研人员提供第一手资料。

（2）植被自然演替理念　10%的绿地保留了原有的地带性植被群落，对该区的设计理念是优先保护好原有的生境条件，如土质、土壤湿度、日光照度，使原有群落演替进程不受施工影响照常进行。

设计师还巧妙的运用占地 2000m^3 太阳能储蓄池作为植被演替的试验场，由于储蓄池表面由不同的石质土组成（如花岗石、玄武岩、石灰石及砂石等），为植物生态学家提供了不同的耐干旱贫瘠等极端生境条件，便于选择特殊植物种类（图 12-26）。

图 12-26　植被演替试验场

(3) 节约原材料，减少能源消耗　设计师经过合理分析和精确计算，使停车场面积比原定指标节省了 10%，在施工中尽量采取简单而高效的措施，多选用本地建筑材料，对施工过程中报废的材料进行分类筛选，化腐朽为神奇，既节省原材料，又能产生令人惊奇的艺术效果。例如，在主要出入口处，设计师利用报废的混凝土预制板，创作出类似中国山石盆景的园林小品，极具情趣。在道路建设中，基层材料多采用土石方工程中挖出的碎石料。屋顶绿化中所用的土壤，一半来自于施工中挖出的表层土。总长约 1300m 的矮墙，其中 40%的卵石和碎石采自于土石方工程，25%的矮墙材料是建筑施工中的废料，大约有 200m^3。

在种植设计上，设计师多选择地带性乡土植物，使其形成一个生长良好而稳定的生态群落，大大减少正常养护管理的费用及工作量（如洒水、施肥等）。这部分绿地占总面积的 90%左右。

设计师合理利用雨水，使其作为主要的灌溉及水景资源从而减少水资源浪费。

(4) 地表水循环设计理念　充分利用天然降水，使其作为水景创作的主要资源，尽量避免硬质材料作为地面铺装，最大限度地让雨水自然均匀地渗入地下，形成良好的地表水循环系统，以保护当地的地下水资源。该区 90%的屋面和 80%的地面排水是通过处理而均匀的渗入地下。

对硬质地面，如主要道路或水泥铺面，利用地面坡度和设置雨水渗透口使雨水均匀地渗入地下。对半硬质地面如镶草卵石、块石铺面，雨水直接渗入。而屋面雨水大部分（60%～70%）通过屋面绿化储存起来，经过蒸腾作用向大气散发，其余部分则经排水管系统向地面渗透或储存，并为水景创作提供主要的水源（图 12-27）。

水景集中在三座主楼形成的院落之间，为了使其各具特色，设计师采用了不同的处理方法，前提是水要取之于天然降水，这些水景的形式和容积是通过对屋面雨水的蓄积量计算来设计的。该建筑 2/3 的屋面进行了屋顶绿化，约有 30%的屋面雨水，日常能保持在 600m^3 左右，这就为院落总水景设计提供了重要参数。

北边的院落，设计师没有做水池或水渠，而是设计了一个容积为 370m^3 的雨水自然渗透系统，让屋面雨水自然而均匀的流入地面以形成一个半湿润的小生境，并配植桦木林灌丛，形成具有自然特色的院落景观。

设计师在中间院落设计了一个长约 100m 容积为 190m^3 的水渠，其间种植乡土草本植物和农家果林，极具地方特色。

在南边院落设计师则设计了一组别具情趣的水池组合（图 12-28），每个水池的容积均为 90m^3，其间由一个水池连接，且每个水池有高差变化，每当雨水充足时，可形成小瀑布景观，动静有致。在水池中还留有种植池，种植不同的水生植物。

以上是德国成功的生态景观设计案例分析，希望对我国的相关从业人员，在从事景观设计及建造时，有所帮助。

图 12-27　硬质地面雨水入渗

图 12-28　水池组合

12.3　牡丹江市生态公园之文化主题公园设计方案

牡丹江生态公园位于黑龙江省牡丹江市南部即将建设的兴隆组团中，由文化主题公园和自然主题公园组成，其中文化主题公园占地 32 .54hm^2，自然主题公园占地 18.11hm^2。公园建成后，成为整个兴隆组团生态环境的重要组成部分。

12.3.1　方案特点

1. 棋盘式路网加轴线——城市肌理对于公园的渗透

牡丹江的城市体系显现出明显的棋盘式布局。为突出这一个性，文化主题公园中运用了一些直线，在公园外围布置一些棋盘化的路网，与城市格局相一致，使城市肌理向公园渗透。

2. 大地景观及象征性设施——多元化的表现手法

在表现牡丹江特色的设计中，排除单一的表现形式，运用现代设计手法，创造特色空间。

3. 场地故事——对于基地本身土地的尊重

对于土地的尊重主要体现在三个方面：

1）保留：将基地本身的一些特性保留下来，如悬崖、老屋等，使其自身的文脉得以延续。

2）利用：利用基地本身的一些特性造景，使景观有其个性。

3）改造：部分地区加以改造，使其更加满足景观需要，符合设计思路，如“山水田”、“步步高”等。

4. 大自然中跳动的音符——色彩景观的运用

利用色彩学的原理，不同场所创造出不同的感受，并在视觉上产生冲击力，强化场所特征，丰富景观层次。

12.3.2 设计内容

在总体上采用“三横两纵一斜”的轴线布局方式，形成文化主题公园的内在骨架，在这些轴线上布置景点，由此划分出景区，使点、线、面有机结合。三条横轴表达牡丹江自然风韵，两条纵轴表现牡丹江地域特色，一条斜轴叙述牡丹江历史文脉，使其最终形成“五区六线二十四景点”的布局结构，全面展示牡丹江文化。

1. 自然风韵

三条横向道路分别代表牡丹江在全省乃至全国都占有重要位置的三大矿产资源：煤炭、花岗岩、石墨。

煤之路：运用黑色、灰色的广场砖铺地，表现煤之色彩，设有景点“又新生”。

岩之路：整条路由不同材质的花岗岩铺筑，在西入口处堆放一些大块整砌的花岗岩，利用气势给人以震撼的感觉。岩之路处于公园中央地带，连接景点较多，形成东西走向的主要通道。

墨之路：黑色花岗岩地面砖表达出石墨的质感，一些展示场中不仅有石墨的标本，同时还有一些工业机械，通过它们人们可以清楚地了解到石墨在现代工业中的重要作用。

2. 地域特色

在牡丹江近代发展史中，有两大产业极具地方特色，一个是牡丹江机车厂；一个是林海。另外，从牡丹江的发展规划分析，牡丹江将成为东北地区的重要交通枢纽及经贸旅游的胜地，这两点又与火车道、森林密切相关，由此，将火车与森林提炼出来作为反映牡丹江地域特色的切入点。

火车道：在西边的竖向道路中有一个红色的盒子，这是一个四面用墙围合的无顶的半封闭空间，称为“汇心处”。由此红色盒子向北的道路边将铺设一段铁轨，一辆老式蒸汽机车停在铁轨的尽头。

林荫道：以东侧的竖向道路为中心设有密林活动区，一些极具地方特色的乡土树种被大面积的栽种在这里，形成牡丹江特有的林区景观带；树上的标牌告诉人们它的树种和用途，更主要的是唤醒人们的环保意识；一些道路被故意设成死路，也是为了提醒人们破坏自然是行不通的。

3. 历史文脉

历史文脉的主线由公园西南角一直延伸至东北角，此方向与正北方向相吻合，在这条轴线上利用不同的手法，对牡丹江地区的历史文化进行丰富的展示。

南侧入口处原有一悬崖，将其改造成层次递减的台地，在里面布置观赏植物，形成“梯田”的大地景观，称为“山水田”；第二个序列为一倒梯形场地，这里有一条溪流曲折向前，因为牡丹江即为满语“蜿蜒曲折的江”的含义，所以这溪流就暗喻牡丹江。

轴线继续向北延伸设有一处水池，称为“渤海国”，这是为了体现大唐时期女真族建立的渤海国而设的，以水池暗喻“渤海”之意，中间有玻璃桥穿过。

公园北入口处运用纵横交错的直线布局体现“新文化”特色，重点表现当今人们的文化生活方式，为人们提供各种文化娱乐场所。

这条历史文脉的轴线斜穿了整个公园，最终结束于牡丹江畔的观景台，使其成为园内最重要的一条景观带。

4. 五区

全园结合六条景观轴线及景点划分出五大功能区：

西入口处为“一派悠然”区，主要为附近居民及游客提供一个室外健身场所，其中安置了多种健身器材，同时设有篮球场及网球场等标准活动场地。另外，公园的内环路亦可作为跑步道使用；

公园东侧为“碧云逢春”区，主要以植物观赏为主。这里栽植了一些特色植物及乡土树种；

公园北入口由于距牡丹江较近，在功能上又以新文化内容为主，故称“曲江新韵”，便于大规模文化活动的开展，同时结合周围的商业用房，体现商业文化特色，展示时代风貌；

公园南部由于原地形有一个悬崖，设计成“绿屿青峦”景区，体现丘陵特色，让游客在起伏中感受游园的乐趣；

公园中部为文化游览区，起景名“万涓汇流”，以表达通过多种方式，多层次、全方位地展示牡丹江地区的特色。

12.4　美国圣保罗市安姆斯湖计划、英国伦敦湿地中心和中国成都活水公园

自然湿地生态系统对人类具有重要的意义。在城市规划中对湿地景观进行生态设计，能充分发挥湿地的生态和社会效益。保持湿地系统的生态完整性，植物的科学配置和岸线环境的设计，是城市湿地景观设计的重要因素。美国圣保罗市安姆斯湖计划、英国伦敦湿地中心和中国成都活水公园均是城市景观与湿地生态意义的成功结合。

所谓湿地，是指不问其天然或人工、长久或暂时之沼泽地、湿原、泥炭地或水域地带，带有静止或流动、咸水或淡水、半咸水水体者，包括低潮时水深不超过 6m 的水域”。因此，湿地不仅仅是我们传统认识上的沼泽、滩涂等，还包括部分河流、湖泊、鱼塘、水库和稻田。

湿地广泛分布于世界各地，是自然界生物多样性丰富的生态系统，也是人类最重要的环境资本之一。首先，湿地是许多野生动植物的栖息地；其次，湿地在涵养水源、调节河川径流、补给地下水和维持区域水平衡中，发挥着重要作用，是蓄水防洪的天然屏障；另外，湿地的生物和化学过程还具有降解过滤污染物的功能，使当地河流下游区域受益。总而言之，各类湿地在保护生物多样性和保护环境方面，都具有极其重要的作用。

由于人类与湿地相互依存的关系，1971 年 2 月 2 日在伊朗的拉姆萨通过的《关于特别

是作为水禽栖息地的国际重要湿地公约》（简称《湿地公约》），旨在认证、保护并促进合理使用全球范围内具有重要生态意义的湿地系统。相应于对湿地重要性认识的提高，许多国家也积极投入到对各类广义湿地的保护和恢复的行动中，包括在规划人类居住区时更多地考虑体现其自然环境的意义。文章将以城市湿地环境为对象，结合国内外成功的例子，对湿地的景观设计与生态意义的结合作一次尝试的探讨。

12.4.1 为什么要对城市湿地景观进行生态设计

湿地环境是与人们联系最紧密的生态系统之一，对城市湿地景观进行生态设计，加强对湿地环境的保护和建设，具有重要意义。首先，能充分利用湿地渗透和蓄水的作用，降解污染，疏导雨水的排放，调节区域性水平衡和小气候，提高城市的环境质量。其次，这将为城市居民提供良好的生活环境和接近自然的休憩空间，促进人与自然和谐相处，促进人们了解湿地的生态重要性，在环保和美学教育上都有重要的社会效益。一定规模的湿地环境还能成为常住或迁徙途中鸟类的栖息地，促进生物多样性的保护。此外，利用生态系统的自我调节功能，可减少杀虫剂和除草剂等的使用，降低城市绿地的日常维护成本。

12.4.2 如何对城市湿地景观进行生态设计

1. 保持湿地的（系统）完整性

湿地系统，与其他生态系统一样，由生物群落和无机环境组成。特定空间中生物群落与其环境相互作用的统一体组成生态系统。在对湿地景观的整体设计中，应综合考虑各个因素，以整体的和谐为宗旨，包括设计的形式、内部结构之间的和谐，以及它们与环境功能之间的和谐，才能实现生态设计。

调查研究原有环境是进行湿地景观设计前必不可少的环节。因为景观的规划设计，必须建立在对人与自然之间相互作用的最大程度的理解之上。对原有环境的调查，包括对自然环境的调查和对周围居民情况的调查，如对原有湿地环境的土壤、水、动植物等的情况，以及周围居民对该景观的影响和期望等情况的调查。这些都是做好一个湿地景观设计的前提条件，因为只有掌握原有湿地的情况，才能在设计中保持原有自然系统的完整，充分利用原有的自然生态；而掌握了居民的情况，则可以在设计中考虑人们的需求。这样能在满足人需求的同时，保持了自然生态不受破坏，使人与自然融洽共存。这才是真正意义上的保持了湿地网络系统的完整性。

利用原有的景观因素进行设计，是保持湿地系统完整性的一个重要手段。利用原有的景观因素，就是要利用原有的水体、植物、地形地势等构成景观的因素。这些因素是构成湿地生态系统的组成部分，但在不少设计中，并没有利用这些原有的要素，而是另起一格，按所谓的构思肆意改变，从而破坏了生态环境的完整及平衡，使原有的系统丧失整体性及自我调节的能力，沦为仅仅是“美学”意义上的存在。

2. 植物的配置设计

植物是生态系统的基本成分之一，也是景观视觉的重要因素之一，因此植物的配置设计是湿地系统景观设计的重要一环。对湿地景观进行生态设计，在植物的配置方面，一是应考虑植物种类的多样性，二是尽量采用本地植物。

多种类植物的搭配，不仅在视觉效果上相互衬托，形成丰富而又错落有致的效果，对水体污染物处理的功能也能够互相补充，有利于实现生态系统的完全或半完全（配以必要的人工管理）的自我循环。具体地说，植物的配置设计，从层次上考虑，有灌木与草本植物之分，挺水（如芦苇）、浮水（如睡莲）和沉水植物（如金鱼草）之别，将这些各种层次上的植物进行搭配设计；从功能上考虑，可采用发达茎叶类植物以有利于阻挡水流，沉降泥沙，发达根系类植物以利于吸收等的搭配。这样，既能保持湿地系统的生态完整性，带来良好的生态效果；而在进行精心的配置后，或摇曳生姿，或婀娜多态的多层次水生植物还能给整个湿地的景观创造一种自然的美。

采用本地的植物，是指在设计中除了特定情况，应利用或恢复原有自然湿地生态系统的植物种类，尽量避免外来种。其他地域的植物，可能难以适应异地环境，不易成活；在某些情况下又可能过度繁殖，占据其他植物的生存空间，以致造成本地植物在生态系统内的物种竞争中失败甚至灭绝，严重者成为生态灾难。在生态学史上，不乏这样的例子（生物入侵）。维持本地种植物，就是维持当地自然生态环境的成分，保持地域性的生态平衡。另外，构造原有植被系统，也是景观生态设计的体现。

3. 水体岸线及岸边环境的设计

岸边环境是湿地系统与其他环境的过渡，岸边环境的设计，是湿地景观设计需要精心考虑的一个方面。在有些水体景观设计中，岸线采用混凝土砌筑的方法，以避免池水漫溢。但是，这种设计破坏了天然湿地对自然环境所起的过滤、渗透等的作用，还破坏了自然景观。有些设计在岸边一律铺以大片草坪，这样的做法，仅从单纯的绿化目的出发，而没有考虑到生态环境的功用。人工草坪的自我调节能力很弱，需要大量的管理，如人工浇灌、清除杂草、喷洒药剂等，残余化学物质被雨水冲刷，又流入水体。因此，草坪不仅不是一个人工湿地系统的有机组成，相反加剧了湿地的生态负荷。对湿地的岸边环境进行生态设计，可采用的科学做法是水体岸线以自然升起的湿地基质的土壤沙砾代替人工砌筑，还可建立一个水与岸自然过渡的区域，种植湿地植物。这样，可使水面与岸呈现一种生态的交接，既能加强湿地的自然调节功能，又能为鸟类、两栖爬行类动物提供生活的环境，还能充分利用湿地的渗透及过滤作用，从而带来良好的生态效应。并且从视觉效果上来说，这种过渡区域能带来一种丰富、自然、和谐又富有生机的景观。

12.4.3 城市湿地景观生态设计的实例分析

随着对自然湿地作用的深入认识，世界上城市水体景观设计也逐渐从纯粹的水景设计过渡到对湿地系统的设计或改造。在进行湿地的景观设计时，除了考虑美学上的功能外，生态功能也是首要考虑的因素之一。下面，对国内外的一些实例进行分析，以说明如何在对湿地系统进行景观设计时，兼顾美学与生态。

1. 安姆斯（AMES）湖计划，美国，圣保罗市，1998 年

美国圣保罗市的 PHALEN 购物中心，于 1960 年左右建于一个填平的小湖区上，由一个可容纳 100 多辆车的停车场和一排一层结构的商店组成。后来，这个购物中心由于商业区迁移而被废弃。1998 年，圣保罗市政府决定恢复原来的安姆斯湖，重建为湿地公园。目的是将不远的 PHALEN 湖区与密西西比河连接起来，恢复野生动物的生物走廊，同时为当地居民提供一片无需远足便可领略的自然风貌。在对地下和地表水体、土壤结构、居民意见等进行详细的调查论证以后，项目实施的第一步是彻底移去所有的人工建筑，开辟蓄水盆地和

小运河通道。然后，在底部填入腐殖质丰富的淤泥层，以构造接近自然状态下的土壤结构。接下来，引入活水，在水体内外栽种多种原生的沉水、浮水、挺水和旱生植物，构筑完整的湿地生态景观。最后，在湿地周边种植一片传统型的公园草坪和若干种常见的城市绿化树木，建立一条绿化带；此举一来可作游人野炊休息场所，二来是在居民区与湿地区之间形成过渡。原来的水泥停车场和年久失修的商店建筑用地上，如今清水潺潺，草木茂盛。这是城市湿地景观重建的一个例子，它说明，即便是一片不大的空间，经过科学的生态设计，也能达到重建生态系统，兼顾生态良性循环和为城市生活服务的目的。

2. 湿地中心（the Wetland Center），英国，伦敦，2000 年

2000 年夏天正式向大众开放的伦敦湿地中心，紧邻繁忙的希思罗（Heathrow）国际机场，距离伦敦市中心不到 6km，被誉为“展示在未来的世纪里人类与自然如何和谐共处的一个理想模式”。它是由一系列大小不一的池塘和错落有致的植被组成的生态组群。这里 6 年前还只是泰晤士河南岸 4 个废弃的混凝土水库的旧址，英国野生鸟类和湿地基金会（Wildfowl and Wetlands Trust，WWT）耗资 2500 万美元，引水排淤，分隔水域，种植了 30 多万株水生植物和 3 万多棵树，将其改造成为现今欧洲最大的城市人工湿地系统。该中心占地 $43hm^2$，分割为 30 多片湿地，由世界湿地区、水生生物区以及一个现代化的游览中心组成。若干条步行小径贯穿全区。世界湿地区如同一个湿地博览馆，通过构造不同的土壤结构、植被类型，真实展示了 14 种世界不同地域的湿地，如尼罗河的水鸟，在各处安家落户。由于科学的规划和管理，各个湿地区虽是开放体系，却相对独立，自成一格，确保外来和本地物种的界限。水生生物区则通过生动灵活的设计，如水下观测窗，让人们从各个侧面观察生活在水中的生物。湿地中心的大面积水域和植被，使之成为伦敦地区小环境气候和空气质量的有力调节。另外，由于良好的栖息环境，这里也吸引了大量野生鸟类，据中心记录观察到的便有 130 多种。这是一个在城市边缘创造丰富的生物多样性的生态环境，以连接城市人们和自然环境为目的的成功的景观模式。

3. 活水公园，中国，成都，1998 年

四川省成都市的活水公园，是我国第一座以水为主题的城市生态景观公园。这一占地 $2.4hm^2$ 的公园，坐落于成都市的护城河——府河上。府河与南河，是公元前 250 年人工开凿的引水分流系统的两支，总称府南河，2000 多年来，与成都人民的生活息息相关，密不可分。然而，随着人口的增长，城市经济的发展，府南河的严重污染问题益受到人们的关注。活水公园的方案，便是在市政府为期 5 年的府南河综合治理工程背景下启动的。这是一个集现代意识和传统园林于一体的公园，蕴涵了丰富的文化，艺术和生态意义。

活水公园的创意者，美国“水的保护者（Keepers of The Waters）”组织的创始人贝西·达蒙（Betsy Damon）女士，同其他设计者一起，吸收了中国传统的美学思想，取鱼水难分的象征意义，将鱼形剖面图融入公园的总体造型，全长 525m，宽 75m，喻示人类、水与自然的依存关系（图 12-29）。

公园起始的鱼嘴部分，拆除部分河岸堡坎，用地方石材砌筑台阶式浅滩，栽种有大量的天竺葵、桢楠、黑壳楠、桫椤、连香、含笑等植物，乔木、灌木、草本植物等的配置，参照峨眉山自然植物群落（图 12-30～图 12～33）。

两架川西水车，将府河水泵入全园最高处的鱼眼蓄水池。此处利用地形建造覆土建筑，建成环保展览及教育中心，并设有净水工艺厌氧处理池。临河仿照旧有木构民居而建三层通

图 12-29　成都活水公园俯瞰

图 12-30　水岸

图 12-31　湿地植物

图 12-32　以植物为主的水景构造

图 12-33　人造湿地系统中的芦苇

透式茶楼，以供游人品茶休憩。河水继续流入水流雕塑群代表的“肺区”，这里利用气旋，使水流如山涧溪流般回旋跳跃，生动地体现“活水”曝气的意义（图 12-34）。

鱼鳞状的人造湿地系统，是一组水生植物塘净化工艺设计，错落有致地种植了芦苇、菖蒲、凤眼莲、水烛、浮萍等水生植物，对吸收、过滤或降解水中的污染物，各有功能上的侧重。蜿蜒的塘边小道、塘中木板桥，营造出九寨沟黄龙风景区的意境。经过湿地植物初步净化的河水，接着流向由多个鱼塘和一段竹林小溪组成的“鱼腹”，在那里通过鱼类的取食（浮游动植物）、沙子和砾石的过滤（鱼类的排泄物），最后流向公园末端的鱼尾区（图 12-35）。

至此，原来被上游污染源和城市生活污水污染的河水，经过多种净化过程，重新流入府河。每天，活水公园的流量可达 200m^3。该流量当然不足以改变整条河流的水质，却足以让游人在顺“鱼”而下的途中，亲眼目睹“死水”被渐渐激活，逐步净化，最后变为“活水”

的过程，其对人们的环境生态观念的影响是深远而成功的。

图 12-34 具有曝气功能的水流雕塑

图 12-35 人造湿地系统中的浮萍

活水公园在植物的配置、景观的处理、造园材料的选择上，妙趣天成，通过具有地方性景观特色的净水处理中心，川西自然植物群落的模拟重建，以及地方特色的园林景观建筑设计，组成全园整体，对环境的主题进行了多方位的诠释，可说是城市湿地景观生态设计的一个完整而又生动的例子。活水公园由于在生态、美学、文化、教育功能上的完美结合获得了包括 1998 年联合国人居奖在内的多项国际奖项。目前，它已经成为成都市到访率最高的公园景点之一。

12.4.4 总结

城市的湿地景观，是城市景观的重要组成部分。由于湿地系统在生态上具有重要的调节作用，在对其进行景观设计时，应充分考虑生态方面的设计。景观设计师需要在思想中树立生态的观念，从而在对城市湿地系统的景观设计中，做到美学与生态兼顾，使自然与人类生活环境有良好的结合点，使人与自然达到和谐。

推荐阅读文献

[1] 世界自然基金会中国网站．湿地与湿地系统[EB/OL]. http://www.wwfChina.org

[2] 孟宪民．湿地与全球环境变化[J]. 地理科学，1999(5)：385-391.

[3] Barr Engineering Company (USA) Brochure. Landscape Ecology and Landscape Arch itecture[EB/OL]. http://www.barr. com. 2001.

[4] Knapp S. The Wetland Center(The Wild fowl and Wetlands Trust Creates The Wetlands Center Reconstrution Project)[J]. Science，2000，289(5481)：877.

[5] Living Water Garden[EB/OL]. http://www.keepers of the waters. org.

[6] 黄时达，王安庆，等．从成都市活水公园看人工湿地系统处理工艺[J]. 四川环境，2000(2)：8-12.

参考文献

[1] 蔡晓明. 生态系统生态学[M]. 北京：科学出版社，2000.

[2] 陈百明. 中国土地资源生产能力及人口承载量研究[M]. 北京：中国人民大学出版社，1990.

[3] 陈怀满. 环境土壤学[M]. 北京：科学出版社，2004.

[4] 陈灵芝，王献博，汪松. 中国的生物多样性现状及其保护对策[M]. 北京：科学出版社，1993.

[5] 陈玉成. 污染环境生物修复工程[M]. 北京：化学工业出版社，2003.

[6] 陈仲新，张新时. 中国生态系统服务功能的经济价值[J]. 科学通报. 2000(45)：17-22.

[7] 程胜高，罗泽娇，曹克峰. 环境生态学[M]. 北京：化学工业出版社，2003.

[8] 崔保山，刘兴土. 湿地生态系统设计的一些基本问题探讨[J]. 应用生态学报，2001，12(1)：145-150.

[9] 刁维萍，倪吾钟，倪天华，等. 水环境重金属污染的现状及其评价[J]. 广东微量元素科学. 2004，11(3)：1-5.

[10] 丁圣彦. 生态学—面向人类生存环境的科学价值观[M]. 北京：科学出版社，2004.

[11] 段昌群. 环境微生物学[M]. 北京：科学出版社，2004.

[12] 封志明. 现实与未来：中国的人口与粮食问题[J]. 科技导报刊，1991.

[13] 傅在毅，许学工. 区域生态风险评价[J]. 地球科学进展. 2001，16(2)：267-271.

[14] 顾德兴，张桂权. 普通生物学[M]. 北京：高等教育出版社，2000.

[15] 国家自然科学基金委员会. 生态学—自然科学学科发展战略调研报告. 北京：科学出版社，1997.

[16] 加勒特·哈丁. 生活在极限之内——生态学经济学和人口禁忌[M]. 张真，等译. 上海：上海译文出版社，2001.

[17] 何池全，崔保山，赵志春. 吉林省典型湿地生态评价[J]. 应用生态学报，2001，12(5)：754-756.

[18] 何平等. 城市绿地植物配置及其造景[M]. 北京：中国林业出版社，2001.

[19] 何增耀. 环境监测[M]. 北京：农业出版社，1990.

[20] 胡涛. 中国的可持续发展研究—从概念到行动[M]. 北京：中国环境科学出版社，1995.

[21] 胡枭，樊耀波，王敏健. 影响有机污染物在土壤中的迁移、转化行为的因素[J]. 环境科学进展. 1998，7(5)：14-22.

[22] 黄玉瑶. 内陆水域污染生态学——原理与应用[M]. 北京：科学出版社，2001.

[23] 靳德明，彭卫东，史红梅. 现代生物学基础[M]. 北京：高等教育出版社，2000.

[24] 姜汉侨，段昌群，杨树华，等. 植物生态学[M]. 北京：高等教育出版社，2004.

[25] 金岚. 环境生态学[M]. 北京：高等教育出版社，1992.

[26] 金相灿. 湖泊富营养化控制和管理技术[M]. 北京：化学工业出版社，2001.

[27] 李爱贞. 生态环境保护概论[M]. 北京：气象出版社，2001.

[28] 李博. 生态学[M]. 北京：高等教育出版社，2002.

[29] 李国旗. 生态风险研究述评[J]. 生态学杂志. 1999，18(4)：57-64.

[30] 李洪远，鞠美庭. 生态恢复的原理与实践[M]. 北京：化学工业出版社，2005.

[31] 李洪远. 生态学基础[M]. 北京：化学工业出版社，2006.

[32] 柳劲松，王丽华，宋秀娟. 环境生态学基础[M]. 北京：化学工业出版社，2003.

[33] 刘桃菊，陈美球. 鄱阳湖区湿地生态功能衰退分析及其恢复对策[J]. 生态学杂志，2001，20(3)：74-77.

[34] 刘天齐，林肇信，刘逸农. 环境保护概论[M]. 北京：高等教育出版社，1982.
[35] 刘湘溶. 生态文明论[M]. 长沙：湖南教育出版社，1999.
[36] 刘云国，李小明. 环境生态学导论[M]. 长沙：湖南大学出版社，2000.
[37] 卢高升，吕军. 环境生态学[M]. 杭州：浙江大学出版社，2004.
[38] 陆书玉. 环境影响评价[M]. 北京：高等教育出版社，2001.
[39] McIntosh，Robert P. 生态学概念和理论的发展[M]. 徐嵩龄，译. 北京：中国科学技术出版社，1992.
[40] 马光，等. 城市生态工程学[M]. 北京：化学工业出版社，2003.
[41] 马世骏. 现代生态学透视[M]. 北京：科学出版社，1990.
[42] 毛文永. 生态环境影响评价概论[M]. 北京：中国环境科学出版社，1998.
[43] 欧阳志云，王如松，赵景柱. 生态系统服务功能及其生态经济价值评价[J]. 应用生态学报，1999，10(5)：635-640.
[44] 欧阳志云，王效科，苗鸿. 中国陆地生态系统服务功能及其生态经济价值的初步研究[J]. 生态学报，1999，19：607-613.
[45] 彭胜，陈家军，王红旗. 挥发性有机污染物在土壤中的运移机制与模型[J]. 土壤学报，2001，38(3)：315-324.
[46] 钱易，唐孝炎. 环境保护与可持续发展[M]. 北京：高等教育出版社，2000.
[47] 钦佩等. 生态工程学[M]. 南京：南京大学出版社，2002.
[48] 钱云平. 地下水系统中污染物的行为特征[J]. 地下水. 19(1)：31-35.
[49] 任海，彭少麟. 恢复生态学导论[M]. 北京：科学出版社，2002.
[50] 尚玉昌. 人类生态学：陆地和水资源利用[J]. 生态学杂志，1984(1).
[51] 尚玉昌. 普通生态学[M]. 北京：北京大学出版社，2002.
[52] 沈蕴芬. 河流的污染监测[M]. 北京：中国建筑工业出版社，1994.
[53] 盛达元. 生物多样性经济价值股评[M]. 北京：中国环境科学出版社. 1997.
[54] 盛连喜，冯江，王娓. 环境生态学导论[M]. 北京：高等教育出版社，2002.
[55] 石辉，邵明安. 农用化学物质在土壤中的迁移[J]. 世界科技研究与发展. 1999，21(4)：63-68.
[56] 孙铁珩，周启星，李培军. 污染生态学[M]. 北京：科学出版社，2001.
[57] 孙儒泳. 动物生态学原理[M]. 3版. 北京：北京师范大学出版社，2001.
[58] 孙儒泳，李博，诸葛阳，等. 普通生态学[M]. 北京：高等教育出版社，1993.
[59] 宋永昌. 城市生态学[M]. 上海：华东师范大学出版社，2000.
[60] 唐奈勒 H 梅多斯. 超越极限——正视全球性崩溃展望可持续发展的未来[M]. 赵旭，等译. 上海：上海译文出版社，2001.
[61] 田慧颖，陈利顶，吕一河，等. 生态系统管理的多目标体系和方法[J]. 生态学杂志，2006，25(9):1147-1152.
[62] 王超. 氮类污染物在土壤中迁移转化规律试验研究[J]. 水科学进展，1997，8(2)：176-182.
[63] 王刚，蒋文兰. 人工草地种群生态学研究[M]. 兰州：甘肃科学出版社，1998.
[64] 王刚，张大勇. 生物竞争理论[M]. 西安：陕西科学技术出版社，1996.
[65] 王华东. 环境质量评价[M]. 北京：科学技术出版社，1991.
[66] 王华东，薛纪瑜. 环境影响评价[M]. 北京：高等教育出版社，1989.
[67] 王祥荣. 生态与环境—城市可持续发展与生态环境调控新论[M]. 南京：东南大学出版社，2000.
[68] 王祥荣. 生态建设论[M]. 南京：东南大学出版社，2004.
[69] 王如松. 现代生态学的热点问题研究[M]. 北京：中国科学技术出版社，1996.

[70] 王如松，等. 城市生态调控方法[M]. 北京：气象出版社，2000.
[71] 王学雷. 江汉平原湿地生态脆弱性评估与生态恢复[J]. 华中师范大学学报，2001，35(2)：237-240.
[72] 温志良，莫大伦. 土壤污染研究现状与趋势[J]. 重庆环境科学，2000，22(3)：55-57.
[73] 吴人坚，等. 生态城市建设的原理和途径—兼析上海市现状和发展[M]. 上海：复旦大学出版社，2000.
[74] 吴钦孝，杨文治. 黄土高原植被建设与持续发展[M]. 北京：科学出版社，1998.
[75] 伍业钢，李哈滨. 当代生态学博论[M]. 北京：中国科学技术出版社，1992.
[76] 谢高地，肖玉，鲁春霞. 生态系统服务研究：局限和基本范式[J]. 植物生态学报，2006，30(2) :191- 199.
[77] 薛强，梁冰，刘晓丽. 有机污染物在土壤中的迁移转化研究进展[J]. 土壤与环境，2002，11(1)：90-93.
[78] 邢嘉明，等. 京津地区生态系统特征与污染防治研究[M]. 北京：科学出版社，1988.
[79] 徐镜波. 环境毒理学[M]. 长春：东北师范大学出版社，2000.
[80] 徐中民，张志强，程国栋. 生态经济学—理论方法与应用[M]. 郑州：黄河出版社，2003.
[81] 晏磊. 可持续发展的基础[M]. 北京：华夏出版社，1998.
[82] 杨景辉. 土壤污染与防治[M]. 北京：科学出版社，1995.
[83] 杨京平. 环境生态学[M]. 北京：化学工业出版社，2006.
[84] 杨京平，等. 生态恢复工程技术[M]. 北京：化学工业出版社，2002.
[85] 杨京平，等. 生态系统管理与技术[M]. 北京：化学工业出版社，2004.
[86] 杨士弘，等. 城市生态环境学[M]. 北京：科学出版社，2003.
[87] 杨士弘 . 论城市生态环境可持续发展[J]. 华南师范大学学报，1997(1)：62-68.
[88] 杨小波，等. 城市生态学[M]. 北京：科学出版社，2001.
[89] 叶平. 生态伦理学[M]. 哈尔滨：东北林业大学出版社，1994.
[90] 于贵瑞. 生态系统管理学的概念框架及其生态学基础[J]. 应用生态学报，2001，12(5) ：787-794.
[91] 曾珍香，顾培亮. 可持续发展的系统分析与评价[M]. 北京：科学出版社，2000.
[92] 张合平，刘云国. 环境生态学[M]. 北京：中国林业出版社，2001.
[93] 张金霞，徐王华. 生物修复技术在污染处理中的应用[J]. 环境保护，2000，25(9)：21-23.
[94] 张坤民，等. 生态城市评估与指标体系[M]. 北京：化学工业出版社，2003.
[95] 赵景柱，欧阳志云，吾刚. 社会-经济-自然复合生态系统可持续发展研究[M]. 北京：中国环境科学出版社，1999.
[96] 赵士洞，王业珺. 生态系统管理的基本问题[J]. 生态学杂志，1997，16(4)：35-38，46.
[97] 朱德海，严泰来，杨永侠. 土地管理信息系统[M]. 北京：中国农业大学出版社，2000.
[98] 朱宛华. 水环境污染的植物修复技术[J]. 地学前沿，2001，8(1)：33-35.
[99] 朱玉贤，李毅. 现代分子生物学[M]. 2 版 . 北京：高等教育出版社，2002.
[100] KA 沃科特. 生态系统——平衡与管理的科学[M]. 北京：科学出版社，2002.
[101] ASCE River Restoration Subcommittee on Urban Stream Restoration[J]. Journal of Hydraulic Engineering ASCE，2003.
[102] Beeby A. Applying Ecology[M]. London：Chapman & Hall，1993.
[103] Bramwell A. Ecology in the 20th Century：A History[M]. New Haven Yale University Press，1989.
[104] Brookes A，Shields JR，F D. River Channel Restoration[M]，London：John Wiley & Sons，

UK, 2001.

[105] Clark J S, Carpenter S R, Barber M, et al. Ecological forecasts: An emerging imperative[J]. Science, 2001.

[106] Costanza R, de Arge R, de GrooL R, Farher S, Grasso M, Hannon B, Naeem S, Limburg K, Paruelo J, O Neill RV, Raskin R. , Sutton P, van den Belt M, Sutton P. van den Belt M. The value of the world's ecosystem services and natural capital[J]. Nature, 1997, 387: 253- 260.

[107] Colwell R. Global climate and infectious disease: The cholera paradigm[J]. Science, 1996.

[108] Hart, D D and Poff N L , eds. Dam removal and river restoration: special section[J]. BioScience, 2002.

[109] Holmes Rolston. Environmental Ethics. Duties to and Value in the Natural World[M]. Temple University Press, 1988.

[110] Mackenzie, A, Ball A S , Virde S R. Ecology[J]. Bios Scientific Publishers Limited, 1999.

[111] McNeely J A, Reidd W V, Mittermeier H A, et al. Conserving the World's Biological Diversity (中译本)[M]. 北京：中国环境科学出版社，1990.

[112] Steinitz, C,. A framework for theory applicable to the education of landscape architects (and other design professionals). Landscape Journal, 1990.

[113] Tayler M E and Perks W T. A Normative Model for Urban Ecology Practice: Establishing Performance Propositions for Ecological Planning ami Design, In j. Breuste, H. Feldmann and Uhlmann Eds. Urban Ecology, 1998.

[114] Vannote, R L, etal, The river continuum concept, Can. J. Fish. Aqua. Sci. , 1980.